建设行业专业技术管理人员继续教育教材

建设工程
新技术及应用

北京土木建筑学会　组织编写
刘海明　主编
翟新红　副主编

江苏凤凰科学技术出版社

图书在版编目（CIP）数据

建设工程新技术及应用/刘海明主编．—南京：江苏凤凰科学技术出版社，2016.9

建设行业专业技术管理人员继续教育教材/魏文彪主编

ISBN 978-7-5537-6948-6

Ⅰ.①建…　Ⅱ.①刘…　Ⅲ.①建筑工程-新技术应用-继续教育-教材　Ⅳ.①TU-39

中国版本图书馆 CIP 数据核字（2016）第 178816 号

建设行业专业技术管理人员继续教育教材

建设工程新技术及应用

主　　编	刘海明
项目策划	凤凰空间/翟永梅
责任编辑	刘屹立
特约编辑	翟永梅

出版发行	凤凰出版传媒股份有限公司 江苏凤凰科学技术出版社
出版社地址	南京市湖南路 1 号 A 楼，邮编：210009
出版社网址	http://www.pspress.cn
总　经　销	天津凤凰空间文化传媒有限公司
总经销网址	http://www.ifengspace.cn
经　　销	全国新华书店
印　　刷	北京市十月印刷有限公司

开　　本	787 mm×1 092 mm　1/16
印　　张	17
字　　数	424 000
版　　次	2016 年 9 月第 1 版
印　　次	2016 年 9 月第 1 次印刷

标准书号	ISBN 978-7-5537-6948-6
定　　价	43.00 元

内 容 提 要

本书内容主要包括：基坑工程施工技术、地基与桩基工程施工技术、钢筋工程施工技术、混凝土工程施工技术、模板工程施工技术、防水工程施工技术、装配式建筑混凝土施工技术、BIM技术、海绵城市和综合管廊。

本书内容先进、重点突出，易于学习和掌握，操作性强，可作为建设行业专业技术人员继续教育教材，也可作为工程监理单位、建设单位、勘察设计单位、施工单位和政府各级建设管理部门项目管理有关人员及大专院校工程管理专业、土木工程类专业师生参考用书。

前言

随着建设行业的发展，新材料、新设备、新工艺、新技术不断投入使用，一批新的施工规范和施工技术也相继颁布实施，对建设工程新知识要求也越来越广泛。为了使读者能系统地掌握更多先进的建设工程施工方面的知识，编者根据多年的教学经验和实践经验，特意编写了“建设行业专业技术管理人员继续教育教材”系列丛书，包括：

《建设工程新材料及应用》《建设工程新技术及应用》《建设工程节能技术》《建设工程绿色施工及技术应用》《工程技术经济》《建设行业职业道德及法律法规》《建设工程质量管理》《建设工程环境与安全管理》《计算机在建设工程中的应用》。

本系列丛书以新技术、新规范、新材料、节能、绿色、经济为主要内容；以提高建设行业从业人员素质、确保工程质量和安全生产为目的；按照继续教育工作科学化、制度化、经常化的要求；针对国家建设行业颁布的新技术、新规范、新材料和法律、法规等及时搜集整理，组织建设行业专家编写了行业急需的继续教育教材。

本系列丛书具有较强的适用性和可操作性，理论联系实际，图文并茂，可作为建设行业专业技术管理人员继续教育教材，同时也可作为从事建筑业、房地产业等工程建设和管理相关人员的参考用书。本系列丛书选取部分相关专业进行介绍，内容包括行业中最前沿的科技和需要重视的问题。阐述方式严谨科学，思路清晰。在内容安排上，尽量做到重点突出、表达简练。

本书主要讲述建设工程新技术及应用的相关内容，参与本书编写的人员有：刘海明、张跃、翟新红、李佳滢、刘梦然、李长江、王玉静、许春霞、王启立。

本系列丛书在编写过程中，参阅了部分相关书籍，在此对参考资料的原作者表示衷心的感谢。此外，由于编写时间仓促，加之编者水平有限，书中难免出现错误，欢迎读者给予批评指正，以便我们进一步地修改和完善。

编者

2016 年 9 月

目录

第一章 基坑工程施工技术 …… 1

第一节 工具式组合内支撑技术 …… 1
第二节 型钢水泥土搅拌墙施工技术 …… 7
第三节 地下结构逆作法施工技术 …… 11
第四节 复合土钉墙施工技术 …… 18

第二章 地基与桩基工程施工技术 …… 25

第一节 真空预压法加固软土地基施工技术 …… 25
第二节 灌注桩后注浆技术 …… 30
第三节 长螺旋钻孔压灌桩技术 …… 33
第四节 水泥粉煤灰碎石桩(CFG)复合地基技术 …… 37
第五节 土工合成材料应用技术 …… 43

第三章 钢筋工程施工技术 …… 48

第一节 新型钢筋应用技术 …… 48
第二节 钢筋工程施工应用技术 …… 73

第四章 混凝土工程施工技术 …… 80

第一节 新型混凝土应用技术 …… 80
第二节 混凝土施工应用技术 …… 106
第三节 预应力混凝土应用技术 …… 119

第五章 模板工程施工技术 …… 139

第一节 清水混凝土模板施工应用技术 …… 139
第二节 钢(铝)框胶合板模板施工应用技术 …… 148
第三节 塑料模板施工技术应用 …… 152

第四节　组拼式大模板施工技术应用…… 156
第五节　早拆模板施工技术应用…… 160
第六节　液压爬升模板施工技术应用…… 164

第六章　防水工程施工技术 …… 170

第一节　防水卷材机械固定施工技术应用…… 170
第二节　地下工程预铺反粘防水技术…… 176
第三节　聚氨酯防水涂料施工技术…… 178

第七章　装配式建筑混凝土施工技术 …… 183

第一节　装配式建筑混凝土国内外发展概况和趋势…… 183
第二节　装配式建筑混凝土结构…… 186
第三节　装配式建筑施工技术…… 201

第八章　BIM 技术 …… 212

第一节　概述…… 212
第二节　BIM 在钢结构施工中的应用 …… 216
第三节　BIM 在工程施工中的应用 …… 225
第四节　BIM 在工程管理中的应用 …… 230

第九章　海绵城市和综合管廊 …… 231

第一节　海绵城市概述…… 231
第二节　低影响开发雨水系统…… 238
第三节　海绵城市规划设计…… 243
第四节　绿色设计技术…… 250
第五节　综合管廊概述…… 259
第六节　综合管廊总体设计…… 261
第七节　综合管廊管线设计…… 263

参考文献 …… 266

第一章 基坑工程施工技术

第一节 工具式组合内支撑技术

一、主要技术特点

1. 基本概念

组合内支撑技术是建筑基坑支护的一项新技术，它是在混凝土内支撑技术的基础上发展起来的一种内支撑结构体系，主要利用组合式钢结构构件截面灵活可变、加工方便等优点。当无大型钢管和型钢时，可用角钢组合成空间桁架支撑，它的外围尺寸可以根据需要设计。由于组合空间桁架外围尺寸、刚度大，稳定性好，常用于跨度长、受力大的支撑部位。

2. 技术特点

工具式组合内支撑技术具有以下特点：

①适用性广，可在各种地质情况和复杂周边环境下使用；

②施工速度快，支撑形式多样；

③计算理论成熟；

④可拆卸重复利用，节省投资。

二、主要技术指标

工具式组合内支撑技术的主要技术指标有：

①标准组合件跨度 8 m、9 m、12 m 等。

②竖向构件高度 3 m、4 m、5 m 等。

③受压杆件的长细比不应大于 150，受拉杆件的长细比不应大于 200。

④构件内力监测数量不少于构件总数量的 15%。

三、施工技术应用

1. 技术应用范围

适用于周围建筑物密集、相邻建筑物基础埋深较大、施工场地狭小、岩土工程条件复杂或软弱地基等类型的深大基坑。

2. 工程设计要点

1）施工设计

内支撑承受的荷载大而复杂，计算时应包括最不利时的工况。内支撑的每根杆件都要满足强度和稳定性要求，以保证整个支护结构的安全。内支撑结构计算内容主要包括以下几个方面：确定荷载种类、方向及大小；计算模型和计算假定；采用合理的计算方法；计算结果的分析判断和取用。

2）荷载

作用在水平支撑上的荷载主要是水平力和竖向荷载。水平力主要是由竖向围护结构传来的水、土压力和基坑外地面荷载，沿压顶梁、腰梁长度方向的分布力汇集到水平支撑的端部节点上。必要时还要考虑环境条件的变化，如温度应力或附加预压力等外荷载。竖向荷载主要是支撑自重和附加在支撑上的施工活荷载。

3）计算方法

支撑计算比较复杂，它的复杂性不在于支撑本身，而在于计算的精确性与同它相联系的围护结构、土质、水文、施工工艺等条件密切相关。计算方法主要有两种：

第一种是简化计算方法。它将支撑体系与竖向围护结构各自分离计算。压顶梁和腰梁作为承受由竖向围护构件传来的水平力的连续梁或闭合框架，支撑与压顶梁、腰梁相连的节点即为其不动支座。当基坑形状比较规则并采用简化计算方法时，可以采用以下规定：

①在水平荷载作用下腰梁和压顶梁的内力和变形可近似按多跨或单跨水平连续梁计算，计算跨度取相邻支撑点中心距，当支撑与腰梁、压顶梁斜交时或梁自身转折时，应计算这些梁所受的轴向力；

②支撑的水平荷载可近似采用腰梁或压顶梁上的水平力乘以支撑点中心距；

③在垂直荷载作用下，支撑的内力和变形可近似按单跨或多跨连续梁分析，其计算跨度取相邻立柱中心距；

④立柱的轴向力取水平支撑在其上面的支座反力。

第二种是平面整体分析。它将支撑体系作为一个整体，传至环梁（即压顶梁、腰梁）的力作为分布荷载，整个平面体系设若干支座（以弹性支座为好），其刚度根据支撑标高处的土层特性及围护结构刚度综合选定，借助计算机软件进行分析，可同时得出支撑系统的内力与变形结果。

4）水平支撑的截面设计

支撑截面设计方法基本上与普通结构类似，作为临时性结构可做如下一些规定：

①支撑构件的承载力验算应根据在各工况下计算的内力包络图进行。

②水平支撑按偏心受压构件计算。杆件弯矩除由竖向荷载产生的弯矩外，还应考虑轴向力对杆件的附加弯矩，附加弯矩可按轴向力乘以初始偏心距确定。偏心距按实际情况确定，且不小于 40 mm。

③支撑的计算长度。在竖向平面内取相邻立柱的中心距，在水平面内取与之相交的相邻支撑的中心距。如纵横向支撑不在同一标高上相交时，其水平面内的计算长度应取与该支撑相交的相邻支撑的中心距的 1.5～2 倍。

④技术措施。钢支撑的连接主要采用焊接或高强螺栓连接。钢构件拼接点的强度不应低于构件自身的截面强度。对于格构式组合构件的缀条应采用型钢或扁钢，不得采用钢筋。

钢管与钢管的连接一般以法兰盘形式连接和内衬套管焊接，如图 1-1 所示。当不同直径的钢管连接时，采用锥形过渡，如图 1-2 所示。

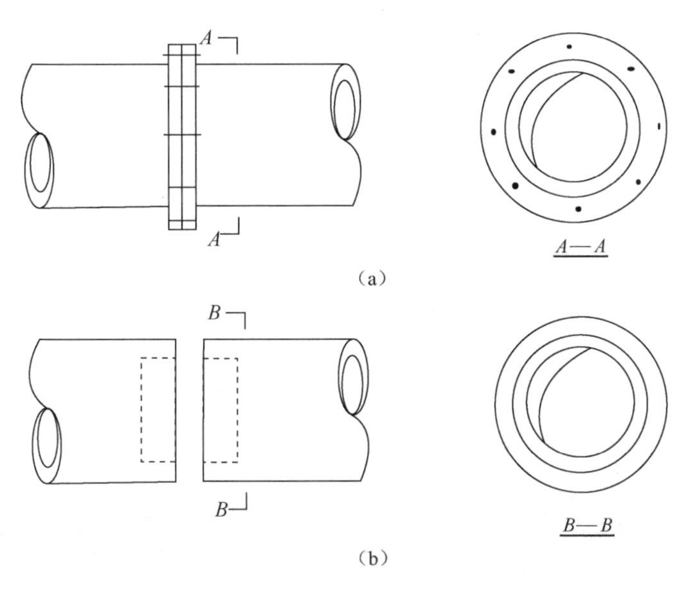

图 1-1　钢管连接

(a) 法兰盘连接图；(b) 内衬套管焊接图

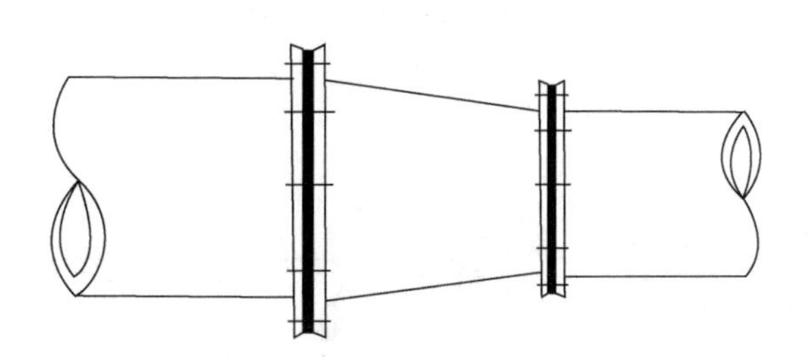

图 1-2　大小钢管连接（锥形过渡）示意

钢管或型钢与混凝土构件相连处须在混凝土内预埋连接钢板及安装螺栓等（图 1-3）。当钢管或型钢支撑与混凝土构件斜交时，混凝土构件宜浇成与支撑轴线垂直的支座面，如图 1-4 所示。

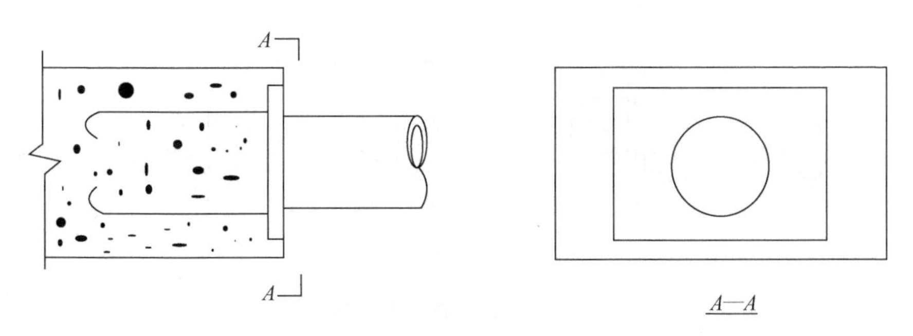

图 1-3　钢管支撑与混凝土构件连接示意

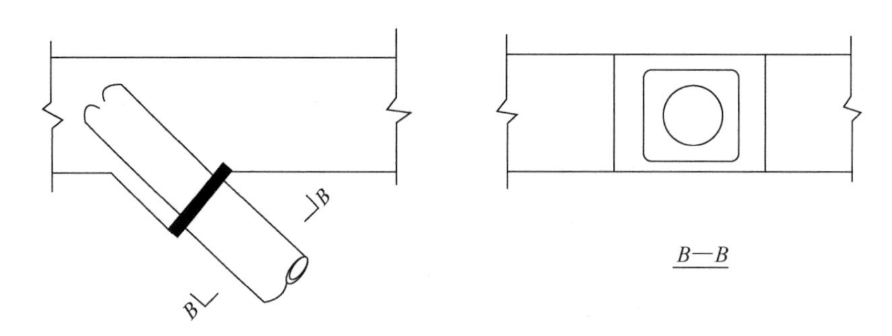

图 1-4 钢管支撑与混凝土构件斜交连接示意

钢支撑的其他主要连接节点构造图如图 1-5～图 1-11 所示。

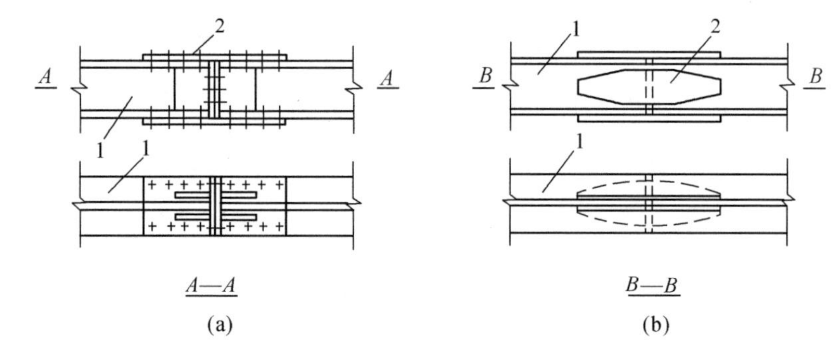

图 1-5 H 型钢支撑连接

（a）螺栓连接；（b）焊接连接

1—H 型钢；2—钢板

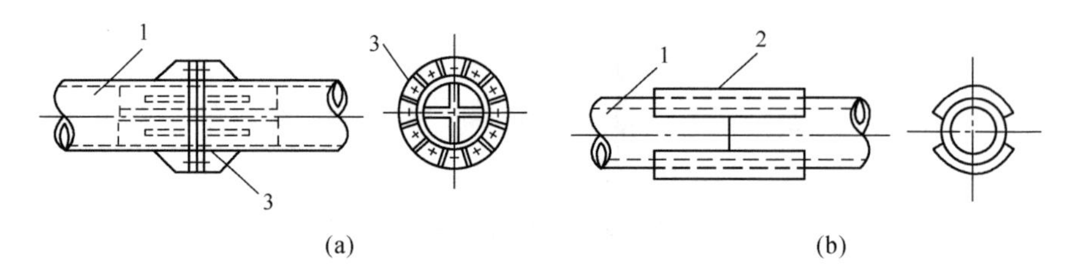

图 1-6 钢管支撑连接

（a）螺栓连接；（b）焊接连接

1—钢管；2—钢板；3—法兰

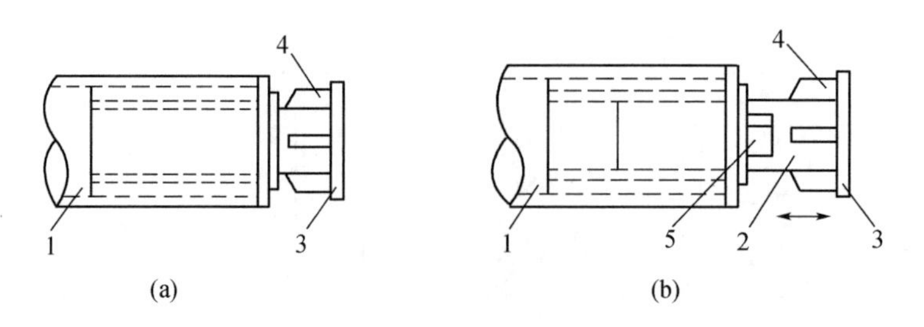

图 1-7 钢支撑端部构造

（a）固定端部构造；（b）活络端部构造

1—钢管支撑；2—活络头；3—端头封板；4—肋板；5—钢楔

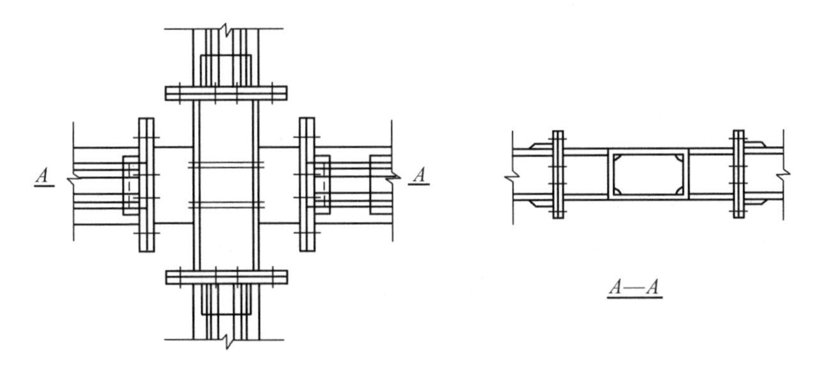

图 1-8　H 型钢十字接头平接

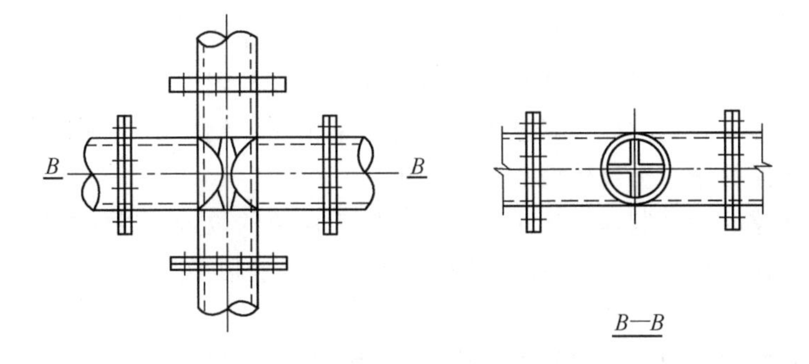

图 1-9　钢管十字接头平接

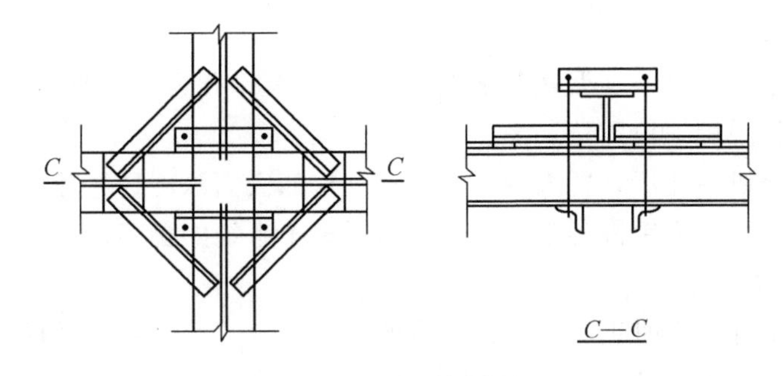

图 1-10　H 型钢叠接

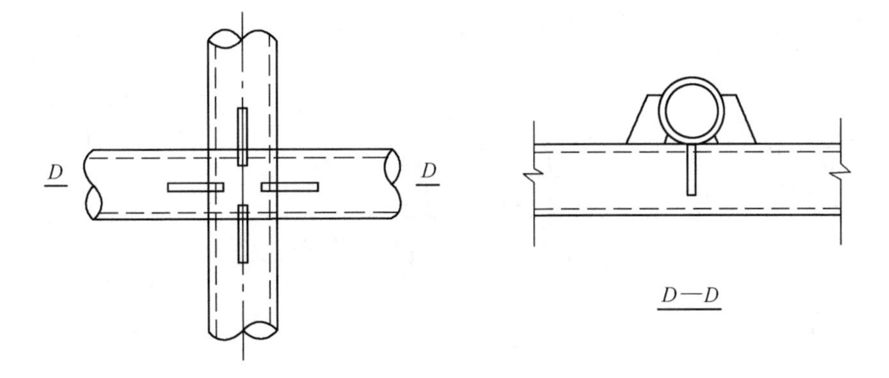

图 1-11　钢管叠接

3. 施工技术要点

钢支撑支护体系施工顺序：钢支撑吊装、就位、焊接→钢支撑施加预应力→斜撑、纵向系杆安装→临时钢立柱安装。

1）钢支撑安装

钢支撑安装随土方开挖分层进行。节点施工的关键是承压板间均匀接触，钢支撑构件就位时应保持中心线一致。为保证钢支撑就位和连接，安装前应搭设安装平台。钢支撑就位后，各分段钢支撑的中心线尽量保持一致，必要时应调整支托位置（辅以仪器配合）。钢支撑与腰梁等节点焊接时按设计预留焊缝，同时应检查护坡桩上埋件、腰梁及立柱支托上的钢支撑位置，以保证主撑准确就位。

2）施加预应力

钢支撑就位后要施加预应力，故将其一端做成可自由伸缩的“活接头”，该接头由主体、滑杆、滑道和钢楔块四部分组成。主体与钢支撑相连，滑杆与腰梁相连。施加预应力时，滑杆可以在滑道内自由移动。钢支撑顶紧腰梁后，打入钢楔块。钢楔块将钢支撑的反力通过滑杆传给腰梁，起到支撑的作用。具体施工过程如下：

①在每根水平支撑的一端制作活接头并加焊放置千斤顶的位置，以便施加预应力。

②安装千斤顶，在活接头一端施加预应力。钢支撑顶紧腰梁后，打入钢楔块，固定并焊牢。

③千斤顶用油表控制压力，横撑施加预应力；同时观测相邻钢支撑预应力的损失，如超过 50%即应重新施加。活接头两侧的千斤顶工作时应同步，以免产生偏心荷载。

3）纵向系杆、钢立柱施工

①在系杆施工中，每隔一定距离设置螺栓接头，螺栓孔为椭圆形，系杆间预留 20 mm 的空隙，系杆的接长采用螺栓连接。

②在地表用钻孔机钻孔后，置入钢立柱，钢立柱的嵌固深度通过计算确定。在开挖底标高以下灌入混凝土，形成型钢混凝土柱，从而保证整个系统的稳定。

4）连接节点施工

钢支撑、纵向系杆、临时钢立柱连接节点的施工：钢支撑、纵向系杆、临时钢立柱节点的连接可采用 U 形套箍螺栓连接，如图 1-12 所示。节点受力特点是对钢支撑、纵向系杆、临时钢立柱的连接既有三向约束作用，钢支撑、纵向系杆又可以在各自轴线方向有变化。使用 U 形套箍施工简便，不损母材，且容易调整，便于组成钢支撑支护体系的构件再利用。

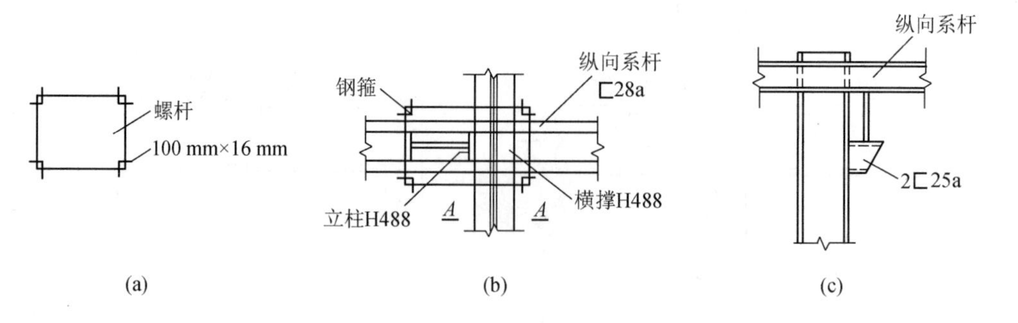

图 1-12 钢套箍做法

（a）钢套箍示意图；（b）俯视图；（c）*A*—*A* 剖面

5）安全措施

（1）土方开挖

与钢支撑体系施工相配合的土方开挖按自上而下分层进行，每层由中间向两侧开挖。每层靠近护坡桩的土方保留，作为预留平台。利用预留平台可控制基坑土体位移，保证基坑稳定；还可利用其作为钢支撑支护体系施工的工作平台。待本层钢支撑施工完成后，将本层预留平台与下一层土方同时开挖。

（2）支护体系的安全保证措施

①土方开挖分层、分段并预留平台，以控制整个基坑土体的水平位移，增加基坑稳定性。

②在基坑范围内设置应力检测点，定期（3 d）检测支护系统的受力状况，实际受力值小于设计受力值为合格。

③支护系统施工中，严禁蹬踏钢支撑，操作应在操作平台上进行并由专人负责。

④钢立柱四周 1 m 范围内预留结构的板筋，待拆除钢立柱后即可焊接钢筋、浇筑楼板混凝土。

⑤基础结构施工中，严禁在钢支撑上放置重物及行走。

（3）钢支撑支护体系的拆除

①待基础结构自下而上施工到支撑下 1.0 m 处，且楼板混凝土强度达 80%以上时，开始拆除基础结构楼板下的支护体系，否则将使巨大的侧压力传至楼板。

②支护体系拆除的顺序为自下而上，先水平构件，后垂直构件（钢立柱）。具体步骤是先行拆除斜撑、纵向系杆、柱箍，再用千斤顶卸载主撑，撤除撑端的钢楔块，用塔吊将钢支撑吊出基坑；待最上层水平构件拆除后，用乙炔将钢立柱从底部切断，用塔吊将其吊出基坑。

（4）施工监测

施工全过程应对支护体系的稳定性和相邻建筑物的沉降进行严密的监测和测试，以保证至基础结构施工全部完成时各项监测指标均在正常范围内。

◀◀◀ 第二节　型钢水泥土搅拌墙施工技术 ▶▶▶

一、主要技术特点

型钢水泥土搅拌墙施工应根据地质条件和周边环境条件、成桩深度、桩径等选用不同形式和不同功率的三轴搅拌机，与其配套的桩架性能参数应与三轴搅拌机成桩深度和提升力相匹配，钻杆及搅拌叶片构造应满足在成桩过程中水泥和土能充分搅拌的要求。型钢水泥土搅拌墙标准施工配置主要有三轴水泥土搅拌机、全液压履带式桩架、水泥运输车、水泥筒仓、高压洗净机、电脑计量搅拌系统、空压机、履带吊、挖掘机等。

1. 基本概念

型钢水泥土复合搅拌桩支护结构同时具有抵抗侧向土水压力和阻止地下渗漏的功能，主要用于深基坑支护。其制作工艺是：通过特制的多轴深层搅拌机自上而下将施工场地原位土体切碎，同时从搅拌处将水泥浆等固化剂注入土体并与土体搅拌均匀，通过连续的重叠搭接施工，形成水泥土地下连续墙；在水泥土硬凝之前，将型钢插入墙中，形成型钢与水泥土的复合墙体。实际工程应用中主要有两种结构形式：Ⅰ型是在水泥土墙中插入断面较大的H型钢，主要利用型钢承受水土侧压力，水泥土墙仅作为止水帷幕，基本不考虑水泥土的承载作用和与型钢的共同工作，型钢一般需要涂抹隔离剂，待基坑工程结束之后将H型钢拔除，以节省钢材；Ⅱ型是在水泥土墙内外两侧应力较大的区域插入断面较小的工字钢等型钢，利用水泥土与型钢的共同工作，共同承受水土压力并具有止水帷幕的功能。

2. 技术特点

施工时对邻近土体扰动较少，故不至于对周围建筑物、市政设施造成危害；可做到墙体全长无接缝施工，墙体水泥土渗透系数 K 可达 10^{-7} cm/s，因而具有可靠的止水性；成墙厚度可低至550 mm，故围护结构占地和施工占地大大减少；废土外运量少，施工时无振动、无噪声，无泥浆污染；工程造价较常用的钻孔灌注排桩方法节省20%～30%。

二、主要技术指标

型钢水泥土搅拌墙施工技术的主要技术指标有：

①型钢水泥土搅拌墙的计算与验算应包括内力和变形计算、整体稳定性验算、抗倾覆稳定性验算、坑底抗隆起稳定性验算、抗渗流稳定性验算和坑外土体变形估算。

②型钢水泥土搅拌墙中三轴水泥土搅拌桩的直径宜采用650 mm、850 mm、1000 mm；内插的型钢宜采用H型钢。

③水泥土复合搅拌桩28 d无侧限抗压强度标准值不宜小于0.5 MPa。

④搅拌桩的入土深度宜比型钢的插入深度深0.5～1.0 m。

⑤搅拌桩体与内插型钢的垂直度偏差不应大于1/200。

⑥当搅拌桩达到设计强度，且龄期不小于28 d后方可进行基坑开挖。

主要参照标准有：《型钢水泥土搅拌墙技术规程》（JGJ/T 199—2010）及《建筑基坑支护技术规程》（JGJ 120—2012）等。

三、施工技术应用

1. 技术应用范围

该技术主要用于深基坑支护，可在黏性土、粉土、砂砾土使用，目前，在国内主要在软土地区有成功应用。

2. 施工技术要点

①构造技术措施。根据不同地层，水泥土的搭接形式主要有3种，如图1-13所示。型钢或工字钢的构造方式主要有间隔插入式、连续插入式和组合式三种形式，如图1-14所示。

②深层搅拌水泥土桩墙属重力式挡土结构，且设计计算强度采用28 d强度（地基处理采用90 d强度），因此水泥掺量应比地基处理有所增加，并应加入适量的早强剂。湿法深层搅拌桩墙水泥掺入量宜为被加固土密度的15%～18%；粉喷（干法）深层搅拌桩墙水泥掺入量宜为被加固土密度的13%～16%。

③水泥土墙应采用切割搭接法施工，应在前桩水泥尚未固化时进行后序搭接桩的施工，搭接施工的间歇时间应不超过10～16 h。施工开始和结束的头尾搭接处，应采取加强措施，消除搭接勾缝。

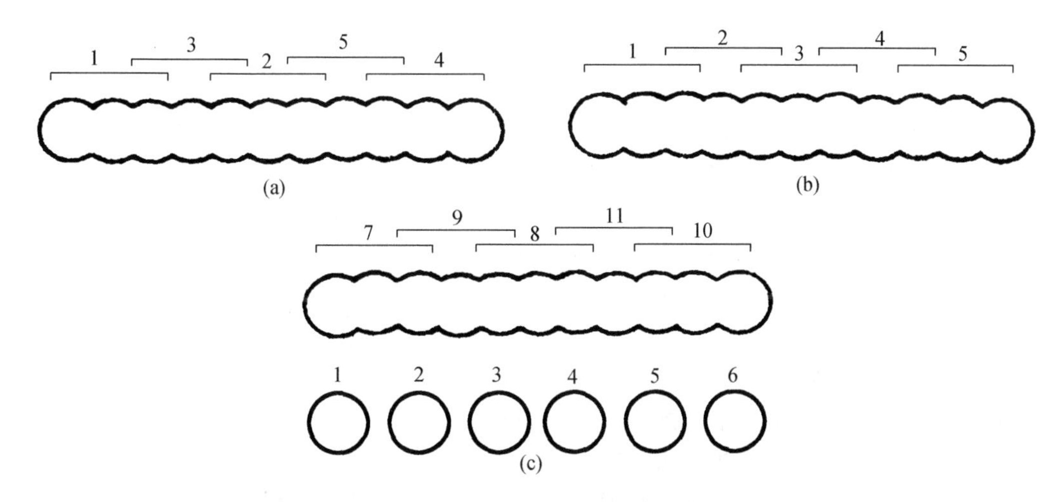

图 1-13 水泥土的搭接形式（图中数字为施工序号）

（a）连续式Ⅰ（标准式），用于标贯值小于 50 的土；（b）连续式Ⅱ（连贯式），用于标贯值小于 50 的土；（c）预钻孔式，用于标贯值大于 50 的极密实土，或含有卵石、漂石的砂砾层或软岩层

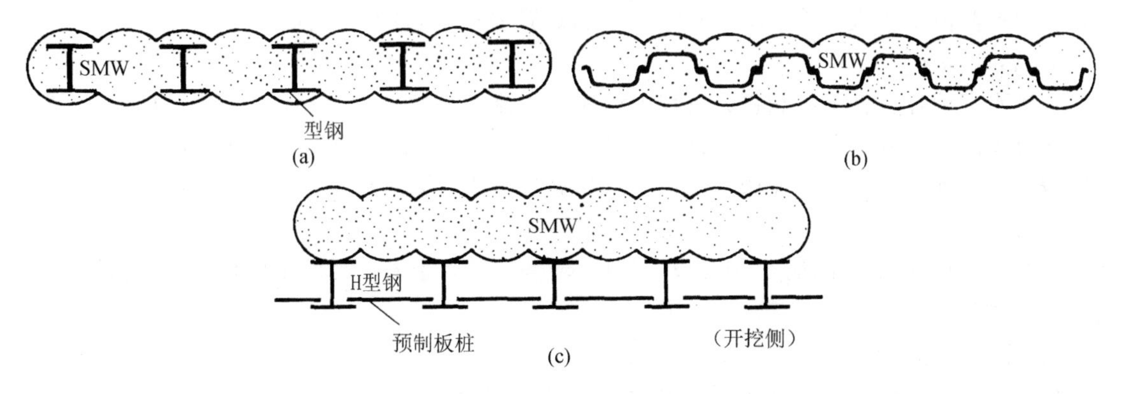

图 1-14 型钢的构造方式

（a）插入式（间隔式）；（b）插入式（连续式）；（c）组合式

④大型 H 型钢压入与拔出一般采用液压压桩（拔桩）机，H 型钢的拔出阻力较大，比压入大好几倍，主要是由于水泥结硬后与型钢黏结力大大增加，此外，型钢在基坑开挖后受侧土压力作用往往有较大的变形，使拔出受阻。水泥土与型钢黏结力可通过在型钢表面涂刷减摩剂解决，而型钢的变形，主要通过在设计时考虑型钢受力后的变形不能过大进行控制。

⑤型钢压入时应先开挖导沟、设置围檩导向架。导沟的作用是可使搅拌桩施工时的涌土不致冒出地面，导向围檩则是确保搅拌桩及型钢插入位置的准确。围檩导向架采用型钢制作，两侧围檩间距比插入型钢宽度增加 20～30 mm，导向桩间距 4～6 m，长度 10 m 左右。围檩导向架施工时应确保轴线和标高的正确。

⑥水泥土墙应在设计开挖龄期采用钻芯法检测墙身完整性，钻芯数量不宜少于总桩数的 2%，且不应少于 5 根，并根据设计要求取样进行单轴抗压强度试验。

3. 施工工况

1）测量放线

根据轴线基准点、围护平面布置图，放出围护桩边线和控制线，设立临时控制标志，做好技术复核。

2）开挖沟槽

开挖槽沟并清除地下障碍物，开挖出来的土体应及时处理，以保证搅拌桩正常施工。在沟槽上部两侧设置定位导向钢板桩，标出插筋位置、间距。

3）桩机就位

桩机应平稳、平正，应用线锤对龙门立柱垂直定位观测以确保桩机垂直度，并经常校核，桩机立柱导向架垂直度偏差应小于1/250。三轴水泥土搅拌桩桩位定位后应再进行定位复核，偏差值应小于20 mm。

4）制备水泥浆液及浆液注入

开机前按要求进行水泥浆液的搅制。将配制好的水泥浆送入贮浆桶内备用，待三轴搅拌机启动，用空压机送浆至搅拌机钻头。应设计合理的水泥浆液及水灰比，使其在确保水泥土强度的同时尽量使型钢能靠自重插入水泥土。水泥掺入比设计应确保水泥土强度满足要求，应降低土体置换率，减轻施工对环境的不利影响。对黏性土特别是标贯值和黏聚力高的地层，水灰比控制在1.5～2.0；对于透水性强的砂土地层，水灰比宜控制在1.2～1.5，必要时可在水泥浆液中掺入5%左右的膨润土，可保持孔壁稳定性和提高墙体抗渗性。

5）钻进搅拌

三轴水泥搅拌桩在下沉和提升过程中均应注入水泥浆液，并严格控制下沉和提升速度，喷浆下沉速度应控制在0.5～1.0 m/min，提升速度应控制在1.0～2.0 m/min，在桩底部分适当持续搅拌注浆，并尽可能做到匀速下沉和提升，使水泥浆和原地基土充分搅拌。

6）清洗、移位

在骨料斗中加入适量清水，开启灰浆泵，清洗压浆管道及其他所用机具，然后移位再进行下一根桩的施工。

7）涂刷减摩剂

应清除型钢表面的污垢及铁锈，减摩剂应在干燥条件下均匀涂抹在型钢插入水泥土部分。减摩剂必须加热至完全溶化，搅拌均匀后方可涂敷于型钢上，否则涂层不均匀，易剥落。如遇雨天等情况造成型钢表面潮湿，应先用抹布擦干后再涂刷减摩剂，不可在潮湿表面上直接涂刷，否则将剥落。浇筑围护墙压顶圈梁时，埋设在圈梁中的型钢部分应用泡沫塑料片等硬质隔离材料将其与混凝土隔开，以利于型钢的起拔回收。

8）插入型钢

三轴水泥搅拌桩施工完毕后，吊机应立即就位，准备吊放型钢。型钢插入宜在搅拌桩施工结束后30 min内进行，插入前应检查其规格型号、长度、直线度、接头焊缝质量等，以满足设计要求。型钢插入应采用牢固的定位导向架，先固定插入型钢的平面位置，然后起吊型钢，将型钢底部中心对正桩位中心并沿定位导向架徐徐垂直插入水泥土搅拌桩体内。必要时可采用经纬仪校核型钢插入时的垂直度，型钢插入到位后用悬挂物件控制型钢顶标高。型钢插入宜依靠自重插入，也可借助带有液压钳的振动锤等辅助手段下沉到位，严禁采用多次重复起吊型钢并松钩下落的插入方法。型钢下插至设计深度后，用槽钢穿过吊筋将其搁置在定位型钢上，待水泥土搅拌桩硬化后，将吊筋及沟槽定位型钢撤除。

9）涌土处理

由于水泥浆液的定量注入搅拌和型钢插入，一部分水泥土被置换出沟槽，采用挖土机将沟槽内的水泥土清理出沟槽，保持沟槽沿边的整洁，确保桩体硬化成型和下道工序的继续，被清理的水泥土将在 24 h 之后开始硬化，随日后基坑开挖一起运出场地。

10）型钢拔除

主体地下结构施工完毕，结构外墙与围护墙间回填密实后方可拔除型钢，应采用专用夹具及千斤顶，以圈梁为反力梁，配以吊车起拔型钢。型钢拔除后的空隙应及时充填密实。

4. 质量控制

型钢水泥土搅拌墙的质量包括两个方面。一方面是检验水泥土的质量，包括水泥土桩的材料质量、配合比试验，桩位、桩长、桩顶标高、桩架垂直度、桩身水泥掺量、上提喷浆速度、外掺剂掺量、水灰比、搅拌和喷浆起止时间、喷浆量的均匀、搭接桩施工间歇时间、水泥土桩身强度、桩的数量等。另一方面是检验插入型钢的质量，包括型钢的长度、垂直度、插入标高、平面位置、型钢转向等。具体质量控制标准应符合表 1-1、表 1-2 的规定。

表 1-1 水泥土搅拌桩成桩允许偏差

序号	检查项目	允许偏差或允许值	检查频率	检查方法
1	桩底标高/mm	±200	每根	测钻杆长度
2	桩顶标高/mm	＋100～－50	每根	水准仪
3	桩位偏差/mm	＜50	每根	钢尺量
4	桩径/mm	±10	每根	钢尺量
5	桩体垂直度	1/200	每根	经纬仪测量

表 1-2 型钢插入允许偏差

序号	检查项目	允许偏差或允许值	检查频率	检查方法
1	型钢长度/mm	±10	每根	钢尺量
2	型钢底标高/mm	－30	每根	水准仪测量
3	型钢垂直度/%	≤0.5	每根	经纬仪测量
4	型钢插入平面位置/mm	50（平行于基坑方向）	每根	钢尺量
		10（垂直于基坑方向）	每根	
5	形心转角 ϕ/°	3	每根	量角器测量

第三节 地下结构逆作法施工技术

一、主要技术特点

1. 基本概念

建筑地下工程主体结构采用逆作法，是地面以下主体结构各层自上而下（相对于传统方法反顺序）施工法的简称。它借助于地下逐层形成钢筋混凝土梁板的水平强度和刚度，对周边围护结构产生各道支撑作用，来保证内部土方相应逐步下挖的施工方法。

2. 逆作法施工分类

1）全逆作法

利用地下各层永久水平结构对四周围护结构形成水平支撑，自逆作面向下依次施工地下结构的施工方法。

2）半逆作法

利用地下各层永久水平结构中先期浇筑的肋梁，对四周围护结构形成水平支撑，待土方开挖完成后，再二次浇筑楼板的施工方法。

3）部分逆作法

基坑部分采取顺作法，部分采用逆作法的施工方法。部分逆作法一般有主楼先顺作裙房后逆作、裙房先逆作主楼后顺作、中间顺作周边逆作等。

4）分层逆作法

针对基坑围护采取土钉支护、土层锚杆等方式，由上往下进行施工，各层采取先开挖周边土方，施工土钉或锚杆后再大面积开挖中部土方，继而完成该层地下结构的施工方法。分层逆作法造价较低，施工进度较快，一般应用在土质较好的地区。

3. 技术原理

逆作法是建筑地下主体结构的一种施工技术，它通过合理利用建（构）筑物地下结构逐层施工产生的自身抗体，达到后续开挖支护围护结构的目的。一般意义上的逆作法是指主体结构的逆作，即将地下结构的外墙作为挖土围护的挡墙（地下连续墙）、将结构的梁板作为挡墙的水平支撑、将结构的框架柱作为挡墙支撑立柱的自上而下作业的支护施工方法。根据对围护结构的支撑方式，逆作法又可分为全逆作法、半逆作法和部分逆作法三种。逆作法设计施工的关键是随着开挖深度的变化，各层梁板及柱墙受力不断变化。因此，其节点连接问题，即墙与梁板的连接、柱与梁板的连接，关系到结构体系能否协调工作、建筑功能能否实现。

4. 逆作法技术特点

①适用性广，可在各种岩土工程和周边复杂环境条件下施工，节约城市有限的土地资源；

②可严格限制土层变形，对周边建筑物、管线及道路影响小，有利于环境保护；

③施工工序简化，效率提高，工期可缩短；

④主体结构代替支撑节约工程材料，设计合理，可节能减排；

⑤施工期间地质灾害发生概率大大降低，社会、环境及经济效益明显。

随着开挖深度的变化，各层梁板及柱墙受力不断变化，设计计算工况繁多，施工衔接要求非常严格。

二、主要技术指标

①围护桩（墙）水平变形最大值控制在 20 mm 以内（软土地区可适当放松）；

②钢管立柱垂直度应严格控制大于 1/600；

③相邻两柱沉降差严格控制不大于 0.002L（L 为柱间距）；

④立柱沉降或隆起最大值控制在 10 mm 以内（软土地区可适当放松）；

⑤周边地表下沉应控制在 10 mm 以内；

⑥基坑周边地下管线沉降、建筑物沉降、倾斜及裂缝的最大值按权属单位要求进行控制。

三、施工技术应用

1. 技术应用范围

适用于建筑群密集，相邻建筑物较近，地下水位较高，地下室埋深大和施工场地狭小的高（多）层地上、地下建筑工程，如地铁站、地下车库、地下厂房、地下贮库、地下变电站等。

2. 施工技术要点

1）施工工艺流程

①沿建筑物地下室轴线或周围施工地下连续墙（或其他围护结构形式），作为地下室的边墙或基坑的围护结构。

②同时在建筑物内部的有关位置（如柱子或隔墙相交处，根据中间支撑柱设置方式及需要经计算确定）施工中间支撑柱。

③挖地下一层土方至地下一层楼板设计标高，支模浇筑地下一层顶面楼板和该层内的柱子及墙板结构的混凝土。楼板周围应与地下连续墙连成一体，作为地下连续墙的水平支撑系统。

④挖地下二层土方到地下二层楼板底面标高，浇筑该层纵横梁及楼板，作为地下连续墙的第二道水平支撑系统，如此逆序往下施工。

⑤完成地下一层楼板后即可同时施工上部楼层的主体结构。

⑥如此重复进行，直至基础底板施工完成，同时可继续施工上部几层的主体结构（上部结构可施工的层数由设计决定）。

逆作法施工示意如图 1-15 所示。

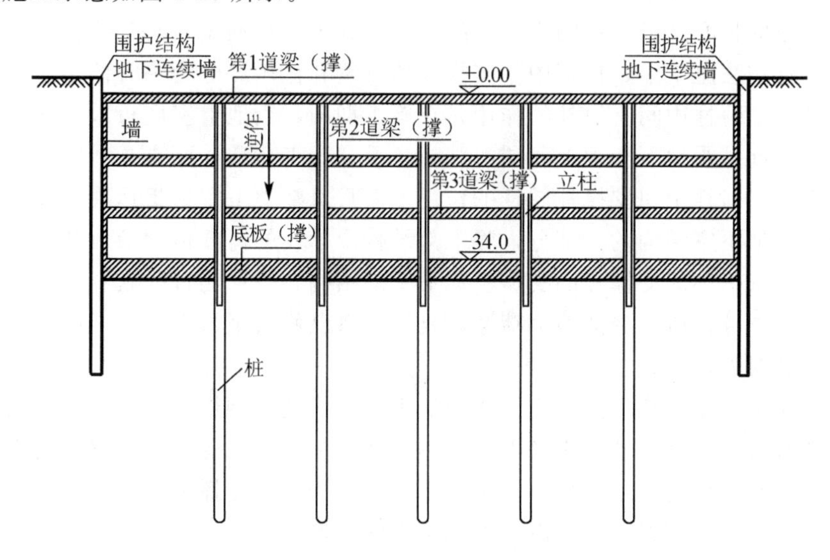

图 1-15　逆作法施工示意

2）逆作法施工的优、缺点

与传统施工方法比较，逆作法施工有以下优缺点：

①逆作法施工最大的特点是可以地下、地上同时施工，充分利用空间，加快施工进度，缩短施工工期。

②充分利用了地下连续墙的挡土、防渗及承重功能，以及利用地下室结构作为临时支护结构，不必另作内支撑或锚杆拉结，节约了临时支护的大量投资。

③由于利用地下室结构作为水平支撑，其刚度远大于临时支护结构，因而基坑变形小，对相邻建筑物、构筑物影响小。

④用逆作法施工钢筋混凝土底板时，由于施工期间支撑点增多，跨度减少，从而使底板的隆起减少，较易满足抗浮要求，因而使底板设计趋向合理。

⑤逆作法施工当能批量采用土模时，可节省模板，减少土方开挖量。封闭式逆作法施工还具有施工安全、受外界气候条件影响小等优点。

⑥采用封闭式逆作法在地下施工时需加强通风、照明、通讯等施工措施以改善施工作业条件，满足施工需要。

⑦由于逆作法是利用地下结构本身作为施工时的临时支护结构，因而对挖土方案要求更严格，特别是不能采用机械大面积挖土，从而使土方开挖及运输更困难。

⑧地下结构墙柱的逆作法施工质量要求较高，混凝土搭接质量较难控制，如施工不力，易出现裂缝。

⑨当采用封闭式逆作法进行地上、地下立体交叉作业时，需合理解决劳动力、机械、材料等的调配及施工安全等问题。

3）逆作法施工中地下结构的施工技术

（1）逆作法施工中上部荷载的支撑方式

逆作法施工中上部荷载的支撑方式主要有利用中间支撑柱与挡土墙共同支撑、仅用挡土墙支撑以及利用施工挖方过程中形成的土柱支撑三种方法。

第一种方法的核心技术是中间支撑柱的设计与施工。在利用中间支撑柱和挡土墙共同支撑上部荷载的逆作法施工中，根据中间支撑柱的设置和作用可分为临时性中间支撑柱和永久性中间支撑柱。临时性中间支撑柱的作用是在施工期间，当地下室底板未达到设计强度之前与地下连续墙一起承受地下和地上各层的结构自重和施工荷载；而永久性中间支撑柱不仅在施工期间具有与临时性中间支撑柱同样的作用，而且可在地下室底板达到设计强度后，与底板连成整体作为地下室结构的一部分，将上部结构及承受的荷载传递给地基。中间支撑柱的位置和数量，要根据中间支撑柱的类型、地下室的结构布置和制订的施工方案详细考虑后经计算确定。中间支撑柱所承受的最大荷载，是地下室已修筑至最下一层、而地面上已修筑至规定的最高层数时的荷载。

第二种方法又称悬吊施工法，它是将施工中临时拼装的钢桁架斜撑与周围挡土墙连成整体，使上部荷载直接传至外部挡土墙上，不用中间支撑柱，因此，该法仅适用于地铁等狭长基坑施工或一些小规模的施工现场。当不能单用外部挡土墙支撑上部荷载时，可在中央适当部位架设支柱，由于使用斜撑，可以相应减少中间支撑柱的数量，便于挖土作业和地下室主体结构施工。实际采用这种做法时还需要加固地下室结构，并应考虑施工时架设桁架的工期和费用。

第三种方法仅适用于土质强度较高、地质情况很好的地区（如我国的华北、东北等部分地区）。这种施工方法可以充分利用土体强度，利用土方开挖过程中形成的土柱作为施工时的临时支撑，通过土柱与地下室外墙、柱子之间力的转换，达到逆作目的。因此该法不仅可以大大降低工程的直接费用，还可充分利用土体作为地下室结构构件施工时的胎模，节省大量模板。但此种做法对土方开挖程序要求极高，必须经过认真周密的设计，严格施工，确保每个土柱体的稳定性。

在施工期间，要注意观察中间支撑柱的沉降和抬升。由于上部结构的不断加荷，会引起中间支撑柱的沉降；而基坑开挖导致的卸荷作用又会引起坑底土体的回弹，使中间支撑柱抬升。要事先精确计算中间支撑柱最终是沉降还是抬升，以及沉降或抬升的数值，目前还有一定的困难。

（2）地下室结构的支模方法

根据逆作法施工的特点，地下室的内部结构构件墙、柱、梁等都是由上而下分层浇筑的，浇筑混凝土用的模板要支撑在刚开挖的土层上。因此，一方面必须设法减少支撑的沉降和结构的变形；另一方面则要处理好构件的上下连接和混凝土的浇筑方法。

为了减少支撑的沉降和结构的变形，施工时需对土层采取临时加固措施。常用的加固方法主要有：

①在土层上浇筑一层素混凝土，以提高土层的承载能力，减少沉降，待混凝土浇筑完毕，开挖下层土方时再随土一同挖去，这种方法会额外耗费一些混凝土。

②在土层上铺设砂垫层，上铺枕木以扩大支撑面积。采用这种方法时，上层柱子或墙中的钢筋可插入砂垫层，以便于钢筋的连接。

③采用悬吊模板。如采用钢平台吊模施工，将顶板及中楼板钢平台支撑在中间支撑柱和周边地下连续墙上。

下部混凝土的浇筑方法通常采用颚式浇筑和套筒式浇筑两种方法。颚式浇筑由于混凝土是从顶部的侧面入仓，为便于浇筑和保证连接处的密实性，应对竖向钢筋间距适当调整，构件顶部的模板需做成喇叭形。套筒式浇筑是由上部混凝土结构中预埋的套管进行混凝土浇筑。一般来说，采用颚式浇筑法混凝土密实性要用套筒式浇筑为好，当使用普通混凝土时，颚式浇筑法的空隙约为 3 mm，而套筒式浇筑法约有 10 mm。

④地下室结构的逆接缝处理。采用逆作法施工时，地下室结构的垂直施工缝一般可留在每层柱子、墙的顶部和底部。由于上、下构件的结合面在上层构件的底部，再加上地面土坡的沉降和刚浇筑混凝土的收缩，在结合面处易出现缝隙。因此，混凝土逆接缝的施工方法十分重要，如果承受垂直荷载的柱子和墙体接缝处混凝土不能浇捣密实，会直接影响结构的安全，地下室外墙还会产生渗漏水的现象。常用的逆接缝施工方法包括直接法、注入法、充填法。

直接法：施工简单，可减少水平施工缝。但由于后浇混凝土离析水的上升和混凝土自压密脱水，易在施工缝处产生空隙，因此，应在后浇混凝土初凝之前（浇筑混凝土后约 1～4 h），进行二次振捣，以提高混凝土的强度和密实性。也可在后浇混凝土中掺加膨胀剂、控制离析的外加剂、自密实外加剂或其他具备多种功能的外加剂。

注入法：是在结合面处的模板上预留若干压浆孔，以便用压力灌浆（水泥膏及树脂膏等）消除缝隙，使上、下混凝土构成一个整体，保证构件连接处的密实性。

充填法：即有意识地预留适当空隙（如用混凝土充填约留 1.0 m，用砂浆充填则可留 0.3 m 左右），待下部混凝土成形并有一定强度后，再清除混凝土表面浮浆，用无收缩混凝土或掺入微膨胀剂的混凝土充填该空隙。采用该法施工时，由于缩小了接缝处的工作量，可以做到精工细作，且下部混凝土的沉陷和收缩已大部分完成，使接缝质量容易得到保证。对外墙接缝还应加上止水条或采取其他适当措施，以满足接缝处的防渗要求。

4）逆作法施工中临时的支撑系统施工

逆作法施工中遇到水平结构体系出现过多的开口或高差、斜坡、局部开挖作业深度较大等情况，将不利于侧向水土压力的传递，也难以满足结构安全、基坑稳定以及保护周边环境要求。对于该类问题常通过对开口区域采取临时封板、增设临时支撑等加固措施解决。逆作法施工中临时支撑主要作用是增强已有支撑系统的水平刚度、加固局部薄弱结构等，其主要形式有钢管支撑、型钢支撑、钢筋混凝土支撑等，其中钢支撑应用较广泛。临时支撑系统的施工通常是在支撑两端的架设位置设预埋件，埋件埋设在已完成的混凝土结构中，再将临时钢支撑两端与埋件焊接牢固。逆作法施工中后浇带位置亦有临时支撑系统。通常做法是在后浇带两侧水平结构间设置水平型钢临时支撑，在水平肋梁下距后浇带 1 m 左右处设竖向支承以确保结构稳定。具体施工方法及相关节点构造与临时支撑基本相同。

5）后浇带与沉降缝位置的构造处理

（1）施工后浇带

地下连续墙在施工后浇带位置时通常的处理方法是将相邻的两幅地下连续墙槽段接头设置在后浇带范围内，且槽段之间采用柔性连接接头，即为素混凝土接触面，不影响底板在施工阶段的各自沉降。同时，为确保地下连续墙分缝位置的止水可靠性以及与主体结构连接的整体性，施工分缝位置设置的旋喷桩及壁柱应待后浇带浇捣完毕后再施工。

（2）永久沉降缝

在沉降缝等结构永久设缝位置，两侧两墙合一地下连续墙也应完全断开，但考虑到在施工阶段地下连续墙起到挡土和止水的作用，在断开位置需要采取一定的构造措施。设缝位置在转角处时，一侧连续墙应做成转角槽段，与另一侧平直段墙体相切，两幅槽段空档在坑外采用高压旋喷桩进行封堵止漏，地下连续墙内侧应预留接驳器和止水钢板，与内部后接结构墙体形成整体连接。设缝位置在平直段时，两侧地下连续墙间空开一定宽度，在外侧增加一幅直槽段解决挡土和止水的问题；或直接在沉降缝位置设置槽段接头，该接头应采用柔性接头，另外，在正常使用阶段必须将沉降缝两侧地下连续墙的压顶梁完全分开。

6）立柱与结构梁施工构造措施

（1）角钢格构柱与梁的连接节点

角钢格构柱与结构梁连接节点处的竖向荷载，主要通过立柱上的抗剪栓钉或钢牛腿等抗剪构件承受（图 1-16）。

结构梁钢筋穿越立柱时，梁柱连接节点一般有钻孔钢筋连接法、传力钢板法、梁侧加腋法。钻孔钢筋连接法是在角钢格构柱的缀板或角钢上钻孔穿钢筋的方法。该方法应通过严格计算以确保截面损失后的角钢格构柱承载力满足要求。传力钢板法是在格构柱上焊接连接钢板，将无法穿越的结构梁主筋与传力钢板焊接连接的方法。梁侧加腋法是通过在梁侧加腋的方式扩大节点位置梁的宽度，使梁主筋从角钢格构柱侧面绕行贯通的方法。

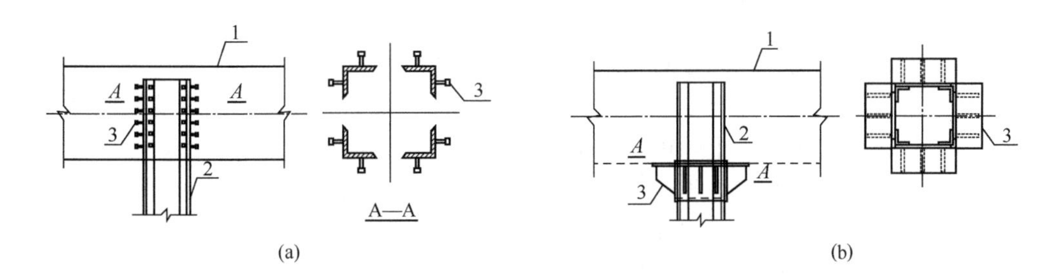

图 1-16　钢立柱设置抗剪构件与结构梁板的连接节点

（a）设置栓钉；（b）设置钢牛腿

1—结构梁；2—立柱；3—栓钉或钢牛腿

（2）钢管混凝土立柱与梁的连接节点

平面上梁主筋均无法穿越钢管混凝土立柱，该节点可通过传力钢板连接，即在钢管周边设置带肋环形钢板，梁板钢筋焊接在环形钢板上，如图 1-17 所示；也可采用钢筋混凝土环梁的形式。结构梁宽度与钢管直径相比较小时，可采用双梁节点，即将结构梁分成两根梁从钢管立柱侧面穿越。

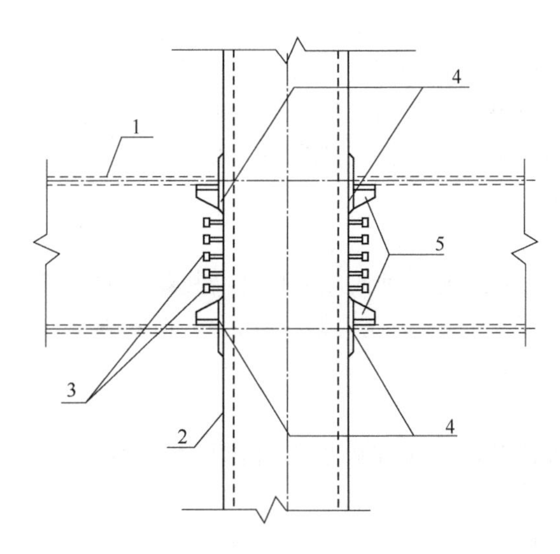

图 1-17　钢管立柱环形钢板传力件节点

1—结构框架梁；2—钢管立柱；3—栓钉；4—弧形钢板；5—加劲环板

7）水平结构与围护墙的构造措施

（1）水平结构与两墙合一地下连续墙的连接

结构底板和地下连续墙的连接一般采用刚性连接。常用连接方式主要有预埋钢筋接驳器连接和预埋钢筋连接等形式。地下结构楼板和地下连续墙的连接通常采用预埋钢筋和预埋剪力连接件的形式；也可通过边环梁与地下连续墙连接，楼板钢筋进入边环梁，边环梁通过地下连续墙内预埋钢筋的弯出和地下连续墙连接。

（2）水平结构与临时围护墙的连接

水平结构与临时围护墙的连接需解决水平传力和接缝防水问题。临时围护墙与地下结构之间水平传力支撑体系一般采用钢支撑、混凝土支撑或型钢混凝土组合支撑等形式。地下结构周边一般应设置通长闭合的边环梁，可提高逆作阶段地下结构的整体刚度，改善边跨结构楼板的支承条件；水平支撑应尽量对应地下结构梁中心，若不能满足，应进行必要的加固。边跨结构存在二次浇筑的工序要求，逆作阶段先施工的边梁与后浇筑的边跨结构接缝处应采取止水措施。若顶板有防水要求，可先凿毛边梁与后浇筑结构顶板的接缝面，然后通长布置遇水膨胀止水条；也可在接缝处设注浆管，待结构达到强度后注浆充填接缝处的微小缝隙。周边设置的临时支撑穿越外墙，应在对临时支撑穿越外墙位置采取设置止水钢板或止水条的措施，也可在临时支撑处留洞，洞口设置止水钢板，待支撑拆除后再封闭洞口。

（3）底板与钢立柱连接处的止水构造

钢立柱在底板位置应设置止水构件以防止地下水上渗，通常采用在钢立柱周边加焊止水钢板的形式。

第四节 复合土钉墙施工技术

一、技术原理及主要内容

1）基本概念

复合土钉墙支护具有轻型、机动灵活、支护能力强、适用范围广的特点，可作超前支护，并兼备支护、截水等效果。在实际工程中，组成复合土钉墙的各项技术可根据工程需要进行灵活的有机结合，形式多样。复合土钉墙是一项技术先进、施工简便、经济合理、综合性能突出的基坑支护技术。

2）技术原理

复合土钉墙是将普通土钉墙与一种或几种构件有机组合成的复合支护体系，构成要素主要有土钉（钢筋土钉或钢管土钉）、预应力锚杆（索）、截水帷幕、微型桩、挂网喷射混凝土面层、原位土体等。

3）基本构造形式

预应力锚杆、截水帷幕及微型桩或单独或组合与基本型土钉墙复合，形成了7种复合形式：

①土钉墙＋预应力锚杆；

②土钉墙＋截水帷幕；

③土钉墙＋微型桩；

④土钉墙＋微型桩＋预应力锚杆；

⑤土钉墙＋截水帷幕＋预应力锚杆；

⑥土钉墙＋截水帷幕＋微型桩；

⑦土钉墙＋截水帷幕＋微型桩＋预应力锚杆。

其中第三种在实际工程中使用最多。

二、主要技术指标

①复合土钉墙中的预应力锚杆指锚索、锚杆机、锚管等。

②复合土钉墙中的止水帷幕形成方法有：水泥土搅拌法、高压喷射注浆法、灌浆法、地

下连续墙法、微型桩法、钻孔咬合桩法、冲孔水泥土咬合桩法等。

③复合土钉墙中的微型桩是一种广义上的概念，构件或做法如下：

直径不大于 400 mm 的混凝土灌注桩，受力筋可为钢筋笼或型钢、钢管等。

作为超前支护构件直接打入土中的角钢、T 字钢、H 形钢等各种型钢、钢管、木桩等。

直径不大于 400 mm 的预制钢筋混凝土网桩，边长不大于 400mm 的预制方桩。

水帷幕中插入型钢或钢管等劲性材料。

④土钉墙、水泥土搅拌桩、预应力锚杆、微型桩等按《建筑基坑支护技术规程》（JGJ 120—2012）、《基坑土钉支护技术规程》（CECS 96：97）等现行技术标准设计施工。

三、施工技术应用

1. 技术应用范围

①开挖深度不超过 15 m 的各种基坑。

②淤泥质土、人工填土、砂性土、粉土、黏性土等土层。

③多个工程领域的基坑及边坡工程。

2. 设计内容及原则

1）设计内容

①确定土钉墙的平面、剖面尺寸及分段施工高度。

②确定土钉布置方式和间距。

③确定土钉的直径、长度、倾角及空间方向。

④确定钢筋类型、锚头构造。

⑤确定注浆方式、配合比、浆体强度指标。

⑥喷射混凝土面层设计及坡顶防护措施。

⑦进行整体稳定性分析及验算。

⑧土钉抗拔力验算。

⑨变形预测和可靠性分析。

⑩施工各阶段内部稳定性验算，即开挖已达作业深度，但作业面上的土钉尚未设置或注浆尚未达到强度时的施工阶段稳定验算。

2）设计原则与要求

土钉墙支护应满足强度、稳定性、变形和耐久性等要求。当土钉支护用于建筑物密集的深基坑开挖时，限制变形、保证周围建筑物设施的环境安全最为重要。

（1）施工开挖过程

控制每步的开挖深度和合理安排作业顺序，使开挖面上裸露土体保持稳定，这对于限制土钉支护变形十分重要。每步开挖深度通常为 1～2 m。施工过程必须与现场测试和监控相结合，通过测量数据及时反馈以便指导施工。

（2）控制支护变形的措施

根据地质情况，应在施工注意事项中提出限制每步作业开挖深度及合理挖土工序，限制边坡开挖后裸露时间，以及对加快注浆的时间和喷射混凝土等的要求。

根据地质及水文情况，在结构设计中，可以采取的方法有：加大上层土钉排的长度；增加土钉密度；如用螺帽，端头可通过拧紧螺丝施加少量预应力或在上部土钉中做一排预应力锚杆。

（3）充分考虑地下水、管道漏水情况

土钉支护必须在地下水位以上进行逐层挖土及土钉作业。地下水位高、有上层滞水的地基要降低地下水位，如遇丰水区或地下水与江河连通不易降水时，应做隔水帷幕。

设计土钉支护应进行工地现场勘察，了解管道、化粪池等地下构筑物的漏水情况，这项工作非常重要。因为在地下水的作用下，土压力将增加，土钉的内力也将增加，同时土钉的抗拔能力将减小，这样会导致土钉支护失效或者造成破坏。

（4）设计、施工和监控密切配合

土钉支护本身要求设计、施工和监控密切配合，如果是分单位负责，则必须有良好的配合，最好是设计和施工皆由施工单位负责，统一起来。

（5）设计的一般原则和要求

①用于基坑支护坑深在 1.2 m 左右的边坡，墙面坡度不宜大于 1∶0.1。

②土钉长度与开挖深度之比 L/H 宜为 0.5～1.2，顶部土钉长度宜为 $0.8H$ 以上，间距宜为 1～2 m，土钉水平夹角宜为 5°～20°。

③土钉必须和面层有效连接，应设置承压板或加强钢筋等构造措施，承压板或加强钢筋应与土钉螺栓连接或与钢筋焊接连接。

④土钉宜用 HPB300 级、HRB400 级直径 16～32 mm 钢筋，钻孔（锚钉孔）注浆直径宜为 70～120 mm。

⑤上、下段钢筋网搭接长度应大于 300 mm。灌浆材料宜用水泥浆或水泥砂浆，强度等级不低于 M10。

⑥喷射混凝土面层厚度宜为 80～200 mm。

⑦喷射混凝土强度等级不宜低于 C20。

⑧喷射混凝土面层中应配钢筋网。钢筋网采用 HPB300 级直径 6～10 mm 钢筋，间距 150～300 mm。

3. 施工技术要点

1）施工程序

复合土钉墙的施工应按以下顺序进行：放线定位→截水帷幕和微型桩施工→分层开挖→修整坡面→喷射第一层混凝土→土钉及预应力锚杆钻孔安装→注浆→绑扎面层钢筋网及腰梁钢筋→挂网喷射第二层混凝土→（无预应力锚杆部位）养护 48 h 后继续分层下挖→（布置预应力锚杆部位）浆体强度达到设计要求并张拉锁定后继续分层开挖。

2）土方开挖与喷锚支护的配合

土方开挖与土钉喷射混凝土等工艺的密切配合是确保复合土钉墙支护顺利施工的重要环节，最好由一个施工单位总包，统一安排。实际工程中，如果由两个单位分别负责，则要求二者之间必须密切配合。土方开挖必须严格遵循分层、分段、平衡、适时等原则。设计文件中，应根据上述原则提出具体要求，施工单位根据设计和规范要求做出施工组织设计。在软土和砂土地段，应特别注意掌握开挖时间和开挖顺序，并及时施作支护，尽量缩短支护时间。

3）成孔以及设置土钉

①土钉成孔直径为 70～120 mm，土钉宜用 HRB400 级钢筋，直径宜用 16～32 mm。

②土钉成孔采用的机具应适合土层特点，满足成孔要求，在钻进和抽出过程中不会引起塌孔。在易塌孔的土体中需采取措施，如套管成孔。

③成孔前应按设计要求定出孔位、做出标记和编号。成孔过程中做好记录，按编号逐一记录土体特征、成孔质量、事故处理等，发现较大问题时，及时反馈、修改土钉设计参数。

④孔位的允许偏差不大于 100 mm，钻孔倾斜度偏差不大于 1°，孔深偏差不大于 30 mm。

⑤成孔后要进行清孔检查，对孔中出现的局部渗水、塌孔或掉落松土应立即处理，成孔后应及时穿入土钉钢筋并注浆。

⑥钢筋入孔前应先设置定位架，保证钢筋处于孔的中心部位，定位架形式同锚杆钢筋定位架。支架沿钢筋长向间距为 2～3 m，支架应不妨碍注浆时浆体流动。支架材料可用金属或塑料。

4）注浆

①成孔内注浆可采用重力、低压（0.4～0.6 MPa）或高压（1～2 MPa）方法注浆。

对水平孔必须采用低压或高压方法注浆。压力注浆时，应在钻孔口处设置止浆塞，注满浆后保持压力 3～5 min。压力注浆尚需配备排气管，注浆前送入孔内。

对于下倾斜孔，可采用重力或低压注浆。注浆采用底部注浆方式。注浆导管底端先插入孔底，在注浆的同时将导管匀速缓慢拔出，导管的出浆口应始终处在孔中浆体表面以下，保证孔中气体能全部溢出。重力注浆以满孔为止，但在初凝前需补浆 1～2 次。

②二次注浆。为提高土钉抗拔力采取二次注浆方法，即在首次注浆终凝后 2～4 h 内，用高压（2～3 MPa）向钻孔中第二次灌注水泥浆，注满后保持压力 5～8 min。二次注浆管的边壁带孔，在首次注浆前与土钉钢筋同时放入孔内。

③向孔内注入浆体的充盈系数必须大于 1。每次向孔内注浆时，宜预先计算浆体体积并根据注浆泵的冲程数，求出实际的孔内注浆体积，以确认注浆量超过孔的体积。

④注浆所用水泥砂浆的水胶比，宜在 0.4～0.45 之间。当用水泥净浆时宜为 0.45～0.5，并宜加入适量的速凝剂、外加剂等，以促进早凝和控制泌水。施工时，当浆体工作度不能满足要求时，可外加高效减水剂，但不准任意加大用水量。

浆体应搅拌均匀立即使用。开始注浆、中途停顿或作业完毕后，须用水冲洗管路。

注浆砂浆强度试块，采用 70 mm×70 mm×70 mm 立方体，经标准养护后测定，每批至少 3 组（每组 3 块）试件，给出 3～28 d 强度。

5）土钉与面层连接

①较简单的连接方法如图 1-18（c）所示，用 ϕ25 短钢筋头与土钉钢筋焊接牢固后，进行面层喷射混凝土。

②采用端头螺纹、螺母及垫板接头，如图 1-18（a）所示。这种方法需要先将杆件端头套丝，并与土钉钢筋对焊，喷射混凝土前将螺杆用塑料布包好，待面层混凝土具有一定强度后，套入垫板及螺母后，拧紧螺母，其优点是可起预加应力作用。

6）混凝土面层施工

①面层内的钢筋网片应牢牢固定在土壁上，并符合保护层厚度要求。网片可以与土钉固定牢固，喷射混凝土时，网片不得晃动。

钢筋网片可以焊接或绑扎而成，网格允许误差 10 mm，网片铺设搭接长度不应小于

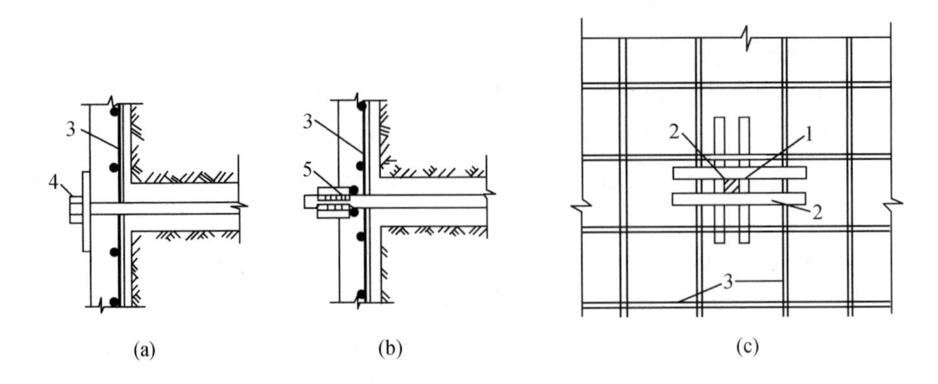

图 1-18　土钉与面层的连接

（a）螺栓连接；（b）、（c）钢筋连接

1—土钉；2—井字短钢筋；3—喷射钢筋混凝土；4—螺栓连接；5—焊接钢筋

300 mm及 25 倍钢筋直径。

②喷射混凝土材料，水泥宜用的强度等级为 42.5，干净碎石、卵石粒径不宜大于 12 mm，水泥与砂石质量比宜为（1∶4）～（1∶4.5），砂率 45%～55%，水胶比 0.4～0.45，宜掺外加剂，并应满足设计强度要求。

③喷射作业前要对机械设备，风、水管路和电线进行检查及试运转，清理喷面，埋好控制喷射混凝土厚度的标志。

④喷射混凝土射距宜在 0.8～1.5 m，并从底部逐渐向上部喷射。射流方向应垂直指向喷射面，但在钢筋部位，应先填充钢筋后方，然后再喷钢筋前方，防止钢筋背后出现空隙。

⑤当面层厚超过 100 mm 时，要分两次喷射。当进行下步喷射混凝土时，应仔细清除施工缝接合面上的浮浆层和松散碎屑，并喷水使之湿润。

⑥根据现场环境条件进行喷射混凝土的养护，如浇水、织物覆盖浇水等养护方法，养护时间视温度、湿度而定，一般宜为 7 d。

⑦混凝土强度应用 100 mm×100 mm×100 mm 立方体试块进行测定，将试模底面紧贴边壁侧向喷入混凝土，每批留 3 组试块。

⑧当采用干法作业时，空压机风量不宜小于 9 m^3/min，以防止堵管，喷头水压不应小于 0.15 MPa，喷前应对操作人员进行技术考核。

7）排水系统的设置

基坑边含有透水层或渗水土层时，混凝土面层上应做泄水孔，即按间距 1.5～2.0 m 均匀布设长 0.4～0.6 m、直径不小于 40 mm 的塑料排水管，外管口略向下倾斜，管壁上半部分可钻透水孔，管中填满粗砂或圆砾作为滤水材料，以防土颗粒流失。也可在喷射混凝土面层施工前预先沿土坡壁面每隔一定距离设置一条竖向排水带，即用带状皱纹滤水材料夹在土壁与面层之间形成定向导流带，使土坡中渗出的水有组织地导流到坑底后集中排除。

8）土钉现场试验

（1）试验要求

①土钉墙支护施工必须进行土钉的现场抗拔试验。一般应在专设的非工作土钉上进行抗拔试验直至破坏，用以确定破坏荷载及极限荷载，并据此估计土钉界面极限黏结强度。

②每一典型土层中至少测试 3 个土钉，其孔径制作工艺等应与工作土钉完全相同，但试验土钉在距孔口处保留 1 m 长非黏结段。

（2）试验方法

①现场抗拔试验宜用穿心式液压千斤顶张拉，要求土钉、千斤顶、测力杆均在同一轴线上，千斤顶的反力支架可置于喷射混凝土面层并可垫钢板，加荷时用油压表大体控制加荷值，并由测力杆准确计量。土钉的拔出位移量用百分表量测，其精度不小于 0.02 mm，量程不少于 50 mm，百分表支架应远离混凝土面层着力点。

②试验采用分级连续加载，首先施加少量初始荷载（不大于设计荷载的 10%），使加载装置保持稳定。以后的每级荷载增量不超过设计荷载的 20%。在每级荷载施加完毕后，应立即记下位移读数，并在保持荷载稳定不变的情况下，继续记录 1 min、6 min、10 min 的位移读数。若同级荷载下 10 min 与 1 min 的位移增量小于 1 mm，即可施加下级荷载，否则应保持荷载不变继续测试 15 min、30 min、60 min 时的位移。此时若 60 min 与 6 min 的位移增量小于 2 mm，可立即施加下级荷载，否则即认为达到极限荷载。

③测试土钉的注浆体抗压强度，一般不低于 6 MPa。

（3）试验结果评定

①极限荷载下的总位移，必须大于测试土钉非黏结段土钉弹性伸长理论计算值的 80%，否则测试数据无效。

②根据试验得出的极限荷载，可算出界面黏结强度的实测值。试验平均值应大于设计计算所用标准值的 1.25 倍，否则应进行反馈修改设计。

③当由试验所加最大荷载计算出的界面黏结强度，已经大于计算用的黏结强度的 1.25 倍时，可以不再进行破坏试验。

9）土钉墙支护施工监测

（1）施工监测内容

①土钉墙施工监测内容。支护位移的量测；开裂状态（位置、裂宽）的观察及记录；附近建筑物和重要管线设施的变形量监测和裂缝观察及记录；基坑渗漏水和基坑内外地下水位的变化。

②支护位移的测量至少应有基坑边壁顶部的水平位移与垂直沉降。测点位置应选在变形最大或局部地质条件最为不利的地段。测点总数不宜小于 3 个，测点距离不宜大于 30 m。

在可能的情况下，宜同时测定基坑边壁不同深度位置处的水平位移，以及地表离基坑边壁不同距离处的沉降，绘出地表沉降曲线。

（2）施工监测要求

①在支护阶段，每天监测不少于 1～2 次，在完成基坑开挖、变形趋于稳定的情况下，可适当减少监测次数。施工监测过程应持续至整个回填结束、支护退出工作为止。

②应特别加强雨天和雨后监测。对各种可能危及土钉支护安全的水害来源，要进行仔细观察，如场地周围排水、上下水道、化粪池、储水池等漏水以及土体变形造成的管道漏水和人工降水不良等情况的观察。

③在施工过程中，基坑顶部的侧向位移与当时所挖深度之比，如黏性土超过 0.3%～0.5%、砂土超过 0.3%时，应加强观测，分析原因并及时对支护采取加固措施，必要时增加其他支护办法，以防止发生事故。

10）复合土钉墙施工注意事项

土钉的施工质量对土钉墙的稳定至关重要，土钉施工除遵循土钉墙已有规范外，在复合土钉墙中应特别注意以下两点：

（1）土钉选择

在普通土钉墙中，主要采用钢筋土钉，而且设计文件往往考虑和限制了其使用条件，例如，用于有一定自稳能力的土层，或经过降水的土层等。但在复合土钉墙中，由于土层种类和使用条件的扩大，钢筋土钉往往难以适应。因此，在复合土钉墙的设计和施工中应根据工程条件合理选择土钉种类。一般来说，地下水位以上，或有一定自稳能力的地层中，钢筋土钉和钢管土钉均可采用；但地下水位以下，软弱土层、砂质土层等，由于成孔困难，则应采用钢管土钉。

（2）钢管土钉施工

钢管土钉不需先成孔，它是通过专用设备直接打入土层，并通过管壁与土层的摩阻力产生锚拉力达到稳定的目的，保证较高的摩阻力是其成败的关键。钢管土钉施工应注意：一是钢管土钉在土层中禁止引孔（帷幕除外），由于设备能力不够而造成土钉不能全部被打进时，则应更换设备；二是土钉外端应有足够的自由段长度，自由段一般不小于 3 m，不开孔，靠其与土层之间的紧密贴合保证里段有较高的注浆压力和注浆量，提高加固和锚固效果；三是在帷幕上开孔的土钉，土钉安装后应对孔口进行封闭，防止渗水、漏水。

第二章 地基与桩基工程施工技术

第一节 真空预压法加固软土地基施工技术

一、主要技术特点

1. 基本概念

真空预压法是在需要加固的软黏土地基内设置砂井或塑料排水板，然后在地面铺设砂垫层，其上覆盖不透气的密封膜使软土与大气隔绝，然后通过埋设于砂垫层中的滤水管，用真空装置进行抽气，将膜内空气排出，从而在膜内外产生一个气压差，这部分气压差即变成作用于地基上的荷载，如图 2-1 所示。地基随着等向应力的增加而固结。抽真空前，土中的有效应力等于土的自重应力，抽真空一定时间的土体有效应力为此时土的固结度与真空压力的乘积值。

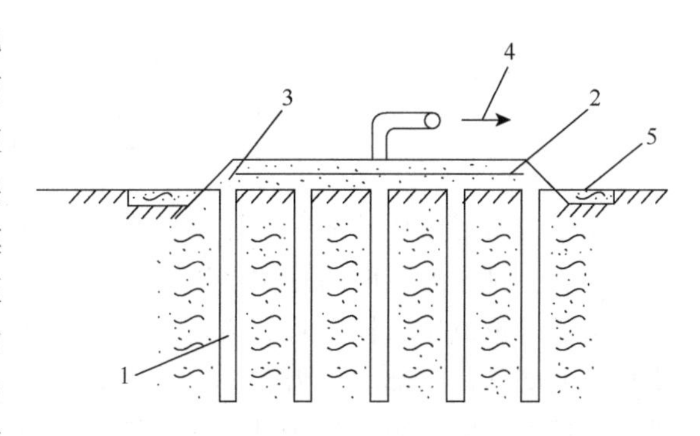

图 2-1 真空预压地基

1—砂井；2—薄膜；3—砂垫层；
4—抽水、气；5—黏土

2. 适用范围

真空预压法适于饱和匀质黏性土及含薄层砂夹层的黏性土，特别适合新淤填土、超软土地基的加固。但不适合在加固范围内有足够的水源补给的透水土层，以及施工场地狭窄的工程进行地基处理。

3. 技术原理

真空预压作用下土体的固结过程，是在总应力基本保持不变的情况下，孔隙水压力降低，有效应力增长的过程。

真空预压法原理如图 2-2 所示。首先在需要加固的地基上铺设水平排水垫层（如砂垫层等）和打设垂直排水通道（袋装砂井或塑料排水板等）。在砂垫层上铺设塑料密封膜并使其四周埋设于不透气层顶面以下至少 50 cm，使之与大气压隔离。然后采用抽真空装置（射流泵）降低被加固地基内孔隙水压力，使其地基内有效应力增加，从而使土体得到加固。

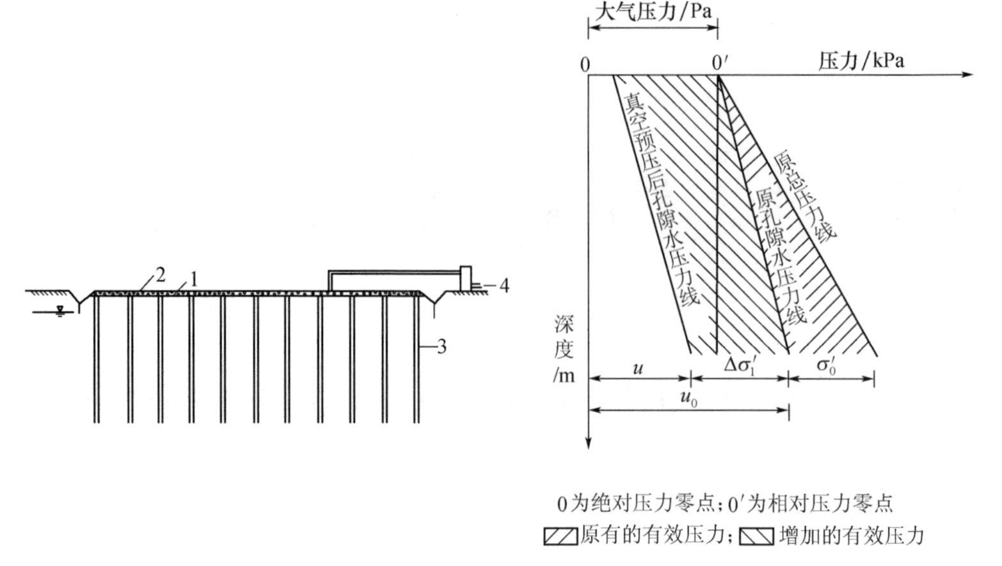

图 2-2 真空预压法原理

(a) 真空预压法构造图；(b) 真空预压法压力变化示意图

1—密封膜；2—砂垫；3—垂直排水通道；4—真空泵

由于塑料密封膜使被加固土体得到密封并与大气压隔离，当采用抽真空设备抽真空时，砂垫层和垂直排水通道内的孔隙水压力迅速降低。土体内的孔隙水压力随着排水通道内孔隙压力的降低（形成压力梯度）而逐渐降低。根据太沙基有效应力原理，当总应力不变时，孔隙水压力的降低值全部转化为有效应力的增加值。孔隙水压力从图 2-2 中原孔隙水压力线变为抽真空后降低的孔隙水压力线，其孔隙压力的降低量全部转化为有效应力的增加值。所以，地基土体在新增加的有效应力作用下，促使土体排水固结，从而达到加固地基的目的。因为抽真空设备理论上最大只能降低一个大气压（绝对压力零点），所以，真空预压工程上的等效预压荷载理论极限值为 100 kPa，现在的工艺水平一般能达到 80～95 kPa。

二、主要技术指标

1. 真空分布滤管的布设

一般采用条形或鱼刺形两种排列方法，如图 2-3 所示。

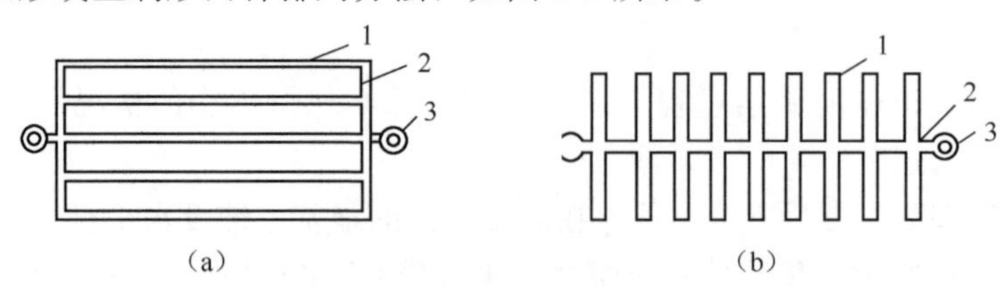

图 2-3 真空分布滤管排列示意

(a) 条形排列；(b) 鱼刺形排列

1—真空压力分布管；2—集水管；3—出膜口

2. 预压区面积和分块大小

采用真空预压处理地基时，真空预压的总面积不得小于建筑物基础外缘所包围的面积，真空预压加固面积较大时，宜采取分区加固，分区面积宜为 20 000～40 000 m^2。每块预压面积宜尽可能大且相互连接，因为这样可加快工程进度和消除更多的沉降量。两个预压区的间隔也不宜过大，需根据工程要求和土质决定，一般以 2～6 m 较好。

3. 膜内真空度

真空预压效果与密封膜下所能达到的真空度大小关系极大。当采用合理的施工工艺和设备时，真空预压的膜下真空度应保持在 650 mmHg 以上，相当于 95 kPa 以上的真空压力，此值可作为最小膜下设计真空度。真空预压所需抽真空设备的数量，可按加固面积的大小和形状、土层结构特点，以一套设备可抽真空的面积为 1000～1500 m^2确定，且每块预压区至少应设置两台真空泵。

4. 平均固结度

加固区压缩土层的平均固结度应大于 90%。

5. 变形计算

先计算加固前建筑物荷载下天然地基的沉降量，再计算真空预压期间所完成的沉降量，两者之差即为预压后在建筑物使用荷载下可能发生的沉降。预压期间的沉降可根据设计所要求达到的固结度推算加固区所增加的平均有效应力，从固结度有效应力曲线上查出相应的孔隙比进行计算。

6. 排水竖井的间距

排水竖井的间距可根据地基土的固结特性和预定时间内所要求达到的固结度确定。设计时，竖井的间距可按井径比 n 选用（$n=d_s/d_w$，d_s为竖井的有效排水直径，d_w为竖井直径，对塑料排水带可取 $d_w=d_p$，d_p为塑料排水带当量换算直径）。塑料排水带或袋装砂井的间距可按 n=15～22 选用，普通砂井的间距可按 n=6～8 选用。

7. 砂井

砂井的砂料应选用中粗砂，其渗透系数应大于 1×10^{-2} cm/s。

8. 排水通道

真空预压竖向排水通道宜穿透软土层，但不应进入下卧透水层。软土层厚度较大，且以地基抗滑稳定性控制的工程，竖向排水通道的深度至少应超过最危险滑动面 3.0 m。对以变形控制的工程，竖井深度应根据在限定的预压时间内需完成的变形量确定，且宜穿透主要受压土层。

9. 真空预压区

真空预压区边缘应大于建筑物基础轮廓线，每边增加量不得小于 3.0 m。每块预压面积宜尽可能大且呈方形。

10. 密封膜

密封膜内的真空度应稳定地保持在 80 kPa 以上。

11. 真空预压膜

真空预压的膜下真空度应稳定地保持在 650 mmHg 以上，且应均匀分布，竖井深度范围内土层的平均固结度应大于 90%。

12. 滤水管

滤水管的周围应该填盖 100～200 mm 厚的砂层或其他水平透水材料。

13. 真空预压加固面积

较大时，宜采取分区加固，分区面积宜为 20 000～40 000 m^2。所需抽真空设备的数量，以一套设备可抽真空的面积为 1000～15 000 m^2确定。

14. 预压后建筑物

预压后建筑物使用荷载作用下可能发生的沉降应满足设计要求。

15. 地基承载力

当地基承载力要求更高时可联合堆载、强夯等综合加固。

三、施工技术应用

1. 施工设备

真空预压主要设备为真空泵，一般宜用射流真空泵。

2. 技术应用范围

适用于软土地基的加固。在我国广泛存在着海相、湖相及河相沉积的软弱黏土层，这种土的特点是含水量大、压缩性高、强度低、透水性差。该类地基在建筑物荷载作用下会产生相当大的变形或变形差。对于该类地基，尤其是需大面积处理时，譬如在该类地基上建造码头、机场等，真空预压法是处理软土地基最有效的方法之一。

3. 施工技术要点

1）场地整平

施工前对预加固场地先进行场地整平，并对原地面进行方格网测量，准确确定场地标高。

2）铺设砂垫层

砂垫层也称为水平排水垫层，其与竖向排水体相连通，在排水加固过程中起水平向排水作用。

水平排水体一般采用透水性好的中粗砂，在砂源缺乏的地区，也可因地制宜采用其他符合设计要求的透水材料，如级配好的碎石，适宜的土工合成材料、土工网垫等。无论选用何种材料，作为水平排水通道，其必须具备渗透功能，并能起到一定程度的反滤作用，防止细的土颗粒渗入垫层孔隙中堵塞排水通道，影响排水效果。水平排水体的施工可采用机械施工或人力铺设，在一些地基强度极低的地基上进行水平排水垫层施工，应采用人工作业，并采取相应的施工措施，以保证地基稳定。能采用机械作业的，也只能是轻型机械，设备的接地压力应小于 50 kPa。

当采用大面积吹填中粗砂垫层施工时，要保证吹填中粗砂的质量，以防止出现“拱泥”这一现象。为了解决这一问题，一般采用在吹泥管口设置消能头的方法。吹砂施工时加固场区应设置多个软管同时进行作业，均匀填筑，并定期移动软管，避免吹砂过度堆积在某一区域，造成吹填厚度不均，从而保证地基土在吹填过程中的稳定性。

3）打设塑料排水板

塑料排水板平面布置、打设深度、质量要符合设计要求。

4）真空管路布置

（1）真空预压抽气设备

真空预压的抽气设备宜采用射流真空泵，空抽时必须达到 95 kPa 以上的真空吸力，真空泵的设置应根据预压面积大小和形状、真空泵效率和工程经验确定，但每块预压区至少应设置两台真空泵。

（2）真空管路设置应符合以下规定：

①真空管路的连接应严格密封，在真空管路中应设置止回阀和截门。

②水平向分布滤水管可采用条状、梳齿状及羽毛状等形式，滤水管布置宜形成回路。

③滤水管应设在砂垫层中，其上覆盖厚度为100～200 mm的砂层。

④滤水管可采用钢管或塑料管，外包尼龙纱或土工织物等滤水材料。

5）密封膜

（1）密封膜应符合如下要求：

①密封膜应采用抗老化性能好、韧性好、抗穿刺性能强的不透气材料。

②密封膜热合时宜采用双热合缝的平搭接，搭接宽度应大于15 mm。

③密封膜宜铺设三层，膜周边可采用挖沟埋膜，平铺并用黏土覆盖压边、围埝沟内及膜上覆水等方法进行密封。

（2）压膜沟

压膜沟可根据需要选择机械挖沟或人工挖沟。压膜沟的深度必须超过加固区边线的可透水土层，一般情况可设置为0.6～0.8 m。

（3）铺膜

铺膜前应认真清理平整排水垫层，拣除贝壳及带尖角石子，填平打设塑料排水板时留下的孔洞，每层膜铺好后应认真检查及时补洞，待其符合要求后再铺下一层。密封膜的铺设应在白天进行，按顺风向铺设，且风力不宜超过5级。铺设时密封膜的展开方向应与包装标明的方向一致。采用机械挖压膜沟时，密封膜长和宽应超过加固区两侧边线，且不应少于3～4 m。密封膜应埋入到压膜沟内的不透水的黏土层中。压膜沟的回填料应采用不含杂物的黏性土。压膜沟应回填密实。

6）抽真空

真空设备在安装前应进行试运转，空抽时必须达到95 kPa以上的真空吸力，安装时要保持平稳，且与滤管连接牢固后才可接通电源。密封膜埋入压膜沟后，基本确认密封膜无孔洞时，且真空度达到50 kPa后，方可在密封膜上覆水。加固区膜下真空度在7～10 d内应达到80 kPa以上，否则应查找原因及时处理。经过几天的试抽气，在真空度满足设计要求后，应及时上报，请监理检验后开始抽真空计时。在正式抽气期间，真空泵的开启数量不得少于总数的80%。

7）停泵卸载

根据地基加固过程中监测数据的分析、计算，满足设计要求后，即有效真空预压时间不少于设计中的真空预压满载时间；实测地面沉降速率连续5～10 d平均沉降量不大于1.0～2.0 mm/d；按实测沉降曲线推算的固结度达到设计要求，工后沉降满足设计要求，就可以停泵卸载。

第二节　灌注桩后注浆技术

一、主要技术特点

1. 基本概念

灌注桩后注浆（PPG）是指在灌注桩成桩后一定时间，通过预设在桩身内的注浆导管及与之相连的桩端、桩侧注浆阀注入水泥浆，使桩端、桩侧土体（包括沉渣和泥皮）得到加固，从而提高单桩承载力，减小沉降。灌注桩后注浆是一种提高桩基承载力的辅助措施，而不是成桩方法。灌注桩后注浆的效果取决于土层性质、注浆的工艺流程、参数和控制标准等因素。

2. 技术原理

灌注桩后注浆提高承载力的机理：一是通过桩底和桩侧后注浆加固桩底沉渣（虚土）和桩身泥皮；二是对桩底和桩侧一定范围的土体通过渗入（粗颗粒土）、劈裂（细粒土）和压密（非饱和松散土）注浆起到加固作用，从而增大桩侧阻力和桩端阻力，提高单桩承载力，减少沉降。

3. 适用范围

灌注桩后注浆工法适用于各类钻、挖、冲孔灌注桩及地下连续墙的沉渣（虚土）、泥皮和桩底、桩侧一定范围土体的加固。

4. 技术简介

对于灌注桩后注浆技术而言，通过对桩身内的注浆管进行预设工作，再对管道相连的桩端、桩侧注入水泥，从而加固桩底和增加整体的阻力，提高桩体的承受力度，减少沉降现象的发生，为提高工程质量做了很好的保障。

5. 技术特性

在建筑施工过程中，经常出现桩基沉渣、泥皮等现象，使用灌注桩后注浆技术能够有效地对这类问题进行控制，能够提升桩基的承受能力，减少桩基的沉降现象。

进行大直径或超长桩施工时，采用灌注桩后注浆施工技术会节省材料，减少相应的桩径，降低工程的成本。

由于灌注桩后注浆施工技术使用范围较广，连不同的地质土层中强风化的岩层都能得到广泛的应用，相对于其他灌注技术有明显的优势。

二、主要技术指标

1. 技术指标

根据地层性状、桩长、承载力增幅和桩的使用功能（抗压、抗拔）等因素，灌注桩后注浆可采用桩底注浆、桩侧注浆、桩侧桩底复式注浆等形式。主要技术指标为：

①浆液水胶比：地下水位以下 0.45～0.65，地下水位以上 0.7～0.9。

②最大注浆压力：软土层 4～8 MPa，风化岩 10～16 MPa。

③单柱注浆水泥量：$G_c = d_p d + a_s n d$，式中，桩端注浆量经验系数 $a_p = 1.5 \sim 1.8$，桩侧注浆量经验系数 $a_s = 0.5 \sim 0.7$，n 为桩侧注浆断面数，d 为桩径（m）。

④注浆流量不宜超过 75 L/min。

实际工程中，以上参数应根据土的类别、饱和度及桩的尺寸、承载力增幅等因素适当调整，并通过现场试注浆和试桩试验最终确定。设计施工可依据现行《建筑桩基技术规范》(JGJ 94—2008) 进行。

2. 后注浆装置

后注浆装置的设置应符合下列规定：

①后注浆导管应采用钢管，且应与钢筋笼加劲筋绑扎固定或焊接。

②桩端后注浆导管及注浆阀数量宜根据桩径大小设置。对于直径不大于 12 000 mm 的桩，宜沿钢筋笼圆周对称设置 2 根；对于直径大于 12 000 mm 而不大于 25 000 mm 的桩，宜对称设置 3 根。

③对于非通长配筋桩，下部应有不少于 2 根与注浆管等长的主筋组成的钢筋笼通底。

④钢筋笼应沉放到底，不得悬吊，下笼受阻时不得撞笼、墩笼、扭笼。

三、技术应用要点

1. 灌注桩后注浆技术特点

灌注桩桩底后注浆和桩侧后注浆技术具有以下特点：

①桩底注浆采用管式单向注浆阀，有别于构造复杂的注浆预载箱、注浆囊、U 形注浆管，实施开敞式注浆，其竖向导管可与桩身完整性声速检测兼用，注浆后可代替纵向主筋。

②桩侧注浆采用外浆管，可实现桩身无损注浆。注浆装置安装简便、成本较低、可靠性高，适用于不同钻具成孔的锥形和平底孔型。

2. 灌注桩后注浆技术施工要点

1) 后注浆装置的设置规定

①后注浆导管应采用钢管，且应与钢筋笼加劲筋焊接或绑扎固定，桩身内注浆导管可取代等承载力桩身纵向钢筋。

②桩端后注浆导管及注浆阀数量宜根据桩径大小设置。对于 $d \leqslant 1200$ mm 的桩，宜沿钢筋笼网周对称设置 2 根；对于 $d \leqslant 600$ mm 的桩，可设置 1 根；对于 1200 mm $< d \leqslant 2500$ mm的桩，宜对称设置 3～4 根。

③对于桩长超过 15 m 但承载力增幅要求较高者，宜采用桩底桩侧复式注浆。桩侧后注浆管阀设置数量应综合地层情况、桩长、承载力增幅要求等因素确定，可在离桩底 5～15 m 以上、桩顶 8 m 以下，每隔 6～12 m 设置一道桩侧注浆阀。当有粗粒土时，宜将注浆阀设置于粗粒土层下部，对于干作业成孔灌注桩宜设于粗粒土层中上部。

④对于非通长配筋的桩，下部应有不少于 2 根与注浆管等长的主筋组成的钢筋笼通底。

⑤钢筋笼应沉放到底，不得悬吊，下笼受阻时不得撞笼、墩笼、扭笼。

2) 后注浆管阀性能要求

(1) 管阀应能承受 1 MPa 以上静水压力；注浆阀外部保护层应能抵抗砂、石等硬质物的剐撞而不致使管阀受损。

(2) 管阀应具备逆止功能。

3) 设计规定

浆液配比、终止注浆压力、流量、注浆量等参数设计规定。

①浆液的水胶比应根据土的饱和度、渗透性确定，对于饱和土宜为 0.45～0.65，对于非饱和土宜为 0.7～0.9（松散碎石土、砂砾宜为 0.5～0.6）；低水胶比浆液宜掺入减水剂；地下水处于流动状态时，应掺入速凝剂。

②桩端注浆终止工作压力应根据土层性质、注浆点深度确定，对于风化岩、非饱和黏性土、粉土，注浆压力宜为 3～10 MPa；对于饱和土层注浆压力宜为 1.5～6 MPa，软土取低值，密实黏性土取高值；桩侧注浆终止压力宜为桩端注浆终止压力的 1/2。

③注浆流量不宜超过 75 L/min。

④单桩注浆量的设计主要应考虑桩的直径、长度、桩底桩侧土层性质、单桩承载力增幅、是否复式注浆等因素确定，可按下式估算：

$$G_c = a_p d + a_s n d$$

式中 a_p、a_s——桩底、桩侧注浆量经验系数，$a_p = 1.5 \sim 1.8$，$a_s = 0.5 \sim 0.7$，对于卵、砾石和中粗砂取较高值；

n——桩侧注浆断面数；

d——桩直径（m）；

G_c——注浆量，以水泥质量计（t）。

对独立单桩、桩距大于 $6d$ 的群桩和群桩初始注浆的部分基桩的注浆量应按上述估算值乘以 1.2 的系数。

⑤后注浆作业开始前，宜进行试注浆，优化并最终确定注浆参数。

4）后注浆流程

作业起始时间、顺序和速率应按下列规定实施：

①注浆作业宜于成桩 2 d 后开始，不宜迟于成桩 30 d 后；

②注浆作业离成孔作业点的距离不宜小于 8～10 m；

③对于饱和土中的复式注浆顺序宜先桩侧后桩底，对于非饱和土宜先桩底后桩侧，多断面桩侧注浆应先上后下，桩侧桩底注浆间隔时间不宜少于 2 h；

④桩底注浆应对同一根桩的各注浆导管依次实施等量注浆；

⑤对于桩群注浆宜先外围、后内部。

5）当满足下列条件之一时可终止注浆

（1）注浆总量和注浆压力均达到设计要求；

（2）注浆总量已达到设计值的 75%，且注浆压力超过设计值。

6）注意事项

出现下列情况之一时，应改为间歇注浆，间歇时间宜为 30～60 min，或调低浆液水胶比。

（1）注浆压力长时间低于正常值；

（2）地面出现冒浆或周围桩孔串浆。

7）后注浆施工过程中注意事项

后注浆施工过程中，应经常对后注浆的各项工艺参数进行检查，发现异常应采取相应处理措施。当注浆量等主要参数达不到设计值时，应根据工程具体情况采取相应措施。

8）后注浆桩基工程质量检查和验收要求

①后注浆施工完成后应提供下列资料：水泥材质检验报告、压力表检定证书、试注浆记

录、设计工艺参数、后注浆作业记录、特殊情况处理记录等；

②在桩身混凝土强度达到设计要求的条件下，承载力检验应在后注浆 20 d 后进行，浆液中掺入早强剂时可于注浆完成 15 d 后进行；

③当注浆量等主要参数达不到设计要求时，应根据工程具体情况采取相应措施。

9）承载力估算

①灌注桩经后注浆处理后的单桩极限承载力，应通过静载试验确定，在没有地方经验的情况下，可按下式预估单桩竖向极限承载力标准值。

$$Q_{uk}=\mu\sum\beta_{si}\times q_{sik}+\beta_{p}\times q_{pk}\times A_{p}$$

式中　q_{sik}、q_{qk}——极限侧阻力标准值和极限端阻力标准值；

μ、A_p——桩身周长和桩底面积；

β_{si}、β_p——侧阻力、端阻力增强系数，可参考以下取值范围：1.2～2.0、1.2～3.0，细颗粒土取低值，粗颗粒土取高值。

②在确定单桩承载力设计值时，应验算桩身承载力。

第三节　长螺旋钻孔压灌桩技术

一、主要技术特点

1. 技术原理

长螺旋钻孔压灌桩技术是采用长螺旋钻机钻孔至设计标高，利用混凝土泵将混凝土从钻头底压出，边压灌混凝土边提升钻头直至成桩，然后利用专门振动装置将钢筋笼一次插入混凝土桩体，形成钢筋混凝土灌注桩。后插入钢筋笼的工序应在压灌混凝土工序后连续进行。与普通水下灌注桩施工工艺相比，长螺旋钻孔压灌桩施工由于不需要泥浆护壁，无泥皮、无沉渣、无泥浆污染，施工速度快，造价较低。

2. 技术特点

长螺旋钻孔压灌桩成桩施工时，为提高混凝土的流动性，一般宜掺入粉煤灰。每方混凝土的粉煤灰掺量宜为 70～90 kg，坍落度应控制在 160～200 mm，这主要是考虑保证施工中混合料的顺利输送。坍落度过大，易产生泌水、离析等现象，在泵压作用下，骨料与砂浆分离，导致堵管。坍落度过小，混合料流动性差，也容易造成堵管。另外，所用粗骨料石子粒径不宜大于 30 mm。

长螺旋钻孔压灌桩成桩，应准确掌握提拔钻杆时间，钻至预定标高后，开始泵送混凝土，管内空气从排气阀排出，待钻杆内管及输送软、硬管内混凝土达到连续时提钻。若提钻时间较晚，在泵送压力下钻头处的水泥浆液被挤出，容易造成管路堵塞。应杜绝在泵送混凝土前提拔钻杆，以免造成桩端处存在虚土或桩端混合料离析、端阻力减小。提拔钻杆中应连续泵料，特别是在饱和砂土、饱和粉土层中不得停泵待料，避免造成混凝土离析、桩身缩颈和断桩，目前，施工多采用商品混凝土或现场用两台 0.5 m^3 的强制式搅拌机拌制混凝土。

灌注桩后插钢筋笼工艺近年有较大发展，插笼深度提高到目前的 20～30 m，较好地解决了地下水位以下压灌桩的配筋问题。但后插钢筋的导向问题没有得到很好地解决，施工时应注意根据具体条件采取综合措施控制钢筋笼的垂直度和保护层有效厚度。

二、主要技术指标

①混凝土中可掺加粉煤灰或外加剂，每方混凝土的粉煤灰掺量宜为 70～90 kg。

②混凝土中粗骨料可采用卵石或碎石，最大粒径不宜大于 30 mm。

③混凝土坍落度宜为 180～220 mm。

④提钻速度宜为 1.2～1.5 m/min。

⑤长螺旋钻孔压灌桩的充盈系数宜为 1.0～1.2。

⑥桩顶混凝土超灌高度不宜小于 0.3～0.5 m。

⑦钢筋笼插入速度宜控制在 1.2～1.5 m/min。

三、施工技术应用

1. 技术应用范围

适用于地下水位以上的黏性土、粉土、素填土、中等密实以上的砂土，属非挤土成桩工艺。

适用于地下水位较高，易塌孔，且长螺旋钻孔机可以钻进的地层。

2. 材料要求

①混凝土采用和易性、泌水性较好的预拌混凝土，强度等级符合设计及相关验收规范要求，初凝时间不少于 6 h。灌注前坍落度宜为 180～220 mm。

②水泥强度等级不应低于 P.O42.5，质量符合现行国家标准《通用硅酸盐水泥》(GB 175—2007) 的规定，并具有出厂合格证明文件和检测报告。

③砂应选用洁净中砂，含泥量不大于 3%，质量符合现行行业标准《普通混凝土用砂、石质量及检验方法标准》(JGJ 52—2006) 的规定。

④石子宜优先选用质地坚硬的粒径不大于 30 mm 的豆石或碎石，含泥量不大于 2%，质量符合现行行业标准《普通混凝土用砂、石质量及检验方法标准》(JGJ 52—2006) 的规定。

⑤粉煤灰宜选用Ⅰ级或Ⅱ级粉煤灰，细度分别不大于 12%和 20%，质量检验合格，掺量通过配比试验确定。

⑥外加剂宜选用液体速凝剂，质量符合相关标准要求，掺量和种类根据施工季节通过配比试验确定。

⑦搅拌用水应符合现行行业标准《混凝土用水标准》(JGJ 63—2006) 的规定。

⑧钢筋品种、规格、性能符合现行国家产品标准和设计要求，并有出厂合格证明文件及检测报告。

3. 施工机具

1) 成孔设备

长螺旋钻机，动力性能满足工程地质水文地质情况、成孔直径、成孔深度要求。

2) 灌注设备

混凝土输送泵，可选用 45～60 m^3/h 规格或根据工程需要选用；连接混凝土输送泵与钻机的钢管、高强柔性管，内径不宜小于 150 mm。

3）钢筋笼加工设备

电焊机、钢筋切断机、直螺纹机、钢筋弯曲机等。

4）钢筋笼置入设备

振动锤、导入管、吊车等。

4. 施工方法

1）试钻

当需要穿越老黏土、厚层砂土、碎石土以及塑性指数大于25的黏土时，应进行试钻。

2）钻进

①钻机启动前应将钻杆、钻尖内的土块、残留的混凝土等清理干净。

②钻机定位后，应进行复检，钻头与桩位点偏差不得大于20 mm，开孔时下钻速度应缓慢；钻进过程中，不宜反转或提升钻杆。

③钻进过程中，当遇到卡钻、钻机摇晃、偏斜或发生异常声响时，应立即停钻，查明原因，采取相应措施后方可继续作业。

3）成孔

①根据桩身混凝土的设计强度等级，应通过试验确定混凝土配合比；混凝土坍落度宜为180～220 mm；粗骨料可采用卵石或碎石，最大粒径不宜大于30 mm；可掺加粉煤灰或外加剂。

②混凝土泵型号应根据桩径选择，混凝土输送泵管布置宜减少弯道，混凝土泵与钻机的距离不宜超过60 m。

③桩身混凝土的泵送压灌应连续进行，当钻机移位时，混凝土泵料斗内的混凝土应连续搅拌，泵送混凝土时，料斗内混凝土的高度不得低于400 mm。

④混凝土输送泵管宜保持水平，当长距离泵送时，泵管下面应垫实。

⑤当气温高于30℃时，宜在输送泵管上覆盖隔热材料，每隔一段时间应洒水降温。

⑥钻至设计标高后，应先泵入混凝土并停顿10～20 s，再缓慢提升钻杆。提钻速度应根据土层情况确定，且应与混凝土泵送量相匹配，保证管内有一定高度的混凝土。

⑦在地下水位以下的砂土层中钻进时，钻杆底部活门应有防止进水的措施，压灌混凝土应连续进行。

⑧压灌桩的充盈系数宜为1.0～1.2。桩顶混凝土超灌高度不宜小于0.3～0.5 m。

⑨成桩后，应及时清除泵管内残留的混凝土。长时间停置时，应用清水将钻杆、泵管、混凝土泵清洗干净。

4）插入钢筋笼

①将制作好的钢筋笼与钢筋笼导入管连接并吊起，移至已成素混凝土桩的桩孔内；

②起吊振动锤至笼顶，通过振动锤下的夹具夹住钢筋笼导入管；

③启动振动锤通过导入管将钢筋笼送入桩身混凝土内至设计标高；

④边振动边拔管将钢筋笼导入管拔出，并使桩身混凝土振捣密实。

其施工流程如图2-4所示。与该施工工艺配套的主要施工设备包括长螺旋钻机、混凝土输送泵、钢筋笼导入管、夹具、振动锤。长螺旋钻机、混凝土输送泵采用目前市场上常规型号的机械设备，其动力性能和混凝土输送泵功率的选择根据桩径及桩长确定。

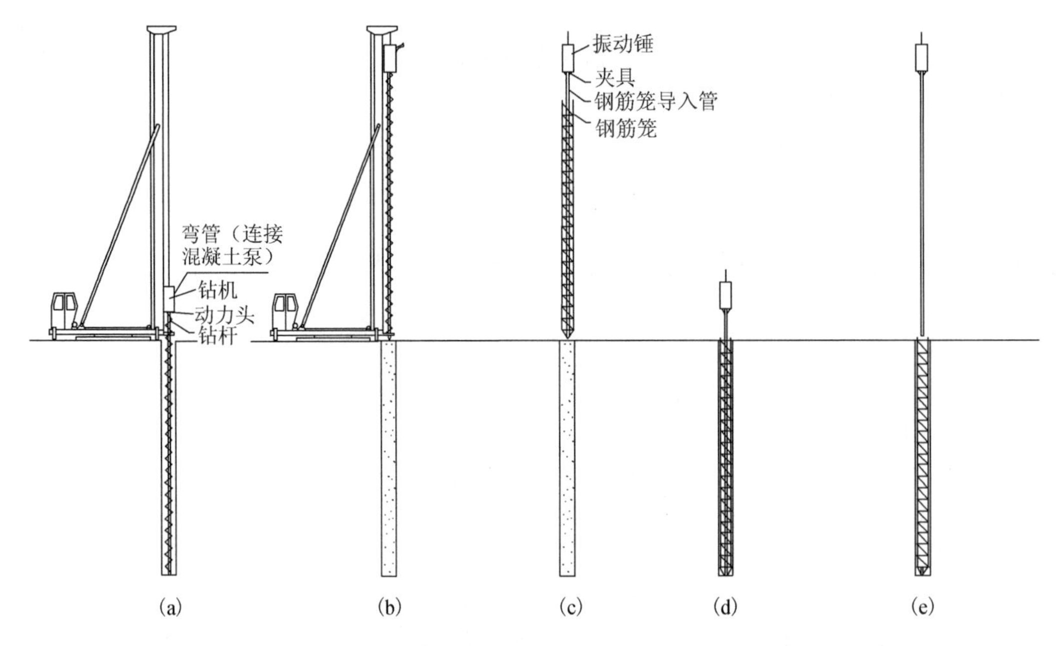

图 2-4 长螺旋水下成桩工艺施工流程

（a）长螺旋钻机成孔至设计标高；（b）边拔钻边泵入混凝土成素混凝土桩；
（c）钢筋笼就位；（d）钢筋笼送至设计标高；（e）拔出钢筋导入管成桩

5. 施工中常见问题及解决措施

1）夹钻

夹钻由多种原因造成，主要为钻进过程中未及时排土造成叶片夹土过多，阻力过大，电机电流过大，电机启动不开。当遇到这种情况时，应将钻杆提升 100～200 mm，启动反转，钻具钻动开后，再吊住钻杆启动正转，待叶片上的夹土排出以后，再进行钻进。一般控制速度为 1.0～1.5 m/min，具体钻进速度根据施工地质条件进行相应调整。

2）偏笼、笼下沉

施工中有时会出现偏笼，导致钢筋保护层减少。下置钢筋笼时，可将钢筋笼预留筋适当向外均匀掰成扇形，笼底向内均匀掰成锥形，可增加钢筋笼在吊运和下置时的导正性，必要时还可增加导正器的数量。灌注混凝土的过程中有时会造成串孔，即由于临近的孔已经灌注完混凝土还未初凝，对刚转完的孔形成压力差，在薄弱的土层中容易压通，导致混凝土流入刚钻成的孔中，从而导致钢筋笼随着混凝土一起下沉。可在刚成孔时灌注混凝土至薄弱地层，停止提钻，加速泵送混凝土至下沉钢筋笼内的混凝土上升，带动钢筋笼上升至原来的位置，再继续提升钻杆灌注混凝土。

3）断桩

由于长螺旋钻孔压灌桩采用后置钢筋笼并加振动的方法进行施工，在灌注过程中，未能及时提管、拆管，导致导管埋深过深、摩擦力过大而拔不动或拔断导管。因此，要求测量人员及时探测，控制最大埋深不大于 6 m。

第四节　水泥粉煤灰碎石桩（CFG）复合地基技术

一、技术原理及技术特点

1）基本概念

水泥粉煤灰碎石桩复合地基是由水泥、粉煤灰、碎石、石屑或砂加水拌合形成的高黏结强度桩（简称 CFG 桩），通过在基底和桩顶之间设置一定厚度的褥垫层以保证桩、土共同承担荷载，使桩、桩间土和褥垫层一起构成复合地基。桩端持力层应选择承载力相对较高的土层。水泥粉煤灰碎石桩复合地基具有承载力提高幅度大、地基变形小、适用范围广等特点。

2）技术特点

根据工程地质条件不同，CFG 桩一般可采用长螺旋钻孔管内泵压灌注成桩工艺和振动沉管灌注成桩工艺。CFG 成桩的主要施工工艺是长螺旋钻孔管内泵压灌注成桩，属排土成桩工艺。该工艺具有穿透能力强、无泥浆污染、无振动、低噪声、适用地质条件广、施工效率高及质量容易控制等特点。当地基土是松散的饱和粉细砂、粉土时，以消除液化和提高地基承载力为目的，可选择振动沉管成桩施工工艺。但该工艺用在难以穿透较厚的硬土层、砂层和卵石层，在饱和黏性土中成桩会造成地表隆起及挤断已成桩，存在振动噪声污染及扰民等缺点。

二、主要技术指标

根据工程实际情况，水泥粉煤灰碎石桩可选用水泥粉煤灰碎石桩常用的施工工艺，包括长螺旋钻孔、管内泵压混合料成桩、振动沉管灌注成桩及长螺旋钻孔灌注成桩四种施工工艺。主要技术指标为：

①桩径宜取 350～600 mm。

②桩端持力层应选择承载力相对较高的地层。

③桩间距宜取 3～5 倍桩径。

④桩身混凝土强度满足设计要求，通常不小于 C15。

⑤桩垂直度不大于 1.5%。

⑥褥垫层宜用中砂、粗砂、碎石或级配砂石等，不宜选用卵石，最大粒径不宜大于 30 mm。厚度 150～300 mm，夯填度不大于 0.9。

实际工程中，以上参数根据场地岩土工程条件、基础类型、结构类型、地基承载力和变形要求等条件或现场试验确定。

对于市政、公路、高速公路、铁路等地基处理工程，当基础刚度较弱时宜在桩顶增加桩帽或在桩顶采用碎石＋土工格栅、碎石＋钢板网等方式调整桩土荷载分担比例，提高桩的承载能力。

三、施工技术应用

1. 技术应用范围

适用于处理黏性土、粉土、砂土和自重固结的素填土等地基。对淤泥质土应按当地经验或通过现场试验确定其适用性。就基础形式而言，既可用于条形基础、独立基础，又可用于箱形基础、筏形基础。采取适当技术措施后亦可应用于刚度较弱的基础以及柔性基础。

①长螺旋钻孔灌注成桩，适用于地下水位以上的黏性土、粉土、素填土、中等密实以上的砂土。

②长螺旋钻孔、管内泵压混合料灌注成桩，适用于黏性土、粉土、砂土，粒径不大于60 mm、土层厚度不大于4 m的卵石（卵石含量不大于30%），以及对噪声或泥浆污染要求严格的场地。

③振动沉管灌注成桩，适用于粉土、黏性土及素填土地基。

④泥浆护壁成孔灌注成桩，适用土性应满足《建筑桩基技术规范》（JGJ 94—2008）的有关规定。对桩长范围和桩端有承压水的土层，应首选该工艺。

⑤锤击、静压预制桩，适用土性应满足《建筑桩基技术规范》（JGJ 94—2008）的有关规定。

2. 施工设计要点

水泥粉煤灰碎石桩的设计应符合下列规定：

①水泥粉煤灰碎石桩应选择承载力相对较高的土层作为桩端持力层。

②桩径：长螺旋钻孔中心压灌、干成孔和振动沉管成桩宜取350～600 mm；泥浆护壁钻孔灌注素混凝土成桩宜取600～800 mm；钢筋混凝土预制桩宜取300～600 mm。

③桩距应根据基础形式、设计要求的复合地基承载力和复合地基变形、土性、施工工艺确定。箱形基础、筏形基础和独立基础，桩距宜取3～5倍桩径；墙下条形基础单排布桩宜取3～6倍桩径。桩长范围内有饱和粉土、粉细砂、淤泥、淤泥质土层，采用长螺旋钻中心压灌成桩施工中可能发生串孔时宜采用大桩距或采用跳打措施。

④水泥粉煤灰碎石桩可只在基础内布桩，应根据建筑物荷载分布、基础形式、地基土性状，合理确定布桩参数：

对框架核心筒结构形式，核心筒部位布桩，宜减小桩距、增加桩长或加大桩径，提高复合地基承载力和模量。

对设有沉降缝或抗震缝的建筑物，宜在沉降缝或抗震缝部位，采用减小桩距、增加桩长或加大桩径布桩，以防止建筑物发生较大相向变形。

对相邻柱荷载水平相差较大的独立基础，应按变形控制进行复合地基设计，荷载水平高的宜采用较高承载力确定布桩参数。

对筏形基础、筏板厚度与跨距之比小于1/6，梁板式基础、梁的高跨之比大于1/6以及板的厚跨比（筏板厚度与梁的中心距之比）小于1/6时，基底压力不满足线性分布，不宜采用均匀布桩，应主要在柱边（平板式筏形基础）和梁边（梁板式筏形基础）外扩2.5倍板厚的面积范围布桩。

墙下条形基础、当荷载水平不高时，可采用墙下单排布桩。

⑤桩顶和基础之间应设置褥垫层，褥垫层厚度宜取0.4～0.6倍桩径。褥垫材料宜用中砂、粗砂、级配砂石和碎石等，最大粒径不宜大于30 mm。

⑥水泥粉煤灰碎石桩复合地基承载力特征值，应通过现场复合地基载荷试验确定，初步设计时也可按下式估算：

复合地基承载力特征值：

$$f_{spk}=\lambda m\frac{R_a}{A_p}+\beta(1-m)f_{sk}$$

式中　f_{spk}——复合地基承载力特征值（kPa）；

m——面积置换率；

R_a——单桩竖向承载力特征值（kN）；

A_p——桩的截面积（m^2）；

β——桩间土承载力折减系数，宜按地区经验取值，如无经验时可取 0.75～0.95，天然地基承载力较高时取大值；

λ——单桩承载力发挥系数，宜按当地经验取值，无经验值可取 0.7～0.9；

f_{sk}——处理后桩间土承载力特征值（kPa），宜按当地经验取值，如无经验时，可取天然地基承载力特征值。

⑦单桩竖向承载力特征值 R_a 的取值，应符合下列规定：

当采用单桩载荷试验时，应将单桩竖向极限承载力除以安全系数 2；

当无单桩载荷试验资料时，可按下式估算：

单桩承载力特征值：

$$R_a = u_p \sum_{i=1}^{n} q_{si} L_i + q_p A_p$$

式中 u_p——桩身周长（m）；

n——桩长范围内所划分的土层；

q_{si}、q_p——桩周第 i 层土的侧阻力、桩端端阻力特征值（kPa），可按现行国家标准《建筑地基基础设计规范》（GB 50007—2011）的有关规定确定；

l_i——第 i 层土的厚度（m）。

⑧桩体试块抗压强度平均值应满足下式要求：

$$f_{cu} \geqslant 3 \frac{R_a}{A_p}$$

式中 f_{cu}——桩体混合料试块（边长 150 mm 立方体）标准养护 28 d，立方体抗压强度平均值（kPa）。

⑨地基处理后的变形计算应按现行国家标准《建筑地基基础设计规范》（GB 50007—2011）的有关规定执行。复合土层的分层与天然地基相同，各复合土层的压缩模等于该天然地基压缩模量的 ζ 倍，ζ 值可按下式确定：

$$E_{sp} = \zeta \cdot E_s$$

$$\zeta = \frac{f_{spk}}{f_{ak}}$$

式中 f_{ak}——基础底面下天然地基承载力特征值（kPa）。

3. 施工技术要点

1）材料要求

（1）水泥

宜选用 42.5 级普通硅酸盐水泥，使用前送验复试。

（2）碎石

碎石粒径为 20～50 mm，松散密度为 1.39 t/m^3，杂质含量小于 5%。

（3）石屑或砂

石屑粒径为 2.5～10.0 m，松散密度为 1.47 t/m^3，杂质含量小于 5%。

砂为中砂或粗砂，含泥量不大于 5%。

(4) 粉煤灰

宜选用Ⅰ级或Ⅱ级粉煤灰，细度分别不大于 12%和 20%。

(5) 外加剂

多为泵送剂、早强剂、减水剂等，掺量通过试验确定。

2) 配合比

根据拟加固场地的土质情况及加固后要求达到的承载力而定。水泥、粉煤灰、碎石混合料按抗压强度相当于 C7～C1.2 低强度等级混凝土，密度大于 2000 kg/m^3，掺加最佳石屑率（石屑质量与碎石和砂总质量之比）约为 25%的情况下，当 W/C（水与水泥用量之比）为 1.01～1.47，F/C（粉煤灰与水泥质量之比）为 1.02～1.65，混凝土抗压强度约为 8.8～14.2 MPa。

3) 主要施工机具

桩成孔、灌注一般采用振动式沉管打桩机架，配 DZJ90 型变矩式振动锤，亦可采用长螺旋钻机。此外，配备混凝土搅拌机、混凝土输送泵和连接混凝土输送泵与钻机的钢管、高强柔性管以及长短棒式振捣器、机动翻斗车、小推车等。

4) 施工要点

(1) 按 CFG 桩位平面图测设桩位轴线

基坑内施工时，边坡（离桩边）应外扩不小于 1.0 m，以利边角桩施工。

(2) 采用振动式沉管打桩机施工

①桩施工程序为：桩机就位→沉管至设计深度→停振下料→振动捣实后拔管→留振→振动拔管、复打。应考虑隔排隔桩跳打，新打桩与已打桩间隔时间不应少于 7 d。桩施工工艺流程，如图 2-5 所示。

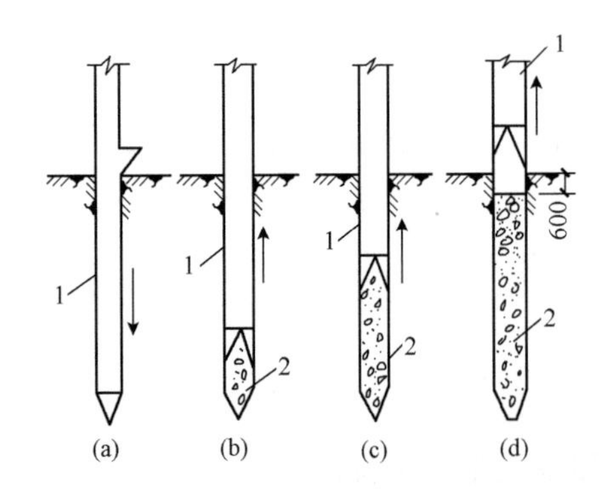

图 2-5 水泥粉煤灰碎石桩施工工艺流程

(a) 打入管桩；(b)、(c) 灌水泥粉煤灰碎石、振动、拔管；(d) 成桩

1—桩管；2—水泥粉煤灰碎石桩

②桩机就位须平整、稳固，沉管与地面保持垂直。如带预制混凝土桩尖，需埋入地面以下 300 mm。

③混合料应按设计配合比配制，投入搅拌机加水拌合，搅拌时间不少于 2 min，加水量由混合料坍落度控制，一般坍落度为 30～50 mm；成桩后桩顶浮浆厚度一般不超过 200 mm。

④在沉管过程中用料斗向桩管内投料，待沉管至设计标高后，须继续尽快投料，直至混合料与钢管上部投料口齐平。如上料量不够，可在拔管过程中继续投料，以保证成桩标高及密实度的要求。

⑤当混合料加至与钢管投料口齐平后，沉管在原地留振 10 s 左右，即可边振动边拔管，拔管速度控制在 1.2～1.5 m/min，每提升 1.5～2.0 m，留振 20 s。桩管拔出地面确认成桩符合设计要求后，用粒状材料或黏土封顶，移机进行下一根桩施工。

⑥为使桩与桩间土更好地共同工作，在基础下宜铺一层 150～300 mm 厚的碎石或灰土垫层。

（3）采用长螺旋钻机施工

①工艺流程：桩机就位→钻孔→混凝土配制、运送及泵送→压灌混凝土成桩→成桩验收。

②桩机就位时，必须保持平稳，不发生倾斜、移位。为准确控制造孔深度，应在桩架上或桩管上做出控制的标尺，以便于在施工中观测、记录。

③应根据桩长来安装钻塔及钻杆。每施工 2～3 根桩后，应对钻杆连接处进行紧固。

④钻进速度应根据土层情况确定：杂填土、黏性土、砂卵石层为 0.2～0.5 m/min；素填土、黏性土、粉土、砂层为 1.0～1.5 m/min。

钻到桩底设计标高，验孔后，进行压灌混凝土。

⑤混凝土地泵位置应与钻机的施工顺序相配合，两者距离一般在 60 m 以内为宜，尽量减少弯道。

⑥泵送前采用水泥砂浆进行润湿，但不得倒入泵孔内。泵送时，应保持料斗内混凝土的高度，不得低于 400 mm，以防吸进空气造成堵管。

当钻机移位时，地泵料斗内混凝土应连续搅拌。

混凝土的原材料、配合比强度等级应符合设计要求。

⑦成桩施工各工序应连续进行。

⑧钻杆的提升速度应与混凝土泵送量相一致，其充盈系数不小于 1.0。应通过试桩确定提升速度及何时停止泵送。遇到饱和砂土或饱和粉土层，不得停泵待料，并减慢提升速度。成桩过程中应经常检查排气阀是否工作正常。

⑨成桩后必要时，应对桩顶 3～5 m 范围内进行振捣。

4. 施工注意事项

①冬季施工时，混合料入孔温度不得低于 5℃，对桩头和桩间土应采取保温措施。

②清土和截桩时，应采取措施防止桩顶标高以下桩身断裂和桩间土扰动。

③褥垫层铺设宜采用静力压实法，当基础底面下桩间土的含水量较小时，也可采用动力夯实法，夯填度（夯实后的褥垫层厚度与虚铺厚度的比值）不得大于 0.9。

④施工垂直度偏差不应大于 1%；对满堂布桩基础，桩位偏差不应大于 0.4 倍桩径；对条形基础，柱位偏差不应大于 0.25 倍桩径，对单排布桩桩位偏差不应大于 60 mm。

⑤桩施工完毕，经 7 d 达到一定强度后，方可进行基坑开挖。

⑥设计桩顶标高不深（小于 1.5 m），宜采用人工开挖；大于 1.5 m 时可采用机械开挖，但下部宜预留 500 mm 用人工开挖，以避免损坏桩头部位。

⑦水泥粉煤灰碎石桩宜用于提高地基承载力和减少变形的桩基，不宜用于挤密松散砂性

土为主的地基。

⑧施工前，应进行试桩，确定配合比、桩体强度和工艺参数，符合设计要求后方可施工。

5. 施工质量检验

1）施工期质量检验应包括以下内容

①水泥、粉煤灰、砂及碎石等原材料应符合设计要求。

②施工中应检查施工记录、桩数、桩位偏差、混合料的配合比、坍落度、提拔钻杆速度（或提拔套管速度）、成孔深度、混合料灌入量、褥垫层厚度、夯填度和桩体试块抗压强度等。

2）竣工后质量验收

竣工后质量检验应包括以下内容：

①施工结束后，应对桩顶标高、桩位、桩体质量、地基承载力以及褥垫层的质量做检查。

②水泥粉煤灰碎石桩复合地基，其承载能力检验应采用复合地基荷载试验，宜在施工结束后 28 d 后进行。试验数量宜为总桩数的 0.5%～1%，且每个单体工程的试验数量不应少于 3 点。

③应抽取不少于总桩数 10%的桩进行低应变动力试验，检测桩身完整性。

④水泥粉煤灰碎石桩复合地基的质量检验标准应符合表 2-1 的规定。

表 2-1 水泥粉煤灰碎石桩复合地基的质量检验标准

项目	序号	检查项目	允许偏差或允许值		检查方法
			单位	数值	
主控项目	1	原材料	符合规范、规程、设计要求		检查出厂合格证及抽样送检
	2	桩径	mm	−20	用钢尺量或计算填料量
	3	桩身强度	符合设计要求		查 28 d 试块强度
	4	地基承载力	符合设计要求		按规定方法
一般项目	1	桩身完整性	符合桩基检测技术规程的要求		按桩基检测技术规程的要求
	2	桩位偏差	满堂布桩不大于 0.4D 条基布桩不大于 0.25D（D 为桩径）		用钢尺量
	3	垂直度	%	≤1.5	用经纬仪检查桩管垂直度
	4	桩长	mm	±100	测桩管长度或垂球测孔深度
	5	褥垫层夯填度	≤0.9		用钢尺量

注：1. 夯填度指夯实后的褥垫层厚度与虚体厚度的比值。

2. 桩径允许偏差负值是指个别断面。

◀◀◀ 第五节　土工合成材料应用技术 ▶▶▶

一、主要技术特点

1. 基本概念

土工合成材料是一种新型的岩土工程材料，大致分为土工织物、土工膜、特种土工合成材料和复合型土工合成材料四大类。特种土工合成材料又包括土工垫、土工网、土工格栅、土工格室、土工膜袋和土工泡沫塑料等。复合型土工合成材料则是由上述有关材料复合而成。土工合成材料具有过滤、排水、隔离、加筋、防渗和防护六大功能及作用，目前，国内已经广泛应用于建筑或土木工程的各个领域，并且已成功地研究、开发出了成套的应用技术，大致包括：

①土工织物滤层应用技术。

②土工合成材料加筋垫层应用技术。

③土工合成材料加筋挡土墙、陡坡及码头岸壁应用技术。

④土工织物软体排应用技术。

⑤土工织物充填袋应用技术。

⑥模袋混凝土应用技术。

⑦塑料排水板应用技术。

⑧土工膜防渗墙和防渗铺盖应用技术。

⑨软式透水管和土工合成材料排水盲沟应用技术。

⑩土工织物治理路基和路面病害应用技术。

⑪土工合成材料三维网垫边坡防护应用技术等。

⑫土工膜密封防漏应用技术（软基加固、垃圾场、水库、液体库等）。

2. 技术原理

对土工织物的反滤机理在学术上主要有挡土和滤层作用。对于无黏性土来说，其级配不是稳定的，在单向渗流的情况下存在潜蚀可能性，因此，可分为能够形成天然滤层和不能形成天然滤层两种。对于双向反复流动，如沿海护岸的土工织物滤层，其要求较严格，要求其能够阻止较细颗粒的通过。对于黏性土来说，由于黏性土是难于形成天然滤层的，所以，对低塑性粉粒含量较高黏性土的滤层要求更加严格，要求土工织物能阻止较细颗粒的通过。

二、主要技术指标

土工合成材料应用范围十分广泛，针对每一种工程，对土工织物都有特殊要求。目前，我国土工合成材料产品的品种、规格已趋齐全，产量具有相当规模，其主要技术性能和产品质量已达到国际水平，可以满足各类工程对其力学性能、水力学性能、耐久性能和施工性能的需求。土工合成材料应用在各类工程中可以很好地解决传统材料和传统工艺难于解决的技术问题。

土工合成材料指标主要分为物理性指标、力学性指标、水力学指标和耐久性指标，而确定设计指标时，应考虑环境变化对参数的影响，如无纺布用于边坡防渗，在现场无纺布因受压而变薄，等效孔径和渗透性减弱，且厚度减小，渗径变短。另外，细颗粒还会进入土工布内使渗透性降低。一般在设计抗拉强度时，应将试验强度进行折减。

$$T_a = T/(F_{id} \times F_{cr} \times F_{cd} \times F_{bd})$$

式中　T_a——材料许可抗拉强度；

T——试验极限抗拉强度；

F_{id}——铺设时机械破坏影响系数；

F_{cr}——考虑材料蠕变影响系数；

F_{cd}——考虑化学剂破坏影响系数；

F_{bd}——考虑生物破坏影响系数，见表 2-2。

表 2-2　土工织物强度的最低影响系数

适用范围	影响系数			
	F_{id}	F_{cr}	F_{cd}	F_{bd}
挡墙	1.1～2.0	2.0～4.0	1.0～1.5	1.0～1.3
堤坝	1.1～2.0	2.0～3.0	1.0～1.5	1.0～1.3
承载力	1.1～2.0	2.0～4.0	1.0～1.5	1.0～1.3
斜坡稳定	1.1～1.5	1.5～2.0	1.0～1.5	1.0～1.3

土工合成材料的主要技术指标根据产品种类可以分为土工布的性能指标、土工膜的性能指标、土工格栅的性能指标和软式透水管的性能指标等，有时为了特定工程常需对土工布要求其他特殊性能。各种土工合成材料性能可参考规范选取，参见表 2-3。

表 2-3　主要土工合成材料性能指标规范

序号	材料品种	性能指标规范
1	短纤针刺非织造土工布	GB/T 17638—1998
2	长丝纺针刺非织造土工布	GB/T 17639—2008
3	长丝机织土工布	GB/T 17640—2008
4	裂膜丝机织土工布	GB/T 17641—1998
5	非织造复合土工膜	GB/T 17642—2008
6	聚氯乙烯土工膜	GB/T 17688—1999
7	双层聚氯乙烯复合土工膜	GB/T 17688—1999
8	塑料土工格栅	GB/T 17689—2008

三、施工技术应用

1. 技术应用范围

土工合成材料在我国不仅已经广泛应用于建筑工程的各种领域，而且已成功地研究、开发出了成套的应用技术。在我国各行业的基础建设中，土工合成材料主要应用于滤层、加筋垫层、加筋挡墙、陡坡及码头岸坡、土工织物软体排、充填袋、模袋混凝土、塑料排水板、土工膜防渗墙和防渗铺盖、软式透水管和排水盲沟、治理路基和路面病害以及三维网垫边坡防护应用等。

2. 施工技术范围

1）基层处理

①铺放土工合成材料的基层应平整，局部高差不大于 50 mm。铺设土工合成材料前应清除树根、草根及硬物，避免损伤破坏土工合成材料；表面凹凸不平的可铺一层砂找平层。找平层应当作路基铺设，表面应有 4%～5%的坡度，以利排水。

②对于不宜直接铺放土工合成材料的基层应先设置砂垫层，砂垫层的厚度不宜小于 300 mm，宜用中粗砂，含泥量不大于 5%。

2）土工合成材料铺放

①首先应检查材料有无损伤破坏。

②土工合成材料须按其主要受力方向从一端向另一端铺放。

③铺放时松紧应适度，防止绷拉过紧或有皱折，且紧贴下基层。要及时加以压固，以免被风吹起。

④土工合成材料铺放时，两端须有富余量。富余量每端不少于 1000 mm，且应按设计要求加以固定。

⑤相邻土工合成材料连接时，对土工格栅可采用密贴排放或重叠搭接，用聚合材料绳或棒或特种连接件连接，对土工织物及土工膜可采用搭接或缝接。

⑥当加筋垫层采用多层土工材料时，上、下层土工材料的接缝应交替错开，错开距离不小于 500 mm。

⑦土工织物、土工膜的连接可采用搭接法、缝合法、胶结法。连接处强度不得低于设计要求的强度。

搭接法。搭接长度为 300～1000 mm，视建筑荷载、铺设地形、基层特性、铺放条件而定。一般情况下采用 300～500 mm；荷载大、地形倾斜、基层极软时，不小于 500 mm；下铺放时不小于 1000 mm。当土工织物、土工膜上铺有砂垫层时不宜采用搭接法。

缝合法。采用尼龙或涤纶线将土工织物或土工膜双道缝合，两道缝线间距10～25 mm，缝合形式如图 2-6 所示。

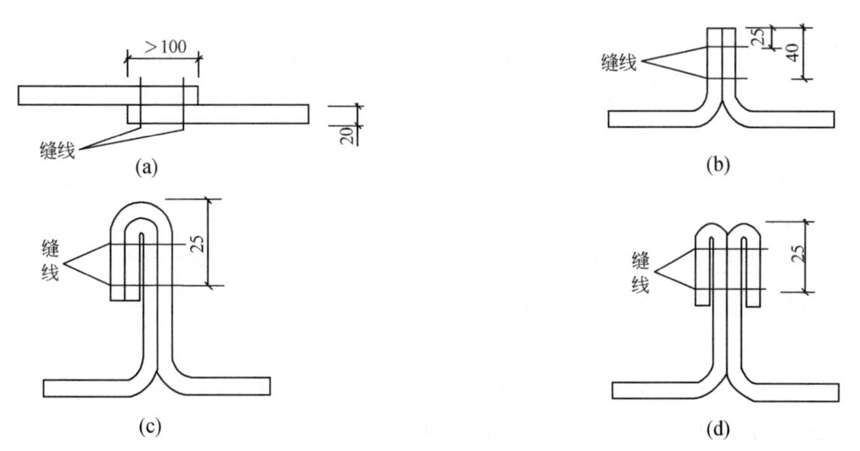

图 2-6 缝合接缝形式

（a）平接；（b）对接；（C）J 字接；（d）蝶形接

c. 胶结法。采用热黏结或胶黏结，黏结时搭接宽度不宜小于 100 mm。

3）回填

①土工合成材料垫层地基，无论是使用单层还是多层土工合成加筋材料，作为加筋垫层结构的回填料，材料种类、层间高度、碾压密实度等都应由设计确定。

②回填料为中、粗砾砂或细粒碎石类时，在距土工合成材料（主要指土工织物或土工膜）80 mm 范围内，最大粒径应小于 60 mm。当采用黏性土时，填料应能满足设计要求的压实度，并不含有对土工合成材料有腐蚀作用的成分。

③当使用块石做土工合成材料保护层时，块石抛放高度应小于 300 mm，且土工合成材料上应铺放厚度不小于 50 mm 的砂层。

④对于黏性土，含水量应控制在最优含水量的±2%之内，密实度不小于最大密实度的 95%。

⑤回填土应分层进行，每层填土的厚度应随填土的深度及所选压实机械轻重确定。一般为 100～300 mm，但第一层填土厚度不少于 150 mm。

⑥对于不同的地基，填土可按以下不同顺序进行。

极软地基采用后卸式运土车，先从土工合成材料两端卸土，形成戗台，然后对称往两戗台间填土。施工平面应始终呈“凹”形（凹口朝前进方向）。

一般地基采用从中心向外侧对称进行，平面上呈“凸”形（凸口朝前进方向）。

⑦回填时应根据设计要求及地基沉降情况，控制回填速度。

⑧土工合成材料上第一层填土，填土机械设备只能沿垂直于土工合成材料的铺放方向运行。应用轻型机械（压力小于 55 kPa）摊料或碾压，填土高度大于 600 mm 后方可使用重型机械。

4）施工注意事项

①为防止土工织物在施工中产生顶破、穿刺、擦伤和撕破等，一般在土工织物下面宜设置砾石或碎石垫层，在其设置砂卵石护层，其中碎石能承受压应力，土工织物承受拉应力，充分发挥织物的约束作用和抗拉效应，铺设方法同砂、砾石垫层。

②铺设一次不宜过长，以免下雨渗水难以处理，土工织物铺好后应随即铺设砂石材料或土料，避免长时间曝晒和暴露，使材料劣化。

③土工织物用作反滤层时应做到连续，不得出现扭曲、褶皱和重叠。土工织物上抛石时，应先铺一层 30 mm 厚的卵石层，并限制高度在 1.5 m 以内，对于重而带棱角的石料，抛掷高度应不大于 50 cm。

④土工织物上铺垫层时，第一层铺垫厚度应在 50 cm 以下，用推土机铺垫时，应防止刮土板损坏土工织物，在局部不应加过重集中应力。

⑤铺设时，应注意端头位置和锚固，在护坡坡顶可使土工织物末端绕在管子上，埋设于坡顶沟槽中，以防土工织物下落；在堤坝，应使土工织物终止在护坡块石之内，避免冲刷时加速坡脚冲刷成坑。

⑥对于有水位变化的斜坡，施工时直接堆置于土工织物上的大块石之间的空隙，应填塞或设垫层，以避免水位下降时，上坡中的饱和水因来不及渗出形成显著水位差，使土挤向没有压载空隙，引起土工织物鼓胀而造成损坏。

⑦现场施工中发现土工织物受到损坏时，应立即修补好。

5）施工期质量检验

(1) 施工期质量检验应包括以下内容：

施工前应对土工织物的物理性能（单位面积的质量、厚度、比重）、强度、延伸率以及土、砂石料等进行检验。土工织物以 100 m^2 为一批，每批抽查 5%。

施工过程中应检查清基、回填料铺设厚度及平整度、土工织物的铺设方向、搭接缝长度或缝接状况、土工织物与结构的连接状况等。

(2) 竣工后质量验收

施工结束后，应做承载力检验或检测。

(3) 检验与验收标准

土工织物地基质量检验标准可参照表 2-4。

表 2-4　土工织物（土工合成材料）地基质量检验标准

项目	序号	检查项目	允许偏差或允许值		检查方法
			单位	数值	
主控项目	1	土工合成强度	%	≤5	置于夹具上做拉伸试验（结构与设计标准相比）
	2	土工合成材料延伸率	%	≤3	置于夹具上做拉伸试验（结构与设计标准相比）
	3	地基承载力	设计要求		按规定方法
一般项目	1	土工合成材料搭接长度	mm	≥300	用钢尺量
	2	土石料有机质含量	%	≤5	焙烧法
	3	层面平整度	mm	≤20	用 2 m 靠尺测
	4	每层铺设厚度	mm	±25	用水准仪测

第三章 钢筋工程施工技术

第一节 新型钢筋应用技术

一、高强钢筋应用技术

1. 主要技术特点

1）基本概念

高强钢筋是指现行国家标准《钢筋混凝土用钢　第2部分：热轧带肋钢筋》（GB 1499.2—2007）中规定的屈服强度为400 MPa和500 MPa级的普通热轧带肋钢筋（HRB）和细晶粒热轧带肋钢筋（HRBF）。普通热轧钢筋（HRB）多采用V、Nb或Ti等微合金化工艺进行生产，其工艺成熟、产品质量稳定，钢筋具有强度高、综合性能优等特点。细晶粒热轧钢筋（HRBF）通过控轧和控冷工艺获得超细组织，从而在不增加合金含量的基础上提高钢材的性能，细晶粒热轧钢筋焊接工艺要求高于普通热轧钢筋，应用中应予以注意。经过多年的技术研究、产品开发和市场推广，目前400 MPa级钢筋已得到一定应用，500 MPa级钢筋已开始应用。

高强钢筋应用技术主要有设计应用技术、钢筋代换技术、钢筋加工及连接锚固技术等。

2）技术特点

①500 MPa钢筋的材料分项系数是1.15，高于其他强度等级钢筋的1.10，采用500 MPa钢筋是适当提高混凝土结构可靠度水准的有力措施。通过设计比较得出，利用提高钢筋设计强度而不是增加用钢量来提高建筑结构的安全储备是一项经济合理的正确选择。

②在一般钢筋混凝土结构设计中，在钢材强度得到充分利用的情况下，采用1 t 500级钢筋（设计强度435 MPa）相当于1.45 t 335级钢筋（设计强度300 MPa）；采用1 t 400级钢筋（设计强度360 MPa）相当于1.2 t 335级钢筋（设计强度300 MPa）。综合考虑结构构造要求等，使用400、500级钢筋替代335级钢筋可节约钢材15%左右。从全社会角度而言，可缓解原材料生产、加工、交通运输、电力供应等行业的压力，同时减少了对环境的污染。

2. 主要技术指标

1）化学成分

对于400、500级两种热轧钢筋，为保证钢筋的力学性能和工艺性能，产品标准《钢筋混凝土用钢　第2部分：热轧带肋钢筋》（GB 1499.2—2007）中提出了化学成分的上限值要求，其规定见表 3-1。

表 3-1　热轧钢筋化学成分和碳当量上限值

<table>
<tr><th rowspan="2">牌号</th><th colspan="6">化学成分/%</th></tr>
<tr><th>C</th><th>Si</th><th>Mn</th><th>P</th><th>S</th><th>C_{eq}</th></tr>
<tr><td>HRB400、HRBF400</td><td rowspan="2">0.25</td><td rowspan="2">0.80</td><td rowspan="2">1.60</td><td rowspan="2">0.045</td><td rowspan="2">0.045</td><td>0.54</td></tr>
<tr><td>HRB500、HRBF500</td><td>0.55</td></tr>
</table>

GB 1499.2 标准中还对普通热轧钢筋和细晶粒热轧钢筋的区别作了规定：两者金相组织均为铁素体加珠光体，且不得有影响其使用性能的其他组织存在；并提出细晶粒热轧钢筋是通过控轧和控冷工艺生产，且晶粒度不粗于 9 级。

实际产品中，合金元素的含量由生产企业自行确定，HRBF500 中的合金元素会少于 HRB500。

2）主要性能指标

400、500 级钢筋的直径规格为 6～50 mm，其主要性能指标应符合表 3-2 的规定。其中，实际重量与理论重量的偏差在国家标准《混凝土结构工程施工质量验收规范（2010 版）》（GB 50204—2002）、《混凝土结构工程施工规范》（GB 50666—2011）中作为钢筋进场的验收指标提出。

表 3-2　钢筋的主要性能指标

<table>
<tr><th>牌号</th><th>屈服强度
R_{eL}/MPa</th><th>抗拉强度
R_m/MPa</th><th>最大力总伸长率
A_{gt}/%</th><th>实际重量与理论重量
的偏差/%</th></tr>
<tr><td>HRB400
HRBF400</td><td>≥400</td><td>≥540</td><td rowspan="2">≥7.5</td><td rowspan="2">±7（直径小于 14mm）
±5（直径 14～20mm）
±4（直径大于 20mm）</td></tr>
<tr><td>HRB500
HRBF500</td><td>≥500</td><td>≥630</td></tr>
</table>

对有抗震设防要求的结构，其纵向受力钢筋的性能应满足设计要求；当设计无具体要求时，对按一、二、三级抗震等级设计的各类框架中的纵向受力钢筋应采用 HRB400E、HRB500E、HRBF400E、HRBF500E 钢筋，且其性能除应符合表 3-2 的规定外，还应符合下列规定：

①钢筋实测抗拉强度与实测屈服强度之比不应小于 1.25；

②钢筋实测屈服强度与屈服强度标准值之比不应大于 1.30；

③钢筋在最大拉力下的总伸长率不得小于 9%。

3）钢筋的设计取值

在《混凝土结构设计规范》（GB 50010—2010）、《混凝土结构工程施工质量验收规范（2010 版）》（GB 50204—2002）、《混凝土结构工程施工规范》（GB 50666—2011）等国家标准的制定和修订过程中，已确定将 HRB500、HRBF500 钢筋纳入新规范。热轧钢筋的强度标准值系根据屈服强度确定，500 MPa 级钢筋的强度标准值取 500 MPa，材料分项系数取 1.15，强度设计值定为 435 MPa，作为受力箍筋使用时，其强度设计值不应超过 360 MPa。

400 MPa 级钢筋的强度标准值取 400 MPa，强度设计值定为 360 MPa。

4）其他技术指标

根据《钢筋混凝土用钢　第 2 部分：热轧带肋钢筋》（GB 1499.2—2007）标准的有关规定，HRB400、HRBF400、HRB500、HRBF500 钢筋的表面标志分别为 4、C4、5、C5。表面标志轧在钢筋表面，使用中应注意区分。

钢筋连接是钢筋应用中的关键技术，其中焊接和机械连接是主要连接形式。HRB400 钢筋的机械连接和焊接连接技术均已大量应用，HRB500 钢筋的机械连接和焊接连接技术均已开发成功，具备应用条件，已在新版的《钢筋机械连接技术规程》（JGJ 107—2010）、《钢筋焊接及验收规程》（JGJ 18—2012）中作出规定。HRBF500 钢筋的连接技术正处于开发过程中，其中机械连接的难度较小，而焊接技术要求较高，在现今应用中可以机械连接为主。

3. 施工技术应用

1）技术应用范围

400 MPa 和 500 MPa 级钢筋可应用于非抗震的和抗震设防地区的民用与工业建筑以及一般构筑物，可用作钢筋混凝土结构构件的纵向受力钢筋和预应力混凝土构件的非预应力钢筋以及用作箍筋和构造钢筋等，相应结构梁板墙的混凝土强度等级不宜低于 C25，柱不宜低于 C30。

2）HRB400 钢筋特点

HRB400 钢筋比传统使用的 HPB235、HRB335 级钢筋的技术性能有明显提高，广泛用于建筑结构工程，有利于保证质量、降低工程成本。

（1）强度高、安全储备大、经济效益显著

用于取代传统的 HRB335 级钢筋，其抗拉抗压强度设计值由 310 MPa 提高到360 MPa，在混凝土结构中可节约 14％的钢材。用于取代传统 HPB 235 钢筋，则抗拉抗压设计强度值可由 210 MPa 提高到 360 MPa，在结构中节约 32％左右的钢材。同时弹性模量均大于 2×105 MPa，按国标计算满足使用要求。

（2）焊接性能好

400 MPa HRB400 钢筋的碳当量低，有良好的焊接性能，可以采用闪光对焊、气压焊、电渣压力焊和手工电弧焊进行焊接。

（3）含碳量低、延性好

HRB400 级钢筋显著改善了 HRB335 级钢筋的力学性能，强度提高的同时塑性降低很小或者基本不降低，一般产品的延伸率 $\delta_5=20\%\sim35\%$，与 HRB335 级钢筋平均延伸率差值为 0～5％。此外，HRB400 钢冷弯性能优于 HRB335 级钢筋，克服了弯折钢筋部位出现的微小裂纹，易于消除结构质量隐患。

（4）抗震性能良好

由于 HRB400 钢筋的强屈比 $\sigma_b/\sigma_s>1.25$（$R_m=540$ MPa、$R_{eL}=400$ MPa），钢筋在最大力下的总伸长率 A_{et} 不小于 2.5％，可使钢筋在最大力作用下有较大的弯形而不断裂，在遭遇地震灾害时，能发挥良好的抗震作用，有利于提高建筑结构的抗震性能和安全性。

（5）使用范围广、规格齐全

该产品适用于柱、梁、墙、板等结构构件。产品直径为 6～50 mm，推荐直径为 6 mm、8 mm、12 mm、16 mm、20 mm、25 mm、32 mm、40 mm、50 mm，克服了 HRB335 级钢

缺少 $\phi<12$ mm 小直径盘网线材及 HPB235 级钢缺少 $\phi>25$ mm 粗直径直条筋的难题，便于施工下料与配筋绑扎，使钢筋布置更趋合理，易于混凝土进行浇捣。

（6）缺点

除以上优点外，HRB400 钢筋也存在一些缺点。比如产品规格型号选择余地不大，一些中小城市周边不一定有货供应，损耗率比较高等。

3）HRB400 钢筋施工应用要点

（1）设计

HRB400 级钢筋混凝土结构计算按照国家标准《混凝土结构设计规范》（GB 50010—2010）的规定进行设计。

（2）施工与加工要求

①材料要求。

用于结构工程的 HRB400 钢筋通常按定尺长度交货，若以盘卷交货时，每盘应是一条钢筋，长度允许偏差不得大于 50 mm。

直条筋的弯曲度不影响正常使用，总弯曲率不大于钢筋总长度的 0.4%。

钢筋端部应剪切正直，局部变形应不影响使用。

钢筋在最大应力下的总伸长度 $A_{gt}\geqslant 2.5\%$。

工艺性能，弯曲性能：按表 3-3 弯心直径弯曲 180°后，受弯曲部位表面不得产生裂纹，反向弯曲试验的弯心直径比弯曲试验相应地增加一个钢筋直径，先正向弯曲 90°后反向弯曲 20°。经反向弯曲试验后，钢筋受弯曲部位表面不得产生裂纹（该项试验尚应根据需求方要求进行加工）。

表 3-3　热轧带肋钢筋弯曲性能试验

牌号	公称直径 a/mm	弯心直径
HRB400 HRBF400	6～25	$4d$
	28～40	$5d$
	>40～50	$6d$
HRB500 HRBF500	6～25	$6d$
	28～40	$7d$
	>40～50	$8d$

表面质量：钢筋表面不得有裂纹、结疤和折叠，表面允许有凸块但不得超过横肋的高度，钢筋表面上其他缺陷的深度和高度不得大于所在部位尺寸的允许偏差。

检验项目：试验方法详见标准《钢筋混凝土用钢　第 2 部分：热轧带肋钢筋》（GB 1499.2—2007）。

钢筋加工的允许偏差要满足规范要求。

②下料、焊接、绑扎、锚固。

由于 HRB400 钢筋强度较高，切断下料应采用机械切断；下料可不考虑用于锚固的

180°弯钩尺寸，但应考虑保护层的厚度尺寸。

钢筋可采用各种电焊焊接，而且可采用 HRB335 级 20MnSi 钢筋常用的焊接工艺参数施焊。

其钢筋绑扎采用双丝绑扎。钢筋绑扎搭接时，同一区段内的搭接钢筋，当直径相同时，接头面积百分率不大于 50%。

钢筋的锚固长度应比 HRB335 级钢筋增加 $5d$，搭接长度和延伸长度也应相应增加，以保证钢筋锚固的安全可靠。增加锚固长度有困难时，可用机械锚固措施解决，如在钢筋端部弯钩、贴焊锚筋、焊锚板、镦头等，锚固长度可按直筋锚固长度乘以折减系数 α，α 取值见表 3-4。使用时，在机械锚固措施的锚固长度范围内，混凝土保护层厚度应不小于钢筋直径；箍筋直径不小于锚筋直径的 1/4，箍筋间距不大于锚筋直径的 5 倍。当采用弯钩或贴焊筋时，锚头方向宜偏向构件截面内部；如锚固区处于支座范围内时，最好将锚头平置，而且受压区钢筋的锚固，不宜采用弯钩和贴焊筋的锚固形式。

表 3-4 锚固长度折减系数

机械锚固形式	直径	弯钩	贴焊锚筋	镦头	焊锚板
α/mm	1.00	0.65	0.65	0.75	0.75

4）施工技术应用实例

400 MPa 级钢筋在国内高层建筑、大型公共建筑、工业厂房、水电工程、桥梁工程以及构筑物等工程中得到大量应用。比较典型的工程有：长江三峡水利枢纽工程、北京奥运工程、上海世博工程、苏通长江公路大桥等。

500 MPa 级钢筋用于河南郑州华林都市家园、河北建设服务中心、京津城际铁路无渣轨道板等多项工程。

二、钢筋焊接网应用技术

1. 主要技术特点

1）基本概念

钢筋焊接网是用具有相同或不同直径的冷轧或热轧钢筋，用焊网设备将纵横向钢筋分别以一定间距排列，全部交叉点均用电阻点焊焊在一起的钢筋网片。

焊接钢筋网具有钢筋间距均匀且准确、焊接强度高、弹性好、承载受力均匀等优点。钢筋焊接网是在工厂整体加工，是钢筋工程由手工操作向工厂化、商品化的根本转变。钢筋焊接网的使用，可显著提高工程质量、提高施工效率、降低工程造价、减少施工现场噪声污染等诸多优点。

目前，主要采用 CRB550 级冷轧带肋钢筋和 HRB400 级热轧钢筋制作焊接网。焊接网工程应用较多、技术成熟，主要包括钢筋调直切断技术、钢筋网制作配送技术、布网设计与施工安装技术等。采用焊接网可显著提高钢筋工程质量，大幅降低现场钢筋安装工时，缩短工期，适当节省钢材，具有较好的综合经济效益，特别适用于大面积混凝土工程。

2）技术特点

（1）显著提高钢筋工程质量

焊接网的网格尺寸非常规整，远超过手工绑扎网，网片刚度大、弹性好，浇筑混凝土时钢筋不易被局部踏弯，混凝土保护层厚度易于控制均匀。在一些桥面铺装中，实测焊接网保护层的合格率在95%以上，特别适用于大面积板、墙类混凝土构件的配筋，并可杜绝人为因素造成的钢筋工程质量问题。

焊接网片由于采用纵、横钢筋电焊成网状结构，达到共同均匀受力起黏结锚固的目的，加上断面的横肋变形，增强了与混凝土的握裹力，有效地阻止了混凝土裂纹的产生，提高了钢筋混凝土的内在质量。

(2) 明显提高施工效率

国外、国内大量工程实践表明，采用焊接网可大幅降低现场安装工时，省去钢筋加工场地。根据欧洲几个国家的统计结果，随配筋量不同，铺设焊接网与手工绑扎钢筋消耗的工时也不同。在钢筋用量相同时，如10 kg/ m^2的前提下，1000 kg焊接网如按单层铺放约需4个多工时，如采用双层网需6个多工时，而手工绑扎需22个工时，焊接网铺放时间仅为手工绑扎时间的20%～30%；根据国内一批房屋工程和桥面铺装工程的统计结果，与绑扎网相比大约可节省人工50%～70%。

在某些特殊情况下，如要求加快施工进度，焊接网会显出很大的优越性。例如，深圳一幢52层双塔楼多用途综合建筑，在14万m^2的楼面中采用焊接网，每层楼面1400 m^2。采用焊接网后每层楼面的施工速度由原来的4.5 d/层提高到3.5 d/层，最快的速度达到2.5 d/层，其中，楼板焊接网的安装（包括底网与面网间的管道安装）仅安排了4 h，保证了整幢房屋按时封顶，满足了业主的要求。

(3) 增强混凝土抗裂性能

传统配筋在纵横钢筋交叉点使用钢丝绑扎，绑扎点处易滑动，钢筋与混凝土握裹力较弱，易产生裂缝。焊接网的焊点不仅能承受拉力，还能承受剪力，纵横向钢筋形成网状结构共同起黏结锚固作用。当焊接网钢筋采用较小直径、较密的间距时，由于单位面积焊接点数量的增多，更有利于增强混凝土的抗裂性能，有利于减少或防止混凝土裂缝的产生与发展。

(4) 具有较好的综合经济效益

采用焊接网能节省大量现场绑扎人工和施工场地，可以做到文明施工，使钢筋工程质量有明显提高。虽然焊接网的单价高于散支钢筋，但是焊接网钢筋设计强度比Ⅰ级钢筋高50%～70%。考虑一些构造要求后，仍可节约钢筋30%左右。由于焊接网在工厂提前预制，现场不需再加工，无钢筋废料头，减少了现场人工，加快了施工进度。另外，由于缩短了施工周期，从而可减少吊装机械等费用。根据过去国内部分楼面工程的经验总结，采用焊接网可适当降低钢筋工程造价，具有较好的综合经济效益。

3) 生产特点

钢筋焊接网是一种在工厂用专门的焊网机采用电阻点焊（低电压、高电流、焊接接触时间短）焊接成型的网状钢筋制品。采用多头点焊机用计算机自动控制生产，焊接质量好，焊接前后钢筋的力学性能几乎没有变化。

2. 主要技术指标

1) 基本概念

钢筋焊接网技术指标应符合《钢筋混凝土用钢　第3部分：钢筋焊接网》(GB/T 1499.3—2010) 和《钢筋焊接网混凝土结构技术规程》(JGJ 114—2003) 的规定。

冷轧带肋钢筋的直径宜采用5～12 mm，强度标准值为550 N/mm^2；热轧钢筋的直径宜为 6～16 mm，屈服强度标准值为 400 N/mm^2。

焊接网制作方向的钢筋间距宜为 100 mm、150 mm、200 mm，与制作方向垂直的钢筋间距宜为 100～400 mm，焊接网的最大长度不宜超过 12 m，最大宽度不宜超过 3.3 m。焊点抗剪力不应小于试件受拉钢筋规定屈服力值的 0.3 倍。

2）钢筋焊接网的性能

（1）焊接网钢筋的强度

焊接网钢筋宜采用较 HPB300 热轧低碳钢强度级别更高的 HRB400、CRB550、CPB550 等牌号钢筋。它们的强度较高，延性较好。CRB550、HRB400 为带肋钢筋，具有较高的握裹力。焊接网钢筋与 HPB300 钢筋强度设计值之比为 360/210＝1.714，强度价格比远高于 HPB300 钢筋，可明显地降低钢筋工程的材料用量和提高钢筋工程的效益。

（2）焊接网焊点抗剪性能

焊接网焊点具有一定的抗剪能力，使焊接网具有比普通绑扎更为优异的握裹性能。焊点抗剪力是钢筋握裹力的形式体现，使冷拔光面钢筋焊接网中显示出握裹力性能，使其强度与握裹能力相匹配，从而使冷拔光面钢筋焊接网的构造要求得以简化。

（3）抗裂性能

钢筋混凝土中混凝土应力超过其抗拉强度时，混凝土内就会出现裂缝。混凝土握裹力有效时，裂缝将以细而密的形式分布于混凝土中；握裹力失效或部分失效时，裂缝将汇集而使某些裂缝扩展，可能达到影响建筑物使用的程度。焊接网焊点可提供足够的抗剪力，限制混凝土微细裂缝在各焊点间汇集而使混凝土裂缝宽度扩展，从而遏制混凝土中裂缝的分布和扩展趋势。焊接网钢筋强度较高，可采用较小的直径和较密的间距，构件单位面积上钢筋根数和焊点数增多，更有利于增强混凝土的抗裂性能和限制裂缝扩展宽度。随着构件抗裂性能的提高和裂缝较均匀的分布，其刚度也相应地有所提高。

（4）焊接网的整体性能

钢筋焊接网各焊点将钢筋连成网状整体，使钢筋焊接网混凝土受荷时荷载效应沿纵向和横向扩散，提高其刚度。同时，整片焊接网本身具有一定的刚度和弹性，易于安装、定位，安装后不易受后续工序（如在已安装完的焊接网上安装预埋件、浇筑混凝土等）的影响而松动、移位、变形和折弯，钢筋焊接网的安装质量明显提高。

钢筋焊接网整片安装，免去了普通绑扎钢筋现场绑扎时繁杂的体力劳动，安装效率大为提高。

3）其他性能要求

①焊接网钢筋的力学与工艺性能应分别符合相应标准中相应牌号钢筋的规定。

②钢筋焊接网焊点的抗剪力应不小于试样受拉钢筋规定屈服力值的 0.3 倍。

③钢筋焊接网表面不应有影响使用的缺陷，只要性能符合要求，钢筋表面浮锈和因矫直造成的钢筋表面轻微损伤不可作为拒收的理由。钢筋焊接网允许有因取样产生的局部空缺。

钢筋焊接网试样均应从成品网片上截取，但试样所包含的交叉点不得开焊。除去掉多余的部分以外，试样不得进行其他加工。

④钢筋焊接网的拉伸、弯曲试验按标准规定进行。

3. 加工技术应用

1）技术应用范围

冷轧带肋钢筋焊接网广泛适用于现浇钢筋混凝土结构和预制构件的配筋，特别适用于房屋的楼板、屋面板、地坪、墙体、梁柱箍筋笼以及桥梁的桥面铺装和桥墩防裂网，也可用于高速铁路中的双块式轨枕配筋、轨道板底座及箱梁顶面铺装层配筋。此外还可用于隧洞衬砌、输水管道、海港码头、桩等的配筋。

HRB400级钢筋焊接网由于钢筋延性较好，除用于一般钢筋混凝土板类结构外，更适合于抗震设防要求较高的构件（如剪力墙底部加强区）配筋。

2）钢筋焊接网的类型及使用

结构用钢筋焊接网的配筋由纵向配筋和横向配筋构成，通常两个方向的配筋均应满足结构设计要求。钢筋焊接网通常分为标准焊接网（简称标准网）和非标准焊接网（简称非标准网或定网）两种类型。按规定的结构和尺寸制作的焊接网称为标准网，标准网以外的焊接网统称为非标准网。非标准网用于具体工程中，亦称为定制网或工程网。在应用过程中出现了许多新的布置形式和新的焊接网类型，如组合网、格网、梯网、箍筋笼网、螺旋网、格构梁网等。其中组合网、格网、梯网、箍筋笼网为常规焊接网通过专用的布置形式或常规焊接网再加工（焊接、裁剪、成形等）制作成的钢筋焊接网，是用于有特殊要求的场合的焊接网类型。螺旋网、格构梁网等则为专用焊接设备生产的，钢筋两个方向不正交，突破了常规焊接网定义的焊接网类型。

大量使用的焊接网仍为常规定义的焊接网。因此钢筋焊接网可为所有钢筋焊接网的统称，也常作为常规定义钢筋焊接网的简称。除常规钢筋焊接网分为标准焊接网和非标准焊接网两种类型外，将专门布置设计或专门加工的钢筋焊接网如组合网、格网、梯网、箍筋笼网、螺旋网、格构梁网等也按相应类型进行了分类和阐述。

由于焊网机的高度自动化和智能化，就焊接网制作而论，标准网、非标准网的制作难度界限正在逐渐消失，仍然存在的差别是它们的制作效率、安装效率和成本。焊接网的类型分类会因此而改变。

（1）标准网

①标准网的要求。

钢筋焊接网产品的标准化是提高钢筋焊接网生产和安装效率、降低成本的必由之路。钢筋焊接网的标准化常考虑以下因素：

标准网配筋（钢筋直径、间距及其组合）应能涵盖较多构件的配筋，使标准网能更广泛地应用于各种构件；

标准网的外形尺寸应能较灵活地覆盖构件的焊接网配筋面积；

标准网的配筋和外形尺寸应能使标准网生产过程达到定型、高速、连续和规模化的目的。

②标准网的规格。

各国标准网的配筋和外形尺寸的规定是根据各国的特点和经验确定的，标准网配筋和外形尺寸的规定各不相同。我国标准网的规格是吸取了国外的做法，结合我国的实践经验制定的。

《钢筋焊接网混凝土结构技术规程》（JGJ 114—2003）推荐的标准网配筋直径为5～16 mm，分为A～E 5种类型。标准网型号的主筋（纵向筋）和横向筋的直径可以不同。A、D、E型为主筋和横向筋间距相同的标准网型号；B、C型为主筋和横向筋间距不相同的标准网型号。钢筋直径较小时，主筋和横向筋直径通常是相同的。《钢筋焊接网混凝土结构技术规程》没有规定标准网的外形尺寸。例如，A10网表示主筋和横向筋直径均为10 mm，间距均为200 mm的焊接网。国外的标准网通常用主筋每延米配筋截面积来表示焊接网的型号，例如，A393 表示焊接网的主筋和横向筋直径相同，间距均为 200 m（以 *A* 表示），每延米主筋钢筋截面积为 393 mm^2 的焊接网。国外有的标准规定标准网的宽度为 2.4 m，长度为 4.8 m（英国）或 6 m（新加坡）。

规定标准网的外形尺寸是有实用意义的。规定了标准网的外形尺寸，可便于焊接网设计者和使用者选择焊接网型号，生产厂也可预先生产和存放，以调节生产能力，提高生产效率。

③标准网的使用。

焊接网布置时，应采用较简单的焊接网结构形式和尺寸、布置形式和安装方法，以便使用标准网。广泛使用标准网的措施可能会使焊接网用量增大一些，但可由生产成本和安装成本的降低得到补偿，使综合成本有所减少。在焊接网应用较发达的国家，标准网的使用率平均可达钢筋焊接网总用量的 70%左右（欧洲）。在工程设计时选用标准网是标准网推广应用的主要措施之一。桥面铺装普遍采用焊接网配筋是一个较典型的例子，其他如地面地坪、公路路面、规则梁系楼板、防裂网等亦可设计成标准网配筋。目前焊网机的性能有了很大的提高，可焊接各种规格和外形尺寸的网片，焊接网的规格和尺寸可涵盖更大的配筋范围，标准网的应用范围正进一步扩大。有时扩大标准网的使用范围，会要求增加标准网的规格和型号，但标准网规格和型号过多，将使焊接网的布置、制作、安装等的效率降低，失去标准网应有的作用。因此，需在实践中积累焊接网规格模数，制定更为合理的标准网系列。

焊接网的外形尺寸也是标准化的一个方面，布置设计时应有意识地使焊接网外形尺寸标准化，至少在一个工程中使用特定的焊接网尺寸，以积累外形尺寸模数，为焊接网外形尺寸标准化提供资料。

④准标准网。

准标准网是配筋和外形尺寸接近于标准网而大批量使用于某具体工程的非标准焊接网。由于《钢筋焊接网混凝土结构技术规程》（JGJ 114—2003）没有规定标准网的外形尺寸，而且目前焊网机的综合性能较好，便于调整钢筋的间距和长度，或可用不同长度的钢筋，因此，实际工程中可使用大批量的接近标准网规格的焊接网，称之为准标准网。就焊接网布置设计而论，准标准网仍属非标准网（定制网）之列。准标准网是向标准网过渡的焊接网类型，但用量很大时其效率接近标准网。

目前，大面积工业厂房、大面积场馆、厂房地坪、桥面铺装、公路路面等工程已大量使用准标准网。这些工程焊接网的配筋各异，但很有规律，如果能使之规范化，并向标准网靠拢，将可明显地减少焊接网布置设计工作量，提高焊接网的制作和安装效率，提高焊接网的标准化水平。

（2）非标准网

非标准网（定制网）是根据特定工程的要求专门设计和生产的钢筋焊接网。非标准网的结构、形状和尺寸由构件焊接网布置设计确定。焊接网布置的影响因素很多，主要有构件的受力条件和配筋，焊接网配筋面积在构件中覆盖面积的尺寸和形状，焊接网的安装条件和方法等。非标准网能更好地适应构件形状和受力要求，在实际工程中亦常使用。非标准网的型号较多，相应地，焊接网的制作成本和安装成本也会增加。在实践中应综合考虑各种因素，以提高焊接网的使用效率。

钢筋焊接网可由工程设计单位设计，也可由设计单位提出配筋及相关资料和要求，生产厂进行焊接网布置设计。由于焊接网布置设计与焊接网生产设备有关，焊接网布置设计常采用后一种方式进行。焊接网布置设计要反映设计图纸的设计要求，同时好的布置设计必然也是节省材料的设计。

为了扩大标准网的使用范围，在有些工程中可采用特殊的布置形式或布置措施，以统一焊接网的结构和尺寸，使非标准网的结构和尺寸向标准网靠拢，设计成标准网或准标准网。这些方法应以不增加或少增加钢材用量、提高安装和生产效率为主要目的。

非标准网的布置设计是较繁琐且工作量较大的工作，一些焊接网的布置设计软件也因此而出现。但目前的焊接网布置软件尚需进一步完善，以适应更广泛的构件要求。

（3）组合网

组合网是焊接网的一种形式，它是由两片或多片常规焊接网按设计要求组合，发挥一片焊接网配筋作用的网片。双层组合网是将一片焊接网的纵向钢筋和横向钢筋分别用间距较大的架立钢筋（成网钢筋）焊接而成两片焊接网，安装时按配筋要求分别纵横向支装，叠合起来发挥原焊接网的作用。焊接网需局部加强或有其他要求时，组合网可由多层网组合而成。组合网在制作、布置设计、安装等方面与常规焊接网有所不同。

纵向网和横向网的长度（焊接网尺寸）由构件的要求确定，宽度（横向尺寸）受运输和制作条件限制。网片的宽度还应考虑简化安装方法和焊网机容量的限制，一般采用 1～1.5 m。网片成形钢筋（架立筋）的间距较大，常用 400～800 mm。双层组合网布置和尺寸的确定较为灵活，为焊接网标准化措施之一。

大量使用的双层组合网纵向网和横向网的结构和尺寸不属标准网之列，应列为准标准网。在有些国家，如新加坡，双层组合网的应用已很广泛，也很规范，当可属另类标准网之列。

（4）格网和梯网

格网和梯网为新开发的钢筋焊接网类型。这两种焊接网类型均在使用者所在国申请了专利。生产委托方对该产品的制作工艺与产品质量检验标准和方法有很严格的要求。产品出厂前需经生产委托方委托的有资质的第三方派员进行产品质量检测。

①格网。

格网即钢筋焊接格网。始用者称之为焊接钢筋格网（Welded Reinforcement Grid），为与我国焊接网名称统一，故称为钢筋焊接格网，简称格网。格网在柱（暗柱）、梁、墙边缘构件、墙等构件中作为箍筋用，具有很强的构件侧限作用。格网结构与常规网基本相同，钢筋的伸出长度很短（常小于 20 mm），外形多样，每片焊接网钢筋间距不同，间距分布不规则。格网安装时组合构成笼状组合安装单元，在工地以安装单元为单位安装。

②梯网。

梯网为长方形网片，纵向钢筋为 2 根或多根，横向钢筋等间距布置，形如梯子，简称梯网。梯网常用于挡土墙加筋土体中，也用于墙砌体中砂浆的加固焊接网，还用于剪力墙水平筋、柱箍筋安装时的样架。用于挡土墙加筋土体时，梯网一端或两端设有端环，用于与竖向挡土墙面板的连接及梯网间的连接时。用于梯网间的连接时，梯网长度固定（用标准长度），可使梯网的长度标准化。

（5）其他类型焊接网

为了适应各种工程的需要，已经开发了多种新的焊接网类型。如由焊接网再加工而成的焊接网类型有：箍筋笼、公路隔离墩网等。还有用专用焊网机生产制作的焊接网，如螺旋钢筋笼、钢筋骨架网、预制混凝土构件用特制网等。

①箍筋笼。

箍筋笼是由常规焊接网再加工成箍筋形状的笼状焊接网，用作箍筋用。多支箍筋可由多个箍筋笼组合而成。

②螺旋钢筋笼、格构梁网。

螺旋钢筋笼和格构梁网是用专用焊网机加工而成的钢筋焊接网制品。螺旋钢筋笼用于混凝土桩、混凝土电线杆、混凝土排水管、预应力混凝土管中；格构梁网用于格构梁和叠合板中。此类焊接网类型属定制网类型。它们的规格已经标准化，如螺旋箍筋钢筋笼，其纵向筋直径和间距、螺旋筋直径和间距等已标准化，构成标准螺旋钢筋笼。格构梁网亦然，亦构成标准格构梁网。

3）焊接网的钢筋

钢筋焊接网宜采用 CRB550 级冷轧带肋钢筋或 HRB400 级热轧带肋钢筋制作，也可采用 CPB550 级冷拔光面钢筋制作。

HRB400、CRB550、CPB550 等牌号的钢筋性能要求见表 3-5，钢筋焊接网采用了比低碳钢盘条强度等级更高的钢筋材料，适应了钢筋材料的发展趋势，必将成为取代低强度钢筋（如 HRB235 钢筋等）的钢筋品种。

表 3-5 主要钢筋焊接网材料性能

钢筋牌号	σ_s（$\sigma_{0.2}$）/ N/mm²	σ_b/ N/mm²	δ_s/ %	δ_{10}/ %	冷弯 180°	标准编号
HRB400	400	570	14	—	$D=4d$ 无裂纹	GB 1499—1998
CRB550	440	550	—	8	$D=3d$ 无裂纹	GB 13788—2000
CPB550	440	550	—	8	$D=3d$ 无裂纹	JGJ 114—2003

注：1. σ_s（或 $\sigma_{0.2}$）为钢筋的屈服应力或非比例延伸应力；

2. 伸长率 δ_{10} 的测量标距为 $10d$；

3. HRB400 钢筋的伸长率 δ_5 的测量标距为 $5d$；

4. D 为弯心直径，d 为钢筋公称直径。

除表 3-5 的力学和工艺性能外，钢筋焊接网材料还需要具有良好的焊接性能。以低碳钢盘条为母材的 CRB550 和 CPR550 钢筋具有良好的焊接性能。HRB400 钢筋具有与 HRB335 热轧带肋钢筋基本相同的焊接性能。由于钢筋焊接网焊接制作的特殊性，不同的钢筋材料应采用不同的焊接工艺，以达到良好的焊接效果。

（1）HRB400 热轧钢筋

20 世纪 80 年代以来，我国开发了屈服强度 $\sigma_s \geqslant 400$ N/mm² 级的热轧带肋钢筋，如 RRB400 余热处理热轧带肋钢筋、HRB400 热轧带肋钢筋等。

RRB400 钢筋是在 HRB335 钢筋的生产工艺的基础上，采用余热处理工艺，在轧制后穿水冷却时，利用钢筋芯部的余热使钢筋表层的淬火硬壳回火，恢复部分延性，使其性能达到 RRB400 钢筋性能的要求。这种品种的钢筋，其强度的提高是由钢筋表层硬化取得的，性能不稳定，且焊接时会出现回火现象而使强度下降，不宜用作焊接网的材料。

HRB400 是采用微合金化工艺生产的钢筋品种。它是在原含锰（Mn）、硅（Si）的低合金钢中加入微量钛（Ti）、铌（Nb）、钒（V）等元素，以改善其性能。微合金元素V较易固溶于钢中，又较易从钢中析出，特别是在存在适量的氮（N）时，V与N结合易形成VN，颗粒小，析出率高，强化效果好；在轧制过程中还可起到细化晶粒的作用，进一步提高强度，而其延性基本保持不变。

HRB400热轧带肋钢筋具有以下特点：

①良好的力学性能。

HRB400热轧带肋钢筋的性能要求为：屈服强度≥400 N/mm^2，抗拉强度σ_b≥570 N/mm^2，伸长率σ_5≥14%，相应的抗拉强度设计值f_y=360 N/mm^2。据对首钢、承钢、唐钢、宝钢生产的HRB400钢筋产品进行的调查统计，HRB400钢筋实际的σ_s、σ_b和σ_5均值分别为465 N/mm^2、638 N/mm^{2}和24%，相应的离散系数分别为0.0229、0.0229和0.064，强度和伸长率有足够的富余度，且比较稳定。

②延性好。

HRB400钢筋具有良好的延性。首钢生产的HRB400钢筋的统计资料如下：伸长率=24%、均匀伸长率A_{gt}=14%，强屈比值为1.37>1.25，屈服强度实测值与强度标准值的比值为1.16<1.30。这些数据表明，HRB400钢筋具有比冷加工钢筋更好的延性和抗震性能。

③焊接性能好。

HRB400钢筋中的钒加速了珠光体的形成，从而增加了焊接热影响区的韧性，提高了焊接质量。HRB400钢筋焊接性能与HRB335钢筋基本相同。

④调直工艺对钢筋性能的影响。

与CRB550钢筋一样，HRB400钢筋调直后会影响其性能。一般的规律为，钢筋的强度下降，伸长率增加。调直时，HRB400钢筋的抗拉强度下降最大可达50 N/mm^2。在调整调直工艺时应注意钢筋强度下降的影响。HRB400钢筋不需通过调整工序进行伸长率的调整，抗拉强度下降的控制是易于做到的。调直时，HRB400钢筋的直度是调直工艺过程的主要控制因素。类似于应力消除的装置亦可用于HRB400钢筋的调直，效果较好。

（2）CRB550冷轧带肋钢筋

①冷轧带肋钢筋应用情况。

冷轧带肋钢筋是以低碳钢热轧盘条HPB300，以及24MnTi、20MnSi盘条作为母材，经冷加工后使其性能达到更高一级指标、表面有肋的钢筋。这种钢筋强度高、延性好、握裹力强。与低碳钢热轧盘条相比，可显著地减少钢筋用量，达到降低建筑物成本和提高钢筋工程质量的目的。

采用不同的热轧盘条作为母材和不同的轧制工艺，可生产出各种冷轧带肋钢筋品种。我国冷轧带肋钢筋，按抗拉强度值可分成若干级别，各级别CRB钢筋的性能见表3-6。

表3-6 CRB钢筋力学性能和工艺性能

牌号	σ_b/(N/mm^2) 不小于	伸长率/%		弯曲试验 180°	反复弯曲次数	松弛率（初始应力 σ_{con}=0.7σ_b）	
		δ_{10}	δ_{100}			1000 h/%	10 h/%
CRB550	550	≥8.0	—	$D=3d$	—	—	—

续表 3-6

牌号	σ_b/(N/mm²) 不小于	伸长率/%		弯曲试验 180°	反复弯曲次数	松弛率（初始应力 $\sigma_{con}=0.7\sigma_b$）	
		δ_{10}	δ_{100}			1000 h/%	10 h/%
CRB650	650	—	≥4.0	不出现裂纹	3	≤8	≤5
CRB800	800	—	≥4.0	不出现裂纹	3	≤8	≤5
CRB970	970	—	≥4.0	不出现裂纹	3	≤8	≤5
CRB1700	1170	—	≥4.0	不出现裂纹	3	≤8	≤5

注：1. *D* 为弯心直径，*d* 为钢筋公称直径；

2. 反复弯曲试验的钢筋公称直径为 4 mm、5 mm、6 mm 时，弯曲半径分别为 10 mm、15 mm、15 mm；

3. 当进行弯曲试验时，受弯曲部位表面不得产生裂纹。

以 HPB235 为母材，主要用于生产 CRB550 和 CRB650 冷轧带肋钢筋。CRE550 冷轧带肋钢筋的强度等级相当于 HRB400 级热轧带肋钢筋，且具有良好的延性和焊接性能，是生产钢筋焊接网较好的材料。其他级别的冷轧带肋钢筋常用于预应力等有特殊要求的构件。

②CRB550 钢筋的性能特点。

强度高、延性好。

CRB550 冷轧带肋钢筋的力学及工艺性能要求为：抗拉强度 $\sigma_{10}\geqslant 550$ N/mm²，伸长率 $\sigma_{10}\geqslant 8\%$，相应的抗拉强度设计值 $f_y=360$ N/mm²，非比例延伸应力 $\sigma_{p0.2}\geqslant 0.8\sigma_b=440$ N/mm²。根据我们生产的 CRB550 钢筋的统计资料，CRB550 钢筋的 σ_b 和 σ_{10} 均值分别达到 605 N/mm² 和 10.4%，相应的离散系数分别为 0.0446 和 0.1058。CRB550 钢筋 $\sigma_{10}=8\%$相当于 $\delta_5=13\%$。CRB550 钢筋的这些指标均接近于 HRB400 钢筋。

握裹力强。

实践和试验资料表明，CRB550 钢筋具有较 HPB235、CPB550、HRB400 等钢筋更强的握裹力。

焊接性能好。

CRB550 钢筋是以 HPB300 为原材料，具有与 HPB300 相同的焊接性能，且已有较多的实践经验，焊接性能较好。CRB550 钢筋加工时去除氧化层程度较彻底，只要焊接参数和工艺选择得当，电阻熔焊的焊接效果完全能满足要求。

加工性能。

CRB550 钢筋在冷弯等方面具有较好的性能。在调直、应力消除、焊接网焊接成形、焊接网加工成形等加工工序中也显示出其良好的加工性能。

(3) CPB550 冷拔（轧）光面钢筋

CPB550 冷拔（轧）光面钢筋是由低碳钢热轧盘条（HPB300）经冷拔或冷轧成网形截面的钢筋，其性能达到 550 级抗拉强度钢筋性能时即为 CPB550 级冷拔光面钢筋。早期 CPB550 钢筋是冷拔加工而成的，后来发展成冷轧加工。冷轧光面钢筋的轧制工艺与冷轧带肋钢筋相同，只是其成型轧辊环的轧制面是弧面的。冷轧带肋钢筋出现后，冷轧带肋钢筋强度等级仍沿用冷拔光面钢筋 CPB550 级别的指标。实质上，CRB550 冷轧带肋钢筋和 CPB550 冷拔光面钢筋是母材相同、性能要求相同，但成品钢筋外表面形状不同的两种低碳钢热轧盘条的冷加工产品。正由于它们外形上的一些差别，它们的性能也有一些差异。这些差异并不影响它们用作钢筋焊接网的材料。因此，前述的冷轧带肋钢筋的性能，除握裹力外，基本上适用于冷拔光面钢筋。下面仅对冷拔光面钢筋的特点作一些说明。

①加工。

冷加工光面钢筋可用冷轧或冷拔工艺生产。冷拔光面钢筋是低碳钢热轧盘条通过拔模孔冷拔而成，在钢筋横截面上的变形是不均匀的，使钢筋表面残留较大的残余应力，从而对钢筋的性能产生影响。直径为 10 mm 以内的冷拔光面钢筋具有良好的力学和工艺性能，与冷轧光面钢筋相比，无明显的性能上的差别。我国常用直径较小的冷拔钢筋，称为冷拔钢丝，常用于楼板的预制构件、构件表面的防裂网、顶层屋盖的刚性画层等。采用轧辊环轧制的光面钢筋其横截面内部组织结构的均匀性有所提高，力学性能也相应地有所改善，较大直径钢筋性能的改善更为显著。

冷拔（轧）光面钢筋可采用冷轧带肋钢筋的轧制设备加工，只需将轧制设备轧辊组的带肋槽轧辊环换成弧面轧辊环，或将轧制机组换成拔模即可。轧拔工序中的工序调试较冷轧带肋钢筋简便。

②性能。

强度和伸长率

在实践中，CRB550 钢筋和 CPB550 钢筋的性能显示出了某些差别。在相同的母材和相同的加工工艺条件下，CPB550 钢筋的强度和伸长率等性能优于 CRB550 钢筋。主要原因是 CRB550 钢筋表面有肋，外表面体形复杂，肋根处体形突变，残余应力集中，进行拉力测试时在体形突变和应力集中处易于断裂而使测得的抗拉强度和伸长率的数值略低。CPB550 钢筋的强度和伸长率较高，即其强度和伸长率的富余度更大，适应性更强，易于进行性能调整。这是冷轧光面钢筋仍在使用的原因之一。

握裹力

CPB550 钢筋握裹力小，端部需弯钩、镦头、焊小横筋或焊接成网后借助于上述锚固措施发挥锚固作用，才能增加其握裹性能。CPB550 钢筋焊接网焊点抗剪力起到了冷轧光面钢筋在混凝土内的等效握裹性能的作用，这是冷拔光面钢筋焊接网在国外早期使用中能较快发展的原因之一。但 CPB550 钢筋焊接网的应用仍具有局限性。CPB550 钢筋不允许采用没有专门的锚固措施的锚固和搭接，网片的搭接和锚固的要求较 CRB550 钢筋更为严格。在板（墙）面形状复杂而需用散筋人工绑扎补足时，或采用平搭搭接时，钢筋端部（或焊接网伸出钢筋端部）需采用措施繁杂的特殊锚固措施，大大地限制了 CPB550 钢筋焊接网的使用。这也是 CRB550 钢筋取代 CPB550 钢筋的原因之一。

焊点抗剪力

CPB550 钢筋焊接网的钢筋表面为网弧形，纵向和横向钢筋在各焊接点的接触条件基本相同，焊接效果较好，焊点抗剪力值较大，略高于 CRB550 钢筋。

4）设计计算

（1）一般规定

钢筋焊接网混凝土结构构件设计时，其基本设计假定、承载能力极限状态计算、正常使用极限状态验算以及构件的抗震设计等，基本上与普通钢筋混凝土结构构件的设计计算相同。

钢筋焊接网混凝土结构构件的最大裂缝宽度限值按环境类别规定为：一类环境 0.3 mm；二、三类环境 0.2 mm。

冷轧带肋钢筋焊接网配筋的混凝土连续板的内力计算可考虑塑性内力重分布，其支座弯矩调幅值不应大于按弹性体系计算值的 15%。

（2）承载力计算

焊接网配筋的混凝土结构构件计算与普通钢筋混凝土构件相同。相对界限受压区高度量 ζ_b 的取值如下：当混凝土强度等级不超过 C50 时，对 CRB550 级钢筋，取值 $\zeta_b=0.37$。

斜截面受剪承载力计算时，焊接网片或箍筋笼中带肋钢筋的抗拉强度设计值按 360 N/mm^2 取值。试验表明，用变形钢筋网片作箍筋，对斜裂缝的约束明显优于光面钢筋，试件破坏时箍筋可达到较高应力，其高强作用在抗剪计算时得到充分发挥，提高了构件斜截面抗裂性能。封闭式或开口式焊接箍筋笼以及单片式焊接网作为梁的受剪箍筋在国外早已正式列入标准规范中，实际应用已有较长时间。

（3）裂缝计算

钢筋焊接网配筋的混凝土受弯构件，在正常使用状态下，一般应验算裂缝宽度。按荷载效应的标准组合并考虑长期作用影响计算的最大裂缝宽度不应超过规程的限值。为简化计算，对在一类环境（室内正常环境）下带肋钢筋焊接网板类构件，当混凝土强度等级不低于 C20、纵向受力钢筋直径不大于 10 mm 且混凝土保护层厚度不大于 20 mm 时，可不作最大裂缝宽度验算。

对带肋钢筋焊接网和光面钢筋焊接网混凝土板刚度、裂缝的试验结果表明，焊接网横筋可有效提高纵筋与混凝土间的黏结锚固性能，且横筋间距愈小，提高的效果愈大，从而可有效地抑制使用阶段裂缝的扩展。

5）构造要求

（1）焊接网的锚固与搭接

带肋钢筋焊接网的锚固长度与钢筋强度、焊点抗剪力、混凝土强度、钢筋外形以及截面单位长度锚固钢筋的配筋量等因素有关。根据锚固拔出试验结果得出临界锚固长度，在此基础上考虑 1.8～2.2 倍左右的安全储备系数作为设计上采用的最小锚固长度值。

当焊接网在锚固长度内有一根横向钢筋且此横筋至计算截面的距离不小于 50 mm 时，由于横向钢筋的锚固作用，使单根带肋钢筋的锚固长度减少 25%左右。当锚固区内无横筋时，锚固长度按单根钢筋锚固长度取值。

由于搭接一般都设置在受力较小处，接头强度一般均能满足设计要求。当要求须复核搭接处（特别是采用叠搭法或扣搭法）截面强度时，此时截面的有效高度应取内层网片受力钢筋的重心到受压区混凝土外边缘的距离。

为了施工方便，加快铺网速度且当截面厚度也适合时，常采用叠搭法。此时要求在搭接区内每张网片至少有一根横向钢筋。为了充分发挥搭接区内混凝土的抗剪强度，两网片最外一根横向钢筋间的距离不应小于 50 mm（图 3-1），两片焊接网钢筋末端（对带肋钢筋）之间的搭接长度不应小于 1.3 倍最小锚固长度，且不小于 200 mm。

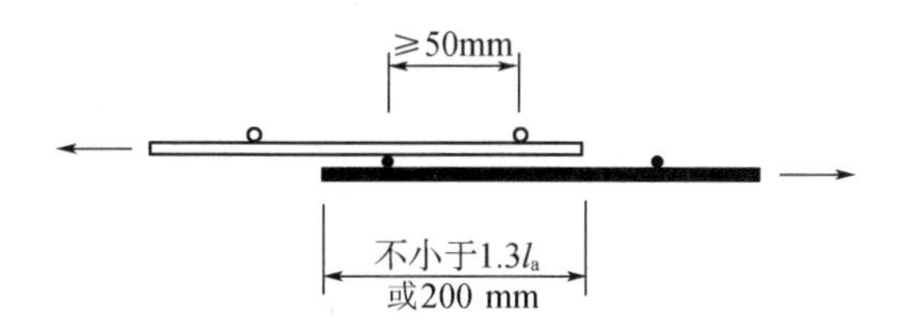

图 3-1 带肋钢筋焊接网搭接接头

有时受截面厚度或保护层厚度所限可采用平搭法，即一张网片的钢筋镶入另一张网片中，使两张网片的受力主筋在同一平面内，构件的有效高度 h_0 相同，各断面承载力没有突变。当板厚偏小时，平搭法具有一定优点。平搭法只允许搭接区内一张网片无横向钢筋，另一张网片在搭接区内必须有横向钢筋。平搭法的搭接长度比叠搭法约增加 30%。

采用平搭法可有效地减少钢筋所占的厚度，桥面铺装常用的钢筋直径在 6～11 mm 范围内。搭接长度不应小于 35d（平搭法）或 25d（叠搭法），且在任何情况下不应小于250 mm。钢筋焊接网在受力方向的搭接长度，应取受拉钢筋搭接长度的 0.7 倍，且不应小于 150 mm。在非受力方向，搭接长度不应小于 20d。

考虑地震作用的焊接网构件，按不同抗震等级增加钢筋受拉锚固长度 5%～15%的规定，在此基础上乘以 1.3 倍增大系数，得出考虑抗震要求的受拉钢筋搭接长度。

（2）板的构造

板伸入支座的下部纵向受力钢筋，其间距不应大于 400 mm，截面面积不应小于跨中受力钢筋截面面积的 1/2，伸入支座的锚固长度不宜小于 10d，且不宜小于 100 mm。网片最外侧钢筋距梁边的距离不应大于该方向钢筋间距的 1/2，且不宜大于 100 mm。

板中受力筋的直径不宜小于 5 mm。当板厚 $h \leqslant 150$ mm 时，其间距不宜大于 200 mm；当板厚 $h > 150$ mm 时，其间距不宜大于 1.5h，且不应大于 250 mm。

板的焊接网配筋应按板的梁系区格布置，尽量减少搭接。单向板底网的受力主筋和现浇双向板短跨方向下部钢筋焊接网不宜设置搭接。双向板长跨方向底网搭接宜布置在梁边 1/3 净跨区段内。满铺面网的搭接宜设置在梁边 1/4 净跨区段以外，且面网与底网的搭接宜错开，不宜在同一断面搭接。

根据国内外焊接网工程实践经验，有两种现浇双向板底网经济合理的布网方式，可减少搭接或不用搭接。一种方式是将双向板的纵向钢筋和横向钢筋分别与非受力筋焊成纵向网和横向网，安装时分别插入相应的梁中（图 3-2（a））；另一种方式是将纵向钢筋和横向钢筋分别采用 2 倍原配筋间距焊成纵向底网和横向底网，安装时分别插入相应的梁中（图 3-2（b）），此种布网，长跨方向搭接宜采用平搭法。纵向网和横向网的计算高度相同，安装时应使纵、横向网的钢筋均匀分布，此法用钢量最省，相当或低于绑扎钢筋的用量。

（3）墙的构造

焊接网可用作钢筋混凝土房屋结构剪力墙中的分布筋，其适用范围应符合下列规定：

①可用于无抗震设防要求的钢筋混凝土房屋的剪力墙，以及抗震设防烈度为 6 度、7 度和 8 度的丙类钢筋混凝土房屋中的框架剪力墙结构、剪力墙结构、部分框支剪力墙结构和筒体结构中的剪力墙。

②关于抗震房屋的最大高度应满足：当采用热轧带肋钢筋焊接网时，应符合混凝土结构

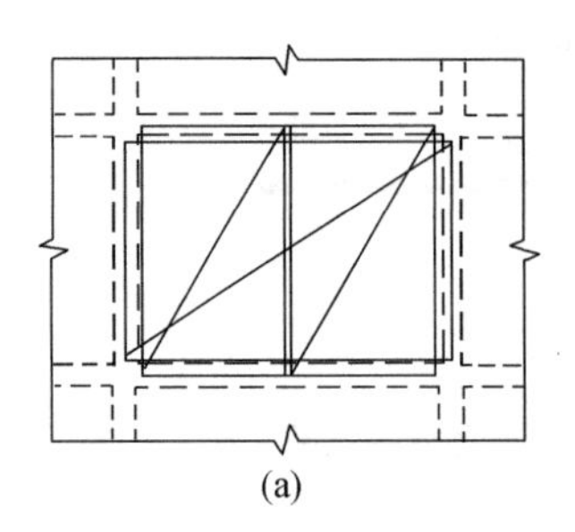

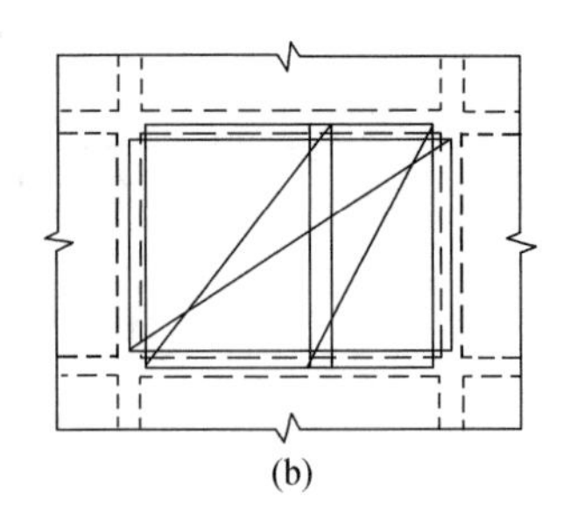

图 3-2 双向板底网的双层布置

(a) 方式一；(b) 方式二

设计规范中的现浇混凝土房屋适用的最大高度的规定；当采用冷轧带肋钢筋焊接网时，应比规范规定的适用最大高度低 20 m。

③一级、二级抗震等级剪力墙底部加强区的分布筋，宜优先采用热轧带肋钢筋焊接网。

对一、二、三级抗震等级的剪力墙的竖向和水平分布钢筋，配筋率均不应小于 0.25%，四级抗震等级的不应小于 0.2%。当钢筋直径为 6 mm 时，分布钢筋间距不应大于 150 mm；当分布钢筋直径不小于 8 mm 时，其间距不应大于 300 mm。冷轧带肋钢筋焊接网用作底部加强区以上的剪力墙的分布筋，在国内的部分高层建筑中已经采用。

分布筋为热轧（HRB400）钢筋焊接网、约束边缘构件纵筋为热轧带肋钢筋、约束边缘构件的长度和配箍特征值均符合规范规定的剪力墙，试验结果表明，墙体的破坏形态为钢筋受拉屈服、受压区混凝土压坏，呈现以弯曲破坏为主的弯剪型破坏，计算与试验结果符合良好。热轧钢筋焊接网可用于抗震设防烈度不大于 8 度的丙类钢筋混凝土房屋剪力墙的分布筋。

墙体中钢筋焊接网在水平方向的搭接可采用平搭法或扣搭法。墙内双排钢筋焊接网之间应设置拉筋连接，其直径不应小于 6 mm，间距不应大于 700 mm；对重要部位的剪力墙宜适当增加拉筋的数量。

（4）焊接箍筋笼

焊接箍筋笼主要用于建筑工程中的梁、柱构件。生产时将钢筋与几根较细直径的连接钢筋先焊接成平面网片，然后用网片弯折机弯折成设计尺寸的焊接箍筋骨架。

焊接箍筋笼在工程中得到了广泛应用，可免去在现场绑扎钢筋，显著提高了施工进度，减少了现场钢筋工数量。当全部钢筋工程采用焊接网和箍筋笼时，更能体现出焊接网的优越性。

根据加工箍筋笼设备的能力及梁（柱）尺寸，可将一根梁（柱）的箍筋做成一段或几段箍筋笼，运至现场后，穿入主筋形成尺寸准确的钢筋骨架，放入模板中浇灌混凝土。为了更进一步提高现场效率，可将柱的主筋与箍筋笼在焊网厂预先用二氧化碳保护焊焊成整体骨架，运至工地浇筑混凝土。

梁、柱焊接箍筋笼在国外已做过很多专门试验，其结构性能是可靠的。梁、柱的箍筋笼宜采用带肋钢筋制作。

①柱的箍筋笼应符合下列要求：

柱的箍筋笼应做成封闭式并在箍筋末端做成 135°的弯钩，弯钩末端平直段长度不应小于

5 倍箍筋直径；当有抗震要求时，平直段长度不应小于 10 倍箍筋直径；箍筋间距不应大于 400 mm 及构件截面的短边尺寸，且不应大于 15d；箍筋直径不应小于 $d/4$（d 为纵向受力钢筋的最大直径），且不应小于 5 mm。箍筋笼长度根据柱高可做成一段或分成多段，并应考虑焊网机和弯折机的工艺参数。

②梁的箍筋笼应符合下列要求：

梁的箍筋笼可做成封闭式或开口式。当梁考虑抗震要求时，箍筋笼应做成封闭式，箍筋末端应做成 135°的弯钩，弯钩端头平直段长度不应小于 10 倍箍筋直径（图 3-3（a））；对不考虑抗震要求的梁，平直段长度不应小于 5 倍箍筋直径，并在角部弯成稍大于 90°的弯钩（图 3-3（b））。当梁与板整体浇筑不考虑抗震要求且不需计算要求的受压钢筋，亦不需进行受扭计算时，可采用 U 形开口箍筋笼（图 3-4），且箍筋应尽量靠近构件周边位置，开口箍的顶部应布置连续（不应有搭接）的焊接网片。

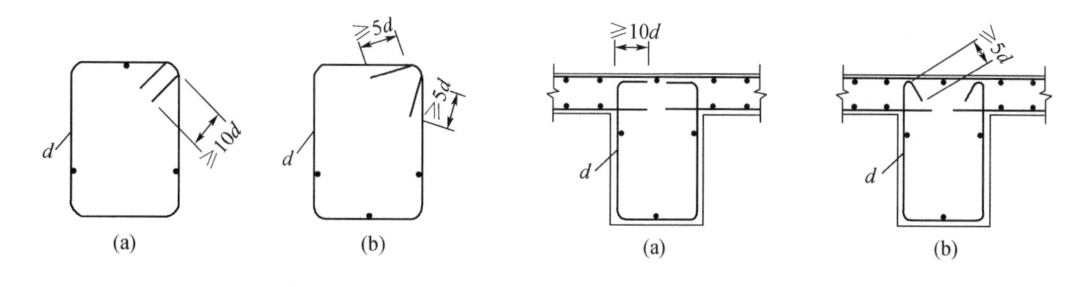

图 3-3 封闭式箍筋笼

（a）≥10d；（b）≥5d

图 3-4 U 形开口箍筋笼

（a）≥10d；（b）≥5d

梁中钢筋的间距应符合混凝土结构设计规范的有关规定。当梁高大于 800 mm 时，箍筋直径不宜小于 8 mm；当梁高不超过 800 mm 时，箍筋直径不宜小于 6 mm；当梁中配有计算需要的纵向受压钢筋时，箍筋直径尚不应小于 $d/4$（d 为纵向受压钢筋的最大直径）。

6）钢筋焊接网的质量

钢筋焊接网混凝土的质量包括焊接网的制作质量和焊接网的安装质量。焊接网的制作质量是钢筋焊接网混凝土质量的基础，焊接网的安装质量是实现钢筋焊接网混凝土质量的具体体现。

（1）焊接网的制作质量

热轧带肋钢筋（HRB400），以及冷轧带肋钢筋（CRB550）和冷拔光面钢筋（CPB550）的母材在进厂时必须进行严格的检验。HRB400 钢筋的强度和伸长率的富余度较大，调直后仍保留足够的富余度。CRB550 钢筋和 CPB550 钢筋冷加工过程中的轧制和调直工序均有着严格的控制，质量能达到较高的水平。

钢筋焊接网是用专用焊网设备自动生产的产品。从对原材料选择，直至制作过程中的各道工序都可进行严格的控制。焊点的抗剪力、焊接网的钢筋间距和外形尺寸等都达到了很高的精度水平。钢筋焊接网可满足很高的质量要求。

（2）焊接网的安装质量

钢筋焊接网在构件内的布置是根据构件设计的配筋要求和有关标准进行的。若构件对焊接网搭接、锚固及其他构造要求都得到了满足，则焊接网在混凝土中可充分地发挥设计要求的效果。

钢筋焊接网的安装就是将焊接网放置在焊接网布置图中的设计位置上，并满足焊接网的锚固和搭接的构造要求，就可达到安装质量要求。由于钢筋焊接网网面平整，具有一定的弹性和整体刚度，易于准确地安装到设计位置上，在安装过程中不易发生折弯等变形现象，安装后也不易在后续工序施工过程中产生变形、松动、移位等问题，避免了普通绑扎钢筋安装过程中常出现的漏绑，绑扎点处松动和滑动，钢筋长度、间距、根数不准，钢筋的混凝土保护层不易保证，在板负弯矩位置上易于被踩弯、移位和浇筑混凝土时不易复位等影响安装质量的现象。焊接网的安装质量可达到很高的水平。

7）已应用的典型工程

国内应用焊接网的各类工程数量较多，应用较多地区为珠江三角洲、长江下游和京津等地区。如北京百荣世贸商城、深圳市市民中心工程等。

三、建筑用成型钢筋制品应用技术

1. 主要技术特点

1）基本概念

建筑用成型钢筋制品加工与配送是指在固定的加工厂，利用盘条或直条钢筋经过一定的加工工艺程序，由专业的机械设备制成钢筋制品供应给项目工程的过程。钢筋专业化加工与配送技术主要包括：

①钢筋制品加工前的优化套裁、任务分解与管理。

②线材专业化加工——钢筋强化加工、带肋钢筋的开卷矫直、箍筋加工成型等。

③棒材专业化加工——定尺切断、弯曲成型、钢筋直螺纹加工成型等。

④钢筋组件专业化加工——钢筋焊接网、钢筋笼、梁、柱等。

⑤钢筋制品的科学管理、优化配送。

钢筋专业化加工主要由经过专门设计、配置的钢筋专用加工机械完成，主要有钢筋冷拉机、钢筋冷拔机、冷轧带肋钢筋成型机、钢筋冷轧扭机、钢筋调直切断机、钢筋切断机、钢筋弯曲机、钢筋弯箍机、钢筋网成型机、钢筋笼成型机、钢筋连接接头加工机械及其他辅助设备。

2）技术特点

该项技术的最大优势是坚持以人为本，减轻劳动者作业强度，提高作业效率，提高钢筋加工制品质量，减小材料损耗，降低能耗和排放，降低工程施工成本，提高施工企业核心竞争能力，满足绿色建筑施工的发展要求。其技术特点是：

①作业效率高，可满足大规模工程建设中钢筋加工的需求。

②走钢筋加工专业化、工厂化之路，可实现施工现场钢筋装配作业。

③节省资源、保护环境。

④降低施工成本、提高工程质量。

⑤转变钢筋工程施工管理模式，与国际接轨，走专业化施工分包道路。

2. 主要技术指标

1）钢筋成型

钢筋成型的设备主要有 GSL 系列钢筋剪切生产线、GW－robot 系列钢筋弯曲生产线、

GT 系列热轧带肋钢筋矫直切断机、GSB 系列数控钢筋弯箍机。钢筋成型成套设备全部采用 PCC、B&R 控制技术，GSL 最大剪切力 500 t，剪切能力 5 mm×50 mm、20 mm×28 mm、40 mm×16 mm；GW－robot 弯曲能力 1 mm×50 mm、3 mm×28 mm、4 mm×16 mm；GT 最大矫直 HRB500 钢筋直径 16 mm，最大速度 180 m/min；GSB 最大弯箍直径 1 mm×16 mm、2 mm×12 mm，生产箍筋 1800 个/h。其产品主要有 GSL500、GSL300、GSL100，GW－robot50、GWclas－sic50，GT16、GT12，GSB16、GSB12R 等系列。钢筋成型实现了棒材与线材钢筋自动定尺、切断、收集、输送、弯曲（弯箍）成型、成品收集等工序，大幅度提高了生产效率和钢筋成材率，减少了钢筋吊运和操作人工。

2）钢筋网成型

GWC 系列钢筋焊接网生产线利用 PCC、B&R 计算机控制技术，钢筋焊接网宽度最大为 4000 mm，焊接钢筋直径 ϕ55～16 mm，不仅可以焊接冷轧带肋钢筋，而且适用于热轧带肋钢筋，原料供给方式可为预切直条或盘条。主要有 GWC－PA、GWC－PB、GWC－ZA、GWC－ZB 四种生产工艺，完成了 4000 mm、3200 mm、2800 mm、2600 mm、2400 mm、2050 mm、1800 mm、1600 mm、1250 mm 等系列产品。

3）钢筋笼成型

GCM 型钢筋笼焊接设备，采用电阻焊接技术实现连续焊接，可以生产 600～2000 mm 不同钢筋笼直径、纵筋 12～50 mm、箍筋 5～16 mm 的不同钢筋规格的焊接钢筋笼。主要有 GCM－PA、GWC－ZA 等多种生产工艺，不但可制作成圆形、椭圆形，还可以制作成方形、三角形、六边形等图形。尤其是钢筋笼的连接采用了中国建筑科学研究院的发明专利技术连接，大幅度加快了施工进度，提高了工程质量，缩短了工期，降低了施工成本。

4）钢筋机械连接

钢筋机械连接将粗钢筋的定尺切断、弯曲成型和机械连接的螺纹加工实现了一体化，将钢筋笼成型和钢筋机械连接螺纹加工实现了一体化，在钢筋笼分段预制的同时做好了分段间主筋螺纹接头，可将成品吊运到现场直接安装，缩短了施工周期，提高了工程质量。

5）钢筋强化加工

经过强化的钢筋也称冷加工钢筋，包括冷拉钢筋、冷拔钢丝、冷轧带肋钢筋和冷轧扭钢筋。钢筋强化是指对母材（网盘条）冷拉、冷拔或冷轧（扭）减径、改变外形以提高强度的加工方法。由于冷加工钢筋通过改变外形实现减径，虽然提高了钢筋强度，但降低了塑性，不利于拓宽应用范围。由于加工之后的钢筋不具有原来的塑性，必须经过检测合格后方可使用。

3. 施工技术应用

钢筋机械、钢筋加工工艺的发展是和建筑结构、施工技术的发展相辅相成的，我国钢筋制品加工成型与配送已经开始起步，最终将和预拌混凝土行业一样实现商品化。该项技术广泛适用于各种混凝土结构的钢筋工程加工、施工，特别适用于大型工程的现场钢筋加工，适用于集中加工、短途配送的钢筋专业加工。

1）技术要求

（1）钢筋原材

①成型钢筋制品应采用《低碳钢热轧圆盘条》（GB/T 701—2008）、《钢筋混凝土用钢　第一部分：热轧光圆钢筋》（GB/T 1499.1—2008）、《冷轧带肋钢筋》（GB 13788—2008）规定牌号的钢筋原材。

②成型钢筋制品采用的钢筋原材应按相应标准要求规定抽取试件做力学性能检验，其质量应符合相应现行国家标准的规定。

③成型钢筋制品采用的钢筋原材应无损伤，表面不得有裂纹、结疤、油污、颗粒状或片状铁锈。

④成型钢筋制品采用钢筋原材的几何尺寸、实际重量与理论重量允许偏差应符合相应现行国家标准的规定。

⑤成型钢筋制品采用钢筋原材的品种、级别或规格需作变更时，应办理设计变更文件。

⑥钢筋原材如果出现脆断、焊接性能不良或力学性能不正常等现象时，应对该批钢筋原材进行化学成分检验或其他专项检验。

⑦有抗震设防要求的结构，其纵向受力钢筋的强度应符合国家现行标准的要求。

（2）加工

①成型钢筋制品加工前应对钢筋的规格、牌号、下料长度、数量等进行核对。

②成型钢筋制品加工前，应编制钢筋配料单，见表3-7。其内容包括：

成型钢筋制品应用工程名称及混凝土结构部位。

成型钢筋制品形状代码、形状简图及尺寸。

成型钢筋制品品种、级别、规格、每件下料长度。

成型钢筋制品单件根数、单件总根数，该工程使用总根数、总长度、总重量。

表3-7　成型钢筋制品配料单

第　　页/共　　页　　　　配料单编号：

施工单位					工程名称				
供货单位					结构部位				
成型钢筋制品代码	钢筋编号	规格/mm	成型钢筋制品示意图单位/mm	下料长度/mm	每件根数	总根数	总长/m	总重/kg	备注

审核：　　　　制表：　　　　年　月　日

③成型钢筋制品调直宜采用机械方法进行。当采用冷拉方法调直钢筋时，应严格按照钢筋的级别、品种控制冷拉率。冷拉率应符合表3-8的规定。

表3-8　冷拉率的允许值

项　目	允许冷拉率/%
HPB300级钢筋	≤4
HRB335、HRB400和RRB400级钢筋	≤1

④环氧树脂涂层钢筋的加工应符合下列规定：

在实际结构中，可根据工程的具体需要，全部或部分采用环氧涂层钢筋。

环氧涂层材料必须采用专业生产厂家的产品，其性能应符合有关现行国家标准的规定。

涂层制作应尽快在净化后清洁的钢筋表面上进行，其间隔时间不宜超过3 h，且钢筋表面不得有肉眼可见的氧化现象发生。

涂层宜采用环氧树脂粉末以静电喷涂方式在钢筋表面制作。

其他防腐钢筋应符合相应设计和现行规范要求。

⑤机械连接接头的加工应选用机械加工完成，除应符合有关现行国家标准的规定外，还应符合下列规定：

钢筋端部应切平或镦平，钢筋端部不得有局部弯曲，不得有严重锈蚀和脏物。

镦粗头不得有与钢筋轴线相垂直的横向裂纹。

钢筋丝头长度应满足设计要求，套筒不得有肉眼可见的裂纹。

钢筋丝头的直径和螺距公差应用专用螺纹量规检验，止规旋入不得超过3倍螺距，抽检数量10%，检验合格率不应小于95%。

⑥组合成型钢筋制品的制作可采用机械连接、焊接或绑扎搭接。机械连接接头和焊接接头的类型及质量除应符合有关现行国家标准的规定外，尚应符合下列规定：

纵向受力钢筋不宜采用绑扎搭接接头。

组合成型钢筋制品连接必须牢固，吊点焊接应牢固，并保证起吊刚度。

接头宜设置在受力较小处，同一纵向受力钢筋不宜设置两个或两个以上接头。

箍筋位置、间距应准确，弯钩应沿受力方向错开设置。

接头末端至钢筋弯起点的距离不应小于钢筋直径的10倍。

⑦成型钢筋制品采用闪光对焊连接时，除应符合有关现行国家标准的规定外，尚应符合下列规定：

接头处不得有裂纹、表面不得有明显烧伤的痕迹。

接头处弯折角不得大于3°。

接头处的轴线偏移不得大于钢筋直径的10%倍，且不得大于2 mm。

⑧钢筋原材下料长度应根据混凝土保护层厚度、钢筋弯曲、弯钩长度及图样中尺寸等规定计算，其下料长度应符合下列规定：

直钢筋下料长度按下式计算：

$$L_Z = L_1 - L_2 + \Delta_G$$

式中　L_Z——直钢筋下料长度，mm；

L_1——构件长度，mm；

L_2——保护层厚度，mm；

Δ_G——弯钩增加长度，按表3-9确定。

表3-9　弯钩增加长度（Δ_G）

弯钩角度/°	HPB300级钢筋/mm						HRB400级、HRB500级和RRB400级钢筋/mm					
	弯弧内直径 $D=3d$		弯弧内直径 $D=5d$		弯弧内直径 $D=10d$		弯弧内直径 $D=3d$		弯弧内直径 $D=5d$		弯弧内直径 $D=10d$	
	单钩	双钩	单钩	双钩	单钩	双钩	单钩	双钩	单钩	双钩	单钩	双钩
90	$4.21d$	$8.42d$	$6.21d$	$12.42d$	$11.21d$	$22.42d$	$4.21d$	$8.42d$	$6.21d$	$12.42d$	$11.21d$	$22.42d$

续表 3-9

弯钩角度/°	HPB300 级钢筋/mm						HRB400 级、HRB500 级和 RRB400 级钢筋/mm					
	弯弧内直径 $D=3d$		弯弧内直径 $D=5d$		弯弧内直径 $D=10d$		弯弧内直径 $D=3d$		弯弧内直径 $D=5d$		弯弧内直径 $D=10d$	
	单钩	双钩	单钩	双钩	单钩	双钩	单钩	双钩	单钩	双钩	单钩	双钩
135	$4.87d$	$9.74d$	$6.87d$	$13.74d$	$11.87d$	$23.74d$	$5.89d$	$11.78d$	$7.89d$	$15.78d$	$12.89d$	$25.78d$
180	$6.25d$	$12.50d$	$8.25d$	$16.50d$	$13.25d$	$26.50d$	—	—	—	—	—	—

注：d—钢筋原材公称直径；D—弯弧内直径。

弯起钢筋下料长度按下式计算：

$$L_W = L_a + L_b - \Delta_W + \Delta_G$$

式中 L_w——弯起钢筋下料长度，mm；

L_a——直段长度，mm；

L_b——斜段长度，mm；

Δ_w——弯曲调整值总和，按表 3-10 确定；

Δ_G——弯钩增加长度，按表 3-9 确定。

表 3-10 单次弯曲调整值

成型钢筋用途	弯弧内直径	弯折角度/°					
		30	45	60	90	135	180
HRB400 级主筋	$D=5d$	$0.305d$	$0.543d$	$0.9d$	$2.288d$	$2.831d$	$4.576d$
平法框架主筋	$D=8d$	$0.323d$	$0.608d$	$1.061d$	$2.931d$	$3.539d$	—
	$D=12d$	$0.348d$	$0.694d$	$1.276d$	$3.79d$	$4.484d$	—
	$D=16d$	$0.373d$	$0.78d$	$1.491d$	$4.648d$	$5.428d$	—

c. 箍筋下料长度按下式计算：

$$L_G = L + \Delta_G - \Delta_W$$

式中 L_G——箍筋下料长度，mm；

L——箍筋直段长度总和，mm；

Δ_G——弯钩增加长度，按表 3-9 确定；

Δ_W——弯曲调整值总和，按表 3-10 确定。

其他类型（环形、螺旋、抛物线钢筋）下料长度按下式计算：

$$L_Q = L_J + \Delta_G$$

式中 L_Q——其他类型下料长度，mm；

L_J——钢筋长度计算值，mm；

Δ_G——弯钩增加长度，按表 3-9 确定。

(3) 形状和尺寸

①成型钢筋制品形状、尺寸的允许偏差应符合表 3-11 的规定。

表 3-11　成型钢筋加工的允许偏差

项　目		允许偏差/mm
调直后每米弯曲度		≤4
受力成型钢筋制品顺长度方向全长的净尺寸		±10
成型钢筋制品弯折位置		±20
箍筋内净尺寸		±5
钢筋焊接网		应符合 GB/T 1499.3—2010 中第 6.3 条的规定
组合成型钢筋制品	主筋间距	±10
	箍筋间距	±10
	高度、宽度、直径	±10
	总长度	±10

②受力成型钢筋制品的弯钩和弯折除应符合设计要求外，弯弧内直径尚应符合表 3-12 的规定；弯钩和弯折角度、弯后平直部分长度还应符合下列规定：

HPB300 级钢筋原材末端应做成 180°弯钩，弯钩的弯后平直部分长度不应小于钢筋原材直径的 3 倍；

当设计要求成型钢筋末端做成 135°弯钩时，HRB400 级和 HRB500 级钢筋原材弯后平直部分长度应符合设计要求；

箍筋弯钩的弯弧内直径除应符合上述的规定外，还不应小于受力钢筋原材直径。

表 3-12　弯曲和弯折的弯弧内直径

成型钢筋用途	弯弧内直径 D/mm
HRB400 级和 RRB400 级主筋	$D \geqslant 5d$
HRB500 级主筋	$D \geqslant 6d$
平法框架主筋直径≤25 mm	$D=8d$
平法框架主筋直径>25 mm	$D=12d$
平法框架顶层边节点主筋直径≤25 mm	$D=12d$
平法框架顶层边结点主筋直径>25 mm	$D=16d$

③箍筋末端的弯钩形式应符合设计要求。当无具体要求时，应符合下列规定：

一般结构的弯钩角度不应小于 90°，有抗震要求的结构应为 135°。

一般结构箍筋弯后平直部分长度不应小于箍筋直径的 5 倍，有抗震要求的结构不应小于箍筋直径的 10 倍，且不小于 75 mm。

④环氧树脂涂层钢筋用于混凝土结构应符合下列规定：

涂层钢筋与混凝土之间的黏结强度应达到无涂层钢筋黏结强度的 80%。

涂层钢筋的锚固长度应不小于有关设计规范规定的相同等级和规格的无涂层钢筋锚固长度的 1.25 倍。

涂层钢筋进行弯曲加工时，弯弧内直径应符合表 3-12 的规定。

⑤冷轧（扭）钢筋除应符合有关现行国家标准的规定外，尚应符合表 3-13 的规定。

表 3-13 冷轧（扭）钢筋的允许值

伸长率 δ_{10}/%	长度误差/mm	重量负偏差/%	冷弯180°（$D=3d$）
≥4.5	±10	≤5	不得产生裂纹

2）质量检验

（1）一般规定

①当判断成型钢筋制品质量是否符合要求时，应以交货检验结果为依据，钢筋原材的化学成分、力学性能应以供方提供的资料为依据，其他检验项目应按合同规定执行。

②成型钢筋制品质量的检验分为工厂检验和交货检验。出厂检验工作应由供方承担，交货检验工作应由需方承担。

（2）组批规则

①单只成型钢筋制品应按批进行检查验收，每批应由同一工程、同一材料来源、同一组生产设备在同一连续时段内制造的成型钢筋制品组成，重量不应大于 20 t。

②钢筋焊接网、组合成型钢筋制品接头按批进行检查验收时，应符合《钢筋混凝土用钢　第3部分：钢筋焊接网》(GB/T 1499.3—2010)、《钢筋焊接及验收规程》(JGJ 18—2012）的规定。

（3）复验与判定

成型钢筋制品的形状、尺寸检验结果符合《混凝土结构用成型钢筋》(JG/T 226—2008）第 5.3 条的规定为合格；若不符合要求，则应从该批成型钢筋中再取双倍试样进行不合格项目的检验，复验结果全部合格时，该批成型钢筋判定为合格。

3）包装、标志及贮存

①每捆成型钢筋应捆扎均匀、整齐、牢固，捆扎数不应少于 3 道，必要时应加刚性支撑或支架，防止运输吊装过程中成型钢筋发生变形。

②成型钢筋应在明显处挂有不少于一个标签，标志内容应与配料单相对应，包括工程名称、钢筋型号、数量、示意图及主要尺寸、生产厂名、生产日期、使用部位、检验印记等内容。

③成型钢筋宜堆放在仓库式料棚内。露天存放应选择地势较高、土质坚实、较为平坦的场地，下面要加垫木，离地不少于 200 mm，且宜覆盖防止锈蚀、碾轧、污染。

④钢筋机械连接头检验合格后应加保护帽，并按规格分类码放整齐。

⑤同一项工程与同一构件的成型钢筋宜按施工先后顺序分类码放。

4）供货与配送

（1）供货

供货应按工程生产进度进行供应。供货信息应包括工程名称与地点、应用构件部位、成型钢筋制品标记、技术要求、成型钢筋制品性能评定方法和供货量等。

（2）配送

①成型钢筋制品的配送过程中必须避免产生变形，应放置平稳、固定可靠。

②成型钢筋制品配送时应进行外观质量检查，如对质量产生怀疑或有约定时可进行力学性能和工艺性能的抽样复试。

③配送时应提供所运送成型钢筋制品的配送清单。配送清单应包括以下主要内容：

配送清单代号；
工程名称与成型钢筋制品应用部位；
成型钢筋制品标记与配送数量；
配送日期与运输车号。

④应按子分部工程提供成型钢筋制品质量证明书和出厂合格证。

⑤出厂合格证应包括工程名称、加工日期、成型钢筋标记、供货数量和质检部门印记。

⑥质量证明书应包括出厂合格证、原材料质量证明文件、原材料复试报告和试验报告。

第二节 钢筋工程施工应用技术

一、钢筋直螺纹连接应用技术

1. 主要技术特点

1）基本概念

钢筋直螺纹连接技术是指在热轧带肋钢筋的端部制作出直螺纹，利用带内螺纹的连接套筒对接钢筋，以传递钢筋拉力和压力的一种钢筋机械连接技术。目前主要采用滚轧直螺纹连接和镦粗直螺纹连接方式。技术的主要内容是钢筋端部的螺纹制作技术、钢筋连接套筒生产控制技术、钢筋接头现场安装技术。

2）技术特点

（1）镦粗直螺纹钢筋连接

①接头强度高。镦粗直螺纹接头不削弱钢筋母材截面积，冷镦后还可提高钢材强度。能充分发挥 HRB400 级钢筋的强度和延性。

②连接速度快。套筒短、螺纹丝扣少、施工方便、连接速度快。

③应用范围广。除适用于水平、垂直钢筋连接外，还适用于弯曲钢筋及钢筋笼等固定钢筋的连接。

④生产效率高。镦粗、切削一个丝头仅需 30～50 s，每套设备每班可加工 400～600 个丝头。

⑤适应性强。现场施工时，风、雨、停电、水下、超高等环境均适用。

⑥节能、经济。钢材比锥螺纹接头约节省 35%，比套筒挤压接头约节省 70%；成本与套筒挤压接头相近，粗直径钢筋约节省钢材 20%左右。

⑦钢筋头要求切割平整，镦粗尺寸要求较高且不好操作。

（2）滚轧直螺纹钢筋连接

滚轧直螺纹钢筋连接技术工艺简单、操作容易、设备投资少，受到用户的普遍欢迎，其主要技术特点是：

①滚轧直螺纹钢筋接头强度高、工艺简单，最适合钢筋尺寸公差小的工况。

②当钢筋尺寸公差或形位公差过大时，易影响螺纹及接头质量。

③钢筋纵横肋过高对直接滚轧不利，滚轧过程中纵横肋倒伏易形成虚假螺纹，剥肋工序可明显改善滚轧螺纹外观和螺纹内在质量。

④选择技术和质量管理水平高的单位供应或分包钢筋接头是重要的，用不良设备、工艺

制作的螺纹丝头还常带有较大锥度或椭圆度。

⑤严格控制丝头直径及圆柱度是重要的，否则，滚轧直螺纹钢筋接头易出现接头滑脱现象。

⑥按照《钢筋机械连接技术规程》(JGJ 107—2010) 的要求，在现场工艺检验中增加了对接头变形的检验，目前已有接头公司在设备中增加了钢筋端头倒角的工艺，它可以将滚丝造成的丝头端部卷边的现象全部消除，对改善接头的变形性能很有帮助。

2. 主要技术指标

①钢筋连接工程中，机械连接接头的性能应符合《钢筋机械连接通用技术规程》的规定，其中接头试件的抗拉强度应符合表 3-14 的规定。

表 3-14 接头的抗拉强度

接头等级	Ⅰ级	Ⅱ级	Ⅲ级
抗拉强度	$f_{mst}^0 \geqslant f_{stk}$ 或 $f_{mst}^0 \geqslant 1.10 f_{stk}$	$f_{mst}^0 \geqslant f_{stk}$	$f_{mst}^0 \geqslant 1.25 f_{yk}$

注：f_{mst}^0—接头试件实际抗拉强度；f_{stk}—接头试件中钢筋抗拉强度实测值；f_{yk}—钢筋抗拉强度标准值。

②接头试件的变形性能应符合表 3-15 的规定。

表 3-15 接头的变形性能

接头等级		Ⅰ、Ⅱ级	Ⅲ级
单向拉伸	非弹性变形/mm	$u \leqslant 0.10$ ($d \leqslant 32$) $u \leqslant 0.15$ ($d > 32$)	$u \leqslant 0.10$ ($d \leqslant 32$) $u \leqslant 0.15$ ($d > 32$)
	总伸长率/%	$\delta_{sgt} \geqslant 4.0$	$\delta_{sgt} \geqslant 2.0$
高应力反复拉压	残余变形/mm	$u_{20} \leqslant 0.3$	$u_{20} \leqslant 0.3$
大变形反复拉压	残余变形/mm	$u_4 \leqslant 0.3$ $u_8 \leqslant 0.6$	$u_4 \leqslant 0.6$

3. 施工技术应用

1) 技术应用范围

钢筋直螺纹机械连接技术可广泛应用于 HRB400 和 500 MPa 级钢筋的连接，用于抗震和非抗震设防的各类土木工程结构物、构筑物。不同等级的钢筋接头可应用于结构的不同部位，接头的应用应符合《钢筋机械连接技术规程》的规定。

2) 施工技术要点

(1) 镦粗直螺纹钢筋连接技术

①钢筋的镦粗技术：钢筋的镦粗是采用专用的钢筋镦头机来实现的，镦头机为液压设备，用高压油泵作为动力源。油缸型镦头机的构造示意如图 3-5 所示。

夹紧油缸与镦头油缸是串联型油缸，利用顺序阀使夹紧油缸加压腔首先加压，夹紧缸活塞向前推动斜夹片将钢筋夹紧，到达预定压力后，镦头油缸加压腔开始升压，顶压杆向前运动，将外露于镦头模具外的钢筋推入镦头模形成镦粗头。镦头完成后，转动换向阀，高压油进入回程油腔，夹紧活塞和镦头活塞反向移动，松开夹片，取出带镦头的钢筋。各个油缸的

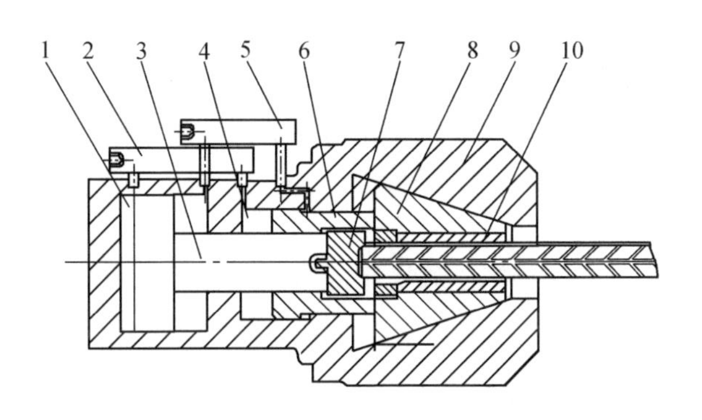

图 3-5　串联油缸型钢筋镦头机构造示意

1—油缸；2—顺序阀；3—活塞；4—夹紧油缸；5—进油管；6—夹紧缸活塞；
7—顶压杆；8—斜夹片；9—机头；10—夹片

进油、回油都是经过预先设定的顺序和预定的压力通过顺序阀及油泵换向阀自动及手动控制的，因此工人操作起来十分简单，生产效率也比较高，一般镦粗一个头用时约 30～40 s。

钢筋镦头机设备还有采用其他结构形式的，如较常见的镦粗与夹紧分别是两个独立垂直分布的油缸。该种机型的结构尺寸要偏大，机型较重。

②钢筋的直螺纹制作技术：在钢筋镦粗段上制作直螺纹是用专用钢筋直螺纹套丝机（如图 3-6 所示）对钢筋镦粗段加工直螺纹。

套丝机由套丝机头、电动机、变速机、钢筋夹紧钳、进给及行程控制系统、冷却系统、机架等组成，其核心部件是套丝机头，机头内装有相互呈 90°布置的可调节径向距离的四个刀架，其上装有四把直螺纹梳刀。电源启动后，电动机通过变速机带动套丝机头绕钢筋轴线旋转，操作进给柄使机头向左移动，在此过程中围绕工件旋转的机头开始切削螺纹，用机械限位装置控制丝头加工长度，并自动涨刀退出工作，机头复位。

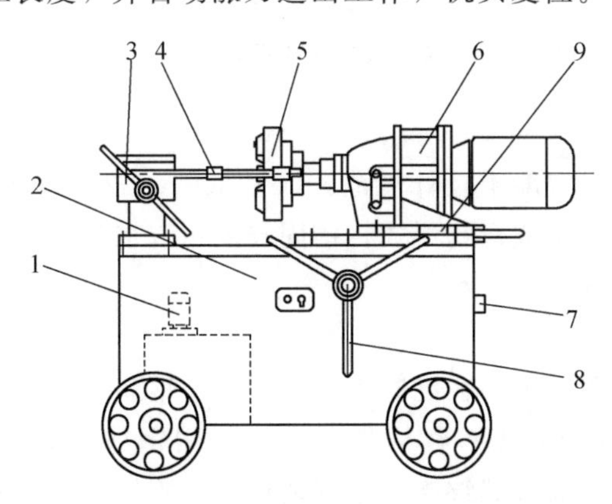

图 3-6　钢筋直螺纹套丝机构造示意

1—冷却系统；2—机架；3—钢筋夹紧钳；4—导向架；5—套丝机头；
6—变速电动机；7—行程控制；8—进给系统；9—导轨

③施工要点

钢筋端面平头→端头镦粗→钢筋套丝→丝头质量检查→戴帽保护→存放待用→钢筋就位→拧下钢筋保护帽和套筒保护塞→接头拧紧→对已拧紧的接头作标记→施工检验。

(2) 滚轧直螺纹钢筋连接技术

滚轧直螺纹钢筋接头的基本原理是利用钢筋的冷作硬化原理，在滚轧螺纹过程中提高钢筋材料的强度，用来补偿钢筋净截面面积减小给钢筋强度带来的不利影响，使滚轧后的钢筋接头能基本保持与钢筋母材等强。

3) 技术应用实例

如在徐水的沟特大桥近百米高墩身施工中，首次采用的直螺纹连接方式，是一种新领域施工技术。

二、钢筋机械锚固应用技术

1. 主要技术特点

1) 基本概念

钢筋的锚固是混凝土结构工程中的一项基本技术。钢筋机械锚固技术为混凝土结构中的钢筋锚固提供了一种全新的机械锚固方法，将螺帽与垫板合二为一的锚固板通过直螺纹连接方式与钢筋端部相连形成钢筋机械锚固装置。

2) 基本原理

钢筋的锚固力由钢筋与混凝土之间的黏结力和锚固板的局部承压力共同承担（图 3-7）或全部由锚固板承担。

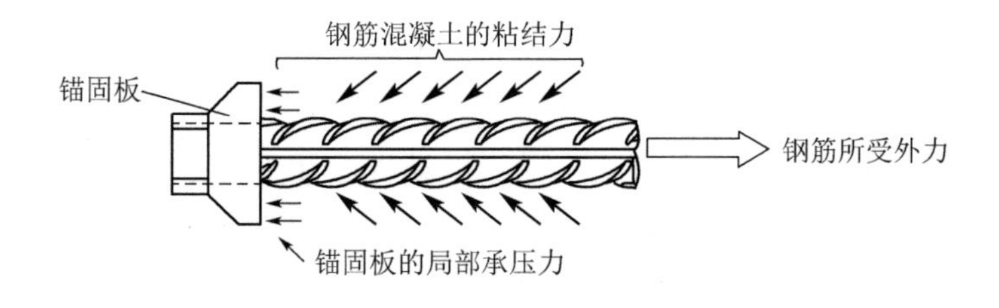

图 3-7 带锚固板钢筋的受力机理示意

3) 钢筋锚固长度

钢筋锚固长度可以按照《混凝土设计规范》(GB 50010—2010) 中的公式来计算。纵向受力钢筋末端采用机械锚固措施或弯钩形式，锚固长度可以取规范中 8.3.1 计算值的 60%。相对于普通的锚固，机械锚固长度减小。

2. 主要技术指标

相比传统的钢筋机械锚固技术，在混凝土结构中应用钢筋锚固板，可减少钢筋锚固长度 40%以上，节约锚固钢筋 40%以上；在框架节点中应用钢筋锚固板，可节约锚固用钢材 60%以上；锚固板与钢筋端部通过螺纹连接，安装快捷，质量及性能易于保证；锚固板具有锚固刚度大、锚固性能好、方便施工等优点，有利于商品化供应；几种新型的混凝土框架顶层端节点与中间层端节点钢筋机械锚固的构造形式，可大大简化钢筋工程的现场施工，避免了钢筋密集拥堵、绑扎困难的问题，并可改善节点受力性能和提高混凝土浇筑质量。

3. 施工技术应用

1) 技术应用范围

该技术适用于混凝土结构中热轧带肋钢筋的机械锚固，主要适用范围有：用钢筋锚固板代替传统弯筋，可用于框架结构梁柱节点：代替传统弯筋和箍筋，用于支梁支座；用于桥梁、水工结构、地铁、隧道、核电站等混凝土结构工程的钢筋锚固；用作钢筋锚杆（或拉杆）的紧固件等。

2）锚固板钢筋的应用

（1）部分锚固板钢筋的应用

①锚固板的混凝土保护层厚度不应小于 15 mm。

②部分锚固板钢筋的钢筋净距不宜小于 1.5d。

③埋入长度 l_{am} 不宜小于 0.4l_{ab}。

④埋入长度范围内钢筋的混凝土保护层厚度不宜小于 1.5d，且不应小于 30 mm；在埋入长度范围内应配置不少于 3 根箍筋，其直径不应小于纵向钢筋直径的 0.25 倍，间距不应大于 5d，且不应大于 100 mm，第 1 根箍筋与锚固板承压面的距离应小于 1d。锚固板钢筋埋入长度范围内钢筋的混凝土保护层厚度大于 5d 时，允许不设横向箍筋。

⑤同时满足下列条件时，最小埋入长度可取 0.3l_{ab}。

埋入段钢筋的混凝土保护层厚度不小于 2d；

对 HRB500、HRB400 级钢筋，埋入段混凝土强度等级应分别不低于 C45、C40、C35；

被锚固的纵向钢筋不承受反复拉、压力。

⑥锚固板钢筋除埋入长度应符合上述规定外，钢筋锚固区尚应符合现行国家标准《混凝土结构设计规范》（GB 50010）有关混凝土抗剪或抗冲切承载力的要求，确保钢筋锚固破坏前不出现钢筋锚固区的混凝土剪切或冲切破坏。

⑦配置部分锚固板的钢筋不得采用光网钢筋。

（2）全锚固板钢筋的应用

①全锚固板的混凝土保护层厚度不应小于 15 mm。

②钢筋的混凝土保护层厚度不宜小于 3d。

③钢筋净距不宜小于 5d。

④全锚固板钢筋用作梁的受剪钢筋、附加横向钢筋或板的抗冲切钢筋时，应于上、下两端设置锚固板，并应分别伸至梁或板的上、下主筋位置（图 3-8）。墙体拉结筋应用锚固板钢筋时，锚固板宜置于墙体外层、钢筋外侧。

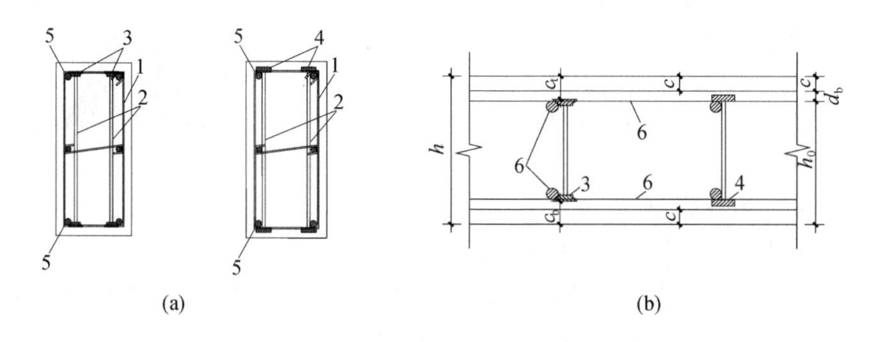

图 3-8　梁、板中全锚固板钢筋设置

（a）梁中全锚固板钢筋；（b）板中全锚固板钢筋

1—箍筋；2—锚固板钢筋；3—非等厚锚固板；4—等厚锚固板；5—梁主筋；6—板主筋

3）施工现场锚固板钢筋的加工和安装

（1）螺纹连接锚固板钢筋丝头加工

①加工钢筋丝头的操作工人应经专业技术人员培训合格后方能上岗，人员应相对稳定。

②钢筋丝头的加工应在现场锚固板钢筋工艺检验合格后方可进行。

③钢筋端面应平整，端部不得弯曲。

④钢筋丝头应满足企业标准中产品设计要求，丝头长度不宜小于锚固板厚度，长度公差宜为＋1.0p（p为螺距）。

⑤钢筋丝头宜满足6 f级精度要求，应用专用螺纹量规检验，通规能顺利旋入并达到要求的拧入长度，止规旋入不得超过3p。抽检数量10％，检验合格率不应小于95％。

⑥丝头加工时应使用水性润滑液，不得使用油性润滑液。

（2）螺纹连接锚固板钢筋的安装

①应选择检验合格的钢筋丝头与锚固板进行连接。

②锚固板安装时，可用管钳扳手拧紧。

③安装后应用扭力扳手进行抽检，校核拧紧扭矩。拧紧扭矩值不应小于表3-16中的规定。

表3-16 锚固板安装时的最小拧紧扭矩值

钢筋直径/mm	≤16	18～20	22～25	28～32	36～40
拧紧扭矩/N· m	100	200	260	320	360

（3）焊接锚固板钢筋的施工

①从事焊接施工的焊工必须持有焊工考试合格证方可上岗操作。

②在正式施焊前，参与该项施焊的焊工应进行现场条件下的焊接工艺试验，并经试验合格后方可正式生产。

③用于焊接锚固板的钢板、钢筋、焊条应有质量证明书和产品合格证。

④锚固板塞焊孔尺寸应符合图3-9的要求。

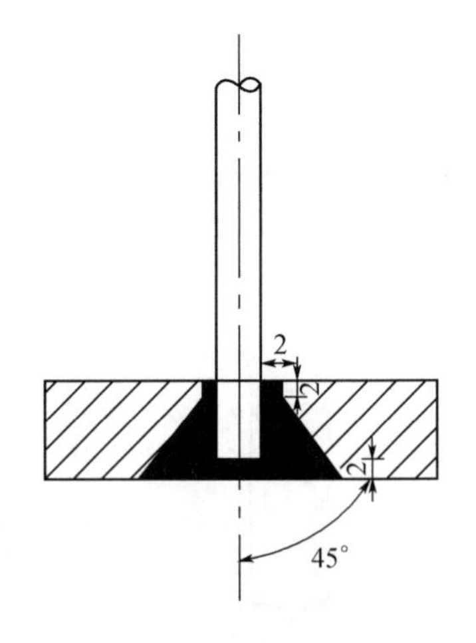

图3-9 锚固板穿孔塞焊尺寸

⑤采用穿孔塞焊锚固板的钢筋直径不宜大于25 mm，钢筋等级不应高于HRB400级。

⑥用于穿孔塞焊的焊条对HRB400级钢筋宜选用E5503焊条。

⑦焊缝应饱满，钢筋咬边深度不得超过0.5 mm，钢筋相对锚固板的直角偏差不应大于3°。锚固钢筋的保护层为3d时修正系数可取0.80，保护层厚度为5d时修正系数可取0.70，中间按内插取值。

⑧雨天、雪天不宜在现场进行施焊；必须施焊时，应采取有效遮蔽措施。

⑨环境温度低于－5℃条件下施焊时，宜增大焊接电流、减低焊接速度；环境温度低于

－20℃时，不宜进行焊接。

4. 已应用的典型工程

钢筋机械锚固技术在核电站工程、水利水电、房屋建筑等领域得到较为广泛的应用：如浙江三门 AP1000 核电站、秦山核电站二期扩建、方家山核电站等；深圳万科第五园工程、怀来建设局综合楼等。

第四章 混凝土工程施工技术

第一节 新型混凝土应用技术

一、高耐久性混凝土

1. 主要技术特点

1）基本概念

高耐久性混凝土是通过对原材料的质量控制和生产工艺的优化，并采用优质矿物微细粉和高效减水剂作为必要组分来生产的具有良好施工性能、满足结构所要求的各项力学性能、耐久性非常优良的混凝土。

高耐久性混凝土主要是从材料设计角度提出的措施要求，主要还是采用目前国际上较为普遍采用的优质矿物微细粉和高效减水剂作为必要组分，并通过对原材料的质量控制和生产工艺的优化，来制备高耐久性混凝土。实际工程中还应搞好施工过程控制，保证混凝土结构达到相应的质量标准。

高耐久性混凝土根据适用条件的不同，具有很多品种，但总的特点是使用寿命长，一般在100年以上。普通混凝土的寿命一般为30～50年，在原材料组成方面，耐久性混凝土除以砂、石、水泥为基本材料外，还掺有特殊的外加剂和掺合料。如青藏高速采用的是特制的DZ系列低温早强耐腐蚀高性能混凝土外加剂，掺合料为Ⅰ级粉煤灰。

2）技术原理

混凝土的耐久性是指其于所处环境下，抵抗内外劣化因素作用仍能保持其应有结构性能的能力。这些能力主要包括：抵抗渗透、冻融、抗碳化、化学侵蚀、碱骨料反应、开裂等的能力，如果从混凝土结构的角度来说，还应包括钢筋的锈蚀等。

混凝土耐久性不良的原因简单概括起来，主要有：

①水泥含较多的C_3S和碱，粉磨得过细，水化加速，放热量集中，裂缝倾向增大。

②骨料的级配不良，需要的浆体量增大，收缩增大。

③片面地通过增加单方胶结材用量、降低骨料用量来达到高强度和高流动性，增大了收缩开裂的倾向。

④施工过程中，浇筑和养护等施工操作不到位。

⑤结构的大型化。

⑥处于严酷条件下的建筑物增多，使发生耐久性问题的频率增加。

⑦环境恶化（如酸雨等）、气候异常加剧了混凝土结构物的劣化。

2. 主要技术指标

1）工作性

坍落度≥200 mm；扩展度≥550 mm；倒筒时间≤15 s；无离析泌水现象；黏聚性良好；2 h 坍落度损失小于 30%，具有良好的充填模板和钢筋通过性能。

2）力学性能

抗压强度等级≥C40；体积稳定性高、收缩小，弹性模量与同强度等级的普通混凝土基本相同。

3）耐久性

按技术原理及主要内容中的耐久性技术指标控制，结合工程情况也可参照《混凝土耐久性检验评定标准》（JGJ/T 193）中提出的指标进行控制；耐久性试验方法可采用《普通混凝土长期性能和耐久性能试验方法标准》（GB/T 50082—2009）中规定的方法，主要有：

①盐冻试验方法；

②抗氯离子渗透性试验方法；

③抗硫酸盐腐蚀试验方法；

④碱含量计算方法；

⑤骨料碱活性检验方法；

⑥骨料碱碳酸盐反应活性检验方法；

⑦矿物微细粉抑制碱—硅反应效果检验方法。

3. 施工技术应用

1）技术应用范围

高耐久性混凝土适用于各种混凝土结构工程，如港口、海港、码头、桥梁及高层、超高层混凝土结构。

2）原材料选用要求

①对不同环境类别及结构设计使用年限，混凝土应满足最低强度等级、最大水胶比、最大氯离子含量、最大碱含量等要求。

②选用低水化热和含碱量偏低的水泥，尽可能避免使用早强水泥和高 C_3A 含量的水泥。

③选用坚固性好、级配合理、粒形良好的洁净骨料。

④细骨料不宜用海砂，当受条件限制需用海砂时，海砂带入混凝土中的氯离子含量，对于普通钢筋混凝土不宜大于干砂质量的 0.06%，而且对新拌混凝土要取样检测氯离子含量，竣工验收时必须取芯检测氯离子含量；对于预应力混凝土及重要的钢筋混凝土工程应严禁使用海砂。

⑤拌合用水宜用城市供水系统的饮用水，当用其他水源时，应进行水质化验，符合要求才可使用，严禁使用海水。

⑥使用优质矿物掺合料。混凝土掺合料宜用磨细高炉矿渣、粉煤灰、硅灰等，掺合料的品质应符合现行国家标准，掺量应通过试验确定。

⑦使用的高效减水剂或复合高效减水剂，质量应符合现行国家标准，使用前按推荐掺量进行混凝土试配，检测合格后才能使用。

⑧钢筋混凝土及预应力混凝土的胶凝材料总量不宜高于 400 kg/m^3（≤C30 时）、450 kg/m^3（C35～C55 时）和 500 kg/m^3（≥C60 时）。

⑨耐久性要求较高的混凝土结构，在正式施工前，宜进行混凝土的抗裂性能试验。

3）耐久性设计要求

（1）处于常规环境的混凝土结构

满足所处的环境条件下服役年限提出的要求，如抗碳化耐久性要求应符合下列公式：

$$W/B \leqslant \left(\frac{5.83C}{\alpha \times t} + 38.3\right)\%$$

式中 W/B——水胶比；

C——钢筋保护层厚度（cm）；

α——碳化区分系数，室内 1.7，室外 1.0；

t——结构设计使用年限。

上式表示出了混凝土结构物的设计使用年限与混凝土水胶比、碳化深度之间的量化关系，是经过大量试验和模型解析得出的规律。

（2）处于严酷环境的混凝土结构的耐久性

应根据所处环境条件，按《混凝土结构耐久性设计规范》（GB 50476—2008）进行耐久性设计，考虑的环境劣化因素有：

①抗冻害耐久性要求：

根据不同冻害地区确定最大水胶比；

不同冻害地区的耐久性指数 k；

受除冰盐冻融循环作用时，应满足单位剥蚀量的要求；

处于有冻害环境的，必须掺入引气剂，引气量应达到 4%～5%。

②抗盐害的耐久性要求：

根据不同盐害环境确定最大水胶比；

抗氯离子的渗透性、扩散性，应以 56 d 龄期、6 h 总导电量（库仑）确定，一般情况下，氯离子渗透性应属非常低范围（≤800 库仑）；

混凝土表面裂缝宽度符合规范要求。

③抗硫酸盐侵蚀的耐久性要求：

用于硫酸盐侵蚀较为严重的环境的高耐久性混凝土，水泥中的 C3A 不宜超过 5%，C_3S 不宜超过 50%；

根据不同硫酸盐腐蚀环境，确定最大水胶比；

胶砂试件的膨胀率＜0.34%。

④抑制碱—骨料反应的要求：

混凝土中碱含量＜3.0 kg/m^3；

在含碱环境下，要采用非碱活性骨料。

混凝土中的碱含量主要来自水泥、掺合料和外加剂，按有关标准规定的方法计算总碱含量。

碱—骨料反应的发生应具备三个条件：潜在碱活性的骨料，水泥的碱含量达到较高水平和混凝土处于潮湿环境。在一般环境下的建筑物，并非经常处于潮湿环境，防止碱骨料反应的原材料限制条件可适当放宽，有利于缓解我国大多数地区的骨料资源紧缺状况。

4）配合比设计

（1）配合比设计原则

高性能混凝土配合比设计应符合下列规定：

①配合比设计应采用试验计算法，其配制强度确定原则应与普通混凝土相同，即强度保证率为95%。

②粗骨料最大粒径不宜大于25 mm。这有利于保证混凝土的均匀性、强度和抗氯离子渗透性。

③通过试验证明，减水剂与所采用的水泥必须匹配。

④胶凝材料浆体体积宜为混凝土体积的35%左右。主要为了保证高性能混凝土具有较高的尺寸稳定性。

⑤应通过试验确定最佳砂率。

⑥应通过降低水胶比和调整掺合料的掺量，使抗氯离子渗透性和强度指标满足规定要求。

（2）配合比设计基本方法

高性能混凝土配合比设计主要遵循以下基本方法：

①采用单掺或混掺活性掺合料方法，如单掺或混掺粉煤灰、矿渣粉、硅灰及调整掺量等技术手段以提高混凝土的抗氯离子渗透性能，其掺量应通过试验确定。

②采用高效减水剂以尽量减小混凝土的水胶比，从而提高混凝土的密实性、强度和抗氯离子渗透性能。

③严格控制原材料的品质，在单掺或混掺活性掺合料、采用高效减水剂的基础上，合理调整混凝土的配合比参数，使配制的混凝土具有良好的工作性能。

④采用试验计算法进行配合比设计和调整。

⑤按上述设计原则进行配合比设计，并结合其他参数（如砂率、单位体积用水量、外加剂掺量等）进行试拌合配合比调整，以配制出具有良好工作性的混凝土拌合物，经标准养护一定龄期后测定其力学性能和耐久性指标，由测得的综合性能确定试验配合比。

配制高性能混凝土时，在材料品种、用量和配合比参数的选取上，应充分掌握各种因素对混凝土性能的影响，结合工程具体要求加以选取。

（3）配合比参数

配筋混凝土的最低强度等级、最大水胶比和单方混凝土胶凝材料的最低用量应满足表4-1的规定。单方混凝土的胶凝材料总量不宜高于500 kg/m^3（其中水泥约350 kg/m^3）。大掺量矿物掺合料的混凝土水胶比宜控制在0.45以下，并不应大于0.5。

表4-1　最低强度等级、最大水胶比和胶凝材料最低用量　（单位：kg/m^3）

设计使用年限级别		100年	50年	30年
环境作用等级	A	C30，0.55，280	C25，0.60，260	C25，0.65，240
	B	C25，0.50，300	C30，0.55，280	C30，0.60，260
	C	C40，0.40，320	C35，0.50，300	C35，0.50，300
	D	C40，0.40，340	C40，0.45，320	C40，0.45，320
	E	C45，0.36，360	C40，0.40，340	C40，0.40，340
	F	C50，0.32，380	C45，0.36，360	C40，0.36，360

(4) 配合比技术指标

高性能混凝土配合比技术指标见表 4-2。

表 4-2 高性能混凝土配制技术指标

结构部位	初始坍落度/mm	扩展度/mm	1 h后坍落度损失/%	28 d配置强度/MPa	28 d碳化深度/mm	氯离子扩散系数($\times10^{-12}m^2/s$)	56 d电通量/C
C30 桩基	200±20	≥500	≤10	≥45	—	≤7	≤1000
C30 承台	160±20	—	≤10	≥30	≤20	≤7	≤1000
C40 墩身	180±20	—	≤10	≥40	≤10	≤7	≤1000
C50 梁	180±20	—	≤10	≥50	≤5	≤7	≤1000

5) 施工技术要点

(1) 原材料质量控制

混凝土是一种复杂的多组分的非均质材料，影响混凝土性能的因素也是非常复杂的。对于高性能混凝土来讲，由于需要掺较多活性掺合料，以及为满足工作性需要掺用复合的高效减水剂，其材料组分比普通混凝土更为复杂。原材料不同的高性能混凝土，其物理力学性能、工作性能及耐久性将会有较大的差异。

胶凝材料是影响高性能混凝土性能的主要因素，而对要满足耐久性为主和较高强度要求的高性能混凝土，除水泥外，掺合料的品质和质量，尤其是掺合料的质量稳定性是最为重要的。从产品生产质量控制来讲，我国对掺合料的产品质量控制不如水泥那样严格，往往导致不同批次的材料在质量上有较大的差异。当掺合料质量变化较大时，将首先反映为混凝土拌合物工作性上有较大的波动，最终将反映在混凝土力学性能和耐久性能的差异上。

配制高性能混凝土，应选用坚硬、高强、密实而无孔隙的优质骨料。对细骨料要求使用中粗砂，且级配良好、含泥量少；粗骨料在混凝土中起骨架作用，要优先采用抗压强度高的粗骨料，骨料应为表面粗糙、利于水泥浆界面黏结的碎石，且最大粒径不宜大于 25 mm。

高效减水剂对胶凝材料有强烈的分散作用，随着高效减水剂技术的发展和高效减水剂减水率的提高，减水率已提高到 25%甚至 35%以上。高效减水剂的增强效果已相当显著，对于高性能混凝土来讲，更重要的是掺高效减水剂后混凝土的坍落度损失问题，这就要求高效减水剂与复合了水泥和掺合料的胶凝材料有好的相容性。只有既具备了高的减水率，同时又能与胶凝材料相匹配的高效减水剂，才能配制出工作性好、易施工、较密实、体积稳定的高性能混凝土。

因此，原材料的质量合格和质量稳定性是保证高性能混凝土质量的重要因素。高性能混凝土施工，应建立严格的原材料质量检验制度。

(2) 拌制

混凝土拌制的目的，除了按设定的配合比达到均匀混合以外，还要达到强化、塑化的作用。

高性能混凝土由于水胶比较小，同时掺入掺合料的细度比水泥细，所以，高性能混凝土对单位体积的用水量较为敏感。因此，高性能混凝土拌制时对水和外加剂的称量偏差的规定比普通混凝土严格。表4-3为《海港工程混凝土结构防腐蚀技术规范》(JTJ 275)规定的高性能混凝土原材料称量允许偏差。

表4-3 高性能混凝土原材料称量允许偏差

原材料名称	允许偏差/%	原材料名称	允许偏差/%
水泥、掺合料	±2	水、外加剂	±1
粗、细骨料	±3		

不同的拌合方式与投料程序，对混凝土拌合的均匀性有较大的影响。高性能混凝土拌合物比较黏稠，为了保证混凝土搅拌均匀，必须采用性能良好、搅拌效率高的行星式、双锤式或卧轴式强制式搅拌机，搅拌机中磨损的叶片应及时更换。高性能混凝土拌合物宜先以掺合料和细骨料干拌，再加水泥和部分拌合用水，最后加骨料、减水剂溶液和拌合用水，搅拌时间应比常规混凝土延长40 s以上。

(3) 施工要求

①混凝土配合比设计应满足强度等级、工作性和耐久性要求。

②在混凝土浇筑过程中，应控制混凝土的均匀性和密实性。

③在混凝土养护过程中，应控制混凝土处在有利于水化、硬化及强度增长的温度和湿度环境下，并对混凝土长期性能无不利影响。

④保证钢筋的混凝土保护层厚度尺寸和钢筋定位的准确性。

⑤环境条件严酷时，对预应力钢筋、锚具、连接器及孔管应采取专门防护措施，并符合设计使用寿命的要求；封闭预应力锚具的混凝土质量应高于构件本体混凝土，水胶比不大于0.4，厚度不小于90 mm。

⑥混凝土构件拆模后，表面不得留有螺栓、拉杆、铁钉等铁件；因设计要求设置的金属预埋件，裸露部分必须进行防腐处理。

⑦进行混凝土表面涂层或混凝土表面硅烷浸渍等混凝土表面防腐蚀附加措施施工时，混凝土的龄期不应少于28 d；或混凝土修补后不少于14 d，混凝土表面温度不低于5℃；施工应在无雨的天气进行，并按施工工艺施工，质量符合相应标准。环氧涂层钢筋及钢筋阻锈剂的使用及施工应符合相应标准。

⑧在海水、盐土及化学腐蚀环境中施工时，严禁施工用水与建筑场地原土接触；并应避免雨水、废水从场地流入施工基坑；尽可能推迟新浇混凝土与腐蚀物质直接接触的龄期，一般不宜小于6周，而且混凝土浇筑14 d之内不应受到海水、含盐水或含化学腐蚀物液体的直接冲刷。

⑨混凝土结构质量检验要求：测定现场混凝土保护层的实际厚度，合格点率应满足相应的规定；根据设计要求测定混凝土的电参数、氯离子扩散系数、(抗冻)耐久性指数DF或含气量等。

(4) 养护

养护质量对确保高性能混凝土质量非常关键，特别是对于掺入掺合料的高性能混凝土的耐久性影响十分明显。大量试验研究证明，因为掺合料的水化滞后效果，如果养护不够，掺合料不能充分完成水化反应，高性能混凝土的潜在高性能优势便不能充分发挥，也就达不到应有的高耐久性。

据研究结果证明，混凝土潮湿养护时间对混凝土抗氯离子渗透性有非常明显的影响，特别是对早期养护影响较大，潮湿养护 7 d 的电通量比潮湿养护 28 d 的增大将近一倍，潮湿养护 15 d 后，随养护时间延长，电通量值降低的幅度不大。

因此，高性能混凝土抹面后，应立即覆盖，防止水分散失。终凝后，混凝土顶面应立即开始持续潮湿养护。拆模前 12 h，应拧松侧模板的紧固螺栓，让水顺模板与混凝土脱开面渗下，养护时确保混凝土处于有利于硬化及强度增长的温度和湿度环境下。常温下，应至少养护 15 d，气温较高时，可适当缩短养护时间；气温较低时，应适当延长养护时间。

（5）检测与维护

①设计应提出结构使用年限内的定期检测的具体要求。第一次检测需在结构竣工使用后的 3～5 年内进行，并根据测试结果对结构耐久性作出评估；以后应定期检测。

②重要工程应在设计阶段做出结构全寿命检测的详细规划，并在现场设置专供检测取样用的构件，必要时可在结构构件的代表性部位上设置传感元件以监测锈蚀发展状况。

③根据检测结果及时对结构进行养护、维修或更换部分构件。

6）混凝土防腐蚀附加措施及试验方法

①混凝土防腐蚀附加措施包括：混凝土表面涂层和防腐蚀面层、钢筋阻锈剂、涂层钢筋和耐蚀钢筋。氯盐环境下钢筋常用的防腐蚀措施见表 4-4。

表 4-4　氯盐环境下钢筋防腐蚀常用技术措施

防护种类	措施内容
钢筋材质与钢筋涂层	环氧涂层钢筋
	镀锌钢筋
	耐蚀合金钢钢筋
	不锈钢钢筋
混凝土外加剂、掺合料	钢筋阻锈剂
	硅灰、其他外加剂、密实剂、纤维添加料等
混凝土表面封闭、涂层	硅酮料
	涂料
	聚合物夹浆
	其他隔离、砌筑层
	聚合物浸渍
电化学方法	阴极保护、电化学除盐
设计	选材、结构设计、水胶比、混凝土保护层厚度、排水系统、防护方案选择
施工	固化与养护、温度与裂缝控制、严格规范施工
维护	裂缝修补、清洗排水
综合措施	以上两项或多项措施联合使用

②混凝土结构耐久性试验方法包括：混凝土抗氯离子渗透性标准（ASTM C1202）试验

方法、交流电测量混凝土抗氯离子渗透性试验方法、混凝土氯离子扩散系数快速测定 RCM 方法、抗冻性能试验方法及拌合物含气量检测方法。

二、高强高性能混凝土

1. 主要技术特点

1）基本概念

高强高性能混凝土（简称 HS－HPC）是强度等级超过 C80 的 HPC，其特点是具有更高的强度和耐久性，用于超高层建筑底层柱和梁，与普通混凝土结构具有相同的配筋率，可以显著地缩小结构断面，增大使用面积和空间，并达到更高的耐久性。

高强高性能混凝土作为一种新型的优质建筑材料，因其具有强度高、耐久、变形小等优点，已被广泛应用于现代工程结构中。因为高强高性能混凝土是一种多相复合材料，其性能在很大程度上是由原材料的性质及其相对含量决定的，所以对混凝土的配合比进行设计是获得其优良性能的关键，高强高性能混凝土对性能的要求相对复杂，经典的设计方法已很难达到要求，如何对强高性能混凝土配合比进行优化设计是现今社会亟待解决的问题。

2）技术特点

①HS－HPC 的水胶比≤28%，用水量≥200 kg/m^3，胶凝材料用量 650～700 kg/m^3，其中水泥用量 450～500 kg/m^3，硅粉及矿物微细粉用量 150～200 kg/m^3，粗骨料用量900～950 kg/m^3，细骨料用量 750～800 kg/m^3，采用聚羧酸高效减水剂或氨基磺酸高效减水剂。HS－HPC 用于钢筋混凝土结构还需要掺入体积含量 2.0%～2.5%的纤维，如聚丙烯纤维、钢纤维等。

②工作性：新拌 HS－HPC 混凝土的工作性直接影响该混凝土的施工性能，其最主要的特点是黏度大、流动性慢，不利于超高泵送施工。

混凝土拌合物的技术指标主要是坍落度、扩展度和倒坍落度筒混凝土流下时间（简称倒筒时间），坍落度≥240 mm，扩展度≥600 mm，倒筒时间≤10 s，同时不得有离析泌水现象。

2. 主要技术指标

1）HS－HPC 的配比设计强度

应符合以下公式：

$$f_{cu,o} = 1.15 f_{cu,k}$$

2）HS－HPC

具有更高的耐久性，因其内部结构密实，孔结构更加合理。

HS－HPC 的抗冻性、碳化等方面的耐久性可以免检，如按照《高性能混凝土应用技术规程》（CECS 201—7—2006）标准检验，导电量应在 500C 以下；为满足抗硫酸盐腐蚀性应选择低 C_3A 含量（<5%）的水泥；如存在潜在碱骨料反映的情况，应选择非碱活性骨料。

3）HS－HPC 自收缩及其控制

（1）自收缩与对策

当 HS－HPC 浇筑成型并处于密闭条件下，到初凝之后，由于水泥继续水化，吸取毛细管中的水分，使毛细管失水，产生毛细管张力，如果此张力大于该时的混凝土抗拉强度，混凝土将发生开裂，称之为自收缩开裂。水胶比越低，自收缩会越严重。

一般可以控制粗细骨料的总量不要过低，胶凝材料的总量不要过高；通过掺加钢纤维可以补偿其韧性损失，但在侵蚀环境中，钢纤维不适用，需要掺入有机纤维，如聚丙烯纤维或其他纤维；采用外掺5%饱水超细沸石粉的方法，以及充分地养护等技术措施可以有效地控制HS—HPC的自收缩和自收缩开裂。

（2）自收缩的测定方法

参照《普通混凝土长期性能和耐久性能试验方法标准》（GB/T 50081—2009）和中国工程建设标准化协会标准《高性能混凝土应用技术规程》进行。

HS—HPC的早期开裂、自收缩开裂及长期开裂的总宽度要低于0.2 mm。普通混凝土的应变达到3‰时，其承载能力仍保持一半以上。若HS—HPC的应变也处于3‰时，实际承载力已近于0，这就意味着在这种情况下，在HS—HPC中只观察到裂缝形成，然后是迅速的破坏。

3. 施工技术应用

1）技术应用范围

适用于对混凝土强度要求较高的结构工程，超高层建筑、大跨度桥梁和海上钻井平台等工程，随着我国高层和超高层建筑的增多以及基础设施建设规模的不断扩大，高强高性能混凝土将有广阔的应用前景。

2）施工技术要点

（1）配合比设计

①水泥浆骨料比。对给定的水泥浆/骨料体积比35∶65，通过使用合适的粗骨料，可以获得足够尺寸稳定的高性能混凝土（如弹性性能、干燥收缩及徐变等）。

②强度等级。尽管强度不是高性能混凝土的唯一指标，但是当抗压强度在60 MPa以上时，其渗透性通常很低（$<10^{-14}$ m/s），并有令人满意的耐候性能。因此，抗压强度可作为配合比设计及质量控制的基础。应用大多数天然骨料，通过改善水泥浆的强度——选择用水量及掺合料品种和用量来控制，可以制出抗压强度高达120 MPa的混凝土。为方便配合比计算，可将60～120 MPa强度划分为几个等级。

③用水量。对传统混凝土而言，拌合用水取决于骨料的最大尺寸和混凝土的坍落度。由于高性能混凝土的骨料最大尺寸和坍落度值允许波动范围很小（分别为10～39 mm和200～250 mm），以及坍落度可通过调节超塑化剂用量来控制，故在确定用水量时不必考虑骨料的最大尺寸及坍落度。纵观全世界不同地区（应用广泛的不同材料）制得的高强混凝土，发现混凝土中用水量（而不是水胶比）与混凝土强度通常成反比例关系，这一关系可用于预测和控制混凝土的抗压强度。

④水泥用量。新拌水泥浆含未水化水泥颗粒、水及空气。高强混凝土强力搅拌，要求充分均匀，因此即使不加任何引气剂，混凝土中也含约2%的空气。对于一定体积的水泥浆（35%），如果已知水和空气的体积，则水泥或胶凝材料的体积可以计算得到。当然，当有冻融耐久性要求引气时，要设定较大的引气体积（5%～6%）。

⑤矿物掺合料的种类及用量。简单的方法是分别考虑三种情况。

第一种情况：单独使用硅酸盐水泥，不加任何矿物掺合料。在建议的高性能混凝土强度范围（60～120 MPa）内，只有当绝对必要时才可用这种情况。这是因为，如果不加矿物掺合料，将得不到相应的许多重要的技术优点（如新拌混凝土的工作度，降低水化热，以及在腐蚀环境中的长期耐久性）。

第二种情况：用一种或多种矿物掺合料取代部分水泥。从减小水化热、改善工作性、提高充分水化水泥浆的微观结构等方面来说，经验表明，约25%的水泥可由高质量的粉煤灰或磨细矿渣代替。因此，可以假设硅酸盐水泥与选用的矿物掺合料体积比为75∶25。

第三种情况：在使用的矿物掺合料中，以凝聚硅灰取代部分粉煤灰或磨细矿渣，则效果更好。例如，不用25%的粉煤灰，而是用占体积10%的硅灰和15%的粉煤灰同时掺入。

⑥减水剂的种类与用量。通常的减水剂达不到高性能混凝土要求的减水程度及提高的工作度，一般需要加超塑化剂（或叫高效减水剂），常用的超塑化剂为萘系或三聚氰胺系。然而市售产品在组成和与水泥的适应性上差别很大，因此很难说哪种更好。有研究人员报道，三聚氰胺系超塑化剂减水率大，但坍落度损失快。Ronneberg指出，三聚氰胺系比萘系超塑化剂引起缓凝明显小，且更适合与引气剂一起使用。因此，对给定的硅酸盐水泥及将使用的其他掺合料，需要在试验室中做些基本试验以确定哪个品种及牌号的超塑化剂更适合。

超塑化剂通常固体用量为胶凝材料质量的0.8%～2%，对第一次拌合料建议使用超塑化剂的量为1%。由于超塑化剂很贵，为获得给定水泥浆满意的流变性能，又不产生不希望的缓凝，可能需要多次试验确定最佳用量。同时，由于超塑化剂通常以溶液的形式加入，在计算超塑化剂用量及混凝土拌合水量时一定要考虑超塑化剂溶液中的水。

⑦粗细骨料的比例。据研究，高性能混凝土中骨料体积的最佳比例为65%。粗细骨料的分配通常取决于骨料的级配与形状、水泥浆的流变性能及混凝土所要达到的工作度。由于在高性能混凝土中水泥浆的含量相对较大，通常细骨料体积用量不超过骨料总量的40%。因此，可以假设第一次拌合时粗细骨料体积比为3∶2。

⑧设计参数。

水胶比。高强混凝土的水胶比一般不大于0.4，这是配合比的设计特点之一。

浆集比。水泥浆与骨料的比例即为浆集比，采用适宜的骨料时，浆集比为35∶65左右可较好地协调强度、工作性和体积稳定性，配制出理想的高强高性能混凝土。

砂率。砂率主要影响混凝土工作性，高性能混凝土砂率可根据凝胶材料总量、骨料级配及是否泵送等因素确定，一般为37%～44%。

高效减水剂掺量。高效减水剂掺量一般根据扩展度要求确定，最佳掺量一般占凝胶材料的1%～2%。

掺合料。硅粉适宜掺量为凝胶材料的5%～8%，粉煤灰掺量一般控制在凝胶材料的18%左右。

（2）施工要点

①搅拌。

高强混凝土宜采用双卧轴强制式搅拌机，搅拌时间应符合表4-5的规定。

表4-5 高强混凝土搅拌时间

混凝土强度等级	施工工艺	搅拌时间/s
C60～C80	泵送	60～80
	非泵送	90～120
>C80	泵送	90～120
	非泵送	≥120

b. 搅拌掺用纤维、粉状外加剂的高强混凝土时，搅拌时间宜在表4-5的基础上适当延长，延长时间不宜少于30 s；也可先将纤维、粉状外加剂和其他干料投入搅拌机干拌不少于30 s，然后再加水按表4-5的搅拌时间进行搅拌。

清洁过的搅拌机搅拌第一盘高强混凝土时，宜分别增加10%水泥用量和10%砂子用量，相应调整用水量，保持水胶比不变，补偿搅拌机容器挂浆造成的混凝土拌合物中的砂浆损失；未清理过的搅拌高水胶比混凝土的搅拌机用来搅拌高强混凝土时，该盘混凝土宜增加适量水泥，保证水胶比不提高。

搅拌应保证预拌高强混凝土拌合物质量均匀，同一盘混凝土的搅拌匀质性应符合现行国家标准《混凝土质量控制标准》(GB 50164—2011）的有关规定。

②运输。

运输高强混凝土的搅拌运输车应符合现行行业标准《混凝土搅拌运输车》(GB/T 26408—2011）的规定；翻斗车应仅限用于现场运送坍落度小于90 mm的混凝土拌合物。

搅拌运输车装料前，搅拌罐内应无积水或积浆以免影响搅拌。

搅拌罐车到达浇筑现场时，应使搅拌罐高速旋转20～30 s后再将混凝土拌合物卸出。如混凝土拌合物因稠度原因出罐困难，可加入适量减水剂（应记录加入减水剂的情况），并使搅拌罐高速旋转不少于90 s后，再将混凝土拌合物卸出。外加剂掺量应有经试验确定的预案。

高强混凝土从搅拌机卸入搅拌运输车至卸料时的运输时间不宜大于90 min；当采用翻斗车时，运输时间不宜大于45 min。

运输应保证高强混凝土浇筑的连续性。

③浇筑成型。

浇筑高强混凝土前，应检查模板支撑的稳定性以及接缝的密合情况，并应保证模板在混凝土浇筑过程中不失稳、不跑模和不漏浆；天气炎热时，宜采取遮挡措施避免阳光照射金属模板（铺放遮阳网等），或从金属模板外侧进行浇水降温。

当夏季施工时，高强混凝土拌合物入模温度应不高于35℃，宜选择晚间或夜间浇筑混凝土；当冬期施工时，高强混凝土拌合物入模温度应不低于5℃，并应有保温措施。

泵送设备和管道的选择、布置及其泵送操作可按现行行业标准《混凝土泵送施工技术规程》(JGJ/T 10）的有关规定执行。

当泵送高度超过100 m时，宜采用高压泵进行高强混凝土泵送。

对于泵送高度超过100 m的、强度等级不低于C80的高强混凝土泵送，宜采用150 mm管径的输送管。

向下泵送高强混凝土时，输送管与垂线的夹角不宜小于12°。

当缺乏高强混凝土泵送经验时，施工前宜进行高强混凝土试泵。

在向上泵送高强混凝土过程中，当泵送间歇时间超过15 min时，应每隔4～5 min进行四个行程的正、反泵，且最大间歇时间不宜超过45 min；当向下泵送高强混凝土时，最大间歇时间不宜超过15 min。

改泵不同配合比的混凝土时，应清空输送管道中存留的原有混凝土。

当高强混凝土自由倾落高度大于3 m，且结构配筋较密时，宜采用导管等辅助设备。

高强混凝土浇筑的分层厚度不宜大于500 mm，上下层同一位置浇筑的间隔时间不宜超过 120 min。

不同强度等级混凝土现浇对接处应设在低强度等级混凝土构件中，与高强度等级构件间距不宜小于 500mm；现浇对接处可设置密孔钢丝网拦截混凝土拌合物，浇筑时应先浇高强度等级混凝土，后浇低强度等级混凝土；低强度等级混凝土不得流入高强度等级混凝土构件中。

高强混凝土可采用振捣棒捣实，插入点间距不应大于振捣棒振动作用半径的一倍，泵送高强混凝土每点振捣时间不宜超过 20 s，当混凝土拌合物表面出现泛浆，基本无气泡逸出时，可视为捣实；连续多层浇筑时，振捣棒应插入下层拌合物约 50 mm 进行振捣。

浇筑大体积高强混凝土时，应采取温控措施，温控应符合现行国家标准《大体积混凝土施工规范》（GB 50496—2009）中的规定。

混凝土拌合物从搅拌机卸出后到浇筑完毕的延续时间不宜超过表 4-6 的规定。

表 4-6　混凝土从搅拌机卸出到浇筑完毕的延续时间

<table>
<tr><th colspan="2" rowspan="2">混凝土施工情况</th><th colspan="2">延续时间/min</th></tr>
<tr><th>≤25℃</th><th>>25℃</th></tr>
<tr><td colspan="2">泵送高强混凝土</td><td>150</td><td>120</td></tr>
<tr><td rowspan="2">非泵送高强混凝土</td><td>施工现场</td><td>120</td><td>90</td></tr>
<tr><td>制品厂</td><td>60</td><td>45</td></tr>
</table>

④养护。

高强混凝土浇筑成型后，应及时用塑料薄膜等对混凝土暴露面进行覆盖，防止表面水分损失。混凝土初凝前，应掀起覆盖物，用抹子搓压表面至少两遍，使之平整后再次覆盖。

高强混凝土的潮湿养护方式包括蓄水、浇水、喷淋洒水或覆盖充水保湿等，养护水温与混凝土表面温度之间的温差不宜大于 20℃；潮湿养护时间不宜少于 10 d。

当采用混凝土养护剂进行养护时，宜采用饱水膜材型混凝土养护剂，其有效保水率应不小于 90%，7 d 和 28 d 抗压强度比均应不小于 95%。养护剂有效保水率和抗压强度比的试验方法应符合现行行业标准《公路工程混凝土养护剂》（JT/T 522—2004）的规定。

在风速较大的环境下养护时，应采取适当的防风措施，避免养护条件被破坏。

高强混凝土构件蒸汽养护可分静停、升温、恒温和降温四个阶段。静停时间不宜小于 2 h，升温速度不宜大于 25℃/h，恒温温度不应超过 80℃，恒温时间应通过试验确定，降温速度不宜大于 20℃/h。高强混凝土构件或制品出池或撤除养护措施时的表面与外界温差不应大于 20℃。

对于大体积高强混凝土，宜采取保温养护等控温措施；混凝土内部和表面的温差不宜超过 25℃，表面与外界温差不宜大于 20℃。

冬期施工时，高强混凝土养护应符合下列规定：高强混凝土宜采用带模养护；混凝土受冻前的强度不得低于 10 MPa；模板和保温层应在混凝土冷却到 5℃以下时方可拆除，或在混凝土表面温度与外界温度相差不大于 20 ℃时拆模，拆模后的混凝土应及时覆盖，使其缓慢冷却；混凝土强度达到设计强度等级的 70%时，方可撤除养护措施。

三、自密实混凝土

1. 主要技术特点

1）基本概念

自密实混凝土（Self－Compactlng Concrete，简称 SCC），指在自身重力的作用下，能够流动、密实，即使存在致密钢筋也能完全填充模板，同时获得很好的均质性的混凝土。

自密实混凝土是一种新型高性能混凝土，它具有优良的变形能力和抗离析性，在浇筑过程中能够完全依靠自重作用自由流淌，穿越钢筋间隙填充模板空间，同时具有足够的黏聚性防水离析泌水，拌和物均匀密实，硬化后具有良好的力学和耐久性能。

2）技术特点

SCC 具有高流动度、不离析、均匀性和稳定性等特点，浇筑时依靠自重流动，一般情况下无需工艺振捣即能自行填充模板内部各空间，形成稳定、密实的结构，可以避免人为振捣固有的不均匀给混凝土质量带来的缺陷及振捣投入，其主要应用性能优势体现在以下 4 个方面：

①在结构配筋过密、薄壁、形状复杂、振捣工艺难于实施等情况下，混凝土结构设计和施工不受制约。

②由于无需振捣，混凝土在力学性能不受损的前提下，消除了人工振捣不均匀造成的结构漏振、过振等影响自身质量的缺陷，从而使混凝土具有更加均匀的微观结构、良好的表观效果和较好的耐久性。

③简化了混凝土施工工艺，缩短工期，提高效率。

④降低了作业强度和噪声污染，节省施工能耗及投入。

SCC 虽然具有以上优越性能，但选择 SCC 仍要充分考虑结构特点、原材料、生产施工和环境条件的差异性，在制备和施工时必须进行严格的技术和质量控制，需要从配制 SCC 拌合物的原材料选择开始，直至硬化后的后期养护全过程实施监控，以求做到技术先进、安全适用、经济合理、保证质量和体现优势的工程效果。

3）技术路线

①基于 SCC 拌合物性能以及后期性能要求，制备 SCC 需要采取有效的材料与配合比技术措施，一方面要从流动性、抗分离性、间隙通过性和填充性 4 个方面统筹考虑，控制混凝土拌合物体系的屈服剪应力和塑性黏度系数处于适宜范围，解决流动性与抗分离性的矛盾，从而提高间隙通过能力和填充性；另一方面要解决好混凝土的高工作性与硬化混凝土力学性能、耐久性的矛盾。在实际配制时必须综合考虑上述两个方面的问题，以达到 SCC 结构的高性能化。一般可从以下几个方面着手：

选用外加剂。优质的外加剂调节拌合物体系在低水胶比条件下的屈服剪应力和塑性黏度，能对胶凝材料粒子产生强烈的分散作用，释放其约束的水，以有效控制混凝土用水量，获得具有高流动性和高抗分离性的良好施工性能，并保证硬化混凝土的力学及耐久性能。

优选优质矿物掺合料。优质矿物掺合料能调节拌合物流变性能，使体系细粉含量水平达到良好的抗分离性、间隙通过性要求，并减少水泥用量，改善界面状况和密实性能，改善硬化混凝土性能。

选用优质骨料。骨料的粒形、粒径、级配和杂质含量对抗分离性、间隙通过性、填充密实性都有影响，杂质含量少、粒形合理、级配合理、空隙率低的骨料能有利于混凝土自密实性能的实现。

确定合适的浆固比和砂率值。浆固比和砂率值对工作性能影响很大，浆固比越大，流动性越好，但过大的浆固比对混凝土硬化后的体积稳定性不利；在合理的砂率值情况下，粗骨料周围包裹足够的砂浆，不易在间隙处聚集，填充和密实效果良好，能提高混凝土拌合物通过间隙的能力。

②一般情况下，可根据结构物的结构形状、尺寸、配筋状态将自密实性能分为3个等级，见表4-7。

表4-7 自密实混凝土性能等级分类

性能等级	结构特点
一级	钢筋的最小净间距为35～60 mm、结构形状复杂、构件断面尺寸小的钢筋混凝土结构物及构件浇筑情况
二级	钢筋的最小净间距为60～200 mm的钢筋混凝土结构物及构件浇筑的情况
三级	钢筋的最小净间距在200 mm以上、断面尺寸大、配筋量少的钢筋混凝土结构物及构件浇筑情况，以及无筋结构物的浇筑情况

③在不同的工程施工中，根据工程结构特点，考虑施工各方面技术管理水平和客观条件、质量标准要求等确定生产SCC的自密实性能等级，如对于一般的钢筋混凝土结构物及构件生产可采用二级自密实性能SCC。每一等级的SCC，其新拌混凝土各种自密实性能指标要求不同，表4-8中试验项目与指标可作为SCC制备与质量控制的一项依据。同时，SCC硬化后的强度、弹性模量、耐久性等其他性能也要能满足相关要求。

表4-8 自密实混凝土性能等级与指标对应表

序号	指标项目	性能等级		
		一级	二级	三级
1	坍落度/mm	≥240		
2	坍落扩展度/mm	700±50	650±50	600±50
3	T_{50}/s	5～20	3～20	3～20
4	V漏斗通过时间/s	10～25	7～25	4～25
5	V漏斗静置5 min后通过时间/s	<30	<40	<40
6	U形箱试验填充高度/mm	320以上（隔栅型障碍1型）	320以上（隔栅型障碍2型）	320以上（无障碍）

注：表中T_{50}表示坍落扩展度达到50 cm时经历的时间。

4）自密实混凝土的优点

①保证混凝土良好的密实度。

②提高生产效率。由于不需要振捣，混凝土浇筑需要的时间大幅度缩短，工人劳动强度

大幅度降低，需要工人数量减少。

③改善工作环境和安全性。没有振捣噪音，避免工人长时间手持振动器导致的“手臂振动综合症”。

④改善混凝土表面质量。不会出现表面气泡或蜂窝麻面，不需要进行表面修补，并且能够逼真呈现模板表面的纹理或造型。

⑤增加了结构设计的自由度。不需要振捣，可以浇筑成形状复杂、壁薄和密集配筋的结构。在以前，这类结构往往因为混凝土浇筑施工的困难而限制使用。

⑥避免了振捣对模板产生的磨损。

⑦减少了混凝土对搅拌机的磨损。

⑧降低了工程整体造价。从提高施工速度、环境对噪音限制、减少人工和保证质量等诸多方面降低成本。

2. 主要技术指标

1）原材料的技术要求

（1）胶凝材料

水泥选用较稳定的普通硅酸盐水泥；掺合料是自密实混凝土不可缺少的组成部分之一，一般常用的有粉煤灰、磨细矿渣、硅粉、矿粉等。胶凝材料总量不少于 500 kg/m^3。

（2）细骨料

砂的含泥量和杂质，会使水泥浆与骨料的黏结力下降，需要增加用水量和增加水泥用量，所以砂必须符合规范技术。砂率在 45%以上，最高可到 50%。

（3）粗骨料

粗骨料的最大粒径一般以小于 20 mm 为宜，尽可能选用网形且不含或少含针、片状颗粒的骨料。

（4）外加剂

自密实混凝土具备的高流动性、抗离析性、间隙通过性和填充性这四个方面都需要以外加剂的手段来实现。因此对外加剂的主要要求为：与水泥的相容性好；减水率大；缓凝、保塑。

2）工作性技术指标

①坍落度：$S_{lf} \geqslant 250$ mm；

②坍落扩展度：$L_{sf} \geqslant 700$ mm；

③填充性：$\Delta G \leqslant 5$ mm；

④抗离析性：$\Delta h \leqslant 7\%$；

⑤流动性：$L_f \geqslant 700$mm；

⑥黏聚性：2 h 内满足以上各项指标要求。

3. 施工技术应用

1）技术应用范围

自密实混凝土适用于浇筑量大，浇筑深度、高度大的工程结构；配筋密实、结构复杂、薄壁、钢管混凝土等施工空间受限制的工程结构；工程进度紧、环境噪声受限制或普通混凝土不能实现的工程结构。

2）施工技术要点

（1）原材料选择

欲成功配制 SCC 很大程度上取决于高品质的原材料，但是原材料的质量又受市场客观条件和混凝土生产单位采购能力的限制，这就更加要求技术人员充分分析工程要求和加强技术质量管理力度，合理确定 SCC 性能要求和选用 SCC 所需要的原材料。

①水泥。一般情况下，六类水泥都可以用来生产 SCC，考虑到 SCC 体系中矿物掺合料独立性的优势，最好选用普通硅酸盐水泥或硅酸盐水泥。选择作为主材用的各项质量指标较稳定的产品，以便能减少 SCC 的质量波动，并为 SCC 生产过程中的质量控制提供方便。水泥的品质应侧重同外加剂的相容性、标准稠度用水量低和较高早期及后期强度，其中水泥与外加剂是否相匹配，直接决定能否配制出自密实高性能混凝土。尽可能选用 C_3A 和碱含量低的水泥，这样对于坍落度损失控制有利，而对于有防裂要求的工程，采用防裂水泥也是有效的措施之一。

②外加剂。应用优质外加剂是制备优质 SCC 的必要条件，SCC 拥有的合理黏性稠度的大流动性、高细粉颗粒含量体系的抗裂能力以及合适的保塑性能，都需要依靠外加剂来实现。这可能也是相对于其他材料最有效的方法，在使用外加剂时应重视以下几方面：

高减水率：这在坍落扩展度与扩展速度指标中得到有力体现。需要依靠外加剂的高减水率来保证低水胶比、高细粉含量体系的混凝土自密实能力，达到混凝土结构低孔隙率、高密实度目标。在应用中并不是减水率越高越好，满足使用要求即可。高减水率外加剂的掺量要进行必要的控制，掺量太高如接近甚至超过饱和点，会导致混凝土对用水量变化的敏感性增强，而使生产中的混凝土离析、泌水的概率增大，加大质量控制难度。

良好的保塑能力：混凝土自密实性能的保持与自密实性能的实现同等重要，这是因为无论何种原因，一旦 SCC 损失了可塑性能，恢复技术较难。虽然 SCC 体系由于大量矿物掺合料的加入，塑性及其保持能力已经改善，但还是需要外加剂来继续增强拌合物体系的保塑能力，以满足施工要求。

减缩性能：自密实性能的实现采用了低水胶比和高密实度，实现的同时也导致其自收缩增大，硬化混凝土的体积稳定性将受到影响。在控制体系细粉成分和总量不能完全解决问题的情况下，如工程有严格的混凝土收缩指标要求，采用外加剂减少收缩也是一种方便、有效的措施，如使用膨胀剂补偿混凝土，由于浆体多而产生的收缩、在外加剂中复合减少混凝土收缩成分，都能增加混凝土的密实性，减少裂缝出现几率。但需要指出的是，减缩剂一般对混凝土的后期养护要求更高。现在开始尝试用有机纤维对混凝土早期由于收缩而产生裂缝进行控制，工程应用中也能起到一定的效果。

增稠剂的使用：解决 SCC 的流动性同抗离析性的矛盾，可增加拌合物的稠度，使混凝土在大流动度的情况下不离析与分层。虽然高的总细粉含量能提高抗离析能力，但不利于抗裂与耐久性，且在低强度等级 SCC 中细粉含量有限。另一种方法是采用起到增加稠度作用的增稠剂，但此种外加剂会延缓混凝土凝结硬化时间，有的还会加剧坍落度损失，且成本较高，应综合考虑。

③矿物掺合料。矿物掺合料掺入混凝土中有“界面效应”、“微填效应”和“活性效应”，是自密实高性能混凝土中不可缺少的组成材料。充分发挥这些效应，可以达到大幅度降低新拌混凝土的内部屈服剪应力、改善流变性能并延缓坍落度损失、改善硬化混凝土的孔结构及力学性能、提高后期强度和耐久性、延迟水化放热峰值及降低早期水化热、有效抑制碱骨料反应等效果，并能降低材料成本。常见的有粉煤灰、粒化高炉矿渣粉、硅灰、沸石粉、复合

矿物掺合料等，优异的矿物掺合料能和水泥颗粒形成良好的级配并降低胶凝材料的需水量。在实际工程应用中，可依据工程特点、混凝土自密实性能及其他性能要求、掺合料品质以及成本等综合考量，经试验确定选用。值得注意的是掺合料的掺入，要能不增加或少增加混凝土拌合用水量，并保证硬化混凝土强度。

粉煤灰只有品质优良才能改善新拌和硬化混凝土的性能，Ⅲ级粉煤灰由于需水量比等指标较差，SCC不能采用；强度等级不低于C60的SCC，最好能采用指标优异、强度活性高的Ⅰ级粉煤灰，如用Ⅱ级粉煤灰应经试验确定掺量，检验是否对强度发展有影响。另外高钙粉煤灰使用时要谨慎，需按掺量进行安定性试验和强度试验。

粒化高炉矿渣具有较高的活性、需水量小；沸石粉能在提高SCC黏聚性、保水性方面起作用，两者都适宜配制SCC。

硅灰在改善混凝土黏聚性、流变性和提高强度、耐久性方面效果显著，一般价格偏贵，可在高强度等级SCC中采用。值得注意的是掺硅灰混凝土收缩较大。

复合矿物掺合料中由于含有多种成分，增加了同外加剂的相容性难度，使用前要进行较充分的试验、试配工作。

④砂石料。骨料的粒形、级配、含泥（块）量会影响混凝土的施工性能、变形性能、抗裂以及耐久性能，在SCC中要求砂石料具备较理想的状态。SCC由于砂浆量大、砂率大，应选用Ⅱ区中粗砂。砂子含泥量和杂质会使水泥浆与骨料的黏结力下降，需要增加用水量和增加水泥用量，所以应控制含泥量不大于3%，泥块含量不大于1%。石子的最大粒径以小于20mm为宜，含泥量不大于1%，泥块含量不大于0.5%，隙率小于40%。由于针、片状颗粒会增大空隙率，应控制不大于5%。骨料由于资源条件限制，质量难以稳定，应尽可能地选用优质骨料，这样有利于SCC的配制与施工。

（2）配合比设计与确定

SCC主要采用增大胶结材料用量和采用优质高效外加剂的方法，提高浆体的黏性和流动性，以利于浆体充分包裹和分割粗细骨料颗粒，并使臂料悬浮在胶结材浆体中，形成优越的自密实性能。SCC的这种特点，决定了其配合比设计方法与普通混凝土有所不同。进行SCC配合比设计时，可首先确定自密实性能等级，明确性能指标，在综合强度、自密实性能、耐久性及其他性能的基础上，采用绝对体积法提出试验配合比，经试验调整后，进行试生产或应用于工程实践。一般配合比设计途径如下：

①确定SCC性能等级。根据具体工程要求确定SCC性能等级、强度及其他要求。

②确定原材料性能。

水泥：经试验确定强度、凝结时间、需水量等指标，表观密度一般取3.1 g/cm^3。

掺合料：品种、活性指数、需水量等技术指标，粉煤灰表观密度一般取2.2～2.3 g/cm^3，矿渣表观密度一般取2.8 g/cm^3。

细骨料：Ⅱ区中粗（河）砂，技术指标符合自密实要求，小于0.16 mm的细粉含量不大于2%，表观密度一般为2.6～2.7 g/cm^3。

粗骨料：粒型、级配、含泥（块）含量、针片状含量等符合自密实要求，表观密度一般为2.7～2.75 g/cm^3。

外加剂：种类、减水率、固含量及其他性质，经试验确定与胶凝材料的适应性及掺量。

③设计初期配合比。

根据自密实性能选取单方混凝土粗骨料体积用量，根据经验一般在 280～350 L 内选取，自密实性能等级高时取下限值，根据表观密度能确定粗骨料质量用量。

单方混凝土用水量取 155～180 kg，水与总细粉量比值（体积水胶比）根据细粉的种类和掺量取 0.8～1.15 不等，到此可确定总细粉体积，根据 SCC 体系要求总细粉量应处于 160～230 L 之间，否则应调整用水量或水粉比参数。

评定含气量：可根据使用的外加剂性能或测定混凝土含气量确定，一般取 10～40 L。

考虑细骨料的细粉含量后，依据前面的条件可求取细骨料用量，其各种组成材料组成 1000 L（1 m^3）的混凝土结构。

确定各粉体含量：粉体可能包括水泥、各种掺合料、细骨料的细粉以及惰性材料，细骨料的细粉为已知，水泥、矿物掺合料用量应根据强度要求、水胶比及掺合料经试验确定，惰性材料是在水泥、矿物掺合料用量确定的前提下为满足粉体用量而确定的。

通过试验确定外加剂的掺量，完成初期配合比的设计。

④初期配合比试验。

将设计好的初期配合比通过试验试拌，进行相关性能试验，验证配合比是否满足既定要求。

⑤初期配合比调整。

当对新拌 SCC 的流动性、抗分离性、间隙通过能力及填充性进行验证，表明自密实性能或硬化混凝土性能（强度、弹性模量、耐久性等）不能满足要求时，要核对初期配合比，必要时对原材料进行优化调整。如自密实性能不满足要求时可增减外加剂掺量、用水量、骨料用量及水粉比等参数，但调整过程中需要注意各自密实性能的相关性，一项性能增强则可能使另一项性能受到不利影响，另外硬化混凝土性能也需要重新验证。

有时候调整各材料用量即只靠优化配合比仍不能成功，此时问题可能出在使用材料的品质上面，当材料受到客观条件限制时，调整自密实性能指标值则可能成为必要。

⑥SCC 试生产及工程模拟。

对于重要工程或特殊结构工程，有时候通过试验室的试验并不能绝对保证工程效果，为了达到工程一次成优，有必要在正式施工前进行试生产或模拟工程试验。试生产是检验搅拌楼生产 SCC 与试验室配制 SCC 的可重复性和稳定性的过程；工程模拟则是通过模拟工程结构实体施工，来确保已确定的 SCC 性能满足实体工程要求。

（3）可参考的实用技术

①自密实性能恢复调整方案。

当自密实混凝土浇筑前发现自密实性能部分损失时，可用同种类、同批量外加剂进行调整尝试，即在现场向混凝土拌合物中有限度地添加外加剂，并与运输车高速转动相结合，来恢复混凝土的自密实性能。自密实混凝土要求外加剂不能过量掺加，否则混凝土会出现离析，因此，通过试验取得自密实混凝土使用的外加剂饱和掺量数据以及生产时外加剂的实际掺量，决定了现场性能调整用外加剂的空间。在生产自密实混凝土时外加剂掺量宜处于最大饱和掺量的中间位置，并应事先制订自密实性能恢复调整方案。

调整方案可明确以下内容：外加剂饱和点掺量数据；随车携带同种外加剂；必须派有经验的技术人员跟踪到场，并亲自实施方案，带好添加工具——量筒；每方混凝土每次掺加 0.05 kg 并实测密度后换算成体积量，以便使用量筒，在运输车高速转动后检验自密实性能恢复情况，控制外加剂总体掺量以避免混凝土离析。

②粗骨料级配优化方法。

骨料技术以前并未引起人们足够的重视，市场上骨料的质量参差不齐，配制普通混凝土时人们关注更多的只是含泥量，而对自密实混凝土而言，粗骨料经过优化后良好的级配将会为自密实性能的实现和最终工程效果提供保证条件。

自密实混凝土使用的粗骨料粒径一般为 5～25 mm，为了达到降低骨料体系空隙率，可以用一定数量的 5～10 mm 卵石和 10～25 mm 卵碎石混合进行级配优化调整，两种骨料的掺加比例通过试验测定表观密度和堆积密度进而求得空隙率来确定，要求空隙率越小越好。一些试验认为，自密实混凝土粗骨料的空隙率以不大于 38%为宜。

(4) 技术要求

①黏性适度。在流经稠密的钢筋后，仍能保持成分均匀。如果黏性太大，滞留在混凝土中的大气泡不容易排除，黏度用混凝土的扩展度表示，要求在 500～700 mm 范围内。如黏性过大即扩展度小于 500 mm 时，则流经小间隙和充填模板会带来一定的困难。如果黏性太小即扩展度大于 700 mm 后，则容易产生离析。因此，自密实混凝土要求粉体含量有足够的数量，粗骨料应采用 5～15 mm 或 5～25 mm 的粒径，且含量也比普通混凝土少。绝对体积应在 0.28～0.33 m^3 之间，含砂率应在 50%左右。

②具有良好的稳定性。浇筑前后均不离析、不泌水，粗细骨料均匀分布，保持混凝土结构的匀质性，使水泥石与骨料、混凝土与钢筋具有良好的黏结度，保持混凝土的耐久性。

③具有适当的水灰比。如果加大水灰比，增加用水量，虽然会增大流动度，但黏性降低。混凝土的用水量应控制在 150～200 kg/m 之间。要保持混凝土的黏性和稳定性，只能依靠掺加高效减水剂来实现。采用聚羧酸类减水剂比较好，也可采用氨基磺酸盐，掺量为 0.8%～1.2%（占水泥重量）。

④控制粉体质量。要保持混凝土具有良好的稳定性，粉体含量是关键。当水泥用量较多时，可以掺用粉煤灰、矿渣粉或石灰石粉取代一部分水泥，以降低水化热量。必要时，可以减少水泥用量、掺用少量的增黏剂，以保持适度的黏性。一般采用生物聚合物多糖增黏剂。

(5) 现场施工

①现场安排。施工现场应为 SCC 施工提供足够的方便，派专人负责现场调度，不要影响 SCC 的浇筑进程。在考虑自密实混凝土所有特性的基础上，制订并严格实施施工计划，对于特殊的施工部位，可制定具体的施工措施。

②现场运输。可根据自密实混凝土质量、浇筑工作量、泵送条件、操作及安全性、输送速度、施工经验和组织水平，确定混凝土泵的种类、数量、泵送距离、输送管径与配管路径及距离或长度。

当采用其他输送方式时，同样要考虑混凝土质量、浇筑工作量以及浇筑速度要求，注意不能用传送带运输，也要防止在运输过程中产生振动使混凝土趋于分离。

③模板要求。为保证 SCC 的工程使用效果，对模板的要求较之普通混凝土要高，脱模剂的选择也要更严格。模板要有刚度和密闭性，不漏浆，不影响 SCC 的组成均质性和外观。由于 SCC 流动性大，应按流体压力来计算模板受到的侧压力。根据经验，模板缝隙应小于 1.5 mm，模板应在合适位置留置直径不大于 2 mm、间距均匀的排气孔，以利于混凝土气泡排出和减小混凝土密实成型产生的气压力。

④浇筑控制。SCC入泵前，特别是用外加剂进行过性能调整后，应保持运输车高速转动3 min以上，目的是使混凝土组成均匀达到最佳自密实状态。SCC浇筑施工要连续，如果由于某种原因停泵时间过长，不但混凝土会丧失部分自密实性能，而且必须清理干净泵送管理的混凝土，否则会对后续浇筑的混凝土性能产生影响。

在确定SCC浇筑方式和布设浇筑下灰点时，要充分考虑结构物的截面形式、构件类别、配筋情况、拐角及预留（埋）件位置等，不同形式的浇筑区域至少应设定一个下灰点。浇筑高度应尽可能低，最大不超过5 m。对于竖向结构，可以采用在模板内上方插导管或从模板底部泵送的浇筑方法，以避免新拌混凝土在模板内自由下落发生离析现象。对于模板内水平浇筑距离，可根据施工部位对混凝土性能的要求确定，一般取决于混凝土在模板内移动、填充能力和保持均质的能力，水平浇筑距离越大，混凝土在动态下离析的可能性也越大。国外一些规范要求水平距离为8 m，最大不超过15 m，国内的经验为不超过7 m时较适宜，具体工程应根据结构情况、观察与试验，适当调整可接受的水平浇筑距离。

整个浇筑过程需要安排人员密切关注泵送管道及浇筑面的自填充进展情况，及时阻止管道漏跑浆体或浇筑不均现象，必要时可在模板外实施辅助敲打。应注意即使浇筑处于连续进行状态，也得掌控浇筑速度，可根据混凝土配合比或质量、结构形状及配筋情况确定。泵送速度太快易使SCC在局部聚集损失工作性甚至发生阻塞，太慢则会丧失最佳自密实时机。可以根据SCC在不同浇筑区域能保持均匀性的自填充移动速度合理安排泵送速率。

⑤养护控制。养护是防止混凝土在硬化时期产生裂缝的重要举措。SCC由于胶凝材料多、水胶比小、水化反应快以及低泌水性等特点，更容易受塑性收缩的影响。因此，混凝土养护尤其是早期养护显得非常重要，特别是水平结构。在浇筑完毕并在混凝土终凝之前就要开始及时养护，并增加预养护时间，可制订养护方案和指派专人负责此项工作。养护一般采用保温、保湿方法，整个养护期不应少于14 d，并保证自密实混凝土的内外温差不超过25℃。对于水平结构、环境气温高的情况，需要特别注意混凝土在浇筑后几小时内易出现失水状态，应及时浇水以避免结构表面水分过度蒸发而出现裂缝。

⑥工作性测试。对新拌自密实商品混凝土工作性的测试主要是测试它的稳定性、填充能力和穿越能力，目前常用的测试方法主要有坍落度筒法、稳定筛法、箱形仪法、L形仪法、U形仪法和V形仪法等，其中坍落度筒法的使用比较多，可用来测定自密实商品混凝土的坍落扩展度、坍落度、T_{50}时间，还可以目测其稳定性。

（6）注意事项

①冬期混凝土施工时应采取防冻措施，并应避开早晚低温进行施工。

②浇筑完成后应清除残余水泥砂浆。

四、轻骨料混凝土

1. 主要技术特点

1）基本概念

凡是采用轻粗骨料、轻细骨料（或普通砂）、胶凝材料和水配制而成的混凝土，其表观密度不大于1900 kg/m³，均可称为轻骨料混凝土。轻骨料混凝土一般是以水泥作为胶凝材料。

轻骨料混凝土具有轻质、高强、保温和耐火等特点，并且变形性能良好，弹性模量较低，在一般情况下收缩和徐变也较大。

轻骨料混凝土大量应用于工业与民用建筑及其他工程，可减轻结构自重、节约材料用量、提高构件运输和吊装效率、减少地基荷载及改善建筑物功能等。

2）分类

轻骨料混凝土的种类繁多，一般有以下几种分类方法。

（1）按用途分类

①轻骨料混凝土按其在建筑工程中的用途不同，分为保温轻骨料混凝土、结构保温轻骨料混凝土和结构轻骨料混凝土，其表观密度等级和强度范围列于表4-9。

②其他方面，轻骨料混凝土还可用作耐热混凝土，代替窑炉内衬等。

（2）按所用轻骨料的品种分类

①工业废料轻骨料混凝土：如炉渣混凝土、粉煤灰陶粒混凝土、自燃煤矸石混凝土、膨胀矿渣珠混凝土。

②天然轻骨料混凝土：如浮石混凝土、火山渣混凝土、多孔凝灰岩混凝土。

③人造轻骨料混凝土：黏土陶粒混凝土、页岩陶粒混凝土、膨胀珍珠岩混凝土、沸石陶粒混凝土、硅藻土陶粒混凝土以及有机轻骨料混凝土等。

表4-9 表观密度和强度范围

序号	名称	混凝土强度等级的合理范围/MPa	混凝土表观密度的合理范围/(kg/m^3)	用途
1	保温轻骨料混凝土	LC5.0	<800	主要用于保温的围护结构或热工构筑物
2	结构保温轻骨料混凝土	LC5.0～LC15	800～1400	主要用于既承重又保温的围护结构
3	结构轻骨料混凝土	LC15～LC60	1400～1900	主要用于承重的配筋构件、预应力构件或构筑物

（3）按所用细骨料品种分类

①全轻混凝土：细骨料采用轻砂的轻骨料混凝土。

②砂轻混凝土：部分或全部采用普通砂作细骨料的轻骨料混凝土。

③无砂轻骨料混凝土：轻骨料混凝土中不含细骨料。

2. 主要技术指标

1）轻骨料（陶粒）性能

粗骨料的级配和最大粒径：粉煤灰陶粒最大粒径为20 mm；天然轻骨料为40 mm；其他陶粒为30 mm；不同用途的轻骨料混凝土对骨料级配的要求见表4-10。

表4-10 不同用途的轻骨料的级配要求

用途	筛孔尺寸/mm						最大粒径/mm
	5	10	15	20	25	30	
保温及结构保温用	不小于90	—	0～70	—	—	不大于10	不宜大于30

续表 4-10

用途	筛孔尺寸/mm						最大粒径/mm
	5	10	15	20	25	30	
结构用	不小于 90	30～70	—	不大于 10	—	—	不宜大于 20

注：1. 不允许含有超过最大粒径 2 倍的颗粒；

2. 采用自然级配时，其空隙率不大于 50%。

2）制备技术

匀质性控制技术是制备泵送轻骨料混凝土的关键，通过控制最大粗骨料粒径，提高水泥浆体黏度，大掺量粉煤灰可有效提高轻骨料混凝土的均质性，可配制出性能优良的大流态泵送轻骨料混凝土。

3）泵送技术

轻骨料混凝土存在易分层离析，坍落度损失快以及轻骨料在压力作用下会吸收混凝土中的水分而导致堵泵等问题。因此：

①优选轻骨料是配制良好可泵性轻骨料混凝土的重要环节；

②在满足强度要求的前提下，可大量掺入粉煤灰，以增大胶凝材料用量，增加混凝土拌合物的黏聚性，改善混凝土拌合物流动性和保水性，并在一定程度上防止轻骨料上浮；

③选择合适的混凝土外加剂；

④混凝土搅拌前，宜将骨料浸湿。

3. 施工技术应用

1）技术应用范围

轻骨料混凝土利用其保温、减轻结构自重等特点，适用于桥梁、高层建筑、大跨度结构等工程。

2）施工注意问题

①轻骨料混凝土在施工时，可以采用干燥骨料，也可以预先将轻粗骨料润湿处理。预湿的轻骨料拌制出的拌合物和易性和水胶比比较稳定，而采用干燥骨料则可省出预湿工序。当骨料露天堆放时，其含水率变化较大，施工中必须及时测定含水率并调整加水量。

②由于轻骨料混凝土拌合物中轻骨料上浮不易拌均匀，因此宜选用强制式搅拌机。外加剂应在骨料吸水后加入。

③拌合物的运输距离应尽量缩短，若出现坍落度损失或离析较严重时，浇筑前宜采用人工二次拌合。

④轻骨料混凝土拌合物应采用机械振捣成型，对流动度大者，也可采用人工插捣成型，对于硬性拌合物，宜采用振动台和表面加压成型。

⑤浇筑成型后，应避免由于表面失水太快引起表面网状裂纹，所以早期应加强潮湿养护，养护时间视水泥品种等不同应不少于 7～14 d。若采用蒸汽养护，则升温速度不宜太快，但若采用热拌工艺，则允许快速升温。

3）施工要点

（1）配料和拌制

在批量拌制轻骨料混凝土前应对轻骨料的含水率及其堆积密度进行测定，在批量生产过程中，应对轻骨料的含水率及其堆积密度进行抽查。雨天施工或发现拌和物稠度反常时也应测定轻骨料的含水率及其堆积密度。对预湿处理的轻骨料，可不测其含水率，但应测定其湿堆积密度。

轻骨料混凝土拌制必须采用强制式搅拌机搅拌。轻骨料混凝土拌合物的粗骨料经预湿处理和未经预湿处理，应采用不同的搅拌工艺流程，如图 4-1 和图 4-2 所示。

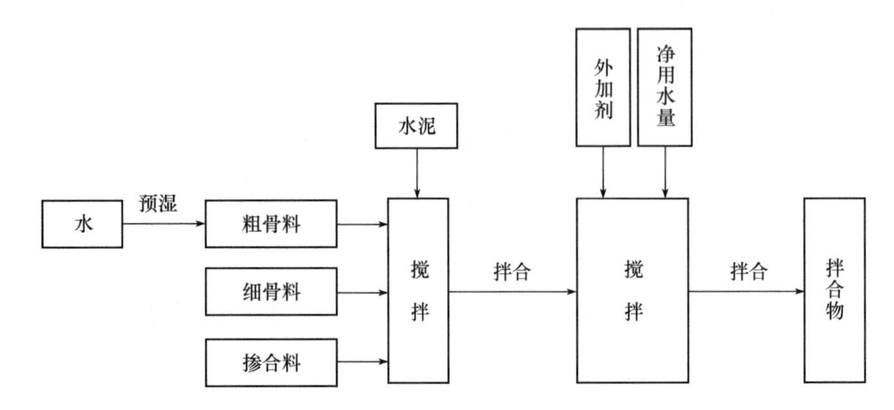

图 4-1　使用预湿处理的轻骨料混凝土搅拌工艺流程

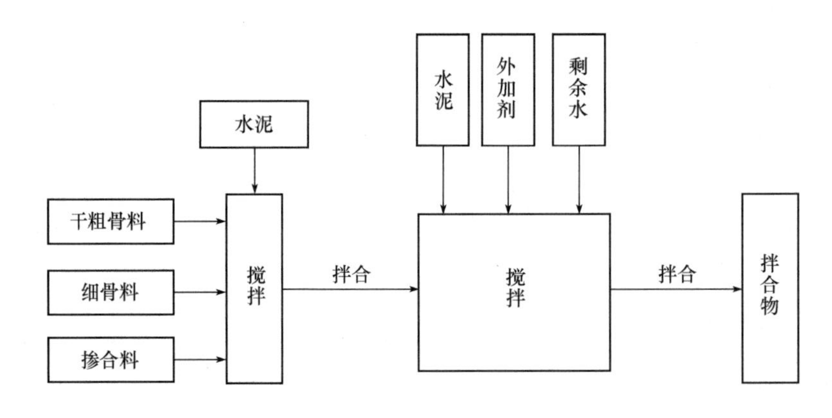

图 4-2　使用未预湿处理的轻骨料混凝土搅拌工艺流程

外加剂应在轻骨料吸水后加入，以免吸入骨料内部失去作用。当用预湿处理的轻粗骨料时，液体外加剂可按图 4-1 所示加入；当用未预湿处理的轻粗骨料时，液体外加剂可按图 4-2所示加入；采用粉状外加剂，可与水泥同时加入。

轻骨料混凝土全部加料完毕后的搅拌时间，在不采用搅拌运输车运送混凝土拌合物时，砂轻混凝土不宜少于 3 min；全轻或干硬性砂轻混凝土宜为 3～4 min。对强度低而易破碎的轻骨料，应严格控制混凝土的搅拌时间。合理的搅拌时间，最好通过试拌确定。

（2）运输

轻骨料表观密度较小，在轻骨料混凝土运输过程中易上浮，导致产生离析。在运输中应采取措施减少坍落度损失和防止离析。当产生拌合物稠度损失或离析较重时，浇筑前应采用二次拌合，可采取在卸料前掺入适量减水剂进行搅拌的措施，但不得二次加水。

轻骨料混凝土从搅拌机卸料起到浇入模内止的延续时间，不宜超过 45 min。

如采用混凝土泵输送轻骨料混凝土，可将粗骨料预先吸水至接近饱和状态，避免在泵压力下大量吸水，导致混凝土拌合物变得干硬，增大混凝土与管道摩擦，引起管道堵塞。

(3) 浇筑和成型

轻骨料混凝土拌合物应采用机械振捣成型。对流动性大、能满足强度要求的塑性拌合物以及结构保温类和保温类轻骨料混凝土拌合物，可采用插捣成型。

当采用插入式振动器时，插点间距不应大于振动棒的振动作用半径的一倍。

振捣延续时间应以拌合物捣实和避免轻骨料上浮为原则。振捣时间随混凝土拌和物坍落度、振捣部位等不同而异，一般宜控制在 10～30 s。

现场浇筑竖向结构物时，应分层浇筑，每层浇筑厚度宜控制在 300～350 mm。轻骨料混凝土拌合物浇筑倾落自由高度不应超过 1.5 m。否则，应加串筒、斜槽或溜管等辅助工具。

浇筑上表面积较大的构件，当厚度小于或等于 200 mm 时，宜采用表面振动成型；当厚度大于 200 mm 时，宜先用插入式振捣器振捣密实后，再用平板式振捣器进行表面振捣。

(4) 养护和修补

轻骨料混凝土浇筑成型后应及时覆盖和喷水养护。

五、纤维混凝土

1. 主要技术特点

1) 基本概念

纤维混凝土是指在水泥基混凝土中掺加短钢纤维或合成纤维作为增强材料的混凝土，钢纤维的掺入能显著提高混凝土的抗拉强度、抗弯强度、抗疲劳特性及耐久性；主要包括钢纤维混凝土、玻璃纤维混凝土和合成纤维混凝土等。合成纤维的掺入可提高混凝土的韧性，特别是可以阻断混凝土内部毛细管通道，从而减少混凝土暴露面的水分蒸发，大大减少混凝土塑性裂缝和干缩裂缝。

2) 技术特点

钢纤维混凝土与普通混凝土相比具有一系列优越的物理和力学性能。

①具有较高的抗拉、抗弯、抗剪和抗扭强度。

普通钢纤维混凝土的体积率在 1%～2%之间。在混凝土中掺入适量钢纤维，其抗拉强度提高 25%～50%，抗弯强度提高 40%～80%，抗剪强度提高 50%～100%。

②具有卓越的抗冲击性能。

材料抵抗冲击或振动荷载作用的性能，称为冲击韧性。在通常的纤维掺量下，冲击抗压韧性可提高 2～7 倍，冲击抗弯、抗拉等韧性可提高几倍到几十倍。

③抗疲劳性能显著提高。

当掺有 1.5%钢纤维的混凝土抗弯疲劳寿命为 1×10^6 次时，应力比为 0.68，而普通混凝土应力比仅为 0.51；当掺有 2%钢纤维的混凝土抗压疲劳寿命达 2×10^6 次时，应力比为 0.92，而普通混凝土应力比仅为 0.56。

④收缩性能明显改善。

在通常的纤维掺量下，钢纤维混凝土较普通混凝土的收缩值降低 7%～9%。

⑤耐久性能显著提高。

掺有1.5%的钢纤维混凝土经150次冻融循环，其抗压和抗弯强度下降约20%，而其他条件相同的普通混凝土却下降60%以上，经过200次冻融循环，钢纤维混凝土试件仍保持完好。掺量为1%、强度等级为CF35的钢纤维混凝土耐磨损失比普通混凝土降低30%。掺有2%钢纤维高强混凝土抗气蚀能力较其他条件相同的高强混凝土可以提高1.4倍。钢纤维混凝土在空气、污水和海水中都呈现出良好的耐腐蚀性，暴露在污水和海水中5年后的试件碳化深度小于5 mm，只有表层的钢纤维产生锈斑，内部钢纤维未锈蚀，不像普通钢筋混凝土中钢筋锈蚀后，锈蚀层体积膨胀而将混凝土胀裂。

2. 主要技术指标

①纤维要选择合适的掺量，合成纤维会使混凝土强度降低，在同时满足抗裂性能和力学性能的前提下确定掺量，一般积率不超过0.12%。

②钢纤维或合成纤维掺量过多时，都会使坍落度损失增加，选择合适的掺量和调整配合比，使纤维的掺入对混凝土工作性不产生负面的影响。

③纤维混凝土的轴心抗压强度、受压和受拉弹性模量、剪变模量、泊松比、线膨胀系数以及合成纤维轴心抗拉强度标准值和设计值可按《混凝土结构设计规范》(GB 50010—2010)的规定采用。纤维体积率大于0.15%的合成纤维混凝土的上述指标应经试验确定。

3. 施工技术应用

1）技术应用范围

适用于对抗裂、抗渗、抗冲击和耐磨有较高要求的工程。如甘肃省调度通讯楼工程，该建筑面积90 691 m²，建筑高度188 m，由于紧邻黄河，给施工增加了困难。纤维混凝土的加入，改善了混凝土的物理力学性能，提高了基体的变形能力，增加了混凝土的抗裂防渗效果，有效控制了混凝土塑性收缩、干缩和温度应力引起的裂缝，从而提高了混凝土的抗裂防水能力。

2）施工技术要点

(1) 原材料

水泥：钢纤维混凝土应采用普通硅酸盐水泥和硅酸盐水泥；合成纤维混凝土优先采用普通硅酸盐水泥和硅酸盐水泥。根据工程需要，选择其他品种水泥。

骨料：钢纤维混凝土不得使用海砂，粗骨料最大粒径不宜大于钢纤维长度的2/3；喷射钢纤维混凝土的骨料最大粒径不宜大于1.0 mm。

纤维：纤维的长度、长径比、表面性状、截面性能和力学性能等应符合国家有关标准的规定，并根据工程特点和制备混凝土的性能选择不同的纤维。

(2) 配合比

①纤维混凝土的配合比设计应注意以下几点：

钢纤维混凝土中的纤维体积率不宜小于0.35%，当采用抗拉强度不低于1000 MPa的高强异形钢纤维时，钢纤维体积率不宜小于0.25%；各类工程钢纤维混凝土的钢纤维体积率选择范围应参照国家有关标准。控制混凝土早期收缩裂缝的合成纤维体积率宜为0.06%～0.12%。

纤维混凝土的最大胶凝材料用量不宜超过550 kg/m³；喷射钢纤维混凝土的胶凝材料用量不宜小于380 kg/m³。

②各类工程钢纤维混凝土的钢纤维体积率范围宜符合表4-11的规定。

表 4-11 钢纤维混凝土中的钢纤维体积率范围

工程类型	使用目的	体积率/%
工业建筑地面	防裂、耐磨、提高整体性	0.35～1.0
薄型屋面板	防裂、提高整体性	0.75～1.5
局部增强预制桩	增强、抗冲击	≥0.5
桩基承台	增强、抗冲切	0.5～2.0
桥梁结构构件	增强	≥1.0
公路路面	防裂、耐磨、防重载	0.6～1.0
机场道面	防裂、耐磨、抗冲击	1.0～1.5
港区道路和堆场铺面	防裂、耐磨、防重载	0.5～1.2
水工混凝土结构	高应力区局部增强	≥1.0
	抗冲磨、防空蚀区增强	≥0.50
喷射钢纤维混凝土	支护、砌衬、修复和补强	0.35～1.0

③各类工程合成纤维混凝土中合成纤维体积率范围应符合表 4-12 的规定。

表 4-12 合成纤维混凝土中的合成纤维体积率范围

合成纤维混凝土使用部位	使用目的	体积率/%
楼面板、剪力墙、楼地面、建筑结构中的板壳结构、体育场看台	控制混凝土早期收缩裂缝	0.06～0.20
刚性防水屋面	控制混凝土早期收缩裂缝	0.10～0.30
机场跑道、公路路面、桥面板、工业地面	控制混凝土早期收缩裂缝	0.06～0.20
	改善混凝土抗冲击、抗疲劳性能	0.10～0.30
水坝面板、储水池、水渠	控制混凝土早期收缩裂缝	0.06～0.20
	改善抗冲磨和抗冲蚀等性能	0.10～0.30
喷射混凝土	控制混凝土早期收缩裂缝、改善混凝土整体性	0.06～0.25

注：增韧用粗纤维的体积率可大于 0.5%，但不宜超过 1.5%。

④钢纤维混凝土的水灰比不宜大于 0.50；对于以耐久性为主要要求的钢纤维混凝土，不得大于 0.45。钢纤维混凝土胶凝材料总用量不宜小于 360 kg/m^3，但也不宜大于 550 kg/m^3。钢纤维混凝土坍落度值可比相应普通混凝土要求值小 20 mm。

钢纤维混凝土试配配合比确定后，应进行拌合物性能试验，检查其稠度、黏聚性、保水性是否满足施工要求。若不满足，则应在保持水灰比和钢纤维体积率不变的条件下，调整单位体积用水量或砂率，直到满足要求。

(3) 混凝土制备及搅拌

纤维混凝土的搅拌应采用强制式搅拌机；宜先将纤维与水泥、矿物掺合料和粗细骨料投入搅拌机干拌 60～90 s，而后再加水和外加剂搅拌 120～180 s，纤维体积率较高或强度等级不低于 C50 的纤维混凝土宜取搅拌时间范围的上限。当混凝土中钢纤维体积率超过 1.5％或合成纤维体积率超过 0.2％时，宜延长搅拌时间。

在拌合物中加入的钢纤维应充分分散均匀，才能在混凝土中起到增强作用。如果加入的钢纤维分散不均匀，将使有的部位混凝土缺少钢纤维，有的部位钢纤维过多形成团，这样不仅没起到增强的作用，还会引起局部强度削弱。因此只有保证钢纤维在拌合料中分散均匀，才能获得良好的增强效果。

（4）纤维混凝土的运输、浇筑和养护

①纤维混凝土的运输应保证混凝土（主要是钢纤维混凝土）不离析和不分层。

②当用搅拌罐车运送纤维混凝土拌合物时，因运距过远、交通或现场等问题造成坍落度损失较大时，可采取在卸料前掺入适量减水剂进行搅拌的措施，但不得加水。

③用于泵送钢纤维混凝土的泵的功率，应比泵送普通混凝土泵的功率大 20％；喷射钢纤维混凝土宜采用湿喷工艺。

④纤维混凝土（主要是钢纤维混凝土）拌合物浇筑倾落的自由高度不应超过 1.5 m。若倾落高度大于 1.5 m 时，应加串筒、斜槽、溜管等辅助工具使其下落，避免拌合物离析。

⑤纤维混凝土浇筑应保证纤维分布的均匀性和结构的连续性，在浇筑过程中不得加水。

⑥纤维混凝土应采用机械振捣，不得采用人工插捣；振动时间不宜过长，应避免离析和分层。

⑦钢纤维混凝土的浇筑应避免钢纤维露出混凝土表面：对于竖向结构，宜将模板的尖角和棱角修成网角，必要时可采用模板附着式振动器进行振动；对于路面等上表面积较大的平面结构，宜采用平板式振动器进行振动，再用表面带凸棱的金属网辊将竖起的钢纤维压下去，然后用金属网辊将表面滚压平整，等到钢纤维混凝土表面无泌水时用金属抹刀抹平，经修整的表面不得裸露钢纤维。

⑧钢纤维混凝土具有集粗料细、砂率大、纤维乱向分布的特点。浇筑成型后，宜用机械抹平，阻止纤维外露。采用压纹器压纹工艺还可以避免拉毛产生纤维外露现象。经 24 h 后，应按常规及时进行养护。夏天应用草包之类覆盖，冬期要注意保温。

⑨采用自然养护时，用普通硅酸盐水泥或硅酸盐水泥配制的纤维混凝土的湿养护时间不应少于 7 d，用矿渣水泥、粉煤灰水泥或复合水泥配制的合成纤维混凝土的湿养护时间不应少于 14 d。

⑩纤维混凝土构件采用蒸汽养护时，成型后静停时间不宜少于 2 h，升温速度不宜大于 25℃/h，恒温温度不宜大于 65℃，降温速度不宜大于 20℃/h。

第二节　混凝土施工应用技术

一、超高泵送混凝土技术

1. 主要技术特点

1）基本概念

超高泵送混凝土技术一般是指泵送高度超过 200 m 的现代混凝土泵送技术。近年来，随着经济和社会发展，泵送高度超过 300 m 的建筑工程越来越多，因泵送压力过高，混凝土强度高、黏度大，泵送施工尤其困难，给整个施工浇筑过程带来一系列有待探讨的技术问题。因而超高泵送混凝土技术已成为超高层建筑施工中的关键技术之一，对于提高超高层建筑施工质量及施工效率具有相当的实用价值和经济意义。

超高泵送混凝土技术是一项综合技术，包含混凝土制备技术、泵送参数计算、泵送机械选定与调试、泵管布设和过程控制等内容。

2）技术特点

高层泵送混凝土配合比的设计与普通混凝土的设计基本相同，但在用水量、砂率的确定和外加剂及混合材料的选择上有其特殊性。

混凝土在达到工程要求的强度和耐久性的前提下，可调节新拌混凝土的坍落度和压力泌水值，从而得到最佳的可泵性，混凝土的可泵性主要通过坍落度和压力泌水值双指标来评价。主要从以下几方面进行控制和调整：

①增加混凝土坍落度：混凝土拌合料的坍落度根据泵送高度和水平距离确定，一般有效高度在 100 m 以上时，坍落度控制应大于 180 mm；有效高度在 150 m 以上时，坍落度控制应大于 200 mm；有效高度在 200 m 以上时，坍落度控制应大于 220 mm，但不宜大于 240 mm。

②适当增大水泥用量：在一定的水胶比条件下，适当增大水泥用量，可提高混凝土的流动性，减少泌水。

③适当提高混凝土砂率：砂率对泵送混凝土的可泵性有较大影响，细颗粒物料的增加可减少泌水，调整砂率可以调节坍落度和压力泌水值，因此与普通混凝土配合比设计相比，高层泵送混凝土砂率应适当增大。

④改善骨料级配：采用级配良好的骨料，骨料的堆积空隙尽量小，骨料空隙小时不仅降低了水泥的用量，还能有效避免混凝土产生离析，同时减小骨料与管壁的摩擦阻力。

⑤掺加混凝土泵送剂：高层泵送混凝土要求坍落度较大，因此拌合物中一般加入泵送剂，在不增加用水量的情况下，有效增加混凝土的坍落度。

⑥适当添加引气成分：在泵送剂中适当添加引气成分，增加混凝土的含气量，引入的气泡在水泥浆中起滚珠作用，提高混凝土流动性，同时气泡的引入还能相应减少混凝土泌水。但引气剂的掺量不得过多，否则会造成混凝土的强度下降，一般泵送混凝土的含气量不宜大于 4%。

⑦掺加矿物掺合料：掺加矿物掺合料可提高混凝土的可泵性，因为矿物掺合料的多孔表面可吸附较多的水，从而减少压力泌水值。

总之，通过坍落度和压力泌水值双指标可以综合评价混凝土的可泵性。高层泵送混凝土的设计要点是：通过调节各种工艺参数来使坍落度和压力泌水值达到满意的配合；在掺合泵送剂的同时加入引气成分，能有效地提高可泵性和适当减少坍落度损失；掺加一定量矿物掺合料可提高混凝土的可泵性。

2. 主要技术指标

①混凝土拌合物的工作性良好，无离析泌水，坍落度一般在 180～200 mm；泵送高度超过 300 m 的，坍落度宜大于 40 mm，扩展度大于 600 mm，倒锥法混凝土下落时间小于 15 s。

②硬化混凝土物理力学性能符合设计要求。

③混凝土的输送排量、输送压力和泵管的布设要依据准确的计算，并制订详细的实施方案，进行模拟高程泵送试验。

3. 施工技术应用

1）技术应用范围

超高泵送混凝土适用于泵送高度大于200 m的各种超高层建筑。如武汉中心工程建筑总高度438 m，地下4层，地上88层。

2）施工技术要点

（1）原材料的选择

①水泥：水泥的矿物组成对混凝土施工性能影响较大，最理想的情况是C_3S的含量高（40%～70%）、C_3A的含量低。对比国内外有关资料，高流动性混凝土所用水泥的C_2S的含量是我国普通水泥的一倍，但在我国没有水泥厂专门生产这种水泥。只能从市场上现有的品牌水泥中选择出性能相对良好的水泥。

在超高层建筑混凝土施工中，对水泥的指标要求较高，施工人员应确保水泥含量及规格满足超高层建筑施工的实际要求，切实提高高层混凝土的流动性，尽可能减少高层建筑混凝土施工中的坍落度，从而对高层建筑施工的质量进行有效的控制。

②砂石：常规泵送作业要求最大骨料粒径与管径之比不大于1∶3，但在超高层泵送中因管道内压力大易出现分层离析现象，此比例宜小于1∶5，且应控制针片状粗骨料的含量。

施工中应选用砂作为细骨料，从而避免细骨料选取不当导致混凝土干涩或者出现离析现象。

③粉煤灰：对比试验发现，不同产地、不同种类的Ⅰ级粉煤灰对混凝土拌合物性能的影响有较大差异，比如C类较F类对黏度控制有利，但应控制其最大掺量。

④外加剂：选用减水率较高、包塑时间较长的外加剂，确保泵送剂与水泥掺合料具有较好的相溶性，从而对混凝土施工质量进行合理的控制。

同时，适当调整外加剂中引气剂的比例，以提高混凝土的含气量，进一步改善混凝土在较大坍落度情况下有较好的黏聚性和黏度。

另外，可选择较好的石灰石粉进行对比试验，因石灰石粉产量问题其暂不作为生产施工的原材料。石灰石微粉是以碳酸钙为主要成分的惰性材料。细骨料粒径分布状况是影响混凝土泵送的重要因素。针对骨料筛分析结果加入一定量的石灰石微粉，可降低混凝土的黏性，有助于增加流动性和泵送性能，可降低泌水率，降低结构填充过程中所形成的孔隙量。采用密度2.71、细度4690 g/cm^2、碳酸钙含量占95%的石灰石微粉所配制的混凝土，是否掺加石灰石微粉对钢筋握裹力无大的影响。

（2）混凝土的制备

①首先进行水泥与外加剂的适应性试验，确定水泥和外加剂品种→根据混凝土的和易性和强度等指标选择确定优质矿物掺合料→寻找最佳掺合料双掺比例，最大限度地发挥掺合料的“叠加效应”→根据混凝土性能指标和成本控制指标等确定掺和料的最佳替代掺量→通过调整外加剂性能、砂率、粉体含量等措施，进一步降低混凝土的和易性尤其是黏度的经时变化率→确定满足技术指标要求的一组或几组配合比，确定为试验室最佳配合比→根据现场实际泵送高度变化（混凝土性能泵送损失）情况，采用不同的配合比进行生产施工。

②砂率对混凝土泵送也有一定影响。当混凝土拌合物通过非直管或软管时，粗骨料颗粒间相对位置将产生变化。此时，若砂浆量不足，则拌合物变形不够，便会产生堵塞现象。若砂率过大，骨料的总表面积和孔隙率都增大，拌合物显得干稠，流动性较小。因此，合理的砂率值主要根据混合物的坍落度及黏聚性、保水性等特性来确定（此时，黏聚性及保水性良

好，坍落度最大）。

③单位用水量对高强度等级混凝土的黏度影响较大。采用 V 形漏斗试验对黏度进行检测时发现，当扩展度同样达到（600±20）mm 的条件下，如采用低用水量与高掺量泵送剂匹配，V 形漏斗通过时间就增加；相反采用高用水量、低掺量泵送剂匹配，V 形漏斗通过时间就缩短。因此，对于同一通过时间，用水量与泵送剂掺量的组合是多样的。

综合考虑用水量对强度、压力泌水率和拌合物稳定性等因素的影响，确定最大用水量后再通过调整外加剂组成、掺量等，配制出经时损失满足要求的混凝土。

（3）泵送设备的选择和泵管的布设

混凝土的泵送距离受许多因素影响：泵的功率；泵管的尺寸与布置；均匀流动所需克服的阻力；泵送的速率；混凝土的特性。

①泵必须提供足够的力量以克服混凝土和管内壁之间的摩擦力。管道弯曲或管径缩小都会明显增加摩擦阻力。当混凝土垂直泵送时，还需克服重力，需要大约 23 kPa/m 的升力。设备的泵送能力是关键因素之一，其能力应有一定的储备，以保证输送顺利，避免堵管。此外，两套独立的泵和管道系统也是顺利施工强有力的保障。

②在管道布置时，应根据混凝土的浇筑方案设置并少用弯管和软管，尽可能缩短管道长度。超高层泵送所用的管道应为耐超高压管道。在泵送过程中，管道内压力最大可达到 22 MPa，甚至更高；纵向将产生 27 t 的拉力，必须采用耐超高压的管道系统。而且，在连接与密封方式上也要采取与常规方法不同的措施：采用强度级别高的螺杆进行管道连接；带骨架的超高压混凝土密封圈能防止水泥浆在 22 MPa 的高压下从管夹间隙中挤出。同时，也应注意输送管管径对泵送施工的影响，管径越小则输送阻力越大，但管径过大其抗爆能力却变差，而且混凝土在管道内流速变慢、停留时间过长，影响混凝土的性能。

（4）泵送施工的过程控制

在施工过程中应注意的是：应先采用合适的砂浆或水泥浆对泵送管道进行充分润滑，确保管壁之间由一层砂浆或水泥浆分开。具体操作时，先泵送润泵水，再泵送一斗水泥浆，然后再泵送一斗浓度高一些的水泥浆，最后再放入同配合比砂浆进行泵送；而且，要保证混凝土供应的连续性。同时，因混凝土泵送压力较大，一定要做好泵管壁厚的定期检查和泵送过程中的安全管理工作。在泵送施工过程中，要按照泵送高度的变化，掌握相应的坍落度与扩展度及泵送损失的具体数据，并根据实际泵送过程中出现的情况采取相应的措施进行调整，确保超高层高强混凝土保质按期顺利浇筑施工。

二、混凝土裂缝控制技术

1. 主要技术特点

1）基本概念

混凝土裂缝控制与结构设计、材料选择、施工工艺等多个环节相关，其中选择抗裂性较好的混凝土是控制裂缝的重要途径。本技术主要是从混凝土的材料角度出发，通过原材料选择、配比设计、试验比选等选择抗裂性较好的混凝土，并涉及施工中需采取的一些技术措施等。

2）裂缝种类及原因

（1）收缩裂缝

常说的收缩裂缝实际包含凝缩裂缝和冷缩裂缝。

所谓凝缩裂缝，是指混凝土在结硬过程中因体积收缩而引起的裂缝。通常，它在浇筑混凝土2～3个月后出现，且与构件内的配筋情况有关。当钢筋的间距较大时，钢筋周围混凝土的收缩因较多地受钢筋约束，收缩较小；而远离钢筋的混凝土收缩自由、收缩较大，从而产生裂缝。

冷缩裂缝是指构件因气温降低而收缩，且在构件两端受到强有力约束而引起的裂缝。一般只有在气温低于0℃时才会出现。

（2）干缩裂缝

干缩裂缝（又称龟裂）发生在混凝土结硬前的最初几小时内。裂缝呈无规则状，纵横交错。裂缝的宽度较小，大多为0.05～0.15 mm。干缩裂缝是因混凝土浇捣时，多余水分的蒸发使混凝土体积缩小所致。影响干缩裂缝的主要原因是混凝土表面的干燥速度。当水分蒸发速度超过泌水速度时，就会产生这种裂缝。与收缩裂缝不同的是，干缩裂缝与混凝土内的配筋情况以及构件两端的约束条件无关。干缩裂缝常出现在大体积混凝土的表面和板类构件以及较薄的梁中。

（3）沉缩裂缝

沉缩裂缝是指因混凝土结硬前没有沉实或沉实能力不足而产生的裂缝。新浇混凝土由于重力作用，较重的固体颗粒下沉，迫使较轻的水分上移，即所谓“泌水”。由于固体颗粒受到钢筋的支撑，钢筋两侧的混凝土下沉变形相对于其他变形就较小，形成了钢筋长度方向的纵向裂缝。裂缝深度一般至钢筋顶面。

（4）温度裂缝

温度裂缝有表面温度裂缝和贯穿温度裂缝两种。

①表面温度裂缝是因水泥的水化热而产生的，多发生在大体积混凝土中。

②大多数贯穿温度裂缝是由于结构降温较大，其收缩受到外界的约束而引起的。

（5）张拉裂缝

张拉裂缝是指在预应力张拉过程中，由于反拱过大，端部的局部承载力不足等原因引起的裂缝。

（6）施工裂缝

在施工过程中，常会引起裂缝。例如，当浇捣混凝土的模板较干时，模板吸收混凝土中的水分而膨胀，使初凝的混凝土拉裂。又如，在构件翻身、起吊、运输、堆放过程中引起的施工裂缝。此外，混凝土拌制时加水过多，或养护不当，也会引起裂缝。

（7）膨胀裂缝

沿筋开裂：钢筋锈蚀常导致沿筋裂缝的出现。

碱一骨料反应裂缝：当混凝土中同时具备活性骨料（如蛋白石、鳞石英、方石英等）、含碱量过高的水泥、足量水分三个条件时，水泥中的碱性成分会和这些骨料产生化学反应，生成硅酸钠。硅酸钠遇水膨胀，致使混凝土中产生拉应力而引起裂缝，这种反应通常在混凝土长期使用过程中发生，严重时可导致重大工程事故。

3）混凝土裂缝的处理方法

混凝土裂缝处理方法主要有表面处理法、填充法、灌浆法等。我们要根据具体情况选用最合适的方法，达到既定的效果。

（1）表面处理法

表面处理法包括表面涂抹法和表面补贴法。表面涂抹适用于砂浆难以灌入的细而浅的裂缝、深度未达到钢筋表面的发丝裂缝、不漏水的裂缝或者是不伸缩的裂缝以及不再活动的裂缝。表面贴补土工膜或其他防水法适用于大面积漏水。如蜂窝麻面等不易确定具体漏水位置、变形裂缝等的防渗堵漏。

（2）填充法

填充法是指用修补材料直接填充裂缝，一般用来修补较宽的裂缝；作业简单、费用低、深度较浅的裂缝；裂缝中有充填物，用灌浆法很难达到效果的缝隙；对小规模裂缝的简易处理可采取 V 形槽，然后作填充处理。

（3）灌浆法

此法应用范围广，从细微裂缝到大裂缝均可适用，处理效果好。利用压送设备将补缝浆液注入裂隙，达到闭塞的目的，该方法属于传统方法，效果较好。

（4）结构补强法

因超荷载产生的裂缝、裂缝长时间不处理导致的混凝土耐久性降低、火灾造成的裂缝等影响结构强度的情况可采取结构补强法。

（5）混凝土置换法

这种方法对于受到严重破坏的混凝土来说是十分有效的。这种方法是先剔除受损的混凝土，再将混凝土以及其他材料置换进去，一般来说，可以使用的置换材料包括聚合物、水泥砂浆、改性砂浆或混凝土以及一些普通的混凝土等。

（6）电化学的防腐法

这种方法主要是对介质通过电场，施加电化学方法，来将钢筋混凝土等所处的环境改变，使钢筋达到钝化，从而实现防腐作用。同时，也可以采用碱性复原法、氯盐提取法以及阴极防护法对其进行防腐，这三种方法效果也是比较好的。

2. 主要技术指标

工作性、强度、耐久性等满足设计要求，抗裂性与所使用的试验方法有很大关系，主要有以下方法：

1）网环抗裂试验

（1）试件制备

试件的标准模具包括内环、外环和底座，如图 4-3 所示。用其制备的试件尺寸：内径为 41.3 mm，外径为 66.7 mm（即壁厚 25.4 mm），高度为 25.4 mm。内、外钢环与试件接触的表面应经过磨光，外环由两个半环组成，为保证拼接良好并防止漏浆，可在外面再套一层用螺栓连接的薄铁皮套箍加以固定。

试件浇筑前，在内环外表面涂刷隔离剂，隔离剂宜用乳化蜡或其他品种。模具外环的内表面不宜使用隔离剂。

试验净浆选用的水胶比宜取 0.24～0.28；当用胶砂浆体时，其水胶比可与拟用的混凝土中浆体所用的相对应。开裂时间与试验选用的水胶比密切相关，水胶比越大，开裂时间越长。为方便试验，宜先选用较低水胶比拌制净浆，并用《水泥胶砂流动度测定方法》（GB/T 2419—2005）的跳桌测定浆体的坍扩度和坍落度（分别为≥105 mm、≥15 mm），并观察浆体的表面状态，目的是保证低水胶比浆体成型的密实性。

每组至少浇筑 3 个圆环试件。圆环试件浇筑后采用振动成型以及用小刀插捣以减少试件产生气泡的可能性。每次插捣后，模板的内外表面要铲一铲，以消除模板表面大的空隙，最

图 4-3 水泥环装置的模具示意

后对试件进行整平并迅速将试件移入养护室。养护温度（20±2)℃，湿度大于 95%。

试件成型（24±1）h 后，拆去外环的套箍，用薄刀片轻轻分开两个半环，将试件连同模具的内环一起取出，在试件顶面和底面涂抹隔离剂（如沥青）进行密封处理后放入恒温恒湿箱中，箱内控制温度（20±0.5)℃，湿度（50±10)%。

（2）试验

套在环上的试件在收缩时受到内环的约束。试验要将试件连同模具内环平放在低摩阻材料（如聚四氟乙烯）的平面上，试件的外侧面粘贴应变片，通过计算机采集应变数据，每隔 2 min 采集 1 次网环试件外侧面上的应变。应变仪的最高分辨率为 $1\mu\varepsilon$；零漂不大于 $4\mu\varepsilon/2$ h。每 2 min 记录应变 1 次；每隔 12 h 观察 1 次应变测值，并绘图观测曲线是否有突变点，如图 4-4 所示。

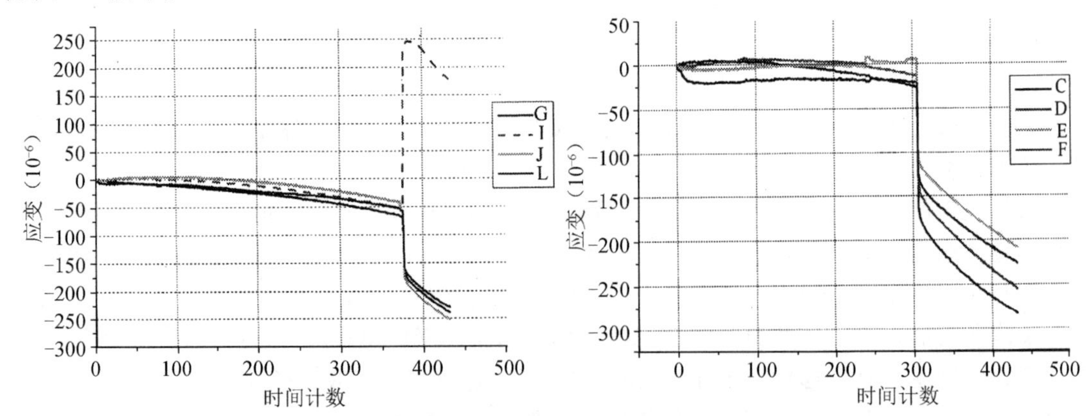

图 4-4 开裂时间监测的示意

通过计算机自动记录环境温度，并通过监测一块贴在长龄期自由试件上的应变片对被测试件的应变片进行温度补偿。

试件出现开裂后，记录外侧面的开裂模式并计算开裂时间（从加水搅拌后 24 h 开始计时）。

开裂时间为应变计显示减小上百个微应变或者增加数百个微应变的时刻。如果未观察到试件的应变值出现突变点，而试件表面也没有发现可见裂纹，则为“未开裂”，记录试验结束的龄期。

(3) 报告

应记录以下相关参数：

①胶凝材料的性能：所使用材料的固有参数和水胶比；

②试样的扩展度和坍落度；

③模具内环的厚度和外径；

④浇注温度和养护温度；

⑤拆模后的试验温度、相对湿度；

⑥试件外侧面开裂的模式；

⑦每个试件的开裂时间以及平均值（精确到 0.1 h）；

⑧胶凝材料的 1 d、3 d、7 d 和 28 d 抗压强度和抗折强度［按照《水泥胶砂强度检验方法（ISO 法）》（GB/T 17671—1999），即 ISO 法检测］。

(4) 评价方法

混凝土抗裂性能的评价方法是试件环立面出现裂缝的间隔时间越长，说明混凝土的抗裂性能越好。由于试验环境条件很难做到每次试验都一样，试件环立面裂缝出现的间隔试件也随环境条件的变化而变化。为消除试件环境条件下的影响，应在同条件下同时试验各种混凝土的抗裂性能，提高试验的复演性。

2) 平板法

(1) 试件

试件尺寸为 600 mm×600 mm×63 mm，用于浇筑试件的钢制模具如图 4-5 所示。模具的四边用 10/6.3 不等边角钢制成，每个边的外侧焊有四条加劲肋，模具四边与底板通过螺栓固定在一起，以提高模具的刚度；在模具每个边上同时焊接（或用双螺帽固定）两排共 14 个 410 mm×100 mm 螺栓（螺纹通长）伸向锚具内侧。两排螺栓相互交错，便于浇筑的混凝土能填充密实。当浇筑后的混凝土平板试件发生收缩时，四周将受到这些螺栓的约束。在模具底板的表面铺有低摩阻的聚四氟乙烯片材。模具作为试验装置的一个部分，试验时与试件连在一起。

按预定配比拌合混凝土，每组试件至少 2 个，试件按规定条件养护。

试件的平面尺寸与厚度也可根据粗骨料的最大粒径等不同情况变化。

(2) 开裂试验

试件浇注、振实、抹平后，可结合工程对象的具体情况选定试件的养护方法和试验观察的起始与终结时间以及试验过程中的环境条件（温度、湿度、风速），从而评定混凝土包括塑性收缩、干燥收缩和自收缩影响在内的早期开裂倾向。用作抗裂性评价的主要依据为试验中观察记录到的试件表面出现每条裂缝的时间尤其是初裂时间、裂缝的最大宽度、裂缝数量与总长等。

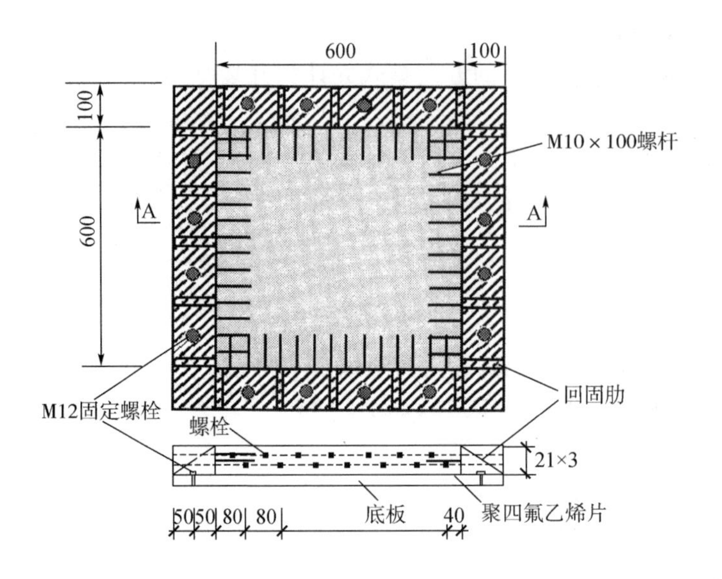

图 4-5 平板试件模具示意

试件的平面尺寸与厚度也可根据粗骨料的最大粒径等不同情况变化。

3）平板诱导试验

（1）试验装置及试件尺寸应符合下列要求

①试件：本试验方法以尺寸为 800 mm×600 mm×100 mm 的平面薄板型试件为标准试件，每 2 个试件为一组。混凝土骨料最大粒径不应超过 31.5 mm。

②试模：形状和尺寸如图 4-6 所示。采用钢制模具，模具的四边用槽钢焊接而成，模具四边与底板通过螺栓固定在一起。模具内的应力诱导发生器有七根，分别用 50 mm×50 mm、40 mm×40 mm 角钢与 5 mm×50 mm 钢板焊接组成，并平行于模具短边与底板固定。底板采用不小于 5 mm 厚的钢板，并在底板表面铺设聚乙烯薄膜隔离层。模具作为测试装置的一个部分，测试时应与试件连接在一起。

（2）试验应按下列步骤进行

①试验宜在恒温恒湿的室内进行，恒温恒湿室应能使室温保持在（20±2)℃，相对湿度保持在（60±5)%。

②将混凝土浇筑至模具内，混凝土摊平后表面应比模具边框略高，使用平板表面式振捣器或者采用捣棒插捣，控制好振捣时间，防止过振和欠振。

③在振捣后，用抹子整平表面，使骨料不外露，表面平实。

④试件成型 30 min 后，应立即调节风扇，使试件表面中心处风速为 5 m/s。用电风扇直吹试件表面，风向平行于试件表面。

⑤混凝土搅拌加水开始起算时间，到 24 h 测读裂缝。裂缝长度应以肉眼可见裂缝为准，用钢直尺测量其长度，取裂缝两端直线距离为裂缝长度。应测量每条裂缝的长度。当一个刀口上有两条裂缝时，可将两条裂缝的长度相加，折算成一条裂缝。

裂缝宽度用放大倍数至少 40 倍的读数显微镜（分度值为 0.01 mm）测量，应测量每条裂缝的最大宽度。

⑥根据混凝土浇筑 24 h 后测量得到的裂缝数据，分别计算平均开裂面积、单位面积的

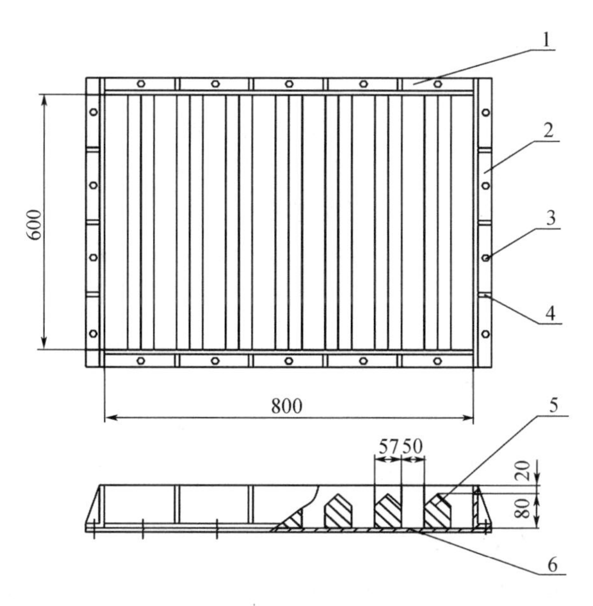

图 4-6 混凝土早期抗裂性能试验装置（试模）

1、2—槽钢；3—螺栓；4—槽钢加强肋；5—裂缝诱导器；6—底板

裂缝数目和单位面积上的总开裂面积，得出报告分析。

（3）试验结果计算及其确定应按下列方法进行

①每根裂缝的平均开裂面积应按下式计算：

$$a = \frac{1}{2N}\sum_{i}^{N}(W_i \times L_i)(\text{mm}^2/\text{根})$$

②单位面积的裂缝数目应按下式计算：

$$b = \frac{N}{A}(\text{根}/\text{m}^2)$$

③单位面积上的总开裂面积应按下式计算：

$$c = a \cdot b(\text{mm}^2/\text{m}^2)$$

式中 W_i——第 i 根裂缝的最大宽度，mm；

L_i——第 i 根裂缝的长度，mm；

N——总裂缝数目，根；

A——平板的面积，m^2；

a——每根裂缝的平均开裂面积，mm^2/根；

b——单位面积的开裂裂缝数目，根/m^2；

c——单位面积上的总开裂面积，mm^2/m^2。

3. 施工技术应用

1）技术应用范围

适用于各种混凝土结构工程，如工业与民用建筑、隧道、码头、桥梁及高层、超高层混凝土结构等。

2）施工技术要点

混凝土裂缝控制与结构设计、材料选择、施工工艺等多个环节相关，其中选择抗裂性较好的混凝土是控制裂缝的重要途径。

（1）原材料要求

①水泥必须采用符合国家现行标准规定的普通硅酸盐水泥或硅酸盐水泥，水泥的比表面积宜小于350 m^2/kg；水泥碱含量应小于0.6%。水泥中不得掺加窑灰。水泥的进场温度不宜高于60 ℃，不应使用温度大于60 ℃的水泥拌制混凝土。

②应采用二级或多级级配粗骨料，粗骨料的堆积密度宜大于1500 kg/m^3，紧密密度的空隙率宜小于40%。骨料不宜直接露天堆放、曝晒，宜分级堆放，堆场上方宜设罩棚。高温季节，骨料使用温度不宜大于28 ℃。

③应采用聚羧酸系高性能减水剂，并根据不同季节、不同施工工艺分别选用标准型、缓凝型或防冻型产品。高性能减水剂引入混凝土中的碱含量（以 $Na_2O+0.658K_2O$ 计）应小于0.3 kg/m^3；引入混凝土中的氯离子含量应小于0.02 kg/m^3；引入混凝土中的硫酸盐含量（以 Na_2SO_4 计）应小于0.2 kg/m^3。

④采用的粉煤灰矿物掺合料，应符合现行国家标准《用于水泥和混凝土中的粉煤灰》（GB/T 1596—005）的规定。粉煤灰的级别不应低于Ⅱ级，且粉煤灰的需水量比应不大于100%，烧失量应小于5%。严禁采用C类粉煤灰和Ⅱ级以下级别的粉煤灰。

⑤采用的矿渣粉、矿物掺合料，应符合《用于水泥和混凝土中的粒化高炉矿渣粉》（GB/T 18046—2008）的规定。矿渣粉的比表面积应小于450 m^2/kg，流动度比应大于95%，28 d活性指数不宜小于95%。

（2）配合比要求

①混凝土配合比应根据原材料品质、混凝土强度等级、混凝土耐久性以及施工工艺对工作性的要求，通过计算、试配、调整等步骤选定。

②混凝土最小胶凝材料用量不应低于300 kg/m^3，其中最低水泥用量不应低于220 kg/m^3。配制防水混凝土时最低水泥用量不宜低于260 kg/m^3，混凝土最大水胶比不应大于0.45。

③单独采用粉煤灰作为掺合料时，硅酸盐水泥混凝土中粉煤灰掺量不应超过胶凝材料总量的35%，普通硅酸盐水泥混凝土中粉煤灰掺量不应超过胶凝材料总量的30%。预应力混凝土中粉煤灰掺量不得超过胶凝材料总量的25%。

④采用矿渣粉作为掺合料时，应采用矿渣粉和粉煤灰复合技术。混凝土中掺合料总量不应超过胶凝材料总量的50%，矿渣粉掺量不得大于掺合料总量的50%。

⑤配制的混凝土除满足抗压强度、抗渗等级等常规设计指标外，还应考虑满足抗裂性指标要求。有条件时，使用温度应力试验机进行抗裂混凝土配合比的优选。

（3）施工及管理基本要求

①施工单位应有健全的质量管理机构、质量控制制度和质量检验体系，施工人员应经过岗位培训并取得相应的资格。在设计图纸会审阶段，应认真分析结构抗裂设计的有关内容。在编制施工组织设计、施工技术方案和进行施工技术交底时，应有控制混凝土裂缝的具体技术措施。

②重要结构工程的混凝土在施工前宜对水泥的安定性、骨料的碱活性、混凝土原材料及混凝土的抗裂性能进行试验检测，通过抗裂性能试验对混凝土原材料进行优化选择。应对混凝土配合比进行抗裂性能的优化设计，在满足混凝土强度及泵送要求的情况下，选择抗裂性

能最佳的混凝土。

③现浇混凝土结构的模板体系必须通过模板设计使其具有足够的承载力、刚度和稳定性。上下层模板支架的立柱应对准，并铺设垫板。如支撑设于天然地基上，应保证基础均匀受力并防止下沉。拆模时的混凝土强度、模板拆除的顺序及拆模后的支顶加固措施，均应符合有关标准规范及施工技术方案的要求。

④选取有效控制钢筋位置的措施，防止浇捣混凝土时结构中受力钢筋移位。

⑤混凝土板、墙中的预埋管线宜置于受力钢筋内侧，当置于保护层内时，宜在其外侧加置防裂钢筋网片。混凝土板、墙中的预留孔、洞周边应配有足够的加强钢筋并保证足够的锚固长度。

⑥严格控制施工荷载，若施工时的荷载效应比正常使用的荷载效应更为不利时，应对承受施工荷载的构件进行结构性能核算，必要时应在该构件下方设置临时支撑。当上一层楼板正在浇筑混凝土时，下层的模板或支撑不得拆除。

⑦严格控制现浇混凝土楼板上人、上料时间，必须根据结构设计、混凝土强度增长和支撑的具体情况确定楼板堆载及施工荷载，且应均匀堆放或沿周边堆放。

（4）混凝土施工

①混凝土拌制应有详细的技术要求。商品混凝土应严格记录每车混凝土的搅拌时间、出场时刻、进场时刻、开始浇筑时刻、浇筑完成时刻等，并分批汇总分析。

②混凝土搅拌前应严格按照施工配合比进行各种原材料的计量，并根据原材料的含水率等对设计配合比进行调整。应保证混凝土的搅拌时间。混凝土拌合物的入模坍落度不宜过大。严禁在搅拌机以外二次加水搅拌。

③混凝土浇筑时，应保证振捣的时间和位置，防止漏振、欠振和过振。严禁用振动棒撬拨钢筋或用振动钢筋的方法振动混凝土。对于钢筋密集部位的混凝土宜采用小直径振动器或体外振捣方法振捣。

对已初凝的混凝土不应再次进行振捣，避免破坏已形成的混凝土结构强度，而应待其充分凝固以后按施工缝的接槎进行处理。

④对于截面相差较大的构件或结构，应先浇较深的部分，根据气候条件静停0.5～1.5 h以后再与较薄部分一起浇筑。

⑤楼板混凝土浇筑完成到初凝前，宜用平板振动器进行二次振捣。终凝前宜对表面进行二次搓毛和抹压，避免出现早期失水裂缝。

⑥现浇混凝土楼板可在拌合物下料时预备出一定厚度，待浇筑完毕后于初凝前在表面掺入清洗干燥后的小颗粒碎石，并与底层混凝土搅拌后作二次振捣，避免板面裂缝。浇筑时厚度的预备量（10～20 mm）、每平方米石子的掺入量、二次搅拌后的混凝土试件取样、相应的混凝土强度等均应事先确定并满足设计的要求。

⑦在装配式结构的板间拼缝及梁柱构件连接处，不得采用水泥砂浆灌缝，而应采用规定强度等级的细石混凝土灌缝。灌缝宜采用膨胀混凝土，待灌缝混凝土强度达到1.2 MPa后，方可承受施工荷载。

⑧后浇带（缝）两侧的梁板支撑模板应予加强，且宜形成独立的支持体系并有足够的刚度，并应在后浇的混凝土强度达到设计强度标准值后方可拆除。

⑨混凝土结构的预应力钢筋锚固区及门、窗、洞口的凹角部位，应按设计规范的要求配

置网片钢筋或孔边构造钢筋。孔洞边的构造钢筋不得在凹角处弯折而应直线伸出并保证足够的锚固长度。

⑩对混凝土结构中容易产生裂缝的部位（预应力钢筋的锚固区域、凹角、洞口、孔边等应力集中处以及板面、梁侧、墙面等容易发生干缩裂缝处），宜采用掺入合成纤维（聚酰胺纤维、聚丙烯纤维、聚丙烯腈纤维等）的方法控制混凝土结构的裂缝。合成纤维的掺入量可为0.4～3 kg/m^3，根据工程需要通过试验及工程经验确定。

（5）混凝土施工缝施工

①施工缝的留置位置在混凝土浇筑前按照设计要求和施工技术方案确定。施工缝宜留置在结构受力较小且便于施工的部位，并宜利用设计的伸缩缝或沉降缝。施工缝不宜用钢丝网堵挡混凝土，宜用小木板拼接，以便于拆卸、清理。

②施工缝的处理，应在混凝土浇筑2 d后进行，且已浇筑的混凝土的抗压强度不应小于1.2 N/mm^2。应清除已硬化混凝土表面浮浆、松动石子以及软弱表层，接槎面应充分湿润和冲洗干净，且不得有积水。在施工前应铺一层水泥浆或与混凝土内成分相同的水泥砂浆（引浆）以利黏结。

③平面较大的混凝土结构可设置后浇带或膨胀加强带，分割的单元长度不宜大于30 m。膨胀加强带随相邻结构同时浇筑，宽度2 m左右，浇筑有微膨胀功效的同强度等级混凝土。

④结构后浇带必须按设计或施工技术方案规定的位置留置。设计没有明确要求时留置宽度宜为800～1000 mm，两侧混凝土为企口形式。两个混凝土结合面按施工缝处理。后浇带混凝土的浇筑时间不宜少于60 d，选用高一强度等级的微膨胀混凝土浇筑并充分保水养护。

（6）养护与成品保护

①混凝土初凝后应及时洒水保湿养护；重要部位养护宜采用保水较好的草袋、麻袋或编织物湿润接触覆盖；对于表面积较大的板类构件或大体积混凝土，可采用蓄水养护。混凝土表面不便浇水或采用覆盖养护时，宜涂刷养护剂。

②冬期施工应提前制订施工技术方案。采用暖棚法或保温法施工时，混凝土养护期内应始终使混凝土处于潮湿状态，覆盖材料宜采用保湿保温良好的材料。雨期混凝土施工应根据天气情况，尽量避免雨中混凝土施工，防止刚浇筑完的混凝土被雨水浇淋。

③混凝土强度未达到1.2 MPa前，不得上人踩踏、安装模板及支架或施加其他荷载。拆模或进行其他作业时，严禁撞击混凝土构件。混凝土楼地面装修需要打孔钻眼时，应遵从有关施工技术方案的规定。

④在干燥、高温、暴晒或风力较大的环境条件下浇筑的预拌混凝土或泵送混凝土楼板，应在浇筑混凝土后立即覆盖塑料薄膜保湿养护，并在混凝土初凝2 h后洒水养护。

（7）大体积混凝土和预应力混凝土

①混凝土结构实体最小尺寸不小于1 m或水泥水化热引起的混凝土内外温差过大容易发生裂缝的混凝土结构统称为大体积混凝土结构。

大体积混凝土结构裂缝控制的原则是：控制混凝土内部绝热升温、配置抗裂钢筋和限制混凝土体积和尺寸等。

②大体积混凝土结构施工时宜控制混凝土内部最高温度与表面温度差不应大于25 ℃；拆除模板或表面覆盖时混凝土表面温度与环境温度差不应大于15℃。

③大体积混凝土结构宜采用设置后浇带（缝）的方法，控制单块结构长厚比不大于40、

长宽比不大于 4，且单块长度不宜超过 30 m。

④大体积混凝土施工时宜采用下列控制裂缝的技术措施：

按国家有关规范规定掺用粉煤灰的混凝土，用 60 d、90 d 等后期强度作为混凝土结构强度评定值，以减少混凝土水泥用量，减少水化热和收缩。

根据混凝土的绝热升温值和环境温度，制定必要的技术措施，控制砂、石、拌合用水温度并采取运输过程的降温方法，降低混凝土的入模温度。

选用低水化热和凝结时间较长的水泥，如低热矿渣硅酸盐水泥、中热硅酸盐水泥、矿渣硅酸盐水泥、粉煤灰硅酸盐水泥、火山灰质硅酸盐水泥等。在满足混凝土强度等级及浇筑时混凝土拌合物和易性的条件下，选择粒径较大的骨料和中粗砂；粗骨料宜采用连续级配；通过试验确定掺合料及外加剂的型号和数量以减少水和水泥的用量。

严格控制坍落度，优先选择分层连续浇筑，并采取有效措施防止施工过程中表面泌水。

⑤大体积混凝土结构浇筑后的养护期内应采取以下控制裂缝的技术措施：

大体积混凝土温度监测应能真实地反映混凝土的内外温度差、降温速度及环境温度。测温点应布设于混凝土的上表面、中部和下表面，在养护过程中应对温度测试数据及时进行整理分析。

如混凝土内外温差及降温速度不符合计算要求，应根据实际情况采取控温措施。

控温养护的持续时间，应根据内外部温度情况确定。应保持混凝土表面的湿润。控温覆盖的拆除应分层逐步进行，不得采取强制、不均匀的降温措施。

⑥预应力混凝土结构的抗裂构造措施：

在满足设计混凝土强度等级和施工工艺要求的情况下，宜减少水泥的用量和坍落度。水胶比应控制在 0.5 以下并适当延长养护时间，增强混凝土的抗裂能力。

宜减少预应力束在梁端的偏心（即减小 e/h），增大梁端面的宽度以降低局部压力值；增加抵抗横向应力的构造钢筋网片或采用纤维混凝土，增强抗裂能力。

第三节　预应力混凝土应用技术

一、无黏结预应力应用技术

1. 主要技术特点

1）基本概念

无黏结预应力筋由单根钢绞线涂抹建筑油脂外包塑料套管组成，它可像普通钢筋一样配置于混凝土结构内，待混凝土硬化达到一定强度后，通过张拉预应力筋并采用专用锚具将张拉力永久锚固在结构中。其技术内容主要包括材料及设计技术、预应力筋安装及单根钢绞线张拉锚固技术、锚头保护技术等。

2）技术原理

无黏结预应力混凝土施工时，不需要预留孔道、穿筋、灌浆等工序，而是把预先组装好的无黏结筋在浇筑混凝土之前，同非预应力筋一道按设计要求铺放在模板内，然后浇筑混凝土。待混凝土达到强度后，利用无黏结筋与周围混凝土不黏结、在结构内可作纵向滑动的特性，进行张拉锚固，借助两端锚具，达到对结构产生预应力的效果。

3）技术特点

无黏结预应力技术在建筑工程中一般用于板和次梁类楼盖结构，在板中的使用跨度为6～12 m，可用于单向板、双向板、点支撑板和悬臂板；在次梁中的使用跨度一般为8～18 m。无黏结预应力钢绞线若不含孔道摩擦损失，则其余预应力损失一般为10%～15%控制应力；孔道摩擦损失可根据束长及转角计算确定，板式楼盖一般在8%～15%控制应力，因此若考虑孔道摩擦损失，则总损失预估为15%～25%控制应力。无黏结筋极限状态下应力处于有效预应力值和预应力筋设计强度值之间，一般可取有效应力值再加200～300 MPa。无黏结筋布置可采用双向均布，一个方向均布、另一个方向集中，或双向集中布置。

预应力混凝土结构设计应满足安全、适用、耐久、经济和美观的原则，设计工作可分为概念设计、结构分析、截面设计和结构构造三个阶段。

在设计中宜根据结构类型、预应力构件类别和工程经验，采取如下措施减少柱和墙等约束构件对梁、板预加应力效果的不利影响：

①将抗侧力构件布置在结构位移中心不动点附近；采用相对细长的柔性柱子。

②板的长度超过60 m时，可采用后浇带或临时施工缝对结构分段施加预应力。

③将梁和支承柱之间的节点设计成在张拉过程中可产生无约束滑动的滑动支座。

④当未能按上述措施考虑柱和墙对梁、板的侧向约束影响时，在柱、墙中可配置附加钢筋承担约束作用产生的附加弯矩，同时应考虑约束作用对梁、板中有效预应力的影响。

在无黏结预应力混凝土现浇板、梁中，为防止由温度、收缩应力产生的裂缝，应按照现行国家标准《混凝土结构设计规范》（GB 50010—2010）有关要求适当配置温度、收缩及构造钢筋。

4）发展历史

20世纪80年代后期，无黏结预应力筋的制作已经形成流水线生产，其规模和质量均达到较高水平；预应力锚具厂、设备厂家也研制出一批适合我国无黏结预应力筋的锚具和张拉工具。由于有关部门制定了无黏结预应力结构设计和施工规程，使无黏结预应力技术开始在圆形钢筋混凝土筒仓、水处理等结构中得到推广和应用。

2. 主要技术指标

无黏结预应力技术用于混凝土楼盖结构可用较小的结构高度跨越大跨度，对平板结构适用跨度为7～12 m，高跨比为1/50～1/40；对密肋楼盖或扁梁楼盖适用跨度为8～18 m，高跨比为1/28～1/20。在高层或超高层楼盖建筑中采用该技术可在保证净空的条件下显著降低层高，从而降低总建筑高度，节省材料和造价；在多层大面积楼盖中采用该技术可提高结构性能、简化梁板施工工艺、加快施工速度、降低建筑造价。

3. 施工技术应用

1）技术应用范围

该技术可用于多、高层房屋建筑的楼盖结构、基础底板、地下室墙板等，以抵抗大跨度或超长度混凝土结构在荷载、温度或收缩等效应下产生的裂缝，提高结构、构件的性能，降低造价。该技术也可用于筒仓、水池等承受拉应力的特种工程结构。

例如1991年首先在山东省泰安市污水处理厂的污泥消化池中采用了无黏结预应力分段张拉技术，成为我国首例无黏结预应力钢筋混凝土污泥消化池。而后在首都国际机场新航站楼等工程中多次使用无黏结预应力技术进行施工。

2）施工工艺

安装梁或楼板模板→放线→下部非预应力钢筋铺放、绑扎→铺放暗管、预埋件→安装无黏结筋张拉端模板（包括打眼、钉焊预埋承压板、螺旋筋、穴模及各部位马凳筋等）→铺放无黏结筋→修补破损的护套→上部非预应力钢筋铺放、绑扎→自检无黏结筋的矢高、位置及端部状况→隐蔽工程检查验收→浇筑混凝土→混凝土养护→松动穴模、拆除侧模→张拉准备→混凝土强度试验→张拉无黏结筋→切除超长的无黏结筋→安放封端罩、端部封闭。

3）施工技术要点

（1）工程材料与设备

①无黏结预应力筋。无黏结预应力混凝土采用的无黏结预应力筋，简称无黏结筋，系由高强度低松弛钢绞线通过专用设备涂包防腐润滑脂和塑料套管而构成的一种新型预应力筋。其外形如图 4-7 所示，性能符合国家行业标准《无黏结预应力钢绞线》（JG 161—2004），无黏结筋主要规格与性能见表 4-13。

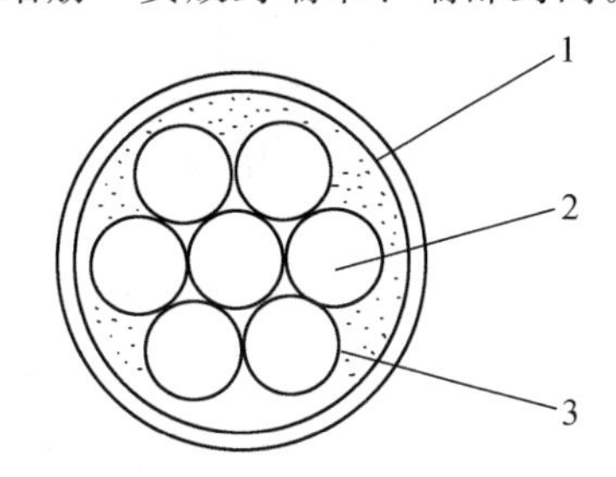

图 4-7 无黏结筋的组成

1—塑料套管；2—钢绞线；3—防腐润滑脂

表 4-13 无黏结预应力筋的主要规格与性能

项目	钢绞线规格和性能	
	ϕ12.7	ϕ15.2
产品标记	UPS -12.7—1860	UPS -15.2—1860
抗拉强度/（N/mm^2）	1860	1860
伸长率/%	3.5	3.5
弹性模量/（N/mm^2）	1.95×10^5	1.95×10^5
截面积/mm^2	98.7	140
重量/（kg/m）	0.85	1.22
防腐润滑脂重量/（g/m）大于	43	50
高密度聚乙烯护套厚度/mm 不小于	1.0	1.0
无黏结预应筋与壁之间的摩擦系数 μ	0.04～0.10	0.04～0.10
考虑无黏结预应力筋壁每米长度局部偏差对摩擦的影响系数 k	0.003～0.004	0.003～0.004

注：根据不同用途，经供需双方协议，可供应其他强度和直径的无黏结预应力筋。

②锚具系统。无黏结预应力筋锚具系统应按设计图纸的要求选用，其锚固性能的质量检验和合格验收应符合现行国家标准《预应力筋用锚具、夹具和连接器》（GB/T 14370—2007）、《混凝土结构工程施工质量验收规范》（GB 50204—2015）及国家现行标准《预应力筋用锚具、夹具和连接器应用技术规程》（JGJ 85—2010）的规定。锚具的选用，应考虑无

黏结预应力筋的品种及工程应用的环境类别。对常用的单根钢绞线无黏结预应力筋，其张拉端宜采用夹片锚具，即网套筒式或垫板连体式夹片锚具；埋入式固定端宜采用挤压锚具或经预紧的垫板连体式夹片锚具。常用张拉端锚具构造如图 4-8 所示，锚固保护构造如图 4-9 所示。

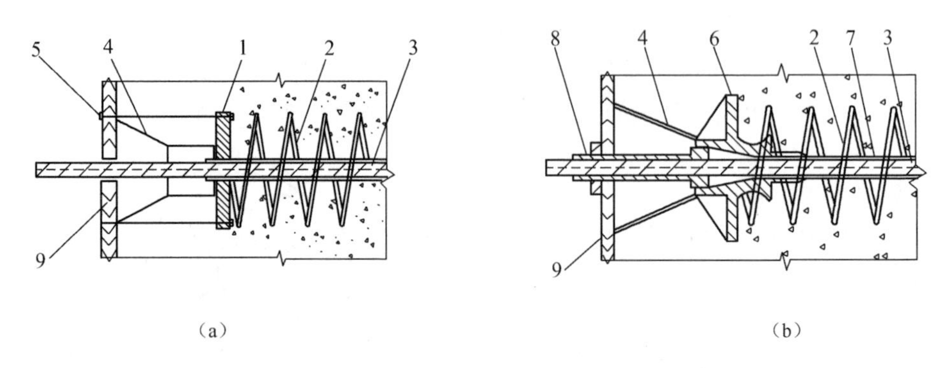

图 4-8　常用张拉端锚具构造

（a）圆套筒式锚具；（b）垫板连体式锚具

1—承压板；2—螺旋筋；3—无黏结预应力筋；4—穴模；

5—钩螺栓和螺母；6—连体锚板；7—塑料保护套；

8—安装金属封堵和螺母；9—端模板

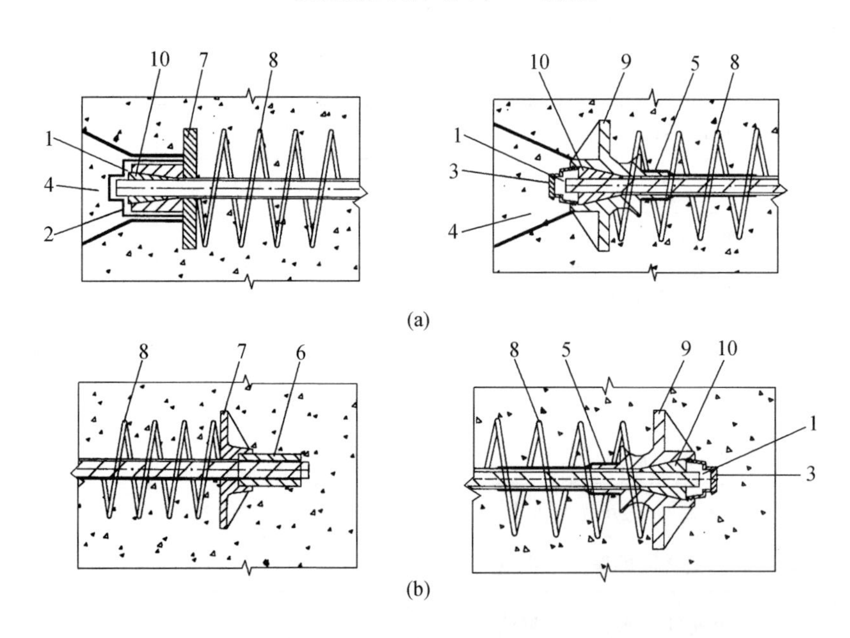

图 4-9　锚固保护构造

（a）张拉端封锚后状态；（b）固定端封锚后状态

1—涂专用防腐油脂或环氧树脂；2—塑料帽；3—密封盖；

4—微膨胀混凝土或专用密封砂浆；5—塑料密封套；

6—挤压锚具；7—承压板；8—螺旋筋；

9—连体锚板；10—夹片

③常用制作与安装设备。无黏结预应力钢绞线一般为工厂生产，施工安装制作可在工厂

或现场进行，采用305 mm砂轮切割机按要求的下料长度切断，如采用埋入式固定端，则可用JY－45等型号挤压机及其配套油泵制作挤压锚或组装整体锚。

预应力筋张拉一般采用小型千斤顶及配套油泵，常用千斤顶如YCQ－20型前卡千斤顶，自重约20 kg；油泵采用ZBO.1－6－63或STDB型小油泵。

(2) 施工要点

①无黏结筋制作。

预应力筋一般采用缠纸工艺和挤压涂层工艺来制作。

缠纸工艺。无黏结预应力筋制作的缠纸工艺是在缠纸机上连续作业，完成编束、涂油、镦头、缠塑料布和切断等工序。缠纸机的工作流程如图4-10所示。

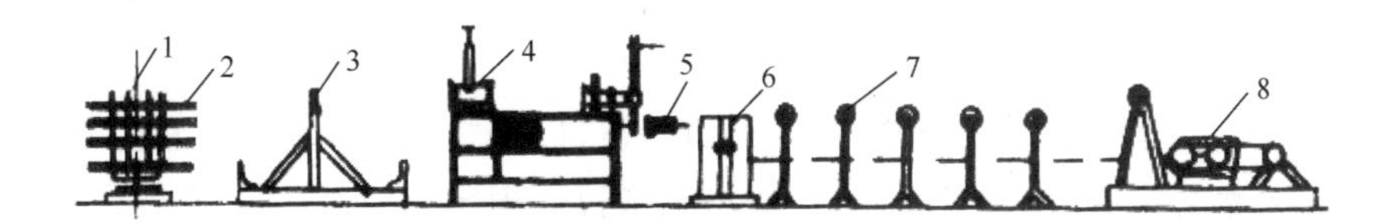

图4-10 无黏结预应力缠纸机工作流程

1—放线盘；2—盘圆钢丝；3—梳子板；4—油枪；5—塑料布卷；6—切断机；7—滚道台；8—牵引装置

挤压涂层工艺。挤压涂层工艺制作无黏结预应力筋的工作流程如图4-11所示。挤压涂层工艺主要是钢丝通过涂油装置涂油，涂油钢丝束通过塑料挤压机涂刷塑料薄膜，再经冷却筒模成塑料套管。这种无黏结筋挤压涂层工艺与电线、电缆包裹塑料套管的工艺相似。无黏结预应力筋挤压涂层工艺的特点是效率高、质量好，设备性能稳定。

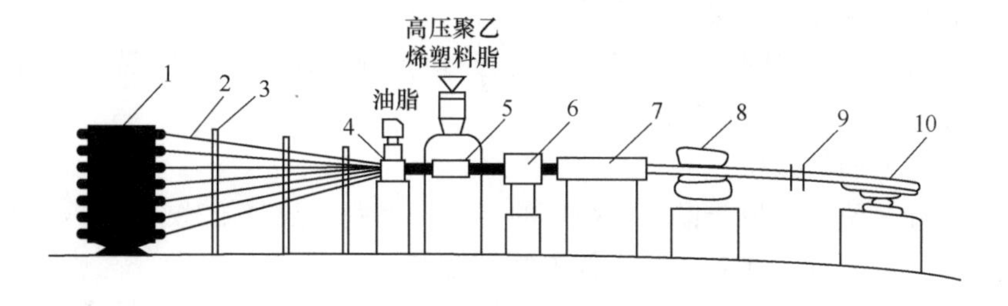

图4-11 挤压涂层工作流程

1—放线盘；2—钢丝；3—梳子板；4—给油装置；5—塑料挤压机机头；6—风冷装置；7—水冷装置；8—牵引机；9—定位支架；10—收线盘

②模板安装。

模板支设方案应考虑便于早拆侧模，同时侧模应便于固定锚具垫板等配件。

③无黏结预应力筋铺设。

铺筋：单向预应力楼板的矢高控制是施工时的关键点。一般每跨板中预应力筋在矢高控制点设置5处，最高点2处、最低点1处、反弯点2处。预应力筋在板中最高点的支座处通常与上层钢筋绑扎在一起，在跨中最低点处与底层钢筋绑扎在一起。其他部位由支承件控制。

施工时当电管、设备管线和消防管线与预应力筋位置发生冲突时，应首先保证预应力筋的位置与曲线正确。

双向无黏结预应力筋铺放时需要相互穿插，必须先编制出无黏结预应力筋的铺设顺序。其方法是在施工放样图上将双向无黏结预应力筋各交叉点的两个标高标出，对交叉点处的两个标高进行比较，标高低的预应力筋应从交叉点下面穿过。按此规律找出无黏结预应力筋的铺设顺序。

为保证预应力钢筋的矢高准确、曲线顺滑，按照施工图要求位置，将架立筋就位并固定。架立筋的设置间距应不大于 1.4 m。

梁中的无黏结预应力筋成束设计，无黏结预应力筋在铺设过程中应防止绞扭在一起，保持预应力筋的顺直。无黏结预应力筋应绑扎固定，防止在浇筑混凝土过程中预应力筋移位。

无黏结预应力筋通过梁柱节点处，张拉端设置在柱子上。根据柱子配筋情况可采用凹入式或凸出式节点构造。

端部节点安装：无黏结预应力筋张拉端锚垫板可固定在端部模板上，或利用短钢筋与四周钢筋焊牢。无黏结预应力筋曲线段的起始点至张拉锚固定点应有一段不小于 300 mm 的直线段，且锚具应垂直于预应力筋。当张拉端采用凹入式做法时，可采用塑料穴模或其他穴模，穴模外端面与端模之间应加泡沫塑料以防止漏浆。张拉端无黏结预应力筋外露长度与所使用的千斤顶有关，应根据实际情况核定，并适当留有余量。无黏结预应力筋固定端的锚垫板应先组装好，按设计要求的位置固定。在梁、筒体等结构中，无黏结预应力集束布置时，应采用钢筋支托、定位支架或其他构造措施控制其位置。同一束的预应力筋应保持平行，防止互相扭绞。

④混凝土的浇筑和振捣。

浇筑混凝土时应认真振捣，保证混凝土的密实度。尤其是承压板、锚具周围的混凝土严禁漏振，不得有蜂窝和孔洞，保证密实性。

在施工完毕后 2～3 d 对混凝土进行养护，并检查施工质量。如发现有孔洞或缺陷，应对小孔重新进行浇筑，为张拉做准备。

⑤无黏结预应力筋的张拉。

张拉前应将端部预埋钢板与锚具接触处的焊渣、毛刺、混凝土残渣等清除干净。检查锚具承压板下的混凝土质量，如有缺陷应首先修复完整。

张拉程序一般采用 $0 \rightarrow 103\%\sigma_{con}$。由于无黏结预应力筋一般为曲线配筋，故应采用两端同时张拉。无黏结预应力筋法的张拉顺序，应根据其铺设顺序，先铺设的先张拉，后铺设的后张拉。

无黏结预应力筋配置在预应力平板结构中往往很长，如何减少其摩阻损失值是一个重要的问题。影响摩阻损失值的主要因素是润滑介质、外包层和预应力筋截面形式。其中润滑介质和外包层的摩阻损失值，对一定的预应力束而言是个定值，相对较稳定。而截面形式则影响较大，不同截面形式其离散性是不同的，但如果能保证截面形状在全部长度内一致，则其摩阻损失值就能在一个很小范围内波动。否则，因局部堵塞就有可能导致其损失值无法预测，故预应力筋的制作质量必须保证。摩阻损失值，可用标准测力计或传感器等测力装置进行测定。成束无黏结预应力筋正式张拉前，宜先用千斤顶往复抽动 1～2 次，以降低摩擦损失。

锚固区的保护应有充分的防腐蚀和防火保护措施。锚具的位置通常从混凝土端面缩进一段距离，前面还预留一个凹槽。张拉后，采用液压切筋器或砂轮切除超长部分，无黏结预应力筋严禁用电弧焊切断。将露出锚具夹片外至少 30 mm 的无黏结预应力筋切除后，涂防腐油脂并加盖塑料封端罩，最后浇筑混凝土。

⑥注意事项。

当采用应力控制方法张拉时，应校核无黏结预应力筋的伸长值，当实际伸长值与设计计算伸长值相对偏差超过规定时，应暂停张拉，查明原因并采取措施予以调整后继续张拉。

预应力筋张拉前严禁拆除梁板下的支撑，待该梁板预应力筋全部张拉后方可拆除。

对于两端张拉的预应力筋，两个张拉端应分别按程序张拉。

无黏结曲线预应力筋的长度超过 30 m 时，宜采取两端张拉。当筋长超过 60 m 时采取分段张拉。如摩擦损失较大，宜先预张拉一次再张拉。

在梁板顶面或墙壁侧面的斜槽内张拉无黏结预应力筋时，宜采用变角张拉装置。

二、有黏结预应力应用技术

1. 主要技术特点

1）基本概念

有黏结预应力技术采用在结构或构件中预留孔道，待混凝土硬化达到一定强度后，穿入预应力筋，通过张拉预应力筋并采用专用锚具将张拉力锚固在结构中，然后在孔道中灌入水泥浆。其技术内容主要包括材料及设计技术、成孔技术、穿束技术、大吨位张拉锚固技术、锚头保护及灌浆技术等。

2）技术原理

有黏结后张预应力混凝土是在结构、构件或块体制作时，在放置预应力筋的部位预先留出孔道，待混凝土达到设计强度后，在孔道内穿入预应力筋，并施加预应力，最后进行孔道灌浆，张拉力由锚具传给混凝土构件而使之产生预压力。此技术可用以改善全部荷载作用下构件的受力状态，推迟拉应力的出现，同时限制裂缝的形成。

3）技术特点

有黏结预应力技术在建筑工程中一般用于板、次梁和主梁等各类楼盖结构。有黏结预应力钢绞线束，若不含孔道摩擦损失，则其余预应力损失一般为 10%～15%控制应力；孔道摩擦损失可根据束长及转角计算确定，对板式楼盖扁孔道一般在 10%～20%控制应力，因此，若含有孔道摩擦损失，则总损失预估为 20%～30%控制应力；对框架梁网孔道其摩擦损失一般在 15%～25%控制应力，因此，总损失预估为 25%～35%控制应力。有黏结预应力筋极限状态下应力为预应力筋设计强度值。板中扁管有黏结预应力筋布置可采用 4～5 根（束），双向均布；框架梁中预应力筋束宜采用较大集束布置，常用集束规格为 5、7、9、12 根（束）。在设计中宜根据结构类型、预应力构件类别和工程经验，采取措施减少柱和墙等约束构件对梁、板预加应力效果的不利影响。

2. 主要技术指标

扁管有黏结预应力技术用于平板混凝土楼盖结构，适用跨度为 8～15 m，高跨比为 1/50～1/40；网管有黏结预应力技术用于单向或双向框架梁结构，适用跨度为 12～40 m。高跨比为 1/25～1/18。在高层楼盖建筑中采用扁管技术可在保证净空的条件下显著降低层高，从而降低总建筑高度，节省材料和造价；在多层、大面积框架结构中采用有黏结技术可提高结构性能、节省钢筋和混凝土材料，降低建筑造价。

3. 施工技术应用

1）技术应用范围

该技术可用于多、高层房屋建筑的楼板、转换层和框架结构等，以抵抗大跨度或重荷载在混凝土结构中产生的效应，提高结构、构件的性能，降低造价。

该技术可用于电视塔、核电站安全壳、水泥仓等特种工程结构。该技术还广泛用于各类大跨度混凝土桥梁结构。

2）施工技术要点

（1）工程材料与设备

①混凝土：预应力混凝土结构的混凝土强度等级不应低于C30，当采用高强度钢丝、钢绞线、热处理钢筋作预应力筋时，混凝土强度等级不宜低于C40。

②预应力用钢材：预应力高强钢筋主要有高强钢丝、钢绞线和粗钢筋三种。后张法广泛采用钢丝束和钢绞线，高强粗钢筋也可用于后张法。目前现浇预应力混凝土结构以钢绞线为主。

消除应力钢丝的规格与力学性能应符合现行国家标准《预应力混凝土用钢丝》（GB/T 5223—2014）的规定。

钢绞线的规格和力学性能应符合现行国家标准《预应力混凝土用钢绞线》（GB/T 5224—2014）的规定。

精轧螺纹钢筋的外形尺寸与力学性能，应符合国家标准《预应力混凝土用螺纹钢筋》（GB/T 20065—2006）的规定。

③锚固系统：

预应力用锚具、夹具和连接器分类：多孔夹片锚固系统适用于多根钢绞线张拉端和固定端的锚固；挤压锚具适用于固定多根有黏结钢绞线；镦头锚具适用于锚固多根$\phi5$与$\phi7$钢丝束；压花锚具是利用压花机将钢绞线端头压成梨形散花头的一种黏结锚具；精轧螺纹钢筋锚具包括螺母与垫板，螺母分为平面螺母和锥面螺母两种，垫板分为平面垫板与锥面垫板。

预应力筋用锚具应根据预应力筋品种、锚固要求和张拉工艺选用。

预应力钢绞线，张拉端一般选用夹片锚具，锚固端采用挤压锚具或压花锚具；预应力钢丝束，采用镦头锚具；高强钢筋和钢棒，宜采用螺母锚具，预应力筋用锚具、夹具和连接器的性能应符合现行国家标准《预应力筋用锚具、夹具和连接器》（GB/T 14370—2007）的规定。多孔夹片锚固体系在后张有黏结预应力混凝土结构中应用广泛，张拉端常用多孔钢绞线夹片圆形、扁形锚具，固定端用挤压、压花锚具。

④制孔用管材及安装：

后张预应力构件预埋制孔用管材有金属波纹管（螺旋管）、钢管和塑料波纹管等。梁类等构件宜采用网形金属波纹管，板类构件宜采用扁形金属波纹管。施工周期较长时应选用镀锌金属波纹管。塑料波纹管宜用于曲率半径小、密封性能好以及抗疲劳要求高的孔道。钢管宜用于竖向分段施工的孔道。

金属波纹管和塑料波纹管的规格和性能应符合行业标准《预应力混凝土用金属波纹管》

(JG 225—2007) 和《预应力混凝土桥梁用塑料波纹管》(JT/T 529—2016) 的规定。

金属螺旋管的连接与安装：金属螺旋管的连接，采用大一号同型螺旋管。接头的长度为200～300 mm，其中两端用密封胶带或塑料热缩管封闭。

金属螺旋管的安装，应事先按设计图中预应力筋的曲线坐标在箍筋上定出曲线位置。螺旋管的固定应采用钢筋支托，间距为0.8～1.2 m。钢筋支托应焊在箍筋上，箍筋底部应垫实。螺旋管固定后，必须用钢丝扎牢，以防浇筑混凝土时螺旋管上浮引起严重的质量事故。

螺旋管安装就位过程中，应尽量避免反复弯曲，以防管壁开裂。同时，还应防止电焊火花烧伤管壁。

⑤设备及机具包括预应力筋制作、张拉、灌浆等。

预应力筋制作设备和机具有端部锚具组装制作设备 JY—45 型挤压机、压花机、LD—10 型钢丝墩头器；机具下料用放线盘架及砂轮切割锯等。张拉后切割外露余筋用的角向磨光机，需配小型切割砂轮片使用。灌浆设备包括：砂浆搅拌机、灌浆泵、贮浆桶、过滤器、橡胶管和喷浆嘴及真空泵和真空灌浆辅助设备等。

灌浆设备：

普通灌浆工艺的施工设备：灌浆设备包括：砂浆搅拌机、灌浆泵、贮浆桶、过滤器、橡胶管和喷浆嘴等。

目前常用的电动灌浆泵有：柱塞式、挤压式和螺旋式。柱塞式又分为带隔膜和不带隔膜两种形状。螺旋泵压力稳定，带隔膜的柱塞泵的活塞不易磨损，比较耐用。

真空辅助灌浆工艺的施工设备：压浆设备包括：强制式灰浆搅拌机、压浆泵（挤压式不可用）、计量设备、贮浆桶、过滤器、高压橡胶管、连接头、控制阀。

真空辅助设备包括：真空泵、压力表、控制盘、压力瓶、加筋透明输浆管、气密阀、气密盖帽（保护罩）。

预应力筋、锚具及张拉机械的配套选用见表 4-14。

表 4-14 预应力筋、锚具及张拉机械的配套选用

<table>
<tr><th rowspan="3">预应力筋品种</th><th colspan="3">锚具形式</th><th rowspan="3">张拉机械</th></tr>
<tr><th colspan="2">固定端</th><th rowspan="2">张拉端</th></tr>
<tr><th>安装在结构之外</th><th>安装在结构之内</th></tr>
<tr><td>钢绞线及
钢绞线束</td><td>夹片锚具
挤压锚具</td><td>压花锚具
挤压锚具</td><td>夹片锚具</td><td>穿心式</td></tr>
<tr><td rowspan="3">高强金刚丝束</td><td rowspan="3">夹片锚具
镦头锚具
挤压锚具</td><td rowspan="3">挤压锚具
镦头锚具</td><td>夹片锚具</td><td>穿心式</td></tr>
<tr><td>镦头锚具</td><td>拉杆式</td></tr>
<tr><td>锥塞锚具</td><td>锥锚式、拉杆式</td></tr>
<tr><td>精轧螺纹钢筋</td><td>螺母锚具</td><td>—</td><td>螺母锚具</td><td>拉杆式</td></tr>
</table>

(2) 施工工艺

施工工艺流程，如图 4-12 所示。

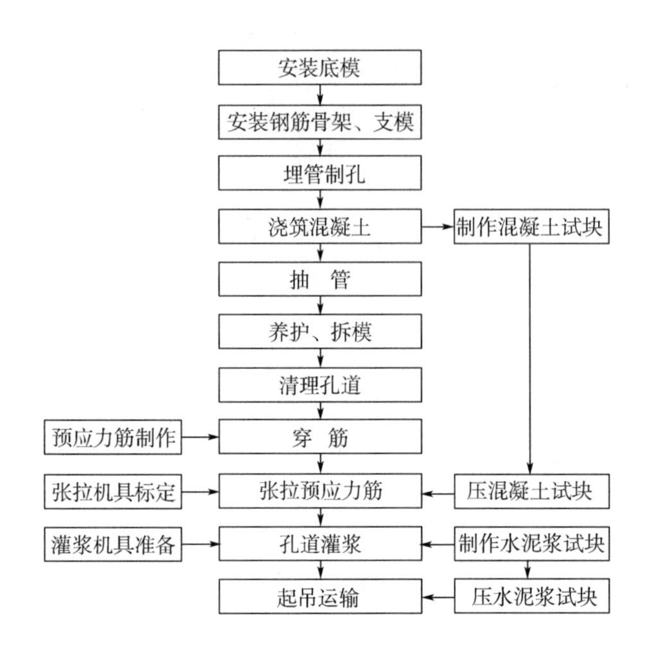

图 4-12 有黏结预应力施工工艺流程

注：对于块体拼装构件，还应增加块体验收、拼装、立缝灌浆和连接板焊接等工序。

(3) 施工要点

①预应力筋制作。

主要包括钢绞线下料、编束与固定端锚具组装等。

下料：钢绞线的下料长度，应根据结构尺寸与构件之间间隔配合选用的各种锚夹具与连接器、张拉设备、张拉伸长值、弹性回缩值等各项参数进行计算确定。

编束：钢绞线编束时，应先将钢绞线理顺，再用 20 号钢丝绑扎，间距 2～3 m，并尽量使各根钢绞线松紧一致。

固定端锚具组装：挤压锚具组装采用 YJ45 型挤压机。使用钢绞线挤压锚具时，在挤压模内腔或挤压套外表面应涂润滑油，压力表读数应符合操作说明书的规定。钢绞线压花锚具成型时，应将表面的污物或油渍擦拭干净。梨形尺寸：对 ϕ15.2 钢绞线不应小于 ϕ95×150；对 ϕ12.7 钢绞线不应小于 ϕ80×130；直线段长度，对 ϕ15.2 钢绞线不应小于 900 mm。

②预留孔道。

孔道成型方法：预应力筋的孔道形状有直线、曲线和折线三种。目前预留孔道成型方法，一般均采用预埋管法。预埋波纹管法可采用薄钢管、镀锌钢管、金属和塑料螺旋管（波纹管）。

孔道直径和间距：预留孔道的直径应根据预应力筋的根数、曲线孔道形状和长度、穿筋难易程度等因素确定。孔道内径应比预应力筋或连接器外径大 10～15 mm，孔道面积宜为预应力筋净面积的 3～3.5 倍；金属波纹管接长时应采用大一号同型波纹管作为接头管。接头管的长度宜取管径的 3～4 倍，一般接头管的长度：管径为＋40～65 时取 200 mm；ϕ70～85 时取 250 mm；ϕ90～100 时取 300 mm。管两端用密封胶带或塑料热缩管密封。塑料波纹管接长时，可利用塑料焊接机热熔焊接或采用专用连接管；预应筋孔道的间距与保护层应符合以下规定：

对预制构件，孔道的水平净间距不宜小于 50 mm，孔道至构件边缘的净间距不应小于 30mm，且不应小于孔道直径的一半。

在框架梁中，预留孔道垂直方向净间距不应小于孔道外径，水平方向净间距不宜小于 1.5 倍孔道外径；从孔壁算起的混凝土最小保护层厚度，梁底为 50 mm，梁侧为 40 mm，板底为 30 mm。

灌浆孔、排气孔、泌水孔：在预应力筋孔道两端，应设置灌浆孔和排气孔。灌浆孔可设置在锚垫板上或利用灌浆管引至构件外。对连续结构中的多波曲线束，且高差较大时，应在孔道的每个峰顶处设置泌水孔；起伏较大的曲线孔道，应在弯曲的低点处设置排水孔；对于较长的直线孔道，应每隔 12～15 m 左右设置排气孔；孔径应能保证浆液畅通，一般不宜小于 20 mm。泌水管伸出梁面的高度不宜小于 0.5 m，泌水管也可兼作灌浆孔用。

灌浆孔的做法：对一般预制构件，可采用木塞留孔。木塞应抵紧钢管、胶管或波纹管，并应固定，严防混凝土振捣时脱开，如图 4-13 所示。对现浇预应力结构金属波纹管留孔，其做法是在波纹管上开口，用带嘴的塑料弧形压板与海绵垫片覆盖并用铁丝扎牢，再接增强塑料管（外径 20 mm，内径 16 mm），如图 4-14 所示。为保证留孔质量，金属螺旋管上可先不开孔，在外接塑料管内插 1 根钢筋；待孔道灌浆前，再用钢筋打穿螺旋管。

钢绞线束端锚头排列（图 4-15），可按下式计算：

相邻锚具的中心距：

$$a \geqslant D+20\ \mathrm{mm}$$

锚垫板中心距构件边缘的距离：

$$6 \geqslant D/2+C$$

式中　D——螺旋筋直径（当螺旋筋直径小于锚垫板边长时，按锚垫板边长取值，mm）；

C——保护层厚度（最小 30 mm）。

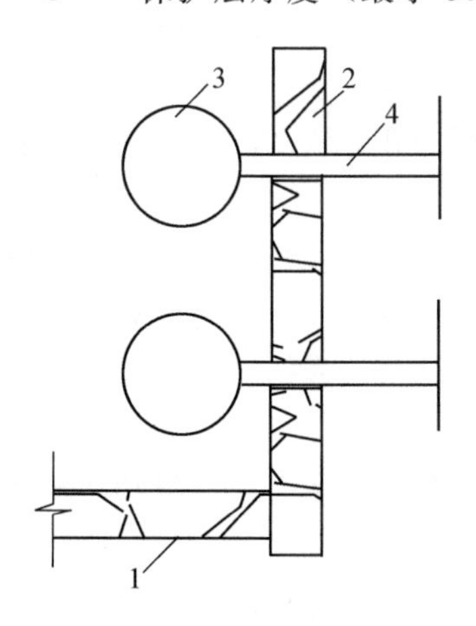

图 4-13　用木塞留灌浆孔

1—底模；2—侧模；
3—抽芯管；4—ϕ20 木塞

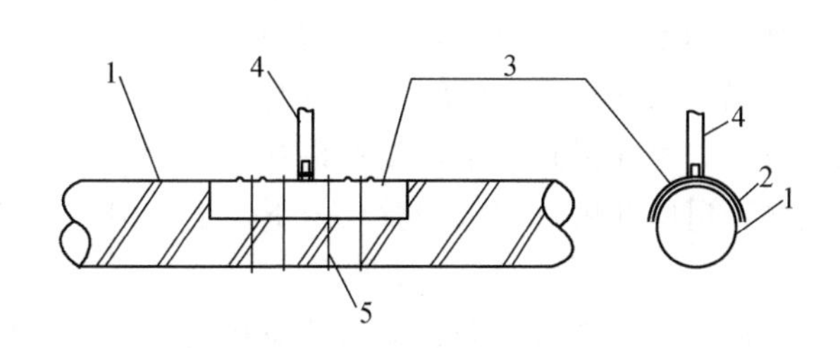

图 4-14　波纹管开孔示意

1—波纹管；2—海绵垫；3—塑料弧形压板；
4—塑料管；5—固定铁丝

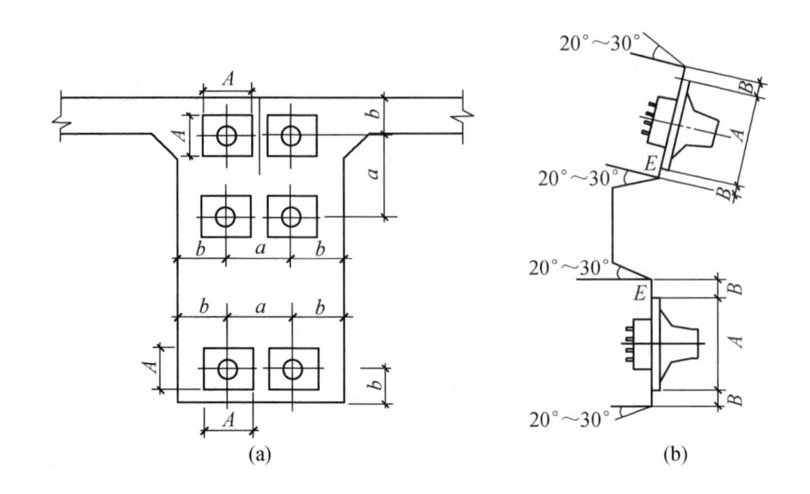

图 4-15 构件端部多孔夹片锚具排列

(a) 锚具排列；(b) 凹槽尺寸

A—锚垫板边长；*B*—凹槽底部加宽部分，参照千斤顶外径确定；*E*—锚板厚度

钢丝束端锚头排列：钢丝束镦头锚具的张拉端需要扩孔，扩孔直径＝锚杯外径＋6 mm；孔道间距 S，主要根据螺母直径 D_1 和锚板直径 D_2 确定，可按下式计算：

一端张拉时：$S \geqslant 1/2\ (D_1 + D_2) + 5$ mm

两端张拉时：$S \geqslant D_1 + 5$ mm

孔道管安装基本要求：一是在外荷载的作用下，有抵抗变形的能力；二是在浇筑混凝土过程中，水泥浆不能渗入管内。据此要求，需进行波纹管的合格性检验。

③穿束：预应力筋可在浇筑混凝土前（先穿束法）或浇筑混凝土后（后穿束法）穿入孔道，应根据结构特点、施工条件和工期等要求确定。

先穿束法分为三种做法，即先装管后穿束、先装束后装管、束与管组装后置入。钢丝束应整束穿，钢绞线优先采用整束穿，也可采用单根穿。

后穿束法可在混凝土养护期内进行，不占工期，便于用通孔器或高压水通孔，穿束后即行张拉，易于防锈，但穿束较为费力。

穿束的方法可采用人力、卷扬机或穿束机单根穿或整束穿。对超长束、特重束、多波曲线束等宜采用卷扬机整束穿，束的前端应装有穿束网套或特制的牵引头。穿束机适用于穿大型桥梁与构筑物的单根钢绞线，穿束时钢绞线前头宜套一个弹头形壳帽。采用先穿束法穿多跨曲线束时，可在梁跨的中部处留设穿束助力段。

竖向孔道的穿束，宜采用整束由下向上牵引工艺，也可单根由上向下控制放盘速度穿入孔道。

一端锚固、一端张拉的预应力筋应从内埋式固定端穿入，应在浇筑混凝土前穿入。当固定端采用挤压锚具时，孔道末端至锚垫板的距离应满足成组挤压锚具的安装要求；当固定端采用压花锚具时，从孔道末端至梨形头的直线锚固段不应小于设计值。预应力筋从张拉端穿出的长度应满足张拉设备的操作要求。

对混凝土浇筑前穿入孔道的预应力筋，应采取防腐措施。

④张拉依据和技术要求。

设计单位应向施工单位提出预应力筋的张拉顺序、张拉力值及伸长值。

张拉时的混凝土强度，设计无要求时，不应低于设计强度的75%，并应有试验报告单。现浇结构施加预应力时，对后张楼板或大梁的混凝土龄期分别不宜小于5 d和10 d。为防止混凝土出现早龄期裂纹而施加预应力，可不受限制。

立缝处混凝土或砂浆强度，如设计无要求时，不应低于块体混凝土强度等级的40%，且不得低于15 MPa。

对构件（或块体）的几何尺寸、混凝土浇筑质量、孔道位置及孔道是否畅通、灌浆孔和排气孔是否符合要求、构件端部预埋铁件位置、焊渣及混凝土残渣（尤其预应力筋表面灰浆）的清理等进行全面检查处理。

高空张拉预应力筋时，应搭设可靠的操作平台。

张拉前必须对各种机具、设备及仪表进行配套校核及标定。

对安装锚具与张拉设备的要求：

钢绞线束夹片锚固体系：安装锚具时应注意工作锚环或锚板对中，夹片均匀打紧并外露一致；千斤顶上的工具锚孔位与构件端部工作锚的孔位排列要一致，以防钢绞线在千斤顶穿心孔内打叉；安装张拉设备时，对直线预应力筋，应使张拉力的作用线与孔道中心重合；对曲线预应力筋，应使张拉力的作用线与孔道中心线末端的切线重合。

工具锚的夹片，应注意保持清洁和良好的润滑状态。

后张预应力束的张拉顺序应按设计要求进行，如设计无要求时，应遵守对称张拉的原则，还应考虑到尽量减少张拉设备的移动次数。

预应力筋张拉控制应力应符合设计要求，施工时为减少预应力束松弛损失，可采用超张拉法，但张拉应力不得大于预应力束抗拉强度的80%。

多根钢绞线同时张拉时，构件截面中断丝和滑脱钢丝的数量不得大于钢绞线总数的3%，但同一束钢丝只允许1根。

实测伸长值与计算伸长值相差若超出±6%，应暂停张拉，在采取措施予以调整后，方可继续张拉。

张拉后按设计要求拆除模板及支撑。

⑤张拉方式选择：根据预应力混凝土结构特点、预应力筋形状与长度以及施工方法的不同，预应力筋张拉方式有以下几种：

一端张拉：预应力筋一端张拉适用于长度不大于30 m的直线预应力筋与锚固损失影响长度$L_f \geqslant L/2$（L为预应力筋长度）的曲线预应力筋；如设计人员根据计算资料或实际条件认为可以放宽以上限制的话，也可采用一端张拉，但张拉端宜分别设置在构件的两端。

两端张拉：预应力筋两端张拉适用于长度大于40 m的直线预应力筋与锚固损失影响长度$L_f < L/2$的曲线预应力筋。当张拉设备不足或由于张拉顺序安排关系等特殊因素，也可先在一端张拉完成后，再移至另一端张拉，补足张拉力后锚固。

分批张拉：对配有多束预应力筋的构件或结构采用分批进行张拉的方式。由于后批预应力筋张拉所产生的混凝土弹性压缩对先批张拉的预应力筋造成预应力损失，所以先批张拉的预应力筋张拉力应加上该弹性压缩损失值或将弹性压缩损失平均值统一增加到每根预应力筋的张拉力内。

分段张拉：在多跨连续梁板分段施工时，通长的预应力筋需要逐段进行张拉的方式。对大跨度多跨连续梁，在第一段混凝土浇筑与预应力筋张拉锚固后，第二段预应力筋利用锚头连接器接长，以形成通长的预应力筋。

分阶段张拉：在后张传力梁结构中，为了平衡各阶段的荷载，采取分阶段逐步施加预应力的方式。所加荷载不仅是外载（如楼层重量），也包括由内部体积变化（如弹性缩短、收缩与徐变）产生的荷载。梁跨中处的下部与上部纤维应力应控制在容许范围内。这种张拉方式具有应力、挠度与反拱容易控制、省材料等优点。

补偿张拉：指在早期预应力损失基本完成后再进行张拉的方式。采用补偿张拉，可克服弹性压缩损失，减小钢材应力松弛损失、混凝土收缩徐变损失等，以达到预期的预应力效果。此法在水利工程与岩土锚杆中应用较多。

⑥张拉顺序：预应力的张拉顺序，应使混凝土不产生超应力、构件不扭转与侧弯、结构不变位等，因此，对称张拉是一项重要原则。同时，还应考虑尽量减少张拉设备的移动次数。

⑦张拉操作程序：预应力筋的张拉操作程序，主要根据构件类型、张拉锚固体系、松弛损失等因素确定。

采用低松弛钢绞线时，张拉操作程序为：

$$0 \rightarrow P_j \text{锚固}$$

采用普通松弛预应力筋时，按下列超张拉程序进行操作：

对镦头锚具等可卸载锚具：$0 \rightarrow 1.05P_j$锚固$\xrightarrow{\text{持荷 2 min}} P_j$锚固；对夹片锚具等不可卸载锚具：$0 \rightarrow 1.03P_j$锚固。

以上各种张拉程序均可分级加载，对曲线预应力束，一般以 $0.2 \sim 0.25P_j$ 为量伸长起点，分 3 级加载（$0.2P_j$、$0.6P_j$ 及 $1.0P_j$）或 4 级加载（$0.25P_j$、$0.5P_j$、$0.75P_j$ 及 $1.0P_j$），每级加载均应测量张拉伸长值。

当预应力筋长度较大、千斤顶张拉行程不够时，应采取分级张拉、分级锚固。第二级初始油压为第一级最终油压。

预应力筋张拉到规定油压后，持荷复验伸长值，合格后进行锚固。

⑧张拉伸长值校核：预应力筋张拉时，通过伸长值的校核，可以综合反映张拉力是否足够，孔道摩阻损失是否增大，以及预应力筋是否有异常现象等。

此外，在锚固时应检查张拉端预应力筋的内缩值，以免由于锚固引起的预应力损失超过设计值。如实测的预应力筋内缩量大于规定值，则应改善操作工艺，更换限位板或采取超张拉办法弥补。

⑨张拉安全注意事项。

在预应力作业中，必须特别注意安全。因为预应力持有很大的能量，万一预应力筋被拉断或锚具与张拉千斤顶失效，巨大的能量急剧释放，可能造成很大的危害。因此，在任何情况下作业人员不得站在预应力筋的两端，同时在张拉千斤顶的后面应设立防护装置。

操作千斤顶和测量伸长值时，操作人员应站在千斤顶侧面，严禁用手抚摸缸体，并应严格遵守操作规程。油泵开动过程中，不得擅自离开岗位。如需离开，必须把油阀门全部松开或切断电路。

张拉时应认真做到孔道、锚环与千斤顶三项对中，以便张拉工作顺利进行，避免张拉过程中钢筋被切断及增加孔道摩擦损失。

采用锥锚千斤顶张拉钢丝束时，先使千斤顶张拉缸进油，至压力表略有启动时暂停，检查每根钢丝的松紧并进行调整，然后再打紧楔块。

钢丝束镦头锚固体系在张拉过程中应随时拧上螺母，以保证安全。锚固时如遇钢丝束偏长或偏短，应增加螺母或用连接器解决。

工具锚夹片，应注意保持清洁和良好的润滑状态。新的工具锚夹片第一次使用前，应在夹片背面涂上润滑剂。以后每使用5～10次，应将工具锚上的夹片卸下，在锚板的锥形孔中重新涂上一层润滑剂，以防夹片在退楔时卡住。润滑剂可采用石墨、二硫化钼、石蜡或专用退锚灵等。

多根钢绞线束夹片锚固体系如遇到个别钢绞线滑移，可更换夹片，用小型千斤顶单根张拉。

⑩孔道灌浆及封锚：预应力筋张拉后，孔道应立即灌浆，这样可以避免预应力筋锈蚀和减少应力松弛损失约20%～30%。利用水泥浆的强度将预应力筋和混凝土黏结成整体共同工作，以控制超载时裂缝的间距与宽度，并减轻梁端锚具的负荷状况。

3）施工注意问题

进行固定部位柱筋的定位应以确保波纹管能顺利通过为前提，张拉部位柱筋进行定位应以确保锚垫板能顺利安装为前提，进行有黏结预应力施工时，应注意张拉端部的梁和底筋的弯折方式是否与锚具位置相匹配，注意箍筋尺寸是否达到图纸要求，波纹管是否能顺利通过。在施工技术交底时，应注意普通钢筋位置是否与波纹管位置相互错开，注意梁、柱筋是否对波纹管、锚具位置造成干扰。若造成干扰则应及时作出有效调整，从而避免施工过程中出现钢筋交叉冲突，从而影响整个施工进度。

三、特种预应力技术

工程中常见的特种混凝土结构包括支挡结构、深基坑支护结构、贮液池、水塔、筒仓、电视塔、烟囱及核电站安全壳等。随着预应力技术的高速发展，高强钢绞线及大吨位张拉锚固体系的推广应用，使得特种混凝土结构能够向大体量与复杂体形等发展。超长大体积基础，如采用后张预应力技术的电视塔不断突破新的高度，大体积混凝土超长结构，应用日益增多；各种预应力混凝土储罐和筒仓，如大型混凝土贮水池、天然气储罐、混凝土贮煤筒仓等应用广泛，核电站也采用了预应力大型混凝土安全壳。

1. 预应力混凝土高耸结构

1）主要技术特点

电视塔、水塔、烟囱等属于高耸结构，一般在塔壁中布置竖向预应力筋。竖向预应力筋的长度随塔式结构的高度不同而不同，最长可达300 m。国内目前建成的竖向超长预应力塔式结构中，一般采用大吨位钢绞线束夹片锚固体系、后张有黏结预应力法施工。

塔式结构一般由一个或多个筒体结构组合而成，如中央电视塔是单圆筒形高耸结构，塔高405 m，塔身的竖向预应力筋束布置如图4-16所示，第一组从－14.3～＋112.0 m，共20

束 $7\phi15.2$ 钢绞线；第二组从－14.3～＋257.5 m，共 64 束 $7\phi15.2$ 钢绞线；第三组和第四组预应力筋布置在桅杆中，分别为 24 束和 16 束 $7\phi15.2$ 钢绞线，所有预应力筋采用 7 孔群锚锚固。南京电视塔是肢腿式高耸结构，塔高 302 m；上海东方明珠电视塔是一座带三个球形仓的柱肢式高耸结构，塔高 450 m。

由于塔式结构在受力特点上类似于悬臂结构，其内力呈下大上小的分布特点。因此，塔身的竖向预应力筋布置通常也按下大上小的原则布置，预应力筋的束数随高度减小，一般可根据高度分为几个阶梯。

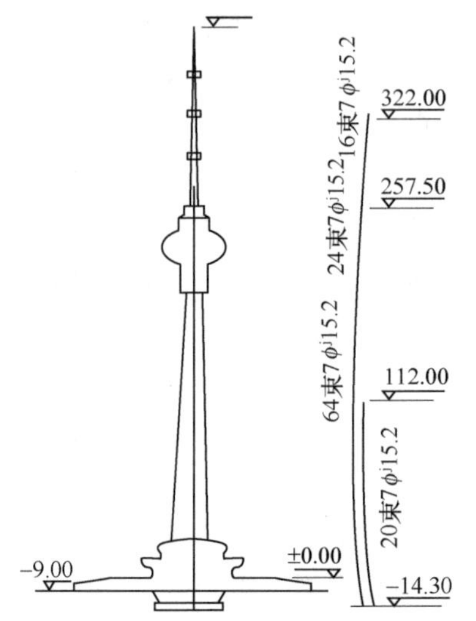

图 4-16　中央电视塔竖向预应力筋布置

2）施工要点

（1）竖向预应力孔道铺设

超高预应力竖向孔道铺设，主要考虑施工期较长，孔道铺设受塔身混凝土施工的其他工序影响，易发生堵塞和过大的垂直偏差，一般采用镀锌钢管以提高可靠性。

镀锌钢管应考虑塔身模板体系施工的工艺分段连接，上下节钢管可采用螺纹套管加电焊的方法连接。每根孔道上口均加盖，以防异物掉入堵塞孔道，此外，随塔体的逐步升高，应采取定期检查并通孔的措施，严格检查钢管连接部位及灌浆孔与孔道的连接部位，保证无漏浆。孔道铺设应采用定位支架，每隔 2.5 m 设一道，必须固定牢靠，以保证其准确位置。竖管每段的垂直度应控制在 5‰以内。灌浆孔的间距应根据灌浆方式与灌浆泵压力确定，一般介于 20～60 m 之间。

（2）竖向预应力筋束

竖向预应力筋穿入孔道包括“自下而上”和“自上而下”两种工艺。每种工艺中又有单根穿入和整束穿入两种方法，应根据工程的实际情况采用。

①自下而上的穿束方式。自下而上的穿束工艺的主要设备包括提升系统、放线系统、牵引钢丝绳与预应力筋束的连接器以及临时卡具等。提升系统以及连接器的设计必须考虑预应力筋束的自重以及提升过程中的摩阻力。由于穿束的摩阻力较大，可达预应力筋自重的 2～3 倍，应采用穿束专用连接头，以保证穿束过程中不会滑脱。

②自上而下的穿束方式。自上而下的穿束需要在地面上将钢绞线编束后盘入专用的放线盘，吊上高空施工平台，同时使放线盘与动力及控制装置连接，然后将整束慢慢放出，送入孔道。预应力筋开盘后要求完全伸直，否则易卡在孔道内，因此，放线盘的体积相对较大，控制系统也相对复杂。

无论采用自下而上，还是采用自上而下的穿束方式，均应特别注意安全，防止预应力筋滑脱伤人。

中央电视塔和天津电视塔采用了自下而上的穿束方式，加拿大多伦多电视塔、上海东方明珠电视塔以及南京电视塔采用了自上而下的穿束方法。

（3）竖向预应力筋张拉

竖向预应力筋一般采取一端张拉。其张拉端根据工程的实际情况可设置在下端或上端，必要时在另一端补张拉。

张拉时，为保证整体塔身受力的均匀性，一般应分组沿塔身截面对称张拉。为了便于大吨位穿心式千斤顶安装就位，宜采用机械装置升降千斤顶，机械装置设计时应考虑其主体支架可调整垂直偏转角，并具有手摇提升机构等。

在超长竖向预应力筋张拉过程中，由于张拉伸长值很大，需要多次倒换张拉行程，因此，锚具的夹片应能满足多次重复张拉的要求。

中央电视塔在施工过程中测定了竖向孔道的摩擦损失值。其第一段竖向预应力筋的长度为126.3 m，两端曲线段总转角为0.544 rad，实测孔道摩擦损失为15.3%～18.5%，参照环向预应力实测值$\mu=0.2$，推算κ值为0.0004～0.0006。

（4）竖向孔道灌浆

①灌浆材料。灌浆采用水泥浆，竖向孔道灌浆对浆体有一定的特殊要求，如要求浆体具有良好的可泵性、合适的凝结时间，收缩和泌水量少等。一般应掺入适量减水剂和膨胀剂以保证浆体的流动性和密实性。

②灌浆设备与工艺。灌浆可采用挤压式、活塞式灰浆泵等。采用垂直运输机械将搅拌机和灌浆泵运至各个灌浆孔部位的平台处，现场搅拌灌浆，灌浆时所有水平伸出的灌浆孔外均应加截门，以防止灌浆后浆液外流。

竖向孔道内的浆体，由于泌水和垂直压力的作用，水分汇集于顶端而产生孔隙，特别是在顶端锚具之下的部位，该孔隙易导致预应力筋的锈蚀。因此，顶端锚具之下和底端锚具之上的孔隙，必须采取可靠的填充措施，如采用手压泵在顶部灌浆孔局部二次压浆或采用重力补浆的方法，保证浆体填充密实。

2. 预应力混凝土储仓结构

1）技术特点

混凝土的储罐、筒仓、水池等结构，由于体积庞大、池壁或仓壁较薄，在内部储料压力或水压力、土压力及温度作用下，池壁或仓壁易产生裂缝，加之抗渗性和耐久性要求高，一般设计为预应力混凝土结构，以提高其抗裂能力和使用性能。对于平面为圆形的储罐、筒仓和水池等，通常沿其圆周方向布置预应力筋。环向预应力筋一般通过设置的扶壁柱进行锚固和张拉。预应力筋可以采用有黏结预应力筋或无黏结预应力筋。

（1）环向有黏结预应力筋

环向有黏结预应力筋根据不同结构布置，绕筒壁形成一定的包角，并锚固在扶壁柱上。上下束预应力筋的锚固位置应错开。图4-17为四扶壁环向储仓的预应力筋布置图，其内径为25 m，壁厚为400 mm。筒壁外侧有四根扶壁柱。筒壁内的环向预应力筋采用9ϕ15.2钢绞线束，间距为0.3～0.6 m，包角为180°，锚固在相对的两根扶壁柱上。其锚固区构造如图4-18所示。

图4-19为三扶壁环向结构预应力筋布置。其内径为36 m，壁厚为1 m，外侧有三根扶壁柱，总高度为73 m。筒壁内的环向预应力筋采用11ϕ15.2钢绞线束，双排布置，竖向间距为350 mm，包角为250°，锚固在壁柱侧面，相邻束错开120°。

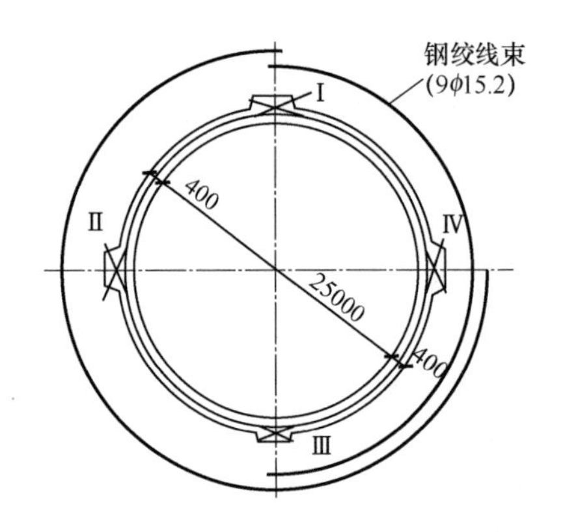

图 4-17 四扶壁环向储仓的预应力筋布置

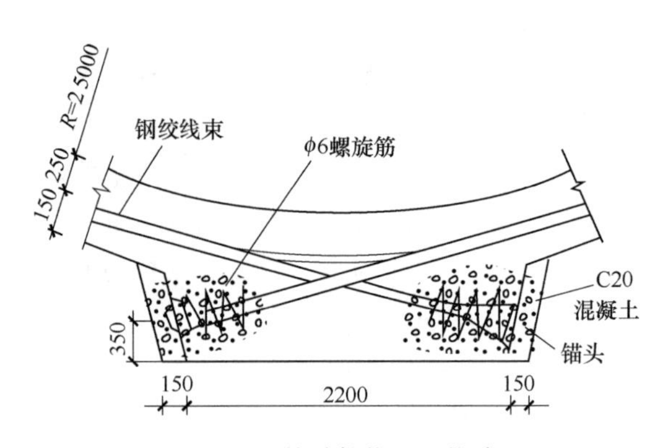

图 4-18 扶壁柱锚固区构造

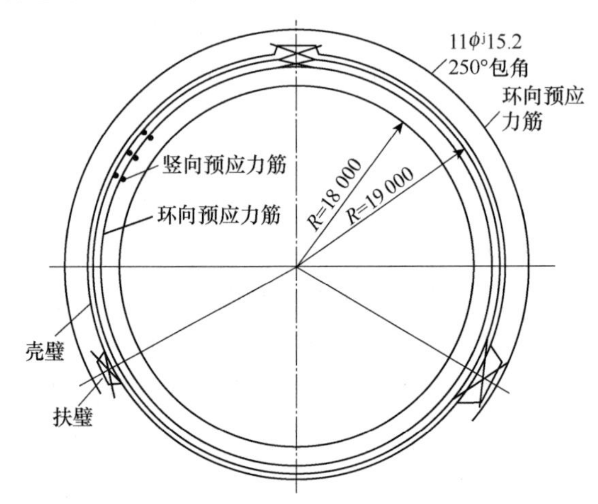

图 4-19 三扶壁环向结构预应力筋布置

（2）环向无黏结预应力筋

环向无黏结预应力筋在筒壁内成束布置，在张拉端改为分散布置，单根或采用群锚整体张拉。根据筒（池）壁张拉端的构造不同，可分为有扶壁柱形式和无扶壁柱形式。

如图 4-20 所示环向结构设有四个扶壁柱，环向预应力筋按 180°包角设置。池壁中无黏结预应力筋采用多根钢绞线并束布置的方式，端部采用多孔群锚锚固，如图 4-21 所示。

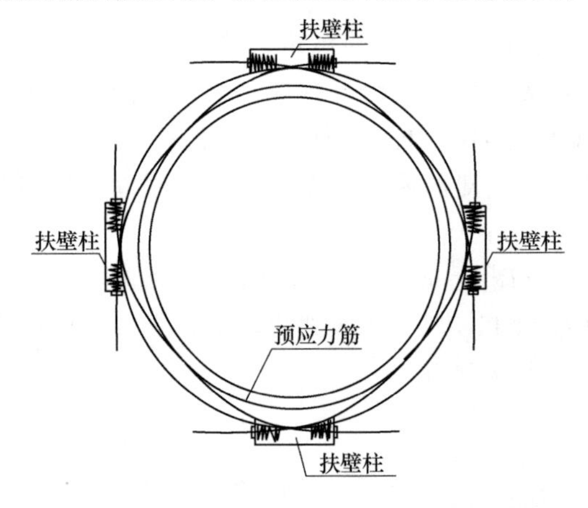

图 4-20 四扶壁柱环向结构无黏结预应力筋布置

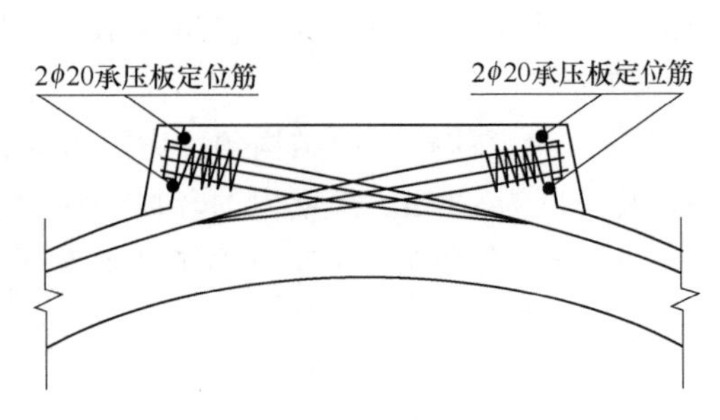

图 4-21 预应力筋张拉端构造

3. 施工技术应用

1）环向有黏结预应力筋

（1）环向孔道留设

环向预应力筋孔道宜采用预埋金属波纹管成型，也可采用镀锌钢管。环向孔道向上隆起的高位处和下凹孔道的低点处设排气口、排水口及灌浆口。为保证孔道位置正确，沿圆周方向应每隔 2～4 m 设置管道定位支架。

（2）环向预应力筋穿束

环形预应力筋，可采用单根穿入，也可采用成束穿入的方法。

如采用 7 根钢绞线整束穿入法，牵引和推送相结合，牵引工具使用网套技术，网套与牵引钢缆连接。

（3）环向预应力筋张拉

环向预应力筋张拉应遵循对称同步的原则，即每根钢绞线的两端同时张拉，组成每圈的各束也同时张拉。这样，每次张拉可建立一圈封闭的整体预应力。沿高度方向，环向预应力筋可由下向上进行张拉，但遇到洞口的预应力筋加密区时，自洞口中心向上、下两侧交替进行。

（4）环向孔道灌浆

环向孔道一般由一端进浆，另一端排气排浆，但当孔道较良时，应适当增加排气孔和灌浆孔。如环向孔道有下凹段或上隆段，可在低处进浆，高处排气、排浆。对较大的上隆端顶部，还可采用重力补浆。

2）环向无黏结预应力筋

环向无黏结预应力筋成束绑扎在钢筋骨架上（如图 4-22 所示），应顺环向铺设，不得交叉扭绞。

环向预应力筋张拉顺序自下而上，循环对称交圈张拉。

对于多孔群锚单根张拉（包括环向及径向）应采取“逐根逐级循环张拉”工艺，即张拉应力 $0 \rightarrow 0.5\sigma_{con} \rightarrow 1.03\sigma_{con} \rightarrow$ 锚固。

两端张拉环向预应力筋时，宜采取“两端循环分级张拉”工艺，使伸长值在两端较均匀分布，两端相差不超过总伸长值的 20%。张拉工序为：

A 端：$0 \rightarrow 0.5\sigma_{con}$；

B 端：$0 \rightarrow 0.5\sigma_{con}$；

A 端：$0.5\sigma_{con} \rightarrow 1.03\sigma_{con} \rightarrow$ 锚固；

B 端：$0.5\sigma_{con} \rightarrow 1.03\sigma_{con} \rightarrow$ 锚固。

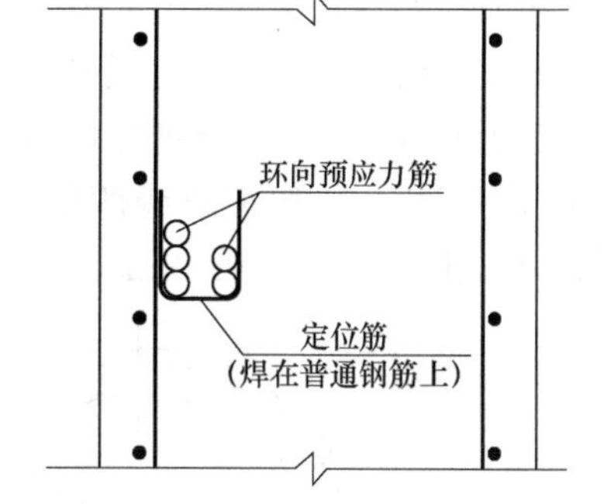

图 4-22　无黏结预应力筋构造示意

为了保证环形结构对称受力，每个储仓配备 4 台千斤顶，在相对应的扶壁柱两端交错张拉作业，同一扶壁两侧应同步张拉，以形成环向整体预应力效应。

3）环锚张拉法

环锚张拉法是利用环锚将环向预应力筋连接起来用千斤顶变角张拉的方法。

蛋形消化池结构为三维变曲面蛋形壳体，如图 4-23 所示。壳壁中，沿竖向和环向均布置了后张有黏结预应力钢绞线，壳体外部曲线包角为 120°。每圈张拉凹槽有三个，相邻圈张拉凹槽错开 30°。通过弧形垫块变角将钢绞线束引出张拉（图 4-24）。张拉后用混凝土封闭张拉凹槽，使池外表保持光滑曲面。

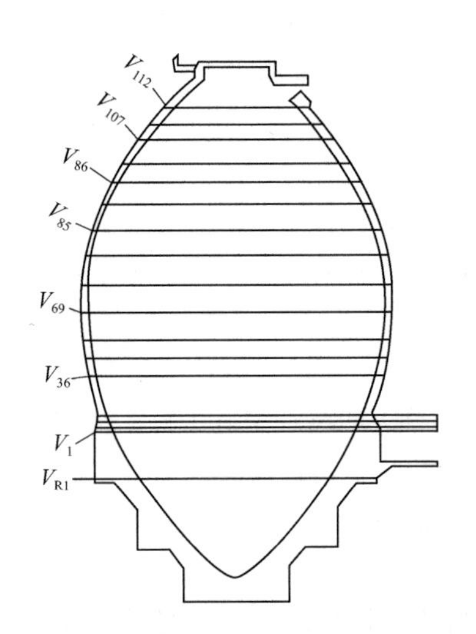

图 4-23 蛋形消化池环向预应力筋

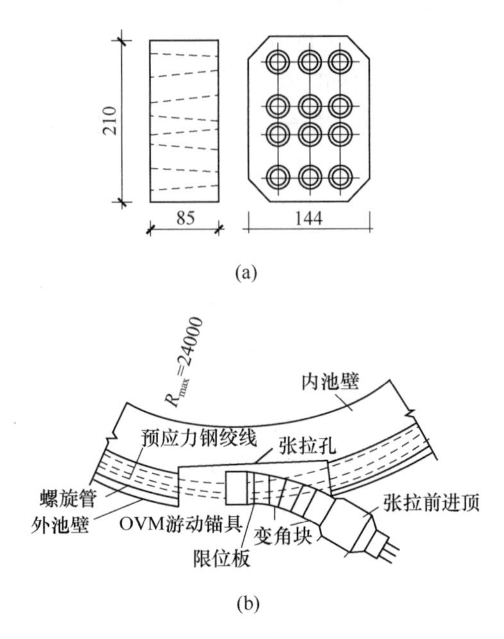

图 4-24 环锚与变角张拉

环向束张拉采用 3 台千斤顶同步进行。张拉时分层进行，张拉一层后，旋转 30°，再张拉上一层。为了使环向预应力筋张拉时初应力一致，采用单根张拉至 20%σ_{con}，然后整束张拉。

环向结构内径为 6.5 m，混凝土衬砌厚度为 0.65 m，采用双圈环锚无黏结预应力技术，如图 4-25 所示。每束预应力筋由 8ϕ^j15.2 无黏结钢绞线分内、外两层绕两圈布置，两层钢绞线间距为 130 mm，钢绞线包角为 2×360°。沿洞轴线每米布置 2 束预应力筋。环锚凹槽交错布置在洞内下半圆中心线两侧各 45°的位置。预留内部凹槽长度为 1.54 m，中心深度为 0.25 m，上口宽度为 0.28 m，下口宽度为 0.30 m。

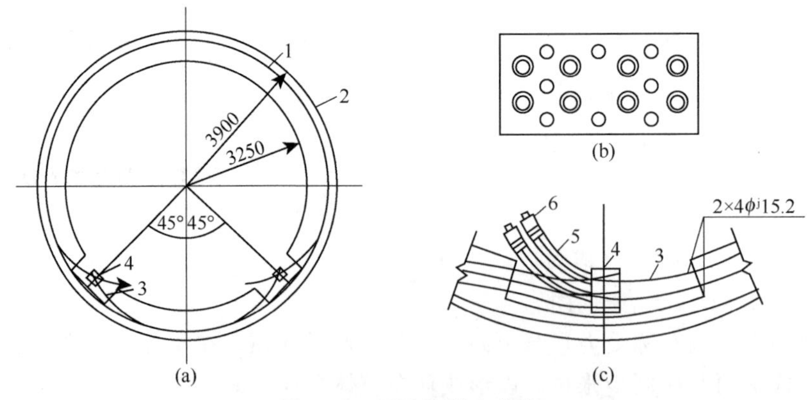

图 4-25 无黏结预应力筋

采用钢板盒外贴塑料泡沫板形成内部凹槽。预应力筋张拉通过 2 套变角器直接支撑于锚具上进行变角张拉锚固。张拉锚固后，因锚具安装和张拉操作需要而割除防护套管的外露部分钢绞线，重新穿套高密度聚乙烯防护套管并注入防腐油进行防腐处理，然后用无收缩混凝土回填。

第五章　模板工程施工技术

第一节　清水混凝土模板施工应用技术

一、主要技术特点

1. 基本概念

清水混凝土，主要是指现浇工艺一次成型，以混凝土自然表面作为最终完成面（装饰面），通过混凝土本身的质感来体现建筑效果的现浇混凝土工程，只是在表面涂一道透明的保护剂。清水混凝土建筑效果主要通过对构件的外观形式设计和严格控制混凝土完成面质量来实现。另外，清水混凝土还指混凝土墙体拆模后，内墙面只做简单处理后表面涂抹2～3 mm厚粉刷石膏和1～2 mm厚耐水腻子即可。

在清水混凝土模板设计前，应先根据建筑师的要求对清水混凝土工程进行全面深化设计，设计出清水混凝土外观效果图，在效果图中应明确明缝、蝉缝、螺栓孔眼、假眼、装饰图案等位置。然后根据效果图的效果设计模板，模板设计应根据设置合理、均匀对称、长宽比例协调的原则，确定模板分块、面板分割尺寸。

1）明缝

是凹入混凝土表面的分格线或装饰线，是清水混凝土表面重要的装饰效果之一。一般利用施工缝形成，也可以依据装饰效果要求设置在模板周边、面板中间等部位。

2）蝉缝

是有规则的模板拼缝在混凝土表面上留下的痕迹。设计整齐匀称的蝉缝是清水混凝土表面重要的装饰效果之一。

3）螺栓孔眼

是按照清水混凝土工程设计要求，利用模板工程中的对拉螺栓，在混凝土表面形成有规则排列的孔眼，是清水混凝土表面重要的装饰效果之一。

4）假眼

是为了统一螺栓孔眼的装饰效果，在模板工程中，对没有对拉螺栓的位置设置堵头并形成的孔眼。其外观尺寸要求与其他螺栓孔眼一致。

5）装饰图案

是利用带图案的聚氨酯内衬模作为模具，在混凝土表面形成特殊的装饰图案效果。

2. 清水混凝土模板技术特点

①清水混凝土工程是直接利用混凝土成型后的自然质感作为饰面效果的混凝土工程，分为普通清水混凝土、饰面清水混凝土和装饰清水混凝土。清水混凝土表面质量的最终效果取决于清水混凝土模板的设计、加工、安装和节点细部处理。

②模板表面的特征：平整度、光洁度、拼缝、孔眼、线条、装饰图案及各种污染物均拓印到混凝土表面。因此，根据清水混凝土的饰面要求和质量要求，清水混凝土模板更重视模板选型、模板分块、面板分割、对拉螺栓的排列和模板表面平整度。

二、主要技术指标

①饰面清水混凝土模板表面平整度：2 mm；

②普通清水混凝土模板表面平整度：3 mm；

③饰面清水混凝土相邻面板拼缝高低差：≤0.5 mm；

④相邻面板拼缝间隙：≤0.8 mm；

⑤饰面清水混凝土模板安装截面尺寸：±3 mm；

⑥饰面清水混凝土模板安装垂直度（层高不大于 5 m）：3 mm。

三、施工技术应用

1. 技术应用范围

体育场馆、候机楼、车站、码头、剧场、展览馆、写字楼、住宅楼、科研楼、学校、桥梁、筒仓、高耸构筑物等。也可用于清水混凝土装饰造型、景观造型施工。如在国家体育场的建筑施工中就应用了此技术。

2. 模板设计要求

①模板设计应根据设计图纸进行，模板的排版与设计的蝉缝相对应。同一楼层的蝉缝水平方向应交圈，竖向垂直，有一定的规律性、装饰性（如图 5-1 所示）。

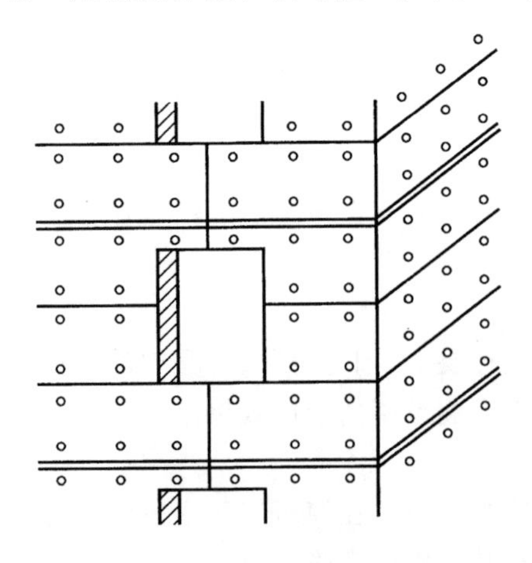

图 5-1 明缝、蝉缝水平交圈示意

②模板表面应平整光洁、强度高、耐磨性和耐候性好、物理化学性能均匀稳定。

③PVC 板厚度应按使用部位选用，要求表面洁净、有一定的强度和韧性，且黏结牢固。

④模板的背楞规格、薄厚应均匀一致、顺直，并和面板紧贴，连接牢固，有足够的强度、刚度和稳定性。

⑤以胶合板为面板的模板应选用厚薄一致、色泽均匀的优质板材，模板的覆膜要求厚度均匀、平整光洁、耐磨性高，而钢模板的面板应选择 $\delta=5\sim6$ mm 的原平板，面板的配置应满足设计师对螺栓孔眼、明缝和蝉缝等的排布要求。

⑥模板使用的隔离剂应选用对清水混凝土表面质量和颜色不产生任何影响的产品。

⑦水平结构的模板适宜选用竹（木）胶合板体系，按均匀对称、横平竖直的原则排列设计，对弧形平面结构，宜采用径向辐射布置。

⑧模板设计应保证模板结构构造合理，强度、刚度满足要求，牢固稳定，拼缝严密，规格尺寸准确，便于组装和支拆。

⑨模板的高度应根据墙体浇筑高度确定，应高出浇筑面 50 mm 为宜。

⑩对拉螺栓孔眼的排布应纵横对称、间距均匀，距门洞口边不小于 150 mm，在满足设计的排布时，对拉螺栓应满足受力要求。

⑪模板分块原则：

a. 在吊装设备起重力矩允许范围内，模板的分块力求定型化、标准化、整体化、模数化、通用化，按大模板工艺进行配模设计。全钢大模板按《全钢大模板应用技术规程》的要求设置和配置，并考虑塔吊起重能力和作业半径的影响。

外墙模板分块以轴线或窗口中线为对称中心线，内墙模板分块以墙中线为对称中心线，做到对称、均匀布置。

外墙模板上下接缝位置宜设于楼面建筑标高位置，当明缝设在楼面标高位置时，利用明缝做施工缝。明缝还可设在窗台标高、窗过梁底标高、框架梁底标高、窗间墙边线及其他分格线位置。

⑫面板分割原则：

面板宜竖向布置，也可横向布置，但不得双向布置。当整块胶合板排列后尺寸不足时，宜采用大于 600 mm 宽胶合板补充，设于中心位置或对称位置。当采用整张排列后出现较小余数时，应调整胶合板规格或分割尺寸。

以钢板为面板的模板，其面板分割缝宜竖向布置，一般不设横缝，当钢板需竖向接高时，其模板横缝应在同一高度。在一块大模板上的面板分割缝应做到均匀对称。

在非标准层，当标准层模板高度不足时，应拼接同标准层模板等宽的接高模板，不得错缝排列。

建筑物的明缝和蝉缝必须水平交圈，竖向垂直。

圆柱模板的两道竖缝应设于轴线位置，竖缝方向与群柱一致。

柱或矩形柱模板一般不设竖缝，当柱宽较大时，其竖缝宜设于柱宽中心位置。

模板横缝应从楼面标高至梁柱节点位置做均匀布置，余数宜放在柱顶。

角模与大模板面板之间形成的蝉缝，要求脱模后效果同其他蝉缝。

板面板要求强度高、韧性好，加工性能好。

平结构模板宜采用木胶合板作面板，应按均匀、对称、横平竖直的原则作排列设计；对于弧形平面，宜沿径向辐射布置（图 5-2）。

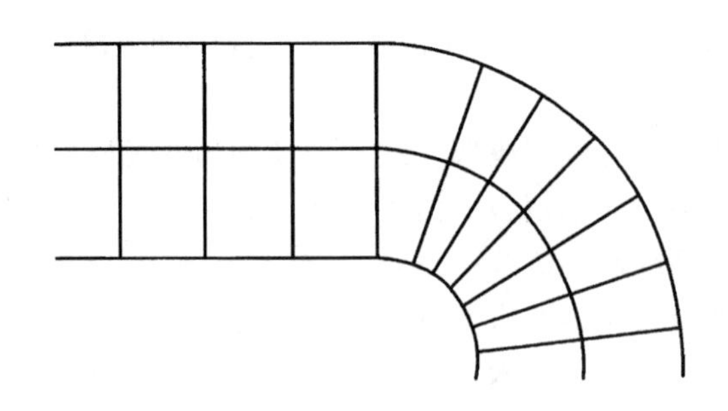

图 5-2 水平模板的排列

3. 模板制作节点处理

1）胶合板模板阴、阳角

①胶合板模板在阴角部位宜设置角模。角模与平模的面板接缝处为蝉缝，边框之间可留有一定的间隙，以利脱模。

②角模棱角边的连接方式共有两种。

一种是角模棱角处面板平口连接，其中外露端刨光并涂上防水涂料，连接端刨平并涂防水胶黏结，如图 5-3（a）所示。

另一种是角模棱角处面板的两个边端都为略小于 45°的斜口连接，斜口处涂防水胶黏结，如图 5-3（b）所示。

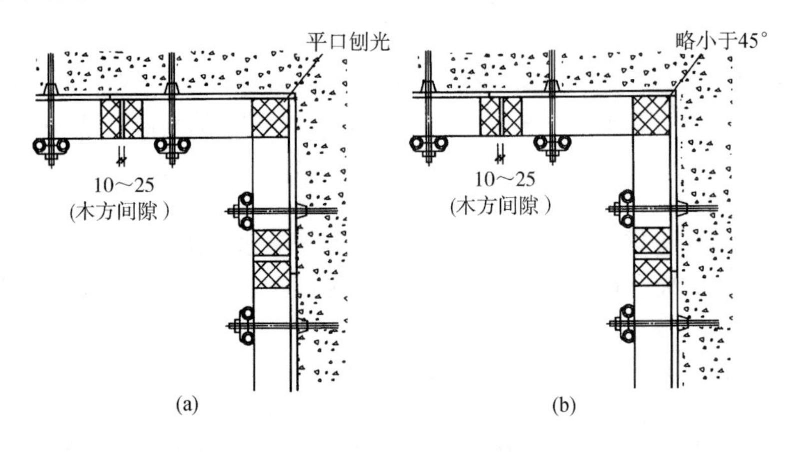

图 5-3 阴角部位设角模做法

（a）平口连接；（b）斜口连接

③当选用轻型钢木模时，阴角模宜设计为柔性角模。

④胶合板模板在阴角部位可不设阴角模，采取棱角处面板的两个边端略小于 45°的斜口连接，斜口处涂防水胶黏结。

⑤在阳角部分不设阳角模，采取一边平模包住另一边平模厚度的做法，连接处加海绵条防止漏浆。

2）大模板阴、阳角

①清水混凝土工程采用全钢大模板或钢框木胶合板模板时，在阴角模与大模板之间为蝉缝，不留设调节缝；角模与大模板连接的拉钩螺栓宜采用双根，以确保角模的两个直角边与

大模板能连接紧密不错台，如图 5-4 所示。

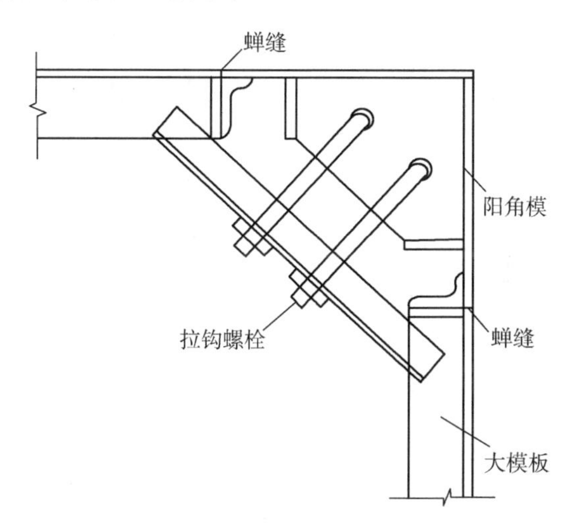

图 5-4　全钢大模板阴角做法

②在阳角部位，根据蝉缝、明缝和穿墙孔眼的布置情况，可选择两种做法：一种是采用阳角模，阳角模的直角边设于蝉缝位置，使楞角整齐美观；另一种是采用一块平模包住另一垂直方向平模厚度，连接处加海绵条堵漏。阳角部位不宜采用模板边楞加角钢的做法。

3）钉眼的处理

龙骨与胶合板面板的连接，宜采用木螺钉从背面固定，保证进入面板有一定的有效深度，螺钉间距宜控制在 150 mm×300 mm 以内。

圆弧形等异形模板，如从反面钉钉难以保证面板与龙骨的有效连接时，面板与龙骨可采用沉头螺栓、抽芯拉铆钉正钉连接，为减少外露印迹，钉头下沉 1～2 mm，表面刮铁腻子，待腻子表面平整后，在钉眼位置喷清漆，以免在混凝土表面留下明显的痕迹。龙骨与面板连接如图 5-5、图 5-6 所示。

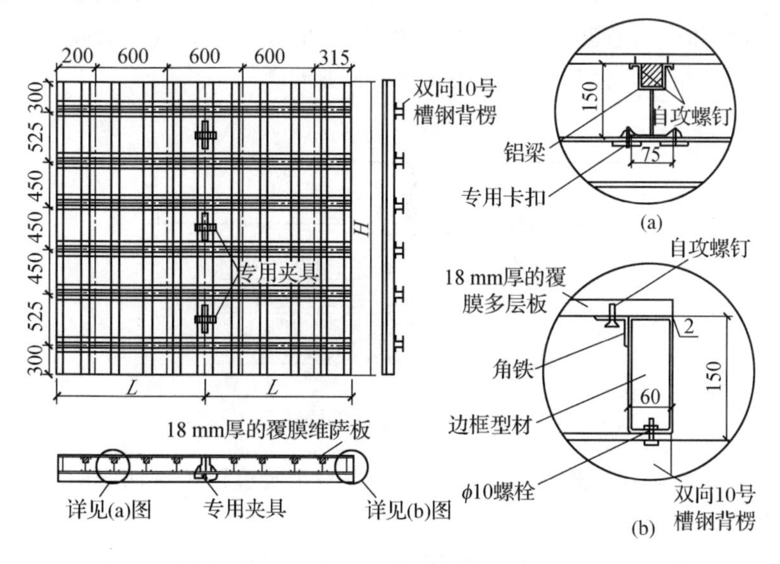

图 5-5　龙骨与面板连接示意

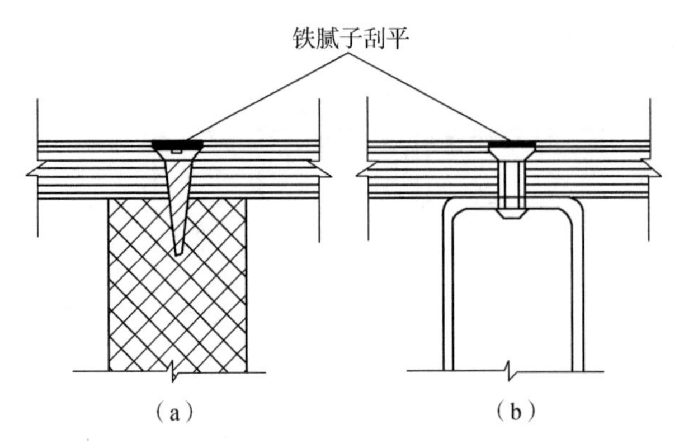

图 5-6 面板钉眼处理示意

(a) 木螺钉；(b) 抽芯拉铆钉

4) 模板拼缝的处理

①胶合板面板竖缝设在竖肋位置，面板边口刨平后，先固定一块，在接缝处满涂透明胶，后一块紧贴前一块连接。根据竖肋材料的不同，其剖面形式也不同，如图 5-7 所示。

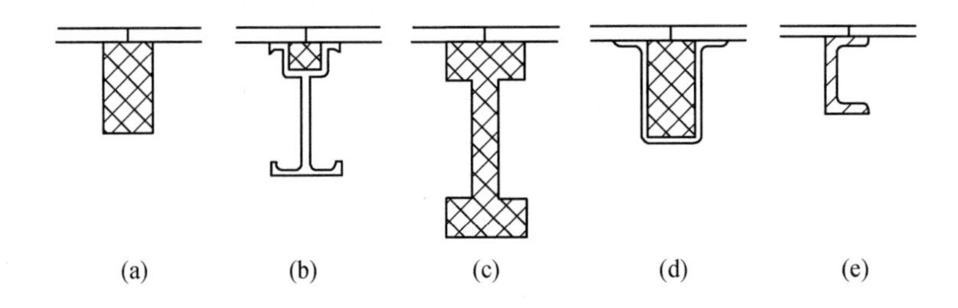

图 5-7 模板剖面形式

(a) 木方；(b) 铝梁；(c) 木梁；(d) 钢木肋；(e) 钢模板槽钢肋

②胶合板面板水平缝拼缝宽度不大于 1.5 mm，拼缝位置一般无横肋（木框模板可加短木方），为防止面板拼缝位置漏浆，模板接缝处背面切 85°坡口，并注满胶，然后用密封条沿缝贴好，贴上胶带纸封严，模板拼缝做法如图 5-8 所示。

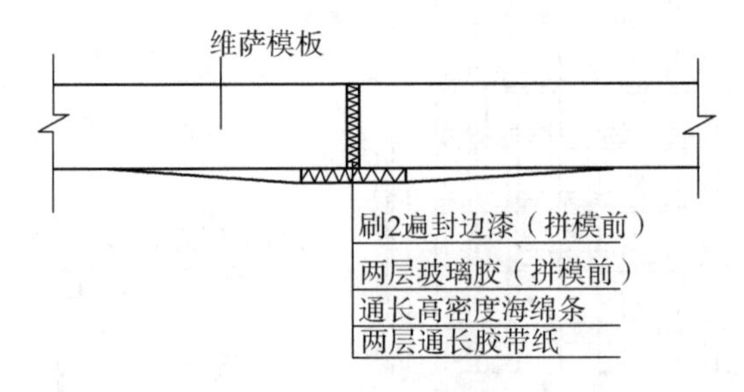

图 5-8 模板拼缝做法

③钢框胶合板模板可在制作钢骨架时，在胶合板水平缝位置增加横向扁钢，面板边口之间及面板与扁钢之间涂胶黏结（图 5-9）。

④全钢大模板在面板水平缝位置，加焊扁钢，并在扁钢与面板的缝隙处刮铁腻子，待铁

腻子干硬后，模板背面再涂漆。

5）对拉螺栓

对拉螺栓可采用直通型穿墙螺栓，或者采用锥接头和三节式螺栓。

①对拉螺栓的排列。对于设计明确规定蝉缝、明缝和孔眼位置的工程，模板设计和对拉螺栓孔位置均以工程图纸为准。木胶合板采用 900 mm×1800 mm 或 1200 mm×2400 mm规格，孔眼间距一般为 450 mm、600 mm、900 mm，边孔至板边间距一般为 150 mm、225 mm、300 mm，孔眼的密度比其他模板高。对于无孔眼位置要求的工程，其孔距按大模板设置，一般为 900～1200 mm。

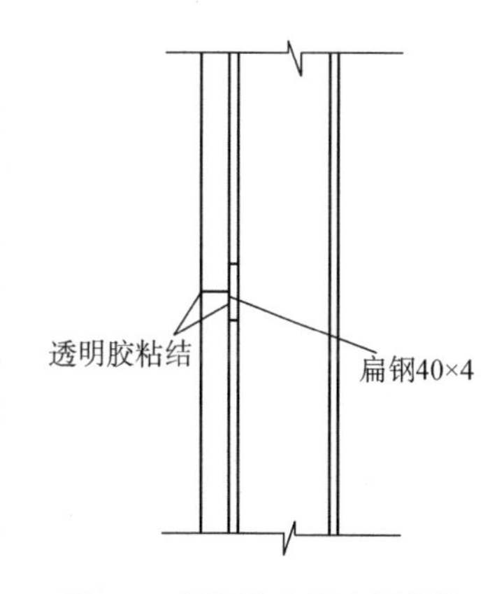

图 5-9 钢框胶合板水平蝉缝

②穿墙螺栓采用由 2 个锥形接头连接的三节式螺栓，螺栓宜选用 T16×6～T20×6 冷挤压螺栓，中间一节螺栓留在混凝土内，两端的锥形接头拆除后用水泥砂浆封堵，并用专用的封孔模具修饰，使修补的孔眼直径和孔眼深度一致。

这种做法有利于外墙防水，但要求锥形接头之间尺寸控制准确，面板与锥截面紧贴，防止接头处因封堵不严产生漏浆现象。

③穿墙螺栓采用可周转的对拉螺栓，在截面范围内螺栓采用塑料套管，两端为锥形堵头和胶粘海绵垫。拆模后，孔眼封堵砂浆前，应在孔中放入遇水膨胀防水胶条、砂浆用专用模具封堵修饰。

④内墙采用大模板时，锥形螺栓所形成的孔眼采用砂浆封堵平整，不留凹槽作装饰。

⑤当防水没有要求，或其他防水措施有保障时，可采用直通型对拉螺栓。拆模后，孔眼用专用模具砂浆封堵修饰。其组合图如图 5-10 所示。

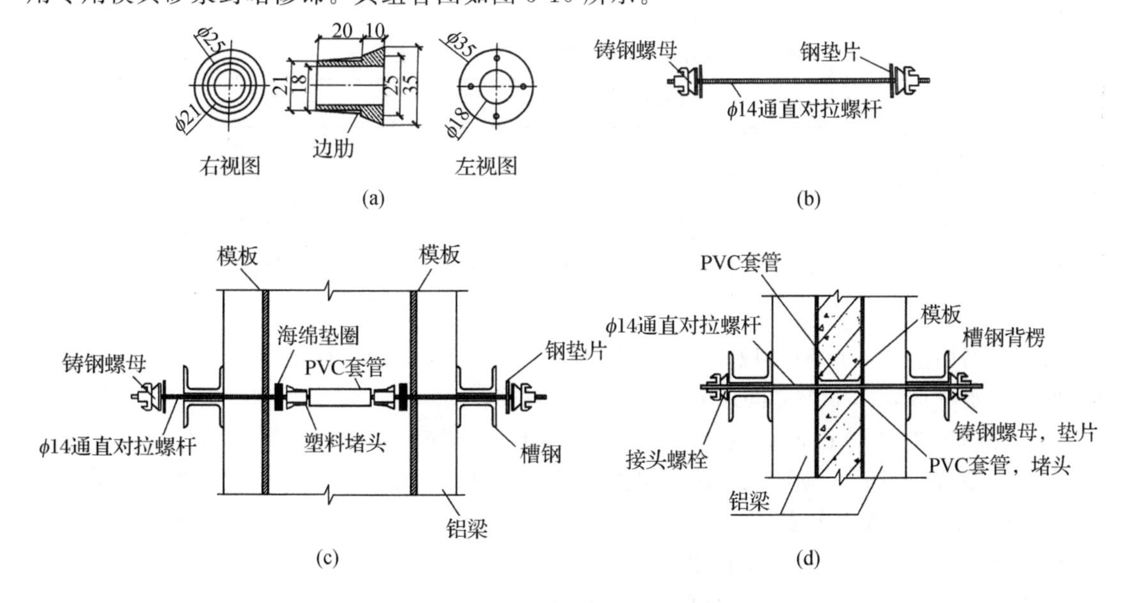

图 5-10 直通型对拉螺栓组合

（a）翅料堵头剖面；（b）对拉螺杆配件网；（c）对拉螺栓组装示意图；（d）对拉螺栓安装成品示意图

6）假眼做法

清水混凝土的螺栓孔布置必须按设计的效果图，对于部分墙、梁、柱节点等由于钢筋密集，或者由于相互两个方向的对拉螺栓在同一标高上，无法保证两个方向的螺栓同时安装，但为了满足设计需要，需要设置假眼，假眼采用同直径的堵头、同直径的螺杆固定。

7）预埋件的处理

清水混凝土不能剔凿，各种预留预埋必须一次到位，预埋位置、质量符合要求，在混凝土浇筑筒对预埋件的数量、部位、固定情况进行仔细检查，确认无误后，方可浇筑混凝土。

4. 模板安装

1）模板安装的一般要求

①模板安装必须按模板的施工设计进行，严禁随意变动。

②楼层高度超过 4 m 或二层及二层以上的建筑物，安装和拆除钢模板时，周围应设安全网或搭设脚手架和加设防护栏杆。在临街及交通要道地区，还应设警示牌，并设专人维持安全，防止伤及行人。

③现浇整体式的多层房屋和构筑物安装上层楼板及其支架时，应符合下列要求：

下层楼板混凝土强度达到 1.2 N/mm^2 以后，才能上料具。料具要分散堆放，不得过分集中。

如采用悬吊模板、桁架支模方法，其支撑结构必须要有足够的强度和刚度。

下层楼板结构的强度要达到能承受上层模板、支撑系统和新浇筑混凝土的重量时，方可进行。否则下层楼板结构的支撑系统不能拆除，同时上下层支柱应在同一垂直线上。

④模板及支撑系统在安装过程中，必须设置固定措施，以防止倒塌。

⑤在架空输电线路下面安装和拆除组合钢模板时，吊机起重臂、吊物、钢丝绳、外脚手架和操作人员等与架空线路的最小安全距离应符合表 5-1 的要求。如停电作业时，要有相应的防护措施。

表 5-1　操作人员与架空线路的最小安全距离

外电显露电压	1 kV	1～10 kV	35～110 kV	154～220 kV	330～500 kV
最小安全操作距离/m	4	6	8	10	15

⑥模板的支柱纵横向水平、剪刀撑等均应按设计的规定布置，当设计无规定时，一般支柱的网距不宜大于 2 m，纵横向水平的上下步距不宜大于 1.5 m，纵横向的垂直剪刀撑间距不宜大于 6 m。

当支柱高度小于 4 m 时，应设上、下两道水平撑和垂直剪刀撑。以后支柱每增高 2 m 再增加一道水平撑，水平撑之间还需增加一道剪刀撑。

当楼层高度超过 10 m 时，模板的支柱应选用长料，同一支柱的连接接头不宜超过 2 个。

⑦安装组合模板时，应按规定确定吊点位置，先进行试吊，无问题后进行吊运安装。

2）模板水平之间的连接

①木梁胶合板模板之间可采取加连接角钢的做法，相互之间加海绵条，用螺栓连接；也可采用背楞加芯带的做法，面板边口刨光，木梁缩进 5～10 mm，相互之间连接靠芯带、钢楔紧固。

②以木方作边框的胶合板模板，采用企口方式连接，一块模板的边口缩进 25 mm，另

一块模板边口伸出 35～45 mm，连接后两木方之间留有 10～20 mm 拆模间隙，模板背面以 ϕ48×3.5 钢管作背楞。

③铝梁胶合板模板及钢木胶合板模板，设专用空腹边框型材，同空腹钢框胶合板一样采用专用卡具连接。

④实腹钢框胶合板模板和全钢大模板，均采用螺栓进行模板之间的连接。

3）模板上下之间的连接

①混凝土浇筑施工缝的留设宜同建筑装饰的明缝相结合，即将施工缝设在明缝的凹槽内。清水混凝土模板接缝深化设计时，应将明缝装饰条同模板结合在一起。当模板上口的装饰线形成 N 层墙体上口的凹槽，即作为 $N+1$ 层模板下口装饰线的卡座，为防止漏浆，在结合处贴密封条和海绵条。

②木胶合板面板上的装饰条宜选用铝合金、塑料或硬木等制作，宽 20～30 mm，厚 20 mm左右，并做成梯形，以利脱模。

③钢模板面板上的装饰线条用钢板制作，可用螺栓连接也可塞焊连接，宽 30～60 mm，厚 5～10 mm，内边口刨成 45°。

4）明缝与楼层施工缝

明缝处主要控制线条的顺直和明缝条处下部与上部墙体错台的问题，利用施工缝作为明缝，明缝条采用二次安装的方法进行施工。

外墙模板的支设是利用下层已浇混凝土墙体的最上一排穿墙孔眼，通过螺栓连接槽钢来支撑上层模板。安装墙体模板时，通过螺栓连接，将模板与已浇混凝土墙体贴紧，利用固定于模板板面的装饰条（明缝条），杜绝模板下边沿错台、漏浆，贴紧前将墙面清理干净，以防墙面与模板面之间夹渣，产生漏浆现象，明缝与楼层施工缝具体做法如图 5-11 所示。

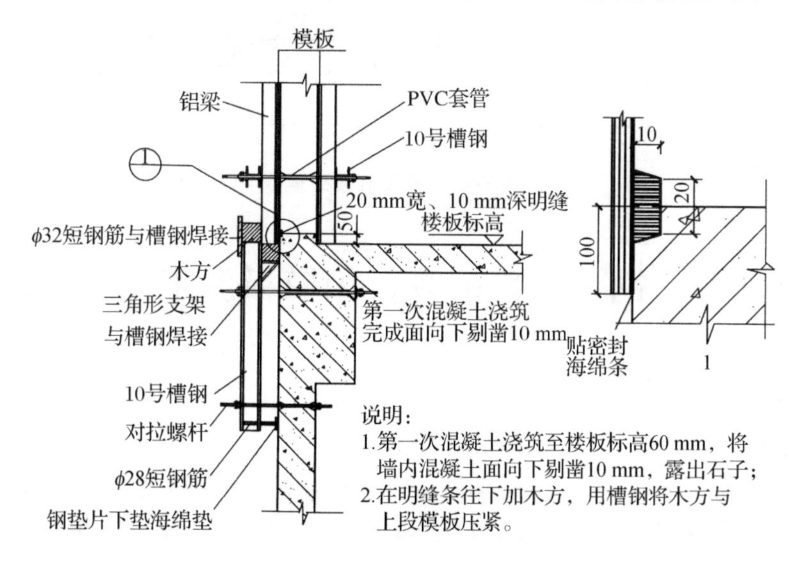

图 5-11　明缝与楼层施工缝做法

5）木制大模板穿墙螺栓安装处理

①锥体与模板面接触面积较大，中间加海绵垫圈保证不漏浆。五节锥体、丝杆均为定尺带限位机构，拧紧即可保证墙体厚度，此处不用加顶棍（图 5-12）。

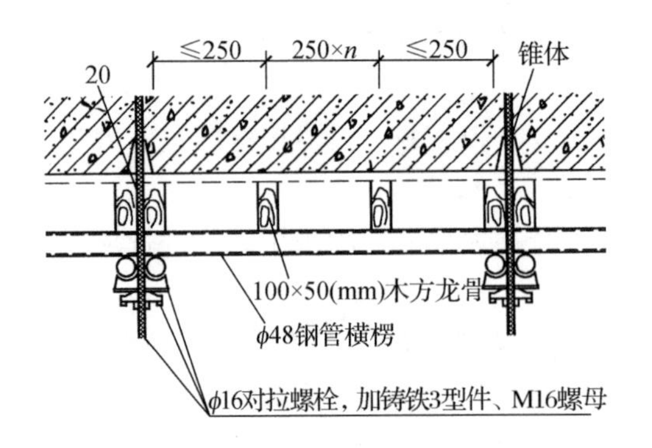

图 5-12 模板穿墙螺栓安装

②锥体对拉螺栓刚度较大，而胶合板面刚度较小，在锥体螺栓部位易产生变形，故在锥体对拉螺栓两侧加设竖龙骨，其他竖龙骨进行微调，控制龙骨间距不超过设计要求，从而保证板面平整。模板背面处理图如图 5-13 所示。

③为保证门窗洞口模板与墙模接触紧密，又不破坏对拉螺栓孔眼的排布，在门窗洞口四周加密墙体对拉螺栓，从而保证门窗洞口处不漏浆。

④用穿墙螺栓孔弹线来确定位置，双侧模板螺栓孔位置对应，保证穿墙螺栓孔美观无偏移，模板拉接紧密。

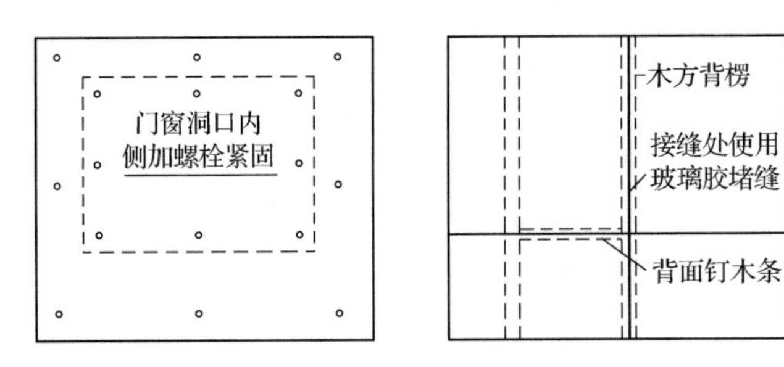

图 5-13 模板背面处理

第二节 钢（铝）框胶合板模板施工应用技术

一、主要技术特点

1. 基本概念

钢（铝）框胶合板模板是一种模数化、定型化的模板，框体为钢（铝）制框体、面板为胶合板，通用性强、配件齐全，模板总重量轻，强度、刚度大，周转使用次数高、每次摊销费用少，装拆方便。

钢（铝）框胶合板模板采用拉铆钉或自攻螺钉与框体连接，面板更换简单快捷；同时钢（铝）制边框可以有效地保护胶合板模板。

2. 技术特点

钢（铝）框胶合板模板是一种模数化、定型化的模板，具有重量轻、通用性强、模板刚度好、板面平整、技术配套、配件齐全的特点，模板面板周转使用次数 30～50 次，钢（铝）框骨架周转使用次数 100～150 次，每次摊销费用少，经济技术效果显著。

1）钢框胶合板模板

①模板为优质覆膜木胶合板，骨架为空腹型材、无背楞，模板重量轻，约 64 kg/m²。

②模板间采用夹具连接和加强背楞加强，操作简单快捷，模板体系的强度、刚度和平整度得到了有效保证。

③加强背楞由双型钢、专用钩头件和楔型钢组成一个整体，搬运方便，操作简单。加强背楞有直角背楞、直背楞、可调节任意角度的背楞。

④模板斜撑底杆与斜杆均可调，适用于不同高度与支撑角度的模板。

⑤模板下口配合撬杠的撬点，非常方面模板的安装与拆卸。

⑥吊钩与模板边框型材相吻合，受力合理，吊钩安装方便、快捷；吊钩受力时紧紧扣住模板边框，大大提高了模板吊装过程中的安全性；需摘钩时，将吊钩的自锁件打开，吊钩自动松开，轻松摘下。

2）铝框胶合板模板

①铝框胶合板模板体系操作简单、快捷，与采用传统方法散支散拆的顶板模板体系相比，可节省操作时间至少 50％。

②钢支撑采用三脚架固定，支撑体系操作简单、安全、快捷。

③铝框胶合板模板标准规格为 1800 mm×900 mm，模板重量轻（25.9 kg/块），单人就可搬运安装。

二、主要技术指标

①模板面板：应采用酚醛覆膜竹（木）胶合板，表面平整。

②模板面板厚度：12 mm、15 mm、18 mm。

③模板厚度：实腹钢框胶合板模板 55～120 mm，空腹钢框胶合板模板 120 mm，铝框胶合板模板 120 mm。

④标准模板尺寸：600 mm×2400 mm、600 mm×1800 mm、600 mm×1200 mm、900 mm×2400 mm、900 mm×1800 mm、900 mm×1200 mm、1200 mm×2400 mm。

三、施工技术应用

1. 技术应用范围

可适用于各类型的公共建筑、工业与民用建筑的墙、柱、梁板以及桥墩等。

2. 施工技术要点

1）模板设计

①钢（铝）框胶合板模板由标准模板、调节模板、阴角模、阳角模、斜撑、挑架、对拉螺栓、模板夹具、吊钩等组成。

②钢框胶合板模板分为实腹和空腹两种，以特制钢边框型材和竖肋、横肋、水平背楞焊接成骨架，嵌入 12～18 mm 厚双面覆膜木胶合板，以拉铆钉或螺钉连接紧固。面板厚12～15 mm，用于梁、板结构支模；面板厚 15～18 mm，用于墙、柱结构支模。

③铝框胶合板模板：以空腹铝边框和矩形铝型材焊接成骨架，嵌入 15～18 m 厚双面覆

膜木胶合板，以拉铆钉连接紧固，模板厚 120 mm，模板之间用夹具或螺栓连接成大模板。铝框胶合板模板也分为重型和轻型两种，其中，重型铝框胶合板模板用于墙、柱；轻型铝框胶合板模板用于梁、板。

2）模板施工要求

①根据工程结构设计图，分别对墙、梁、板进行配模设计，编制模板工程专项施工方案；

②对模板和支架的刚度、强度和稳定性进行验算；

③计算所需的模板规格与数量；

④制订支模和拆模工艺流程；

⑤制订确保模板工程质量和安全施工等有关措施；

⑥对面积较大的工程，划分模板施工流水段。

3）钢框模板构造及施工

空腹钢框胶合板模板分重型和轻型两种，主要用于墙体、柱子、梁和基础等支模。

（1）模板构造

模板钢骨架采用特制的空腹型材做边框，边框内侧有 1～2 个三角形凹槽，用于模板卡具连接。加强肋采用矩形钢管或钢板压制的槽钢，间隔设置孔眼，做连接备用。钢骨架焊接后，整体入槽镀。

面板采用 18～21 mm 厚防水多层胶合板，面板与骨架采用拉铆连接，面板四周与边框的缝隙用封边胶密封。

（2）模板特点

①将模板和背楞的功能合二为一，模板边框厚 120～140 mm，模板的强度和刚度大，但重量轻。允许承受混凝土侧压力 60 kN/m^2。单位面积模板重量根据型号和规格大小而不同，重型为 47.6～68.6 kg/m^2，轻型为 32～42 kg/m^2。

②模板采用卡具连接，简单可靠，安装速度快，既可散装散拆，也可整体吊装，大量节省安装用工。

③通过不同规格的模板组合，可拼装各种尺寸的整块大模板。带有两排孔的模板，柱、墙可通用。因此适用性强，周转使用次数多。

④模板平整稳固，确保了混凝土的表面质量清水光洁，可以直接装修。

（3）带孔的模板

除了一般的模板外，还配有一种带两排孔的模板，模板宽度为 900 mm、750 mm 两种，高度为 2700 mm、1200 mm、600 mm 三种，每种高度的模板设有两排间隔为 50 mm 的孔，可使两块模板成工形连接，多余的孔用塑料孔塞堵住。这种模板主要用于柱子和外墙角。

（4）角模

①固定内角模，标准直角边为 350 mm。非标准直角边按需设计，角模高度为3000 mm、2700 mm、1200 mm。固定直角模设有拆除间隙，当拆除时，90°角可减小 2°，有利于脱模。

②带铰链的内角模，它同平模极连接后，可使内角在 60°～175°范围内调节。

③带铰链的外角模，可使外角在 60°～190°范围内调节。

④柔性内角模，它同平模板连接后，可使内角在 80°～100°范围内调节。

（5）模板连接

钢框胶合板模板之间采用夹具连接，使用时卡紧模板边框内侧凹槽，由于夹具加工精度高，使拼装后的大模板平整牢固、整体性好。夹具根据不同的使用部位，有调准板夹、嵌板夹、外角夹、调节板夹等。

（6）穿墙螺栓

①穿墙螺栓孔设在每块模板长边的边框上，每块模板 4 个孔，大型模板 8 个孔。

②穿墙螺栓采用高强螺旋钢，在全长范围内，螺母都能拧紧，以适应截面变化的需要，配套的螺母、垫片均为铸钢件。

（7）调节缝板

为了调节模板平面尺寸和有利于拆模，设有调节缝板。尺寸的调节范围为 80～300 mm。调节缝板与标准模板之间通过 1000 mm 长的短背楞进行连接。

（8）斜撑

①固定斜撑：斜撑三角形的两个直角边为一定数，斜撑尾部用丝杠调节模板垂直度。主要用于墙模。

②可调斜撑：斜撑三角形斜边和底边均为变数，根据模板高度需要，可在一定范围内调整。墙模、柱模均可通用。

（9）操作平台

操作平台由三角架和栏杆组成，三角架上端同模板加强肋连接，下端压在加强肋上。栏杆和平台极采用木板铺设。

（10）电梯井

电梯井模板由带铰链的内角模、外角模、平模板、短背楞和对撑组成。组成整体的电梯井模板，搁置在一个比电梯井净空略小的平台上，平台下设 4 个活动支腿。当提升时，支腿向下，并由滑轮在混凝土井壁上滚动摩擦，当达到井壁预留洞时，支腿座落在预留洞内，以搁置平台和电梯井模。这种电梯井模板只能上，不能下，安全可靠，收缩方便。

4）铝框模板构造及施工

铝合金胶合板模板主要用于楼板支撑。

（1）铝合金胶合板模板的构造

模板系统包括模板和支撑系统两个部分：

①模板边框采用铝合金型材，面板采用 10 mm 厚黄色覆膜多层胶合板，同样采用拉铆连接，胶合板边缘用封边胶密封。

②支撑系统包括支撑杆和支撑头。支撑头有两种：一种有 4 个凸头，用于搁置模板的 4 个角点；另一种有 2 个凸头，用于搁置边模的 2 个角点。支撑头与钢支撑的连接用弹簧钢销。

（2）铝合金胶合板模板的特点

①重量轻，手动方便。一般模板质量为 13 kg/m^2，最大的一块尺寸为 1800 mm×900 mm，合 1.62 m^2，仅 20 kg。

②模板刚度好，由于成型后的模板厚度达 140 mm，可以直接搁置在支撑上，没有通常楼板支模所必需的纵横梁或木格栅。逐个拆除模板和支撑时，也不影响其他模板、支撑的稳定。

③模板安装拆除简便、安全，仅用 1～2 人就可进行模板的安拆作业，使用十分方便，施工速度快。

④模板支撑系统稳定可靠，它的支设高度最高可达 5.2 m，楼板的厚度最多可达 400 mm。

⑤模板平整光滑，楼板顶棚面不需抹灰。

（3）铝合金胶合板模板的安装、拆除

①靠墙架设支撑框，使边模的支撑稳定。

②先将模板一端的两个角挂在支撑头上，然后用架设杆钩住另一端边框，将模板抬高，再搁置支撑杆和头，依次逐块进行。调节支撑杆，使模板保持水平。

③标准模板或附加模板排列以后的剩余部分，可以靠墙或在中部用木方及多层胶合板在现场补缺。

④拆除时，先将支撑杆微调螺母下降，使模板脱离混凝土，然后借助架设杆，顶住模板，拆除支撑杆，再将模板向下悬挂并拆掉。

第三节　塑料模板施工技术应用

一、主要技术特点

1. 基本概念

塑料模板是以聚丙烯等硬质塑料为基材，加入玻璃纤维、剑麻纤维、防老化助剂等增强材料，经过复合层压等工艺制成的一种工程塑料，可锯、可钉、可刨、可焊接、可修复，其板材镶于钢框内或钉在木框上，所制成的塑料模板能代替木模板、钢模板使用，既环保节能，又能保证质量，施工操作简单，节约成本，减轻工人劳动强度，减少钢材、木材用量，模板材料最后还能回收利用。

塑料模板表面光滑、易于脱模、重量轻、耐腐蚀性好，模板周转次数多，可回收利用，对资源浪费少，有利于环境保护，符合国家节能环保要求。

2. 技术特点

①塑料模板，散支散拆模是一种常见的施工方法，采用 12 mm 塑料模板，一般使用 50 mm×50 mm 木方，间距在 250～350 mm，直接与木方连接。

②曲线形桥梁塑料模板是最好的一种曲线形预制桥梁模板的材料，它可以保证清水混凝土质量，又容易加工，而且很大程度地降低成本，提高品质。采用 12～15 mm 厚的塑料板材，可加工成异形模板，给施工带来了方便，又能确保施工安全。

③钢框塑料模板是一种组合式拼装模板。主要是用角钢和方钢焊接成钢框，然后将塑料模板镶于钢框内，采用螺栓或拉铆连接，钢框之间采用 U 形卡和专用卡具连接。这种模板的主要优势体现在使用周期长，回收价值高，拼装方便，清洁维修量小，是现在组合式模板的最佳产品。

④铝框塑料模板是将塑料模板镶于铝框内，采用螺栓或拉铆连接。铝框塑料模板优点是重量轻，板面大，安装施工非常方便，周转率高，回收价值也高。国外很多地方采用这种模板。

二、主要技术指标

以天然纤维增强再生塑料复合板为例：

①静曲强度：≥33 MPa。

②弯曲弹性模量：纵向大于1300 MPa，横向大于1100 MPa。

③耐酸性：10%HCL溶液中浸泡48 h无明显变化。

④耐碱性：饱和$Ca(OH)_2$溶液中浸泡48 h无明显变化。

⑤耐水性：常温浸水72 h，质量增重小于0.5%；长度变化小于0.1%；宽度变化小于0.1%。

⑥表面耐磨：小于0.08%/100 r。密度小于1.0 g/cm^3。

⑦耐燃性：氧指数大于45。

三、施工技术应用

1. 技术应用范围

可适用于各类型的公共建筑、工业与民用建筑的墙、柱、梁、板及土木工程现浇混凝土结构等。

2. 施工技术要点

1）模板设计

①塑料模板的钢框可采用80 mm×80 mm×8 mm角钢做边肋、8号槽钢做竖肋、5号槽钢做横肋焊接而成。塑料板材镶于钢框内，采用螺栓连接或拉铆连接。钢框与钢框之间采用销板、U形卡或专用卡具连接。

②塑料模板的边框尺寸可根据板材设计为1200 mm×3000 mm、1200 mm×2400 mm、600 mm×3000 mm，600 mm×2400 mm，600 mm×1800 mm等，另配有调节模板、阴角模、阳角模、斜撑、挑架、对拉螺栓和模板夹具等。

③塑料模板的木框可采用100 mm×100 mm木方做边肋、50 mm×100 mm木方做竖肋、2根10号槽钢做背楞。塑料板材同木框采用钉钉方式连接。

④当塑料模板用于水平结构支模时，支撑架上的纵梁采用100 mm×100 mm木方、横梁采用50 mm×100 mm木方。

2）模板制作

①模板的铺设应在搭建好的、验收合格的龙骨架上按顺序铺设，木方间距中心线不得大于200 mm。

②根据天气温度合理调节施工（在模板之间接触处预留合理的空间，用双面弹性海绵胶和专利产品“丁字胶”做平面处理）。模板面板间拼缝力求严密平整，无错台，中间无间缝。

③FRTP塑模板面板的拼缝应进行防漏浆处理，处理后的拼缝应保持面板的平整度，且不得使混凝土表面着色，FRTP模板拼缝采用双面海绵胶与透明胶双重措施保证接缝严密，避免漏浆。

④FRTP塑模板面板与龙骨的连接采用木钉连接，钉头沉进板面1～2 mm，并用透明胶将凹坑刮平。

⑤根据FRTP的特性，为了增加其使用次数，模板与模板之间不得直接用钉子强行加

固连接处理。

3）模板施工方法

（1）柱模

①模板加工时，模板分别留出除浇混凝土面外的1.2 mm双边木方尺寸，同时木方与木方纵向间距≤20～15 cm，横向间距对拉螺控制在≤50～80 cm；使用散制模板时，可使用“建筑步步紧”来固定模板纵向“]”转角；禁止在楼板侧缝钉钉，这样可防止漏浆，而且脱模容易，柱体脱模后效果佳。

②对灌注混凝土后，因FRTP要求脱模效果，需对柱子的对拉螺杆进行检查并第二次修正调整，这样可提高脱模后的柱子标准角模直线及消除模面立体误差。

（2）剪力墙模、平面模

①模板面用钉时应离模边不小于1 cm，木方平面需平整，铺设平面木方应保持木方之间距平衡，方与方间距相等的平面模板木方与木方间距不大于20 cm，平面模与木方连接只在板和梁连接处用钉，其他地方尽量少用钉（因FRTP有向下垂直落力特性），以免脱模时损伤表面。

②剪力墙体木方模纵向间距不大于15 cm，墙体模横箍应不大于80 m。在穿墙及流水螺杆上螺丝时必须受力均匀，切不可拉丝过紧，使模板外形面孔变形，人为地无意识造成拉炸裂。

③对其灌注混凝土后，因FRTP要求脱模效果，需对剪力墙的对拉螺杆进行检查并第二次修正调整，这样可提高脱模后的剪力墙标准，模平面无误差，使之立体效果最佳。

（3）梁模、柱模

①梁模下料加工与柱模相同，要求底模加工时留出除浇混凝土面外的双边木方尺寸。模面尽量少用钉，保持模面平整，钉间距不小于0.5 m。

②使用“建筑步步紧”或用钢管对拉来固定模板纵向“]”转角；同时可采用墙体对拉螺杆技术，对超大型梁板加固。

（4）定型模板的制作

①制作好定型尺寸的木构框（方距150 mm）。镶嵌好固定拉杆，用蝴蝶扣和螺帽锁牢架管，间距500 mm。

②铺好定型尺寸的模板。

③在模板与模板的连接缝粘连好橡胶条。

④边框引孔，不要引穿；1 mm深度，12～18 mm孔径，30 cm间距，然后沿着引空位用麻花钉钉制。

⑤中间部分可以用10分普通网钉和10分麻花钉钉制，无需引孔，间距30 cm。

⑥在模板边缘100～150 mm处，用直径36～37 mm的开孔钻花引孔，不要引穿；3 mm深度，孔距50 cm，中间部分可以用10分普通网钉和10分麻花钉钉制，无需引孔；间距30 cm。

⑦用直径20 mm的钻杆在上（6点）孔中间穿过模板和木方，把规格长度150 mm（其中包括细丝扣40 mm）、螺杆直径20 mm、网头直径35 mm、厚度3 mm的铆杆敲插下去，牢牢地拴住板和木方，同时上紧螺帽即可。

（5）定型角模制作

①≥500 mm 的，将采用类同定型模板的所有技法。

②<500 mm 的，启用 10 分麻花钉嵌式引孔即可，间距 300 mm。

③支撑和紧固体系不变。

④建议模板的横切面需用止水橡胶条粘连和 3 分钉加固，间距 10 cm。

⑤框架塑料模板应用：参照国家全钢钢框模板的标准要求结合 FRTP 塑模使用说明细则使用。

4）模板的拆除

（1）模板拆除注意事项

①由项目部技术安全负责人，组织施工班组全面检查模板的连接；根据检查结果定出拆除顺序和措施，对拆除人员进行安全技术指导。

②模板拆除作业由边而内逐层进行，拆除时严禁内外同时作业，应逐片逐步进行。

③对拆除后的模板应按操作流程，轻拆轻放，堆放整齐。模板的拆除应遵循自上而下，先拆侧向支撑后拆垂直支撑，先拆不承重结构再拆承重结构，先支的后拆，后支的先拆。

④拆模应准备的工具：长撬杠、橡皮锤、木锤、木橛子等。

⑤拆模时必须具备移动脚手架，方便 FRTP 模板脱模，可以防止散制散模脱模过程中的模板砸碰、表面刮划伤。顶板大面积脱落时，为防止模板表面受损，应进行顶板脱模中间支撑体二次保护。

⑥拆模后的模板必须及时人工去除闲钉及模面杂物，以保证模面光洁无异物，同时堆码遮阳平放，并对有损伤的板面进行人工电焊修补，以备下次使用。

⑦高温天气施工时，应对 FRTP 模板以施工好的板面进行水冷却处理。

（2）柱模的拆除

自上而下分层拆除（散支）第一层时，用木锤或橡皮锤向外侧轻击模皮上口，模板松动，自行脱离混凝土，依次拆除下一层模板时要轻击模边肋，切不可用撬杠从柱角撬离，以免损伤模板，影响使用率。

（3）梁模的拆除

梁模应先拆支架拉杆以便作业，而后拆除梁与楼板的连接角模及梁侧模板，梁柱拆除大致相同，但拆除梁底模支柱时应从跨中向两端作业。

（4）拆除模板

模板拆除前必须有混凝土强度报告，强度达到方可进行。拆模必须经施工技术人员同意，按顺序分段进行，严禁猛撬硬砸或大面积撬落和拉倒，完工前不得留下松动或悬挂模板，注意安全，防钉扎及板架倒塌伤人，同时拆模间隙应固定活动模板、拉杆、支撑，防止突然坠落伤人。

5）模板的维护

①模板使用后检查边、角的损伤程度，如用锤子敲击归位，如中间有些许局部窝拱（对穿螺杆处），用钢钎平头部位敲击，如有钉子和螺帽的松懈应及时拧紧。

②边角和局部的裂损：可通过切割补板和塑焊接处理。

③每使用三次必须用油漆刮刀、塑料毛刷清理板面的杂质，再用清水清洗。

④科学堆码，安全吊装。

⑤塑料模板由于具备了良好的保水性和不吸水性特点，建议在制定混凝土的混合比时，水的比例应适当减少；拆模时间控制在 12～20 h 内。

⑥对穿螺杆使用的套管建议采用竹子管，因为竹子强度高，在拧螺杆时不易发生变形。另外，混凝土砂浆回流到管内，不会致使螺杆抽打不出。

6）安全技术措施

①对所有施工人员做严格的安全技术培训，施工操作人员掌握安全技术操作规程后，应书面签字保留。做到人人熟知安全技术操作规程，人人遵守安全技术操作规程，安全责任层层落实。

②操作人员在操作过程中不得吸烟、对模板表面需电焊焊接的地方，应做好水面冷水表面处理。

③严格按照施工组织和施工顺序及铺设方法铺设，不得任意改变铺设的连接方式。

④模板拆除必须按规范顺序一段一段地由边至内拆除。

⑤拆除施工人员在作业时佩戴安全带，对拆除的模板应有组织地下运，不得抛扔。拆除时应设专人在架底周围看护，设置明显标识，提醒过路行人及车辆注意安全。

第四节　组拼式大模板施工技术应用

一、主要技术特点

1. 基本概念

组拼式大模板是一种单块面积较大、模数化、通用化的大型模板，具有完整的使用功能，采用塔吊进行垂直水平运输、吊装和拆除，工业化、机械化程度高。组拼式大模板作为一种施工工艺，施工操作简单、方便、可靠，施工速度快，工程质量好，混凝土表面平整光洁，不需抹灰或简单抹灰即可进行内外墙面装修。

2. 技术关键点

①模板的材料和设计加工精度：模板材料要求有耐久性和高强度，而且具有高精度的加工精度，能反复周转使用，能保证混凝土结构件外形的一致性。因此，应首选精密加工制造的全钢大模板。

②模板的垂直度控制：用上口顺直度和下口地贴紧度确保模板的垂直度与墙面最终垂直度的一致性。

③模板漏浆的防止：用双边铣边和自动焊接的精制全钢模板在拼接时避免了漏浆。但木制模板需要在拼缝处注入密封胶。若模板下口与顶板平整度不平整，则需要用海绵条和水泥砂浆封堵。

④穿墙拉杆孔的布置和穿墙拉杆：穿墙拉杆孔位的布置图案是模板设计的艺术作品，最终需要获得建筑设计师的确认。穿墙拉杆的结构、材料和安装方法是穿墙拉杆孔的外形质量和外墙表面效果的重要保证。

二、主要技术指标

①新浇筑混凝土对模板最大侧压力：60 kN/m^2；

②组拼式大模板厚度：85 mm、86 mm（另设背楞）；100 mm、106 mm（背楞与模板合二为一）；

③组拼式大模板宽度：600 mm、900 mm、1200 mm、1500 mm、1800 mm、2400 mm、3000 mm 等；

④组拼式大模板高度：根据结构工程的层高和楼板厚度选用。

三、施工技术应用

1. 技术应用范围

可适用于各类型的公共建筑、住宅建筑的墙体、柱子及桥墩等。

2. 施工技术要点

1）组拼式全钢大模板体系的模板设计

目前，大模板设计中较普遍存在阴角模规格品种多、施工中使用不便、连接件太多、太琐碎的现象，给施工人员安装带来不便。因此模板设计应考虑到：

①工程结构类型、施工工艺、施工设备、质量要求等；

②板块规格尺寸的标准化、模数化，并符合建筑模数；

③模板荷载大小，采用概率极限状态设计方法进行设计计算；

④模板的运输、堆放和装拆过程中对模板变形的影响。

2）组拼式全钢大模板体系的配板设计原则

①优先采用计算机辅助设计方法，提高配板工作效率和统计计算精确度。

②根据工程结构特点，编制组拼式大模板专项施工方案。按照合理经济原则划分施工流水段，绘制配模平面图，计算所需的模板规格与数量，并按周转数量或按流水段用不同颜色显示，方便施工单位有效使用配板设计图。

③配模时，大模板宽度规格的选用依据为墙面净尺寸减去 2 个角模边长，当墙面较长时，可分为 2～3 块配模；根据塔吊起重力矩，计算出距塔吊最远处的起重量，建筑物最远处的模板宽度不得超过计算宽度，组拼的模板重量必须满足现场起重设备能力的要求。

④在接高模板时，要考虑到楼层高度的变化，采用最少量接高模板规格和最必要的刚度补偿。

⑤选用最大标准模板、标准角模为主体，减少角模规格和辅助补板，最大限度地提高模板在各流水段的通用性。

3）大模板的安装

①按照排版图中模板编号先放入阴角模，后放入大模板，大模板应先入内模，后入外模，按施工流水段要求，分开间进行，直至模板全部合拢就位。

②安装穿墙螺栓和校正模板同步进行。墙的宽度尺寸偏差控制在±2 mm 范围内。每层模板立面垂直度偏差控制在 3 mm 范围内。穿墙螺栓的卡头不得呈现水平或倾斜状态，防止脱落；穿墙螺栓必须紧固牢靠，用力得当，防止出现松动而造成胀模，不得使模板表面产生局部变形。

采用外挂架支模的外墙模板，模板上排穿墙孔必须设 PVC－ϕ40×3、PVC－ϕ38×2 套管，以利外挂架钩栓通过。

大模板支腿支撑点应设在坚固可靠处，杜绝模板发生位移。

③模板合模时，丁字墙如有600～900 mm单元板时，必须用小背楞三对加固；模板与模板拼缝处，单块模板穿墙螺栓起孔距离超过300 mm以上时，采用400 mm小背楞三对加固。

进行测量放线和楼面抄平，必要时在模板底边范围内做好找平层抹灰带，局部不平可临时加垫片，进行砂浆勾缝处理。

④绑扎墙体钢筋时，对偏离墙体边线的下层插筋进行校正处理；在墙角、墙中及墙高度上、中、下位置设置控制墙面截面尺寸的铁撑脚或钢筋撑。

⑤大模板就位安装按照配模图对号入座，模板之间采用螺栓或卡具连接；大模板经靠尺检查并调整垂直后，紧固对拉螺栓。

4）阴角模施工方法

①阴角模与结构钢筋绑扎牢固，防止倾倒。

②阴角模安装借助暗柱主筋，水平方向做多点定位；保证墙体厚度，防止阴角模因压接不牢，在混凝土浇筑时产生扭转，造成墙角扭曲、墙面不平。

大模板与阴角模采用企口连接方式，大模板板面与阴角模板面交平，且留有2 mm间隙，以方便拆模。

阴角模与大模板的连接采用两道钩栓、压角固定，并用两对阴角小背楞进行加固，防止出现错台现象。

5）阳角模施工方法

①阳角模边框与大模板边框用螺栓或连接器连接，并用三对阳角背楞进行加固。

②模板安装完后，根部需抹砂浆1.0～1.5 cm，防止墙体发生烂根、露筋、蜂窝麻面现象，杜绝漏浆。

③合模完成后，应依据《混凝土结构施工质量验收规范》（GB 50204—2015），验收合格，方可进行下道工序。

④混凝土浇捣严格分层浇捣密实，避免挤歪门窗口模板。

6）大模板的拆除和堆放

①混凝土浇筑完成后，常温混凝土强度达到1.2 MPa、冬期达到4 MPa以上，方可拆模。

②拆模顺序为：先拆除安装配件，后松动、拆除穿墙螺栓，旋转支腿，使大模板和墙体脱离，如有吸附，可在模板下口进行撬动，拆下大模板，然后拆除阴角模。

③拆除穿墙螺栓时，先松动大螺母，取下垫片，利用楔片插销转动穿墙螺栓，使之与混凝土产生脱离，再敲击小端，然后将螺栓退出混凝土，避免发生混凝土表面掀皮现象。

④模板起吊前应检查穿墙螺栓、安装配件是否全部拆除完毕，模板上的杂物是否清理干净，之后方可起吊。

⑤拆下的模板必须一次放稳，存放时倾斜角度应满足75°～80°自稳角，如不能满足应搭设架子，以确保安全。

⑥定期安排专人对模板上的配件进行检查，发现问题及时解决。

⑦模板拆除后应及时对结构棱拐角部位进行产品保护。

7）电梯井筒模施工

①支模。

检查跟进平台的安全可靠性。

清除筒模缝隙处杂物，以使合缝严密。

试旋转中心调节机构，使之灵活。

收缩筒模，吊运入井就位，调整跟进平台成水平状态。

逆时针旋转中心调节机构到位。

核查调整板面垂直度（通过调整跟进平台实现）。

紧固四角螺栓，安装穿墙螺栓并紧固之。

②脱模（为支模的逆过程）。

施工程序为支模的逆过程，首先彻底松开筒模四角紧固螺栓，间隙大于 10 mm；拆除穿墙螺栓；顺时针旋转中心调节机构，通过斜支撑和滑轮使筒模脱离墙面，向内收缩 30～60 mm；完成脱模工作。

③井筒模板施工注意事项。

电梯井筒模要专人操作。

每次使用前，应检查中心轴头锁母是否紧固，以防松动、脱落造成轴承等零、部件损坏。

使用后再次支模时，要注意筒模各接缝部位的水泥清理工作，保证其合缝严密。

井筒模必须设吊环，采取四点形式进行吊运作业，绝对不准直接吊运中心调节机构。

8）门窗洞口模板施工

①使用前，在与模板接触面边框上粘贴 $\delta=10$ mm 的贯通海绵条，防止混凝土浆渗漏，保证洞口棱角清晰，不出现蜂窝现象。

②角部伸缩缝处用聚苯泡沫板条填塞严密，防止伸缩套内渗进砂浆，造成机构失调，无法使用。

③窗口模和混凝土接触的表面涂刷油性隔离剂，涂面要求均匀周到。

④门窗洞口模支模时，角部顶丝螺栓必须紧固牢靠，支撑调节螺栓调至受力支撑状态，消除螺纹间隙，减小变形。

⑤洞口模拆模时，彻底松动角部顶丝螺栓达到 8～10 mm 间隙，打开支撑定位销和连接螺钉，门口模应先旋转调节水平方向支撑螺栓，使模板与侧面混凝土脱离，完成侧立面拆模；再调节顶部支撑螺栓，使顶模竖直方向脱离下落，进而带动角部脱模。

⑥洞口模板拆模时，松动四角顶丝螺栓，达到最大间隙；旋转中心机构螺杆，即可实现脱模。

⑦安装门窗洞口模板，预埋木盒、铁件、电器管线、接线盒、开关盒等，合模前必须通过隐蔽工程验收。

⑧门窗洞口模板施工注意事项：

门窗洞口模板支、拆模过程应设专人负责。

门窗洞口模板在安装中必须借助结构钢筋做多点可靠定位，防止洞口位移，保证洞口尺寸准确，四角方正，不扭曲。

拆模后，进行严格清理；重新调节至理想定型尺寸，以便下次周转。运转及吊装过程中应避免砸撞现象，吊装要合理，防止支撑变形。

第五节　早拆模板施工技术应用

一、主要技术特点

1. 基本概念

早拆模板技术是现浇楼板、梁模板施工的先进施工工艺。传统的现浇混凝土楼板模板施工中，现浇混凝土养护 10～14 d 才能全部拆除模板和支撑。因此，一般现浇楼板施工中，需配备三层模板和三层支撑。

早拆模板技术的基本原理是根据国家标准《混凝土结构工程施工质量验收规范》(GB 50204—2015) 中第 4.3.1 条的规定（见表 5-2），现浇混凝土结构跨度不大于 2 m 时，在楼板混凝土强度达到设计强度的 50%以上（以试块试压强度为准）时，即可拆除模板。

表 5-2　底模拆除时的混凝土强度要求

构件类型	构件跨度/m	达到设计的混凝土抗压强度标准值的百分率/%
板	≤2	≥50
	>2，≤8	≥75
	>8	≥100
梁、拱、壳	≤8	≥75
	>8	≥100
悬臂构件	—	≥100

早拆模板技术就是利用早拆柱头、立柱和横梁等组成的竖向支撑布置，早拆立柱时，使原设计的楼板强度处于立柱间距小于 2 m 的受力状态，在常温下，楼板混凝土浇筑 2～4 d 后，混凝土强度达到设计强度的 50%以上，即可拆模。此时，保留部分早拆柱头和立柱支撑不动，拆除全部模板、横梁和部分立柱。当混凝土强度达到足以在全跨条件下承受自重和施工荷载时，方可拆除保留的早拆立柱。

2. 技术特点

1）结构合理，施工安全可靠

早拆模板体系采用碗扣式支架、承插式支架和钢支柱等为支撑，其杆件构造及结点连接方式规范，减少了搭接时的随意性，避免出现不稳定状态，并能确保上、下层支撑杆件受力传递准确，形成了可靠的刚度和强度，确保施工安全。使用早拆柱头在拆除模板时，还能两次控制模板和横梁的降落高度，从而避免拆模时发生整体塌落的现象，确保了施工过程中的安全，并可延长模板的使用寿命。

2）构造简便，提高装拆工效

早拆模板体系的构造简单，操作灵活方便，施工工艺容易掌握，装拆速度快，与传统装拆施工工艺相比，一般可提高施工工效 1～2 倍，并可加快施工进度，缩短施工工期。

3）操作简单，降低劳动强度

早拆模板体系操作简单，使用方便，对工人技术素质要求不高，工人只需带一个钢卷尺和一把榔头即可完成全部作业。施工过程中完全避免了螺栓作业，由于部件的规格小、质量轻、模板和支撑用量少、倒运量小，降低了工人的劳动强度。

4）减少用量，降低施工费用

施工企业在现有模板和支撑条件下，只需购置早拆柱头，再配置一层模板和1.6～1.7层支撑，与传统支模配置三支三模相比，不仅可降低模板和支撑费用，而且可以减少人工费。另外，模板和支撑的运输费、丢失及损坏赔偿费、维修费等亦可相应减少，经济效益显著。

5）减少运距，节约起吊费用

早拆模板体系只配备了一层模板和1.6～1.7层支撑及早拆柱头，垂直运输时，模板、横梁及部分支撑只需往上一层倒运，无需支设出料平台，可以从窗口、通风道、外架上直接传到上一层，减少对塔吊的依赖，而且还减轻了对楼梯间施工通道的压力。

6）施工文明，利于现场管理

早拆模板体系在施工过程中避免了周转材料的中间堆放环节，模板支撑整齐、规范化，立柱、横梁用量少，施工人员通行方便，有利于文明施工和现场管理，对狭窄的施工现场更为适宜。

二、主要技术指标

①竹（木）胶合板模板应采用覆膜酚醛胶合板，表面平整光洁，能周转使用10～20次以上；模数化、定型化的胶合板模板，厚度宜为18 mm，单块模板尺寸宜选用900 mm×1800 mm、600 mm×1800 mm、600 mm×1200 mm。

②钢（铝）框胶合板模板应采用模数化、规格少、质量轻的模板，要求模板刚度好，装拆灵活，表面平整，面板能周转使用30～50次。

③独立式钢支撑、门式支架、插接式支架和盘销式支架的允许荷载必须满足设计要求。

④主、次梁应具有足够的刚度和强度，以及表面平整度，主、次梁间距按模板长度规格和模板材料而定。

三、施工技术应用

1. 技术应用范围

早拆模板技术可适用于各种类型的公共建筑、住宅建筑的楼板以及桥梁、隧道等工程的结构顶板施工。

2. 构成体系

早拆模板体系由模板、支撑系统、早拆柱头、横梁等组成。

1）模板

①15～18 mm厚覆膜木胶合板。木胶合板厚度公差小，覆膜板表面平整光洁，板面尺寸大，拼缝少，适用于梁、板底面清水混凝土工程。

②12～15mm厚覆膜竹胶合板。竹胶合板的厚度公差一般较大，适用于梁、板底面平整度要求不高、底面刮腻子的工程。表面复木单板的竹胶合板也可适用于清水混凝土工程。

③钢（铝）框胶合板模板。模板规格少、质量轻、刚度大、横梁的间距较大、用量少、

装拆方便，能多次使用。

④组合钢模板。以 600 mm 宽钢模板为主，再配以 450 mm、300 mm、200 mm、150 mm、100 mm 的模板调节，模板刚度大，装拆灵活，使用次数多。

⑤12～15 mm 厚塑料模板。板面平整光滑，可达到清水混凝土模板的要求，脱模快速容易；耐水性好，耐酸、耐碱、耐候性也好；质量轻，加工制作简单，现场拼接很方便；可以回收反复使用，是一种绿色施工的生态模板。

2）支撑系统

①模板早拆支撑可采用插卡式、碗扣式、独立钢支撑、门式脚手架等多种形式，但应配置早拆装置。

②模板早拆支撑使用《直缝电焊钢管》（GB/T 13793—2008）或《低压流体输送用焊接钢管》（GB/T 3091—2015）中规定的 3 号普通钢管，其质量应符合《碳素结构钢》（GB/T 700—2006）中 Q235－A 级钢的规定。当使用的钢管为低合金钢管时，应满足施工设计对模板早拆支撑的安全要求。杆件加工应符合国家或行业现行的材料加工标准及焊接标准。

③模板早拆支撑使用的扣件等钢管连接配件，其材质必须符合《钢管脚手架扣件》（GB 15831—2006）的规定；采用其他材料制作的扣件及连接件，应经有效的试验证明其质量符合标准的规定后方可使用。

④早拆装置承受竖向荷载的设计值不应小于 25 kN。

⑤早拆装置目前常采用如图 5-14～图 5-17 所示的形式。支撑顶板平面尺寸宜不小于 100 mm×100 mm，厚度应不小于 8 mm。早拆装置的加工应符合国家或行业现行的材料加工标准及焊接标准。

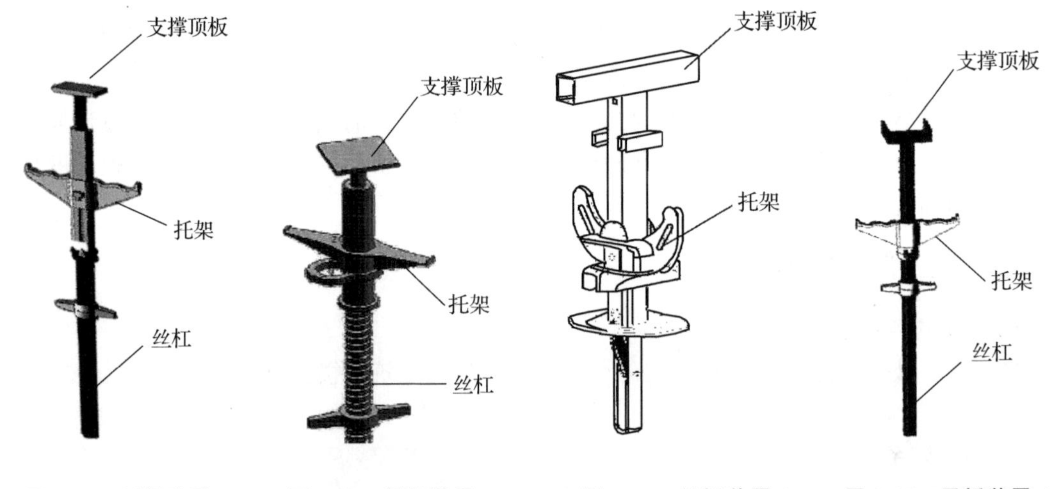

图 5-14　早拆装置 1　　图 5-15　早拆装置 2　　图 5-16　早拆装置 3　　图 5-17　早拆装置 4

⑥模板早拆支撑采用的调节丝杠直径应不小于 36 mm；丝杠插入钢管的长度应不小于丝杠长度的 1/3，且不小于 150 mm。丝杠与钢管插接配合偏差应保证支撑顶板的水平位移不大于 5 mm。

3）早拆柱头

早拆柱头是早拆模板体系中实现模板及横梁早拆的关键部件，按其结构形式可分为螺杆式早拆柱头、滑动式早拆柱头和螺杆与滑动相结合的早拆柱头三种形式。按其使用范围可分为适用于组合钢模板和钢框胶合板模板的早拆柱头、适用于竹（木）胶合板和塑料模板的早拆柱头、适用于塑料或玻璃钢模壳的早拆柱头，以及适用于组合钢模板、竹（木）胶合板、钢框胶合板模板、塑料模板等的多功能早拆柱头。

4）横梁

横梁中宜根据工程需要和现场实际情况，选用＋18 mm 钢管、［8 或［10 槽钢、40 mm×80 mm 或 50 mm×100 mm 矩形钢管、箱形钢梁、木工字梁、钢木组合梁、木方、桁架等。

3. 模板早拆的设计

①模板早拆应根据施工图纸及施工技术文件，结合现场施工条件进行设计。

②模板及其支撑设计计算必须保证足够的强度、刚度和稳定性，满足施工过程中承受浇筑混凝土的自重荷载和施工荷载的要求，确保安全。

③根据楼板厚度、最大施工荷载、采用的模板早拆体系类型进行受力分析；根据楼层的净空高度，按照支撑杆件的规格，确定竖向支撑组合，设计竖向支撑间距控制值；根据竖向支撑结构受力分析确定横杆步距，确定需保留的横杆，保证支撑架体的空间稳定性；根据开间尺寸进行早拆装置的布置。

④模板早拆设计应明确标注第一次拆除模架时保留的支撑。模板早拆设计应保证上、下层立杆位置对应准确。

⑤架体根部双向水平杆件距地应不大于 300 mm（如支座加螺栓调节可放宽到不大于 500 mm）。

⑥第一次拆除模架后保留的竖向支撑间距应不大于 2 m。

⑦根据上述确定的控制数据（立杆最大间距及早拆装置的型号、横杆步距等），绘制模板早拆支撑体系施工图，明确模板的平面布置及材料用量统计。

⑧根据模板早拆施工图及施工流水段的划分，对材料用量进行分析计算，明确周转材料的动态用量，并确定最大控制用量，保证周转材料的及时供应及退场。

⑨进行楼板模架设计时，在施层下保留支撑的层数要通过计算确定。常温施工时在施层下宜保留不少于两层支撑；冬期施工时在施层下宜保留不少于三层支撑。冬期施工其他内容应符合《建筑工程冬期施工规程》（JGJ/T 104—2011）的相关规定。

4. 模板早拆的施工

1）一般规定

①施工前必须熟悉设计方案，进行技术交底。严格按照模板早拆设计要求进行支模，严禁随意支搭。

②这里所涉及的拆模特指模板早拆与支撑的第一次拆除，模板的第二次拆除应符合《混凝土结构工程施工质量验收规范》（GB 50204—2015）的规定。

2）模板的支搭

（1）工艺流程

按照模板早拆设计布置图备齐所需构配件→弹控制线→确定端角支撑位置并与相邻的支撑搭设，形成稳定结构→按照模板早拆设计图展开搭设→整体支撑搭设完毕→按照模板早拆设计图安装早拆装置，调到工作状态（支撑顶板调整到位）→敷设主龙骨、次龙骨→安装模板面板→模板体系预检。

（2）技术要点

①在顶板模板安装前检查各早拆部位、保留部位的构配件是否符合模板早拆设计要求。

②模板安装前，支撑位置要准确，支撑搭设要方正，构配件连接牢固。

③上、下层支撑立杆轴线位置对应准确，支撑立杆底部铺设垫板，保证荷载均匀传递。垫板应平整，无翘曲。

④主、次龙骨交错放置，一端顶实，另一端留出拆模空隙。

⑤铺设模板前，利用早拆装置的丝杠将主、次龙骨及支撑顶板调整到方案设计标高，早拆装置的支撑顶板与现浇结构混凝土模板支顶到位，确保早拆装置受力的二次转换，保证拆模后楼板平整。

3）模板的拆除

①应增设不少于1组与混凝土同条件养护的试块，用于检验第一次拆除模架时的混凝土强度。

②现浇钢筋混凝土楼板第一次拆模强度由同条件养护试块施压强度确定，拆模时试块强度不应低于10 MPa。

③常温施工现浇钢筋混凝土楼板第一次拆模时间不宜早于混凝土初凝后3 d。

④模板的第一次拆除，应确保施工荷载不大于保留支撑的设计承载力。

⑤工艺流程：

满足拆模条件→降下升降托架→拆除主、次龙骨→拆除模板面板→按照模板早拆设计拆除部分支撑。

⑥模板及其支撑的拆除，严格执行模板早拆施工方案规定。

第六节 液压爬升模板施工技术应用

一、主要技术特点

1. 基本概念

爬模装置通过承载体附着或支承在混凝土结构上，当新浇筑的混凝土脱模后，以液压油缸或液压升降千斤顶为动力，以导轨或支承杆为爬升轨道，将爬模装置向上爬升一层，反复循环作业的施工工艺，简称爬模。目前，国内应用较多的是以液压油缸为动力的爬模。

2. 技术原理

爬模装置的爬升运动通过液压油缸对导轨和爬模架体交替顶升来实现。导轨和爬模架体是爬模装置的两个独立系统，二者之间可进行相对运动。当爬模浇筑混凝土时，导轨和爬模架体都挂在连接座上。退模后立即在退模留下的预埋件孔上安装连接座组（承载螺栓、锥形承载接头、挂钩连接座），调整上、下爬升器内棘爪方向来顶升导轨后启动油缸，待导轨顶升到位，就位于该挂钩连接座上后，操作人员立即转到最下平台拆除导轨提升后露出的位于下平台处的连接座组件等。在解除爬模架体上所有拉结之后就可以开始顶升爬模架体，此时导轨保持不动，调整上、下棘爪方向后启动油缸，爬模架体就相对于导轨运动，通过导轨和爬模架体这种交替提升，爬模装置即可沿着墙体逐层爬升。

3. 技术特点

①液压爬升模板是一种新的施工工艺，它吸收了支模工艺按常规方法浇筑混凝土、劳动组织和施工管理简便、混凝土表面质量易于保证等优点，又避免了滑模施工常见的缺陷，施工偏差可逐层消除。在爬升方法上它同滑模工艺一样，模板及滑模装置以液压千斤顶或油缸为动力自行向上爬升。

②可以从基础底板或任意层开始组装和使用爬升模板。

③内、外墙体和柱子都可以采用爬模，无需塔吊反复装拆，将塔吊的重点放到钢结构安装上。

④钢筋绑扎随升随绑，操作方法安全；根据工程的特点，可以采取爬升一层墙，浇筑一层楼板，也可以墙体连续爬模施工；有的电梯井到一定高度变为有楼板的房间，只需卸除下包模板和吊架，不需改变爬模施工工艺；所有模板上都可带有脱模器，确保模板顺利脱模而不粘模。

⑤爬模可节省模板堆放场地，对于在城市中心施工场地狭窄的项目有明显的优越性。液压爬模的施工现场文明，在工程质量、安全生产、施工进度和经济效益等方面均有良好的保证。一项工程完成后，模板、爬模装置及液压设备可继续在其他工程通用，周转使用次数多，适合租赁。

二、主要技术指标

①液压油缸额定荷载 50 kN、100 kN、150 kN；工作行程 150～600 mm。

②油缸机位间距不宜超过 5 m，当机位间距内采用梁模板时，间距不宜超过 6 m。

③油缸布置数量需根据爬模装置自重及施工荷载进行计算确定，根据《液压爬升模板工程技术规程》（JGJ 195—2010）的规定，油缸的工作荷载应小于额定荷载 1/2。

④爬模装置爬升时，承载体受力处的混凝土强度必须大于 10 MPa，并应满足爬模设计要求。

三、施工技术应用

1. 技术应用范围

适用于高层建筑剪力墙结构、框架结构核心筒、桥墩、桥塔、高耸构筑物等现浇钢筋混凝土结构工程的液压爬升模板施工。

2. 材料设备

1） 模板材料

模板主要材料表见表 5-3。

表 5-3 模板主要材料

模板部位	模板品种		
	组拼式大钢模板	钢框胶合板模板	木梁胶合板模板
面板	5～6 mm 钢板	18 mm 胶合板	18 mm 胶合板
边框	8 mm×80 mm 扁钢或 80 mm×40 mm×3 mm 钢管等规格	60 mm×120 mm 空腹边框等规格	—

续表 5-3

模板部位	模板品种		
	组拼式大钢模板	钢框胶合板模板	木梁胶合板模板
竖肋	[8 槽钢或 80 mm×40 mm×3 mm 钢管等规格	100 mm×50 mm×3 mm 矩形钢管等规格	80 mm×200 mm 木工字梁
加强肋	6 mm 厚钢板等规格	4 mm 厚钢板等规格	
背楞	[10 槽钢等规格	[10 槽钢等规格	[10 槽钢等规格

2）液压设备选用

液压设备选用表见表 5-4。

表 5-5　液压设备选用

规格 指标	油缸		千斤顶			备注
	50 kN	100 kN	100 kN	100 kN	200 kN	
额定荷载	50 kN	100 kN	100 kN	100 kN	200 kN	—
工作荷载	25 kN	50 kN	50 kN	50 kN	100 kN	—
工作行程	150～ 600 mm	150～ 600 mm	50～ 100 mm	50～ 100 mm	50～ 100 mm	—
支承杆外径	—		83 mm	102 mm	102 mm	—

3. 设计要点

1）整体设计

①采用油缸和架体的爬模装置设计应包括下列内容。

模板系统：由木梁胶合板模板（或钢框胶合板模板、铝框胶合板模板、定型组合大钢模板）、定位预埋件、阴角模、阳角模、钢背楞、对拉螺栓、铸钢螺母、铸钢垫片及上架体、可调斜撑等组成。

液压爬升系统：由下架体、导轨、导轨滑轮、挂钩连接座、锥形承载接头、承载螺栓、油缸、液压控制台、上、下爬升器、各种孔径的油管及阀门、接头等组成。

操作平台系统：由主操作平台、吊平台、上操作平台、栏杆、安全网等组成，如图 5-18 所示。

水、电配套系统：包括动力、照明、信号、通讯、电视监控以及水泵、管路设施等。

②采用千斤顶和提升架的爬模装置设计应包括下列主要内容。

模板系统：由定型组合大钢模板（或钢框胶合板模板、铝框胶合板模板）、定位预埋件、阴角模、阳角模、钢背楞、对拉螺栓、铸钢螺母、铸钢垫片等组成。

液压爬升系统：由提升架、斜撑、活动支腿、滑道夹板、围圈、导轨、支座、挂钩连接座、钢牛腿、导轨滑轮、防坠装置、千斤顶、支承杆、液压控制台、各种孔径的油管及阀门、接头等组成。

操作平台系统：由主操作平台、吊平台、中间平台、上操作平台、外挑梁、外架柱、斜撑、栏杆、安全网等组成，如图 5-19 所示。

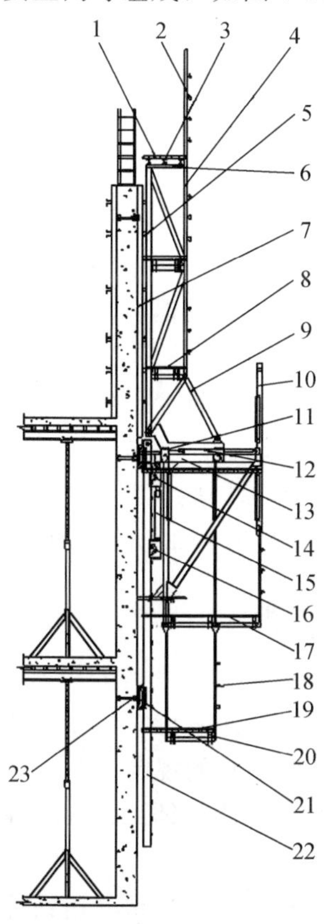

图 5-18 油缸和架体的爬模装置剖面

1—上操作平台；2—顶护栏；3—纵梁；4—后立柱；5—模板背楞；6—横梁；7—模板面板；8—脚手板；9—垂直调节杆；10—护栏；11—水平跑车；12—水平油缸；13—主操作平台；14—上爬升器；15—爬升油缸；16—下爬升器；17—脚手板；18—护栏；19—吊平台；20—吊平台纵梁；21—挂钩连接柱；22—导轨；23—锥形承载接头

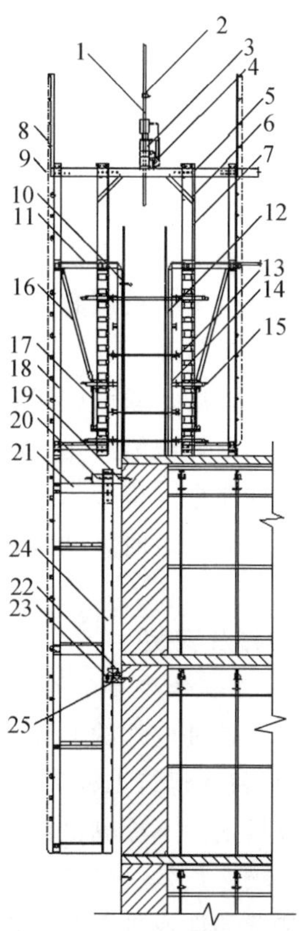

图 5-19 采用千斤顶和提升架的爬模装置剖面

1—支承杆；2—限位卡；3—升降千斤顶；4—主油管；5—横梁；6—斜撑；7—提升架立柱；8—栏杆；9—安全网；10—定位预埋件；11—操作平台；12—大模板；13—对拉螺栓；14—模板背楞；15—活动支腿；16—外架斜撑；17—围圈；18—外架立柱；19—挂钩；20—支座；21—外架梁；22—防坠装置；23—导轨滑轮；24—导轨；25—挂钩连接座

水、电配套系统：包括动力、照明、信号、通讯、电视监控以及水泵、管路设施等。

③当爬模装置用于柱子时应考虑到柱子长边和短边的脱模、模板清理和支承杆穿过楼板的承载、防滑、加固等措施。

④在爬模装置设计时应综合考虑塔吊、布料机、外用电梯、爬模起始层结构、起始层脚手架、结构中的钢结构及预埋件、楼板跟进施工或滞后施工等影响爬模的因素。

⑤爬模装置设计应满足施工工艺要求，操作平台应考虑到施工操作人员的工作条件，确保施工安全。钢筋绑扎应在模板上口的操作平台或脚手架上进行。

2）部件设计

①高层及超高层建筑模板高度按结构标准层配制，内模板高度为净空高度加混凝土剔凿

高度；外模板高度为内模高度加下接高度；因楼板而变换内、外模时，下包部分模板另设；构造物只设外模板，其模板高度按施工分段确定。

②架体应能满足单面爬模或一面爬一面吊的双面爬模施工特点，具有足够的刚度，并符合下列规定：

下架体高度应为1～1.5层层高，应能满足同油缸、导轨、挂钩连接座和吊架安装要求。

下架体的上弦滑道应能满足上架体带动模板后退400～600 mm，满足导轨爬升、模板清理和涂刷脱模剂要求；主操作平台的宽度不超过2400 mm。

上架体高度应为2层层高，应能支撑模板、带动模板脱模、后退、抗风荷载，并承受上部操作平台的施工荷载。

③提升架应能满足双面爬模施工特点，具有足够的刚度，并符合下列规定：

提升架横梁净宽应能满足结构截面变化和千斤顶安装要求。

提升架立柱能带动模板后退400～600 mm，用于清理和涂刷脱模剂。

当提升架立柱固定时，活动支腿能带动模板脱开混凝土50～80 mm，满足提升的空隙要求。

4. 爬模制作及安装

1）爬模装置制作要点

①爬模装置各种构件的制作应符合现行国家标准《钢结构工程施工质量验收规范》（GB 50205—2001）和《建筑工程大模板技术规程》（JGJ 74—2003）的规定。

②除钢模板正面不涂刷油漆外，其余钢结构件表面必须喷涂防锈漆；在潮湿环境施工的钢模板正面宜喷涂长效脱模剂。

③爬模装置部件成批下料前应首先制作样件，经有关检查人员确认其达到规定要求后方可进行批量下料、组对；对架体、桁架、弧形模板等应放出大样件，在组对、施焊过程中应随时对胎具、模具、组合件进行检测，确保半成品和成品质量的准确性。

④爬模装置节点部位的焊接应按照国家现行标准《钢结构焊接规范》（GB 50661—2011）的规定执行。焊接质量应进行全数检查；构件焊接后应及时进行调直、找平等工作。

2）爬模安装要点

①爬模安装程序。

采用油缸和架体爬模装置的安装程序：

爬模安装前准备→架体预拼装→安装锥形承载接头（承载螺栓）和挂钩连接座→安装导轨→安装下架体→安装外吊架→安装平台铺板→安装栏杆及安全网→支设模板→安装上架体→安装液压系统→液压系统调试→安装测量观测装置。

采用千斤顶和提升架爬模装置的安装程序：

爬模安装前准备→支设模板→提升架预拼装→安装提升架→安装围圈→安装外吊架→安装平台铺板→安装栏杆及安全网→安装液压系统→液压系统调试→插入支承杆→安装测量观测装置。

②架体或提升架宜先在地面预拼装，然后用塔吊吊入预定位置。架体或提升架必须垂直于结构。

③采用千斤顶和提升架的模板应先在地面将平模板和背楞分段进行拼装，整体吊装，并用对拉螺栓紧固，同提升架连接后进行垂直度的检查和调节。

④阴角模宜后插入安装，阴角模的两个直角边应同相邻平模板搭接紧密。

⑤平模板之间、平模板与角模之间应有防止漏浆措施。

⑥模板安装后应逐间测量检查对角线并进行校正，确保直角准确。

⑦液压油管宜整齐排列固定。液压系统安装完成后应进行系统调试和加压试验，保压5 min，所有密封处无渗漏；千斤顶液压系统的额定压力为8 MPa；试验压力为额定压力的1.5倍；油缸液压系统的额定压力≥16 MPa时，试验压力为额定压力的1.25倍；额定压力小于16 MPa时，试验压力为额定压力的1.5倍；采用千斤顶和提升架的爬模装置应在液压系统调试后插入支承杆。

3）爬模施工要点

①爬模施工程序。

采用油缸和架体爬模装置的工程施工程序：

浇筑混凝土→混凝土养护→绑扎上层钢筋→安装门窗洞口模板→预埋管线及预埋铁件→脱模→安装挂钩连接座→爬升→合模、紧固对拉螺栓→继续循环施工。

采用千斤顶和提升架爬模装置的工程施工程序：

浇筑混凝土→混凝土养护→脱模→绑扎上层钢筋→爬升→随后绑扎剩余上层钢筋→安装门窗洞口模板→预埋管线及预埋铁件→合模、紧固对拉螺栓→水平结构施工→继续循环施工。

②爬模施工必须建立专门的指挥管理组织，制定管理制度，液压控制台应设专人负责，禁止其他人员操作。

③非标准层层高大于标准层高时，爬升模板可多爬升一次或在模板上口支模接高，定位预埋件必须同标准层一样在模板上口以下规定位置预埋。

④对于爬模面积较大或不宜整体爬升的工程，可分区段爬升施工，在分段部位要有施工安全措施。

⑤为满足结构工程对垂直度的要求，爬模施工应符合下列规定：

混凝土应分层同步均匀浇筑，不应斜向推进，卸料点不应集中。

钢筋不应影响模板爬升，不应以模板校正钢筋。

操作平台上的全部荷载应保持均匀分布。

油缸、千斤顶应同步爬升，整体升差应控制在50 mm以内；相邻机位升差应控制在机位间距的1/100以内。

千斤顶的支承杆上应设限位卡，每隔500～1000 mm调平一次。

⑥模板应采取分段整体脱模，宜采用脱模器脱模，不得采取撬、砸等手段脱模。

⑦爬模施工应加强垂直度测量观测，每层提供在合模完成后和混凝土浇筑后的两次垂直偏差测量成果；如有偏差，应在上层模板紧固前进行校正。

⑧楼板滞后施工应根据工程结构和爬模工艺确定，应有楼板滞后施工技术安全措施。

第六章 防水工程施工技术

第一节 防水卷材机械固定施工技术应用

一、聚氯乙烯（PVC）、热塑性聚烯烃（TPO）防水卷材机械固定施工技术

1. 主要技术特点

1）技术特点

机械固定即采用专用固定件，如金属垫片、螺钉、金属压条等，将聚氯乙烯（PVC）或热塑性聚烯烃（TPO）防水卷材以及其他屋面层次的材料机械固定在屋面基层或结构层上。机械固定包括点式固定方式和线性固定方式两种。固定件的承载能力和布置，根据试验结果和相关规定严格设计。

聚氯乙烯（PVC）或热塑性聚烯烃（TPO）防水卷材的搭接是由热风焊接形成连续整体的防水层。焊接缝是因分子链互相渗透、缠绕形成新的内聚焊连接，强度高于卷材且与卷材同寿命。

2）施工特点

①施工便捷快速。

②较低的初始成本和使用中的维护运营成本。

③能有效地控制空气渗透量，满足新的节能要求。

④修补方便，当屋面有局部调整或需重新翻新时处理容易。

⑤屋面构造层次厚度较小，建筑师的设计自由度更大。

⑥细部处理简单，适应性强。

2. 主要技术指标

①当固定基层为混凝土结构时，其厚度应不小于60 mm，强度等级不低于C25；当固定基层为钢板时，其厚度一般要求为0.8 mm，不得小于0.63 mm。

②聚氯乙烯（PVC）防水卷材的物理性能应满足表6-1的要求，热塑性聚烯烃TPO防水卷材的物理性能指标应满足表6-2的要求。

表6-1 聚氯乙烯（PVC）防水卷材的物理性能

项　　目	指　　标
厚度/mm	2.0

续表 6-1

项　　目		指　　标
拉力/(N/50mm)		≥1000
最大力伸长率/%		≥10
热处理尺寸变化率/%		≤1.0
低温弯折性		－25℃无裂纹
抗穿孔性		不透水
不透水性		不透水
接缝抗剪强度		6.0或卷材破坏
热老化处理	外观	无起泡、裂纹、黏结和孔洞
	拉力保持率/%	≥80
	伸长率保持力/%	
	低温弯折性	－20℃无裂纹
耐化学侵蚀	拉力保持率/%	≥80
	伸长率保持力/%	
	低温弯折性	－20℃无裂纹
人工气候加速老化	拉力保持率/%	≥80
	伸长率保持力/%	
	低温弯折性	－20℃无裂纹

表 6-2　热塑性聚烯烃（TPO）防水卷材的物理性能

项　　目	指　　标
不透水性	通过
抗拉强度（双向）/MPa	≥800
加强层断裂时的伸长率/%	≥20
抗静载荷强度（EPS& 混凝土）/kg	≥25
抗冲击力（EPS& 混凝土）/mm	≥10
抗撕裂强度/(L/T，N)	≥800/500
搭接剥离强度/(N/50 mm)	≥100
搭接剪力强度/(N/50 mm)	≥800
抗紫外线性能	通过
低温弯折度/℃	≤－45
外耐火性	B_{ROOF}（t_1）
阻燃性	E
耐根穿刺性	通过

3. 技术应用要点

1）适用范围

聚氯乙烯（PVC）防水卷材、热塑性聚烯烃（TPO）防水卷材机械固定施工技术的应用范围广泛，可以在低坡大跨度或坡屋面的新屋面及翻新屋面中使用，特别在大跨度屋面中该技术的经济性和施工速度都有明显优势。主要应用于厂房、仓库和体育场馆等屋面防水工程。

2）施工技术要点

（1）点式固定

点式固定即使用专用垫片和螺钉对卷材进行固定，卷材搭接时覆盖住固定件，如图 6-1 和图 6-2 所示。

基层为轻钢结构屋面或混凝土结构屋面（图 6-1、图 6-2 是以轻钢屋面为例），隔气层通常采用 0.3 mm 厚聚乙烯（PE）膜，保温板可采用挤塑聚苯乙烯泡沫塑料板（XPS）、模塑聚苯乙烯泡沫塑料板（EPS）或岩棉等。

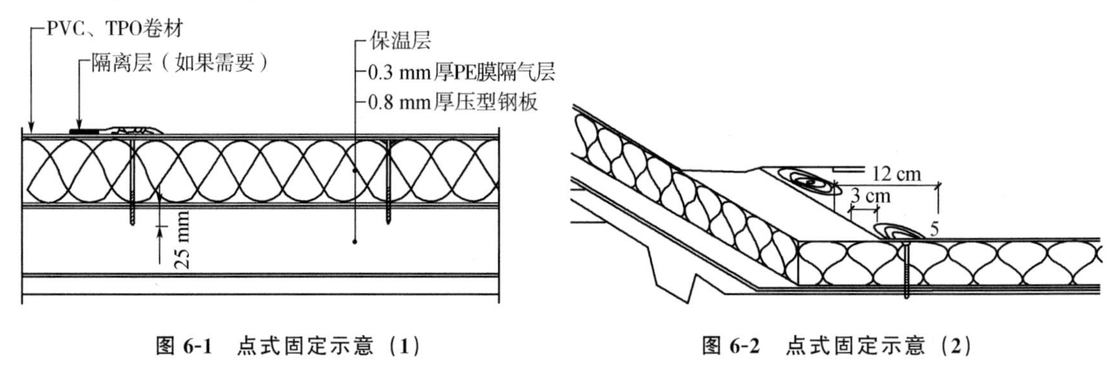

图 6-1　点式固定示意（1）　　图 6-2　点式固定示意（2）

卷材纵向搭接宽度为 120 mm，其中 50 mm 用于覆盖固定件（金属垫片和螺钉）。按照设计间距，在压型钢板屋面上用电动螺丝刀直接将固定件旋进，在混凝土结构屋面上先用电锤钻孔，钻头直径为 5.0/5.5 mm，钻孔深度比螺钉深度深 25 mm，然后用电动螺丝刀将固定件旋进。

（2）线性固定

线性固定即使用专用压条和螺钉对卷材进行固定，使用防水卷材覆盖条对压条进行覆盖，如图 6-3 和图 6-4 所示。

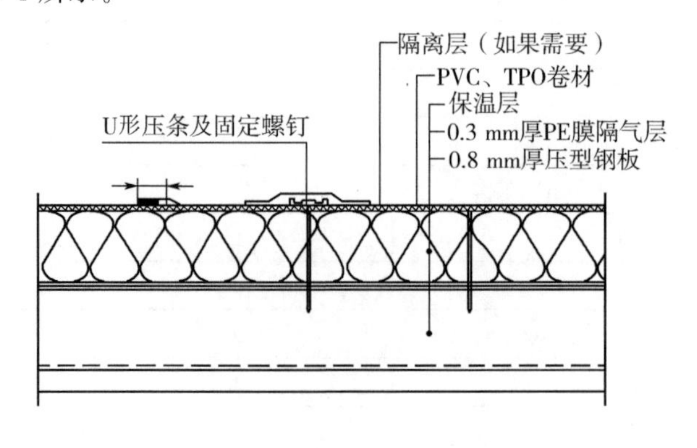

图 6-3　线性固定示意（1）

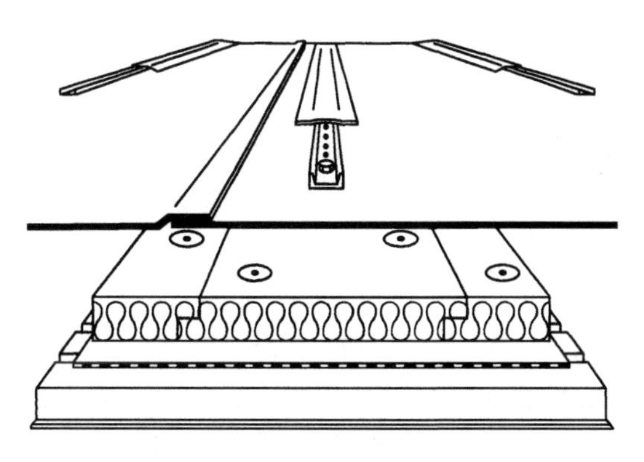

图 6-4　线性固定示意（2）

基层、隔气层以及保温板等材料与点式固定相同。

卷材纵向搭接宽度为 80 mm，焊接完毕后按照设计间距将金属压条合理排列，在压型钢板屋面上用电动螺丝刀直接将固定件旋进，在混凝土结构屋面上先用电锤钻孔，钻头直径为 5.0/5.5 mm，钻孔深度比螺钉深度深 25 mm，然后用电动螺丝刀将固定件旋进。

二、三元乙丙（EPDM）防水卷材无穿孔机械固定施工技术

1. 技术特点

1）构造

无穿孔增强型机械固定系统是轻型、无穿孔的三元乙丙（EPDM）防水卷材机械固定施工技术。该系统采用将增强型机械固定条带（RMA）用压条或垫片机械固定在轻钢结构屋面或混凝土结构屋面基面上，然后将宽幅三元乙丙橡胶防水卷材（EPDM）粘贴到增强型机械固定条带（RMA）上，相邻的卷材用自粘接缝搭接带黏结而形成连续的防水层。其构造如图 6-5、图 6-6 所示。

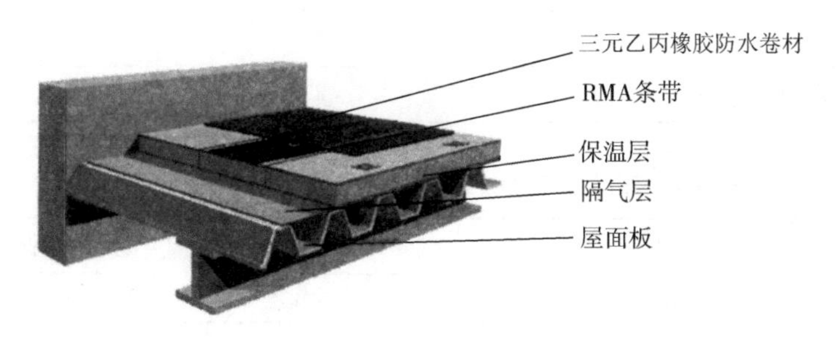

图 6-5　无穿孔增强型机械固定系统构造

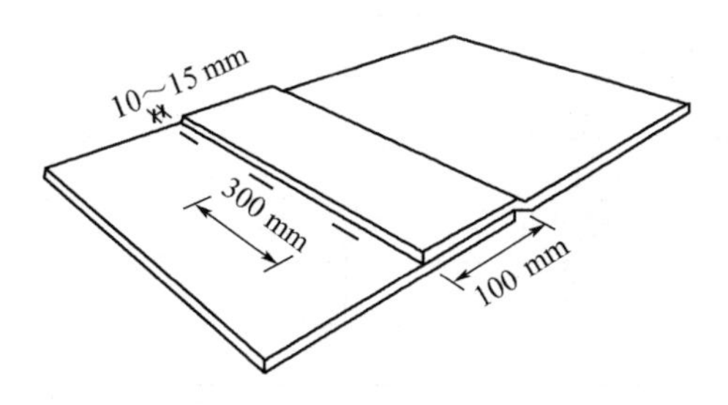

图 6-6　三元乙丙橡胶防水卷材自粘搭接示意

2）系统特点

无穿孔、铺设速度快、搭接缝少、轻质、美观；三元乙丙卷材耐候性、抗紫外线性能优异、使用寿命长、回收利用简单，并且不含任何增塑剂，可有效减少屋面防水层的更新频率，降低了回收和再生产带来的环境污染问题，环保节能。在达到使用寿命年限后可简单地回收利用，对资源保护有积极的影响。

2. 主要技术指标

增强型机械固定条带（RMA）宽 254 mm，由增强型三元乙丙（EPDM）橡胶卷材制成，两边带有两个宽 76 mm 的自粘搭接带，用于三元乙丙（RMA）橡胶防水卷材的无穿孔机械固定。构造如图 6-7 所示。增强型机械固定条带（RMA）的技术要求见表 6-3，三元乙丙（EPDM）橡胶防水卷材的物理性能指标见表 6-4。

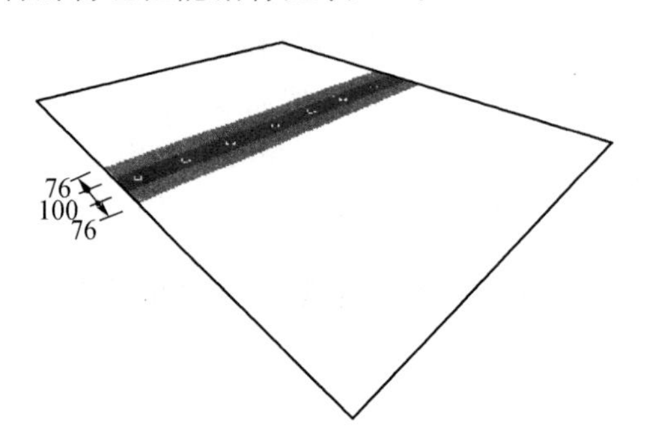

图 6-7 增强型机械固定条带

表 6-4 增强型机械固定条带（RMA）的技术要求

项目	增强型三元乙丙	搭接带（两边）
基本材料	三元乙丙橡胶	合成橡胶
厚度/mm	1.52	0.63
宽度/mm	245	76

表 6-4 三元乙丙（EPDM）橡胶防水卷材的物理性能指标

项　目	指　标
厚度/mm	1.50+10%
断裂拉伸强度/(N/mm^2)	≥9
延伸率/%	≥450
撕裂强度/(kN/m)	≥35
低温弯折/℃	≤−45
抗紫外线性能	无裂纹
臭氧老化/(40℃×168 h)	无裂纹
尺寸稳定性/%	≤1
吸水性/%	≤1

3. 技术应用要点

1）适用范围

适用于轻钢屋面、混凝土屋面工程防水。

2）施工技术要点

①卷材黏结到条带上将穿孔覆盖，在连续防水层上不出现机械固定穿孔，一是满足抗风荷载要求，在急速风力作用下保证屋面系统的稳定连贯性；二是不增加过多的屋面荷载。

②在安装和固定完保温板与隔气层之后，按照风荷载设计的要求固定条带（RMA），条带（RMA）的间距根据屋面不同分区、不同的风荷载设置。然后将三元乙丙（EPDM）卷材黏结到预制了搭接带的条带（RMA）上，在节点以及女儿墙转角处做机械固定，以减小结构变形对这些部位的影响。轻钢屋面可直接固定，混凝土屋面须预钻孔。

③选择该系统的前提是基层必须要具有足够的抗拔能力。

④抗风荷载性能是直接关系到屋面机械固定系统质量的关键。

⑤风荷载的作用不是单一的屋面风力所带来的影响（负压力），对于钢屋面来说，在风荷载计算时还需要考虑的是屋面内部空气压力带来的正压力，如果建筑物有较大开口，如大型的门、窗等，该正压力的影响会更加明显；混凝土屋面因为是密闭的基层，所以不会产生正压力；并且在屋面不同的区域受到的风荷载影响不一样，做机械固定时需要采取不同的固定密度。

⑥屋面防水层按照需要的固定密度将增强型机械固定条带（RMA）固定到结构层。保温板的固定与增强型机械固定条带（RMA）的固定将其分开，在急速风力的作用下，保温层与防水层的受力不会相互影响，从而使屋面系统达到更好的抗风荷载效果，而在边角区需按要求进行加密固定，这些区域受风力的影响远远超过中区的受力影响。

⑦根据风速、建筑物所在区域、建筑物规格、基层类型、屋面结构层次等因素，计算机械固定密度，并在屋面不同部位，分别设计边区、角区和中区，按不同密度进行固定。对于机械固定系统性能非常重要的一个指标是系统的抗风荷载性能，是系统成与败的关键。风荷载与机械固定密度设计的步骤如下：

风荷载的计算方法有多种，以下为同时考虑到屋面正压力与负压力的计算：

抗风揭力 W（帕）计算。

$$W = Q_{ref} \times C_e \times (C_{pe} + C_{pi})$$

式中 Q_{ref}——瞬时风速风压$=\rho/2\times V_{ref}=$空气密度$/2\times$风速；

C_e——暴露系数（由建筑物所在区域决定，如海边、农村、郊区和市区）；

C_{pe}——负压力系数（风经过屋面时带来的压力）；

C_{pi}——正压力系数（室内压力）。

b. 紧固件抗拉拔力 R（牛顿）计算。

紧固件设计抗拔值＝屋面系统抗拉拔力试验值×修正系数/安全系数

紧固件的抗拉拔力不是一个简单的单个紧固件的抗拉拔力值，而是整个系统的抗拉拔力值，其计算方法是在屋面系统抗风揭力试验中，任一元件失败而断定系统失效时紧固件的受力数值。

紧固件密度 n（个/m^2）计算。

紧固件密度计算公式： $n=W/R$

计算出每平方米卷材需要的紧固件数量。

建筑物情况。

按照建筑物的尺寸、高度和坡度确定不同风荷载区域，例如角区、边区和中区，屋面受风力影响递减。

条带（RMA）布置。

在屋面不同的分区条带（RMA）布置的间距为：

$$I = 1/(n \times e)$$

式中 I——条带（RMA）或机械固定间距（m）；

n——每平方米紧固件数量；

e——紧固件间距。

但最大间距 I 不能大于 2.5 m。如果是钢屋面，条带（RMA）的固定在满足风荷载设计要求的同时，还须垂直于波峰方向固定，以减轻屋面受力；混凝土屋面无固定方向的要求。

第二节 地下工程预铺反粘防水技术

一、主要技术特点

1. 基本概念

地下工程预铺反粘防水技术所采用的材料是高分子自粘胶膜防水卷材，如图 6-8 所示。该卷材系在一定厚度的高密度聚乙烯卷材基材上涂覆一层非沥青类高分子自粘胶层和耐候层复合制成的多层复合卷材。采用预铺反粘法施工时，在卷材表面的胶粘层上直接浇筑混凝土，混凝土固化后，与胶粘层形成完整连续的黏结。这种黏结是由液态混凝土与整体合成胶相互勾锁而形成的。高密度聚乙烯主要提供高强度；自粘胶层提供良好的黏结性能，可以承受结构产生的裂纹影响；耐候层既可以使卷材在施工时适当外露，同时又可以提供不粘的表面供工人行走，使得后道工序能够顺利进行。

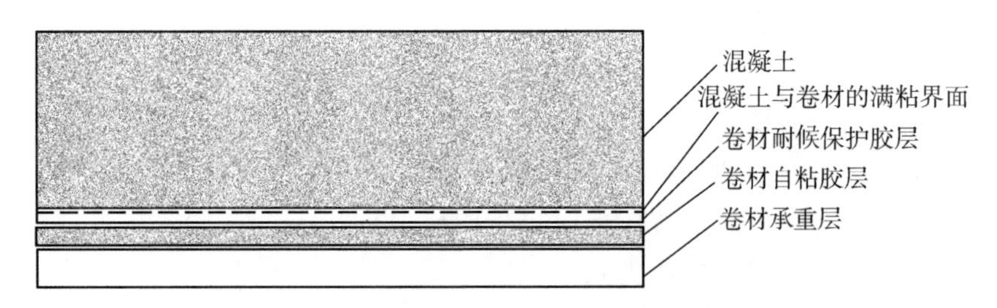

图 6-8 预铺反粘防水卷材构造

2. 技术特点

①卷材防水层与结构层永久性黏结一体，中间无蹿水隐患。

②防水层不受主体结构沉降的影响，有效地防止地下水渗入。

③施工特制高密度聚乙烯（HDPE）抗拉、抗撕裂及抗冲击性能良好。

④不需找平层，且可在无明水的潮湿基面上施工。

⑤单层使用，节省多道施工工序，节约工期。

⑥防水层上无需做保护层即可浇筑混凝土。

⑦冷施工，无明火；无毒无味，安全环保。

二、主要技术指标

主要物理性能指标见表 6-5。

表 6-5　主要物理性能指标

项目	指标	国标要求
1	拉伸强度	500 N/50mm
2	延伸率	400%
3	无处理条件下与混凝土黏结	2.0 N/mm
4	热老化后与混凝土黏结	1.5 N/mm
5	紫外老化后与混凝土黏结	1.5 N/mm
6	低温弯折性	−25℃
7	热老化后的低温弯折性	−23℃
8	耐热性，70℃，2hr	无位移、流淌、滴落
9	钉杆撕裂强度	400 N
10	侧向蹿水	0.6 MPa
11	低温开裂循环	无要求

三、施工技术应用

1. 技术应用范围

适用于地下工程底板和防水层采用外防内贴法工艺施工的外墙，可以很好地解决底板及外墙蹿水难题，具有极好的应用前景。

如广东佛山西站枢纽站地下空间开发项目工程、哈尔滨松北香格里拉酒店项目工程等都应用了此项技术。

2. 施工技术要点

该卷材采用全新的施工方法进行铺设：卷材使用于平面时，将高密度聚乙烯面朝向垫层进行空铺；卷材使用于立面时，将卷材固定在支护结构面上，胶粘层朝向结构层，在搭接部位临时固定卷材。防水卷材施工后，不需铺设保护层，可以直接进行绑扎钢筋、支模板、浇筑混凝土等后续工序施工，如图 6-9 所示。

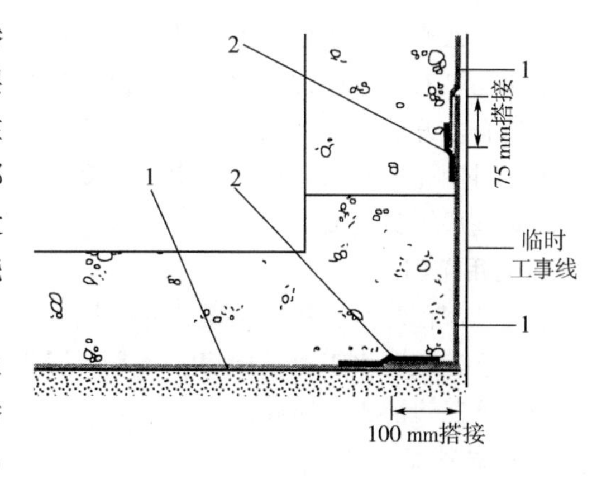

图 6-9　预铺反粘防水卷材施工

1—卷材；2—胶带

①预铺防水卷材必须能够与液态混凝土固化后形成牢固永久的黏结。因此，防水卷材胶粘剂面在施工中必须朝向结构混凝土面，同时胶粘剂必须能够满足与混凝土永久黏结的要求。

②预铺防水卷材施工后，其上无需铺设混凝土保护层，直接在防水层上绑扎钢筋，因此，要求预铺防水卷材必须具有较高的强度。

③预铺防水卷材在施工过程中会在阳光下暴露，所以，防水卷材必须具有一定的抗紫外老化能力。

④预铺防水卷材在暴露期间，会受到其他环境因素，如雨水、地下水、尘土等的污染，防水卷材在这些环境因素的影响下，应保持与混凝土良好的黏结力。

⑤预铺防水卷材与结构混凝土黏结，因此，施工中，在阴、阳角等部位不应设置加强层。卷材必须有很好的柔软性适应结构可能发生的变形开裂等。

⑥预铺防水卷材的高、低温性能平衡：防水卷材必须同时考虑高、低温要求，满足在我国不同区域和不同季节施工的需求。

⑦防水卷材的完整性：搭接是预铺防水卷材最大的节点，必须有很强的连续黏结，才能保证最好的防水效果。

⑧防水卷材松铺施工：为了避免结构沉降的影响，预铺反粘防水卷材推荐松铺施工。

第三节 聚氨酯防水涂料施工技术

一、主要技术特点

1. 基本概念

聚氨酯防水涂料是通过化学反应而固化成膜，分为单组分和双组分两种类型。单组分聚氨酯防水涂料为聚氨酯顶聚体，在现场涂覆后经过与水或空气中湿气的化学反应，固化形成高弹性防水涂膜。

双组分聚氨酯防水涂料由甲、乙两个组分组成，甲组分为聚氨酯顶聚体，乙组分为固化组分，现场将甲、乙两个组分按一定的配合比混合均匀，涂覆后经反应固化形成高弹性防水涂膜。

聚氨酯防水涂料可采用喷涂、刮涂、刷涂等工艺施工。施工时需分多层进行涂覆，每层厚度应不大于 0.5 mm，且相邻两层应相互垂直涂覆。

2. 技术特点

①涂膜致密、无接缝，整体性强，在任何复杂的基面均易施工。

②涂层具有优良的抗渗性、弹性及低温柔性。

③具有较好的耐腐蚀性。

④涂料固化成膜易受环境温度、湿度影响。

⑤对基层平整度要求较高。

3. 适用范围

①各种屋面防水工程（须覆盖保护层）。

②地下建筑防水工程，厨房、浴室、卫生间防水工程，水池、游泳池防漏。

③地下管道防水、防腐蚀。

4. 产品特点

①具有高强度、高延伸率、高固含量、黏结力强。

②自然流平，延伸性好，能克服基层断裂带来的渗漏。

③常温施工，操作简便，无毒无害，耐候性、耐老化性。

二、主要技术指标

聚氨酯防水涂料的基本性能应符合《聚氨酯防水涂料》(GB/T 19250—2013)的要求。产品按拉伸性能分为Ⅰ、Ⅱ两类。单组分和双组分聚氨酯防水涂料物理力学性能见表6-6、表6-7。

表6-7 单组分聚氨酯防水涂料物理力学性能

序号	项目	Ⅰ	Ⅱ
1	拉伸强度/MPa	≥1.9	≥2.45
2	断裂伸长率/%	≥550	≥450
3	撕裂强度/(N/mm)	≥12	≥14
4	低温弯折性/℃	≤−40	
5	不透水性(0.3 MPa，30 min)	不透水	
6	固体含量/%	≥80	
7	表干时间/h	≤12	
8	实干时间/h	≤24	
9	加热伸缩率/%	≤1.4 ≥−4.0	
10	潮湿基面黏结强度/MPa	≥0.5	

表6-7 双组分聚氨酯防水涂料物理力学性能

序号	项目	Ⅰ	Ⅱ
1	拉伸强度/MPa	≥1.9	≥2.45
2	断裂伸长率/%	≥450	≥450
3	撕裂强度/(N/mm)	≥12	≥14
4	低温弯折性/℃	≤−35	
5	不透水性(0.3 MPa，30 min)	不透水	
6	固体含量/%	≥90	
7	表干时间/h	≤8	
8	实干时间/h	≤24	
9	加热伸缩率/%	≤1.0 ≥−4.0	
10	潮湿基面黏结强度/MPa	≥0.5	

三、技术应用要点

1. 技术应用范围

聚氨酯防水涂料涂布固化后形成一定厚度的弹性膜层，防水效果十分显著，适用于各种有保护层的屋面、地下室、卫生间、游泳池等防水部位，也适用于管道、桥梁、隧道工程的防水需要。

2. 施工技术要点

1）工艺流程

具体的工艺流程如下：

基层处理 → 涂刷基层处理剂 → 附加层施工 → 大面防水层涂布 → 淋水或蓄水试验 → 保护层、隔离层施工 → 验收

此流程适用于双组分聚氨酯防水涂料和单组分聚氨酯防水涂料的施工。

（1）基层处理

清理基层表面的尘土、沙粒、灰皮、砂浆硬块等杂物，并清扫干净。凹凸不平处，应修补平整。遇到油污时，可用钢刷或砂纸刷除干净。表面必须平整。最后，用干净的湿布擦拭一遍。

（2）涂刷基层处理剂

待基层清理干净后，即可满涂一道基层处理剂，可用刷子用力薄涂，使基层处理剂进入毛细孔和微缝中，也可用机械喷涂，涂刷应均匀一致，不漏底。一般涂刷量以 0.15～0.5 kg/m^2 为宜。基层处理剂涂刷后，要干燥固化 12 h 以上才能进行下道工序施工。基层处理剂常用稀释后的涂膜防水材料，其配合比应根据防水材料的种类按产品说明书的要求配置。

（3）附加层施工

按设计和防水细部结构的要求，在天沟、檐沟与屋面交接处、女儿墙、变形缝、水落口等部位均加做附加层，使黏贴密实，然后再与大面同时做防水层涂刷。

（4）大面防水层涂布

①准备配料。其配料方法是将聚氨酯甲、乙组分和二甲苯按产品说明书配比及投料顺序配合、搅拌至均匀，配制量视需要确定，用多少配制多少。附加层施工时的涂料也是用此法配制的。

②第一遍涂膜施工：在基层处理剂基本干燥固化后（即为表干不粘手），用塑料刮板或橡皮刮板均匀涂刷第一遍涂膜，厚度为 0.8～1.0 mm，涂量约为 1 kg/m^2。涂刷应厚薄均匀一致，不得有漏刷、起泡等缺陷，若遇起泡，采用针刺消泡。

③第二遍涂膜施工：待第一遍涂膜固化后（实干时间约为 24 h），涂刷第二遍涂膜。涂刷方向与第一遍垂直，涂刷量略少于第一遍，厚度为 0.5～0.8 mm，用量约为 0.7 kg/m^2。要求涂刷均匀，不得漏涂、起泡。

④待第二遍涂膜实干后，涂刷第三遍涂膜，直至达到设计规定的厚度。

（5）淋水或蓄水试验

第五遍胶料实干后，应进行蓄水试验。方法是临时关闭水落口，然后蓄水，蓄水深度按设计要求，时间不少于 24 h。无女儿墙的屋面可做淋水试验，试验时间不少于 2 h，如无渗漏，即认为合格，如发现渗漏，应及时修补，再做蓄水或淋水试验，直至不漏为止。

（6）保护层、隔离层施工

①采用撒布材料保护层时，筛去粉料、杂质等，在涂刷最后两层涂料时，边涂边撒布，

撒布均匀、不露底、不堆积。待涂膜干燥后，将多余的或黏结不牢的粒料清扫干净。

②采用浅色涂料保护层时，涂膜固化后进行，均匀涂刷，使保护层与防水层黏结牢固，不得损伤防水层。

③采用水泥砂浆、细石混凝土或板块保护层时，最后一遍涂层固化实干后，做淋水或蓄水试验。合格后，设置隔离层，隔离层可采用干铺塑料膜、土工布或卷材，也可采用铺抹低强度等级的砂浆。在隔离层上施工水泥砂浆、细石混凝土或板块保护层，厚度为 20 mm 以上。

(7) 验收

①所有防水材料必须有产品质量合格证及现场取样复检的试验报告。

②涂膜防水层与基层间，以及收头、节点部位应粘贴牢固，不允许有空鼓、分层、裂缝和翘角、脱皮等现象。

③防水层表面应平整，无裂纹、起层、孔洞、损伤等缺陷；涂膜应均匀一致，膜层厚度偏差不超过 0.3 mm。具有做蓄水条件的工程，可用泼水法或通过自然降雨检验，无渗漏为合格，否则必须找出渗漏点修补，或返工重做。

④工程竣工验收时，应提供下列技术资料：

防水涂料及配套材料的质量合格证书及现场抽样复检报告、防水基层的隐蔽工程验收记录、防水层施工记录、施工中发生技术问题的处理记录和蓄水试验及雨季检查渗漏水情况记录，并填写保修单。

2) 施工质量控制

聚氨酯防水涂料可采用喷涂、刮涂、刷涂等工艺施工。施工时需分多层进行涂覆，每层厚度应不大于 0.5 mm，且相邻两层应相互垂直涂覆。

(1) 涂膜产生气孔或气泡

材料搅拌方式及搅拌时间掌握不好或是基层未处理好、聚氨酯防水涂料每道涂层过厚等均可使涂膜产生气孔或气泡。气孔或气泡直接破坏涂膜防水层均匀的质地，形成渗漏水的薄弱部位。因此施工时应予注意：材料搅拌应选用功率大、转速不太高的电动搅拌器，搅拌容器宜选用圆桶，以利于强力搅拌均匀，且不会因转速太快而将空气卷入拌合材料中，搅拌时间以 2～5 min 为宜；涂膜防水层的基层一定要清洁干净，不得有浮砂或灰尘，基层上的孔隙应用基层上的涂料填补密实，然后施工第一道涂层；聚氨酯防水涂料在成膜的反应过程中产生 CO_2 气体，涂膜过厚气体无法释放出去，在涂膜中形成大量气泡，使涂膜的防水效果降低，因此，施工时应严格地控制涂层厚度。

每道涂层均不得出现气孔或气泡，特别是底部涂层若有气孔或气泡，不仅破坏本层的整体性，而且会在上层施工涂抹时因空气膨胀而出现更大的气孔或气泡。因此，对于出现的气孔或气泡必须予以修补。对于气泡，应将其穿破，除去浮膜，用处理气孔的方法填实，再做增补涂抹。

(2) 起鼓

基层质量不良，有起皮或开裂，影响黏结；基层不干燥，黏结不良，水分蒸发产生的压力使涂膜起鼓；在湿度大且通风不良的环境施工，涂膜表面易有冷凝水，冷凝水受热汽化可使上层涂膜起鼓。起鼓后就破坏了涂膜的整体连续性，且容易破损，必须及时修补。修补方法：先将起鼓部分全部割去，露出基层，排出潮气，待基层干燥后，先涂底层涂料，再依防水层施工方法逐层涂膜，若加抹增强涂布则更佳。修补操作要注意，不能一次抹成，至少分两次抹成，否则容易产生鼓泡或气孔。

（3）翘边

涂膜防水层的端部或细部收头处容易出现同基层剥离和翘边现象。主要是因基层未处理好，不清洁或不干燥；底层涂料黏结力不强；收头时操作不细致，或密封处理不佳。施工时操作要仔细，基层要保持干燥，对管道周围做增强涂布时，可采用铜线箍扎固定措施。

对产生翘边的涂膜防水层，应先将剥离翘边的部分割去，将基层打毛、处理干净，再根据基层材质选择与其黏结力强的底层涂料涂刮基层，然后按增强和增补做法仔细涂布，最后按顺序分层做好涂膜防水层。

（4）破损

涂膜防水层施工后、固化前，未注意保护，被其他工序施工时破坏、划伤，或过早上人行走、放置工具，使防水层遭受破坏。

对于轻度损伤者，可做增强涂布、增补涂布；对于破损严重者，应将破损部分割除（割除部分比破损部分稍大些），露出基层并清理干净，再按施工要求，顺序、分层补做防水层，并应加上增强、增补涂布。

（5）涂膜分层、连续性差

聚氨酯防水涂料双组分型由于配比不合理或搅拌不均匀而使反应不完全造成涂膜连续性差。施工时应严格按照所使用材料的配合比配料，搅拌应充分、均匀。聚氨酯防水涂料每道涂层间隔时间过长，会产生涂膜分层现象。因此，施工时控制好每道涂层的间隔时间，不能过短，也不能过长，严格地按照施工要求施工。

涂膜增强部位胎体过厚，涂层也会出现分层现象。选择胎体材料时，厚度应适中。有的胎体材料会与防水涂料发生反应，所以选材时应慎重。

第七章 装配式建筑混凝土施工技术

第一节 装配式建筑混凝土国内外发展概况和趋势

一、国外装配式建筑混凝土结构发展概况

预制混凝土技术起源于英国。1875 年，英国人 Lascell 提出了在结构承重骨架上安装预制混凝土墙板的新型建筑方案。1891 年，法国巴黎 Ed. Coigent 公司首次在 Biarritz 的俱乐部建筑中使用预制混凝土梁。第二次世界大战结束后，预制混凝土结构首先在西欧发展起来，然后推到世界各国。

发达国家的装配式混凝土建筑经过几十年甚至上百年的时间，已经发展到了相对成熟、完善的阶段。但各国根据自身实际，选择了不同的道路和方式。

美国的装配式建筑起源于 20 世纪 30 年代。20 世纪 70 年代，美国国会通过了国家工业化住宅建造及安全法案，美国城市发展部出台了一系列严格的行业规范标准，一直沿用至今。美国城市住宅以“钢结构＋预制外墙挂板”的高层结构体系为主，在小城镇多以轻钢结构、木结构低层住宅体系为主。

法国、德国住宅以预制混凝土体系为主，钢、木结构体系为辅。多采用构件预制与混凝土现浇相结合的建造方式，注重保温节能特性。高层主要采用混凝土装配式框架结构体系，预制装配率达到 80％。

瑞典是世界上住宅装配化应用最广泛的国家，新建住宅中通用部件占到了 80％。丹麦发展住宅通用体系化的方向是“产品目录设计”，它是世界上第一个将模数法制化的国家。

日本于 1968 年就提出了装配式住宅的概念。1990 年推出了采用部件化、工业化生产方式，追求中高层住宅的配件化生产体系。2002 年，日本发布了《现浇等同型钢筋混凝土预制结构设计指针及解说》。日本普通住宅以“轻钢结构和木结构别墅”为主，城市住宅以“钢结构或预制混凝土框架＋预制外墙挂板”框架体系为主。

新加坡自 20 世纪 90 年代初开始尝试采用预制装配式住宅，预制化率很高。其中，新加坡最著名的达士岭组屋，共 50 层，总高度为 145 m，整栋建筑的预制化率达到 94％。

二、我国装配式建筑混凝土结构发展概况

1. 我国装配式建筑混凝土结构的发展历程

我国预制混凝土起源于 20 世纪 50 年代，早期受苏联预制混凝土建筑模式的影响，主要

应用在工业厂房、住宅、办公楼等建筑领域。20 世纪 50 年代后期到 80 年代中期，绝大部分单层工业厂房都采用预制混凝土建造。20 世纪 80 年代中期以前，在多层住宅和办公建筑中也大量采用预制混凝土技术，主要结构形式有：装配式大板结构、盒子结构、框架轻板结构和叠合式框架结构。20 世纪 70 年代以后，我国政府提倡建筑要实现三化，即工厂化、装配化、标准化。在这一时期，预制混凝土在我国发展迅速，在建筑领域被普遍采用，为我国建造了几十亿平方米的工业和民用建筑。

到 20 世纪 70 年代末 80 年代初，我国基本建立了以标准预制构件为基础的应用技术体系，包括以空心板为基础的砖混住宅、大板住宅、装配式框架及单层工业厂房等技术体系。

从 20 世纪 80 年代中期以后，我国预制混凝土建筑因成本控制过低、整体性差、防水性能差以及国家建设政策的改革和全国性劳动力密集型大规模基本建设的高潮迭起，最终使装配式结构的比例迅速降低，自此步入衰退期。据统计，我国装配式大板建筑的竣工面积从 1983—1991 年逐年下降，20 世纪 80 年代中期以后，我国装配式大板厂相继倒闭，1992 年以后就很少采用了。

进入 21 世纪后，预制部品构件由于它固有的一些优点在我国又重新受到重视。预制部品构件生产效率高、产品质量好，尤其是它可改善工人劳动条件、环境影响小、有利于社会可持续发展，这些优点决定了预制混凝土是未来建筑发展的一个必然方向。

近年来，我国有关预制混凝土的研究和应用有回暖的趋势，国内相继开展了一些预制混凝土节点和整体结构的研究工作。在工程应用方面采用新技术的预制混凝土建筑也在逐渐增多，如南京金帝御坊工程采用了预应力预制混凝土装配整体框架结构体系，大连 43 层的希望大厦采用了预制混凝土叠合楼面。我们相信，随着我国预制混凝土研究和应用工作的开展，不远的将来预制混凝土将会迎来一个快速的发展时期。北京榆构等单位完成了多项公共建筑外墙挂板、预制体育场看台工程。2005 年之后，万科集团、远大住工集团等单位在借鉴国外技术及工程经验的基础上，从应用住宅预制外墙板开始，成功开发了具有中国特色的装配式剪力墙住宅结构体系。

我国台湾和香港的装配式建筑启动以来未曾中断，一直处于稳定的发展成熟阶段。

我国台湾地区的装配式混凝土建筑体系和日本、韩国接近，装配式结构节点连接构造和抗震、隔震技术的研究和应用都很成熟。装配框架梁柱、预制外墙挂板等构件应用广泛。

我国香港地区在 20 世纪 70 年代末采用标准化设计，自 1980 年以后，采用了预制装配式体系。叠合楼板、预制楼梯、整体式 PC 卫生间、大型 PC 飘窗外墙被大量用于高层住宅公共建筑中。厂房类建筑一般采用装配式框架结构或钢结构建造。

2. 装配式建筑混凝土结构的技术体系

1）*我国装配式混凝土结构技术体系的研究*

混凝土结构的主体结构，依靠节点和拼缝将结构连接成整体并同时满足使用阶段和施工阶段的承载力、稳固性、刚性、延性要求。连接构造采用钢筋的连接方式，有灌浆套筒连接、搭接连接和焊接连接 3 种。配套构件如门窗、有水房间的整体性技术和安装装饰的一次性完成技术等也属于该类建筑的技术特点。

预制构件如何传力、协同工作是预制钢筋混凝土结构研究的核心问题，具体来说就是，钢筋的连接与混凝土界面的处理。自 2008 年以来，我国广大科技人员在前期研究的基础上做了大量试验和理论研究工作，如 Z 形试件结合面直剪和弯剪性能单调加载试验、装配式混凝土框架节点抗震性能试验、预制剪力墙抗震试验和预制外挂墙板受力性能试验等，对装配式建筑混凝土结构结合面的抗剪性能、预制构件的连接技术及纵向钢筋的连接性能进行了深入研究。2014 年，为适应国家“十二五”规划及未来对住宅产业化发展的需求，国内学者对在装配式结构中占比重较大的钢筋混凝土叠合楼板展开研究，对钢筋套筒灌浆料密实性进行研究。

装配式混凝土结构的预制构件在设计方面，遵循受力合理、连接可靠、施工方便、少规格、多组合原则。在满足不同地域对不同户型的需求的同时，建筑结构设计尽量通用化、模块化、规范化，以便实现构件制作的通用化。结构的整体性和抗倒塌能力主要取决于预制构件之间的连接，在地震、偶然撞击等作用下，整体稳固性对装配式结构的安全性至关重要。结构设计中必须充分考虑结构的节点、拼缝等部位的连接构造的可靠性，同时，装配式混凝土结构设计要求装饰设计与建筑设计同步完成，构件详图的设计应表达出装饰装修工程所需预埋件相对室内水电的点位。只有这样才能在装饰阶段直接利用预制构件中所预留、预埋的管线，不会因后期点位变更而破坏墙体。

2）我国装配式建筑混凝土结构技术体系种类

我国装配式建筑混凝土结构的技术的体系主要有：

万科在南方侧重于预制框架或框架结构外挂板加配整体式剪力墙结构，采取设计一体化、PC 窗预埋等技术；在北方侧重于装配式剪力墙结构。

远大住工采用装配式叠合楼盖现浇剪力墙结构体系、装配式框架体系，围护结构采用外挂墙板。在整体厨卫、成套门窗等技术方面实现标准化设计。

南京大地建设采用装配式框架外挂板体系、预制预应力混凝土装配式框架结构体系。中南集团为全预制装配式剪力墙（NPC）体系。宝业集团为叠合式剪力墙装配式混凝土结构体系。上海城建集团为预制框架剪力墙装配式住宅结构技术体系。黑龙江宇辉集团为预制装配式混凝土剪力墙结构体系。山东万斯达为 PK（拼装、快速）系列装配式剪力墙结构体系。

三、装配式建筑混凝土结构的发展意义和展望

1. 装配式建筑混凝土结构的发展意义

①提高工程质量和施工效率。通过标准化设计、工厂化生产、装配化施工，减少了人工操作和劳动强度，确保了构件质量和施工质量，从而提高了工程质量和施工效率。

②减少资源、能源消耗，减少建筑垃圾，保护环境。由于实现了构件生产工厂化，材料和能源消耗均处于可控状态；建造阶段消耗建筑材料和电力较少，施工扬尘和建筑垃圾大幅度减少。

③缩短工期，提高劳动生产率。由于构件生产和现场建造在两地同步进行，建造、装修和设备安装一次完成，相比传统建造方式大大缩短了工期，能够适应目前我国大规模的城市化进程。

④转变建筑工人身份，促进社会和谐、稳定。现代建筑产业减少了施工现场临时工的用工数量，并使其中一部分人进入工厂，变为产业工人，助推城镇化发展。

⑤减少施工事故。与传统建筑相比，产业化建筑建造周期短、工序少、现场工人需求量小，可进一步降低发生施工事故的几率。

⑥施工受气象因素影响小。产业化建造方式大部分构配件在工厂生产，现场基本为装配

作业，且施工工期短，受降雨、大风、冰雪等气象因素的影响较小。

随着新型城镇化的稳步推进，人民生活水平的不断提高，全社会对建筑品质的要求也越来越高。与此同时，能源和环境压力逐渐加大，建筑行业竞争加剧。建筑产业现代化对推进建筑业产业升级和发展方式转变，促进节能减排和民生改善，推动城乡建设走上绿色、循环、低碳的科学发展轨道，实现经济社会全面、协调、可持续发展，不仅意义重大，更迫在眉睫。

2. 装配式建筑混凝土结构的发展展望

我国在装配式结构的研究上已取得了一些成果，许多高校和企业为装配式结构的推广做出了贡献，清华大学、同济大学、东南大学以及哈尔滨工业大学等高校均进行了装配式框架结构的相关构造研究。在万科集团、远大住工集团等企业的大力推动下，装配式结构也得到了一定的推广应用。但目前主要的应用还是一些非结构构件，如预制外挂墙板、预制楼梯及预制阳台等，对于承重构件的应用（如梁、柱等）还是非常少。我国装配式结构未来的发展主要体现在以下几个方面：

①我国应根据国家出台的相关规范，运用新的构造措施和施工工艺形成一个系统，以支撑装配式结构在全国范围内的广泛应用。

②我们应提高装配式结构的整体性能和抗震性能，使人们对装配式结构的认识不只停留在现浇结构上，积极推广装配式混凝土结构发展的需要。

③装配式混凝土结构预制构件间的连接技术在保证整体结构安全性、整体性的前提下，尽量简化连接构造，降低施工中不确定性对结构性能的影响。目前，我国预制构件的连接方法主要采用套筒灌浆与浆锚连接两种，开发工艺简单、性能可靠的新型连接方式是装配式混凝土结构发展的需要。

④我国可以学习日本“BL”制度经验，建立优良住宅部品认定制度，形成住宅部品优胜劣汰的机制。建立权威制度，是推动住宅产业和住宅部品发展的一项重要措施。

⑤目前，我国装配式混凝土结构处于发展初期，设计、施工、构件生产、思想观念等方面都在从现浇向预制装配转型。这一时期宜以少量工程为样板，以严格技术要求进行控制，实行样板先行再大量推广。应关注新型结构体系带来的外墙拼缝渗水、填缝材料耐久性、叠合板板底裂缝等非结构安全问题，总结经验，解决新体系下的质量常见问题。

第二节 装配式建筑混凝土结构

一、装配式结构的基本构件

1. 预制混凝土柱

从制造工艺上看，预制混凝土柱包括预制混凝土实心柱和预制混凝土矩形柱壳两种形式，如图 7-1、图 7-2 所示。预制混凝土柱的外观多种多样，包括矩形、圆形和工字形等。在满足运输和安装要求的前提下，预制柱的长度可达到 12 m 或更长。

2. 预制混凝土梁

预制混凝土梁根据制造工艺不同可分为预制实心梁、预制叠合梁两类，如图 7-3、图 7-4 所示。预制实心梁制作简单，构件自重较大，多用于厂房和多层建筑中。预制叠合梁便于预制柱和叠合楼板连接，整体性较强，运用十分广泛。预制梁壳通常用于梁截面较大或起吊质量受到限制的情况，优点是便于现场钢筋的绑扎，缺点是预制工艺较复杂。

图 7-1　预制混凝土实心柱

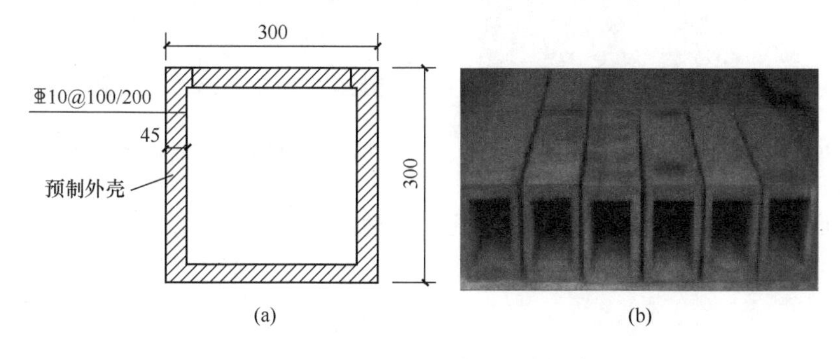

图 7-2　预制混凝土矩形柱壳

（a）外壳尺寸；（b）外壳实物

图 7-3　搁置于柱上的预制 L 形实心梁

图 7-4　预制叠合梁

按是否采用预应力来划分，预制混凝土梁可分为预制预应力混凝土梁和预制非预应力混凝土梁。预制预应力混凝土梁集合了预应力技术节省钢筋、易于安装的优点，生产效率高、施工速度快，在大跨度全预制多层框架结构厂房中具有良好的经济性。

3. 预制混凝土楼面板

预制混凝土楼面板按照制造工艺不同可分为预制混凝土叠合板、预制混凝土实心板、预制混凝土空心板、预制混凝土双 T 板等。

预制混凝土叠合板最常见的主要有两种，一种是桁架钢筋混凝土叠合板，另一种是预制带肋底板混凝土叠合楼板。桁架钢筋混凝土叠合板属于半预制构件，下部为预制混凝土板，外露部分为桁架钢筋，如图 7-5、图 7-6 所示。预制混凝土叠合板的预制部分厚度通常为 60 mm，叠合楼板在工地安装到位后要进行二次浇筑，从而成为整体实心楼板。桁架钢筋的主要作用是将后浇筑的混凝土层与预制底板形成整体，并在制作和安装过程中提供刚度。伸出预制混凝土层的桁架钢筋和粗糙的混凝土表面保证了叠合楼板预制部分与现浇部分能有效结合成整体。

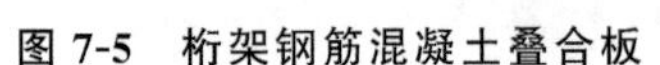

图 7-5　桁架钢筋混凝土叠合板　　**图 7-6　桁架钢筋混凝土叠合板安装**

预制带肋底板混凝土叠合楼板是一种预应力带肋混凝土叠合楼板（PK 板），如图 7-7 和图 7-8 所示。

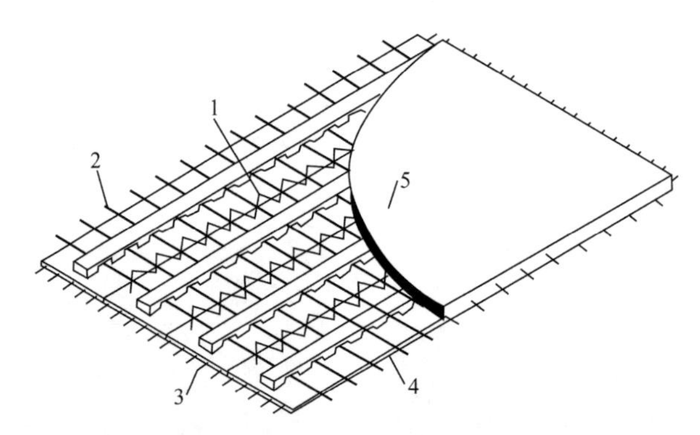

图 7-7　预制带肋底板混凝土叠合楼板

1—折线钢筋；2—横向穿孔钢筋；3—高强预应力钢丝；4—PK 预应力带肋混凝土薄板；5—叠合层混凝土

图 7-8　预制带肋底板混凝土叠合楼板安装

PK 预应力混凝土叠合板具有以下优点：

①国际上最薄、最轻的叠合板之一：30 mm 厚，自重 110 kg/m^2。

②用钢量最省：由于采用高强预应力钢丝，比其他叠合板用钢量节省 60%。

③承载能力最强：破坏性试验承载力可达 1.1 t/m^2，支撑间距可达 3.3 m，减少支撑数量。

④抗裂性能好：由于施加了预应力，极大地提高了混凝土的抗裂性能。

⑤新老混凝土结合好：由于采用了 T 形肋，现浇混凝土形成倒梯形，新老混凝土互相咬合，新混凝土流到孔中又形成销栓作用。

⑥可形成双向板：在侧孔中横穿钢筋后，避免了传统叠合板只能做单向板的弊病，且预埋管线方便。

4. 预制混凝土剪力墙

预制混凝土剪力墙从受力性能角度分为预制实心剪力墙和预制叠合剪力墙。

1）预制实心剪力墙

预制实心剪力墙是指将混凝土剪力墙在工厂预制成实心构件，并在现场通过预留钢筋与主体结构相连接，如图 7-9 所示。随着灌浆套筒在预制剪力墙中的使用，预制实心剪力墙的使用越来越广泛。

图 7-9 预制实心剪力墙

预制混凝土夹心保温剪力墙是一种结构保温一体化的预制实心剪力墙，由外叶、内叶和中间层三部分组成。外叶为保温隔热层的保护层，内叶为预制混凝土实心剪力墙，中间层为保温隔热层，保温隔热层与内、外叶之间采用拉结件连接。拉结件可以采用玻璃纤维钢筋或不锈钢拉结件。预制混凝土夹心保温剪力墙通常作为建筑物的承重外墙，如图 7-10 所示。

2）预制叠合剪力墙

预制叠合剪力墙是指一侧或两侧均为预制混凝土墙板，在另一侧或中间部位现浇混凝土从而形成共同受力的剪力墙结构，如图 7-11 所示。预制叠合剪力墙结构在德国有着广泛的运用，在上海和合肥等地已有所应用。它具有制作简单、施工方便等优势。

图 7-10 预制混凝土夹心保温剪力墙

图 7-11 预制叠合剪力墙

5. 预制混凝土阳台

预制混凝土阳台通常包括预制实心阳台和预制叠合阳台，如图 7-12 所示。预制阳台板能够克服现浇阳台的缺点，解决了阳台支模复杂、现场高空作业费时费力的问题。

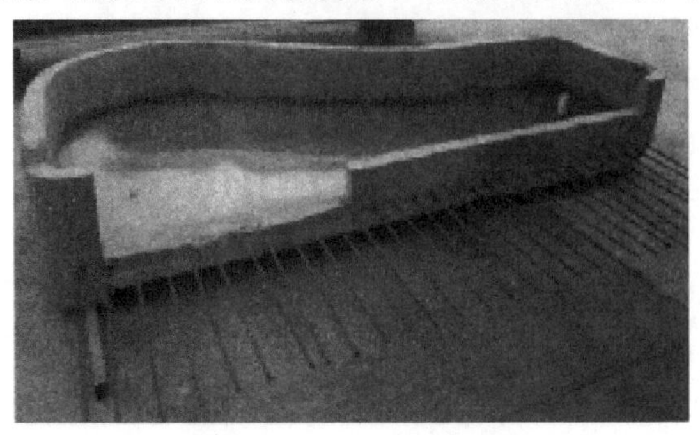

图 7-12 预制实心阳台

6. 预制混凝土女儿墙

女儿墙处于屋顶处外墙的延伸部位，通常有立面造型，采用预制混凝土女儿墙的优势是能快速安装，节省工期并提高耐久性。女儿墙可以是单独的预制构件，也可以是顶层的墙板向上延伸，顶层外墙与女儿墙预制为一个构件，如图 7-13 所示。

图 7-13 预制混凝土女儿墙

7. 预制混凝土空调板

预制混凝土空调板通常采用预制混凝土实心板，板侧预留钢筋与主体结构相连，预制空调板通常与外墙板相连。预制混凝土空调板如图 7-14 所示。

图 7-14 预制混凝土空调板

二、围护构件

围护构件是指围合、构成建筑空间，抵御环境不利影响的构件，这里仅介绍外围护墙和预制内隔墙的相关内容。外围护墙用以抵御风雨、温度变化、太阳辐射等，应具有保温、隔热、隔声、防水、防潮、耐火、耐久等性能。内隔墙起分隔室内空间作用，应具有隔声、隔视线以及某些特殊要求的性能。

1. 外围护墙

预制混凝土外围护墙板是指预制商品混凝土外墙构件，包括预制混凝土叠合（夹心）墙板、预制混凝土夹心保温外墙板和预制混凝土外墙挂板。外墙板除应具有隔声与防火的功能外，还应具有隔热保温、抗渗、抗冻融、防碳化等作用和满足建筑艺术装饰的要求，外墙板可用轻骨料单一材料制成，也可采用复合材料（结构层、保温隔热层和饰面层）制成。

预制混凝土外围护墙板采用工厂化生产，现场进行安装的施工方法，具有施工周期短、质量可靠（对防止裂缝、渗漏等质量通病十分有效）、节能环保（耗材少，减少扬尘和噪声等）、工业化程度高及劳动力投入量少等优点，在国内外的住宅建筑上得到了广泛运用。

根据制作结构不同，预制外墙结构分为预制混凝土夹心保温外墙板和预制混凝土外墙挂板。

1）预制混凝土夹心保温外墙板

预制混凝土夹心保温外墙板是集承重、围护、保温、防水、防火等功能为一体的重要装配式预制构件，由内叶墙板、保温材料、外叶墙板三部分组成，如图 7-15 所示。

夹心保温外墙板宜采用平模工艺生产，生产时应先浇筑外叶墙板混凝土层，再安装保温材料和拉结件，最后浇筑内叶墙板混凝土，可以使保温材料与结构同寿命。

2）预制混凝土外墙挂板

预制混凝土外墙挂板是在预制车间加工的，运输到施工现场吊装的钢筋混凝土外墙板，在板底设置预埋铁件通过与楼板上的预埋螺栓连接使底部与楼板固定，再通过连接件使顶部与楼板固定，如图 7-16 所示。在工厂采用工业化生产，具有施工速度快、质量好、费用低的特点。

图 7-15　预制混凝土夹心保温外墙板构造

图 7-16 预制混凝土外墙挂板结构

2. 内隔墙

预制内隔墙板按成型方式分为挤压成型墙板和立（或平）模浇筑成型墙板两种。

1）挤压成型墙板

挤压成型墙板，也称预制条形内墙板，是在预制工厂使用挤压成型机将轻质材料搅拌均匀的料浆通过进入模板（模腔）成型的墙板，如图 7-17 所示。按断面不同分空心板、实心板两类，在保证墙板承载和抗剪的前提下可以将墙体断面做成空心，这样可以有效降低墙体的质量，并通过墙体空心处空气的特性提高隔断房间内保温、隔声效果；门边板端部为实心板，实心宽度不得小于 100 mm。

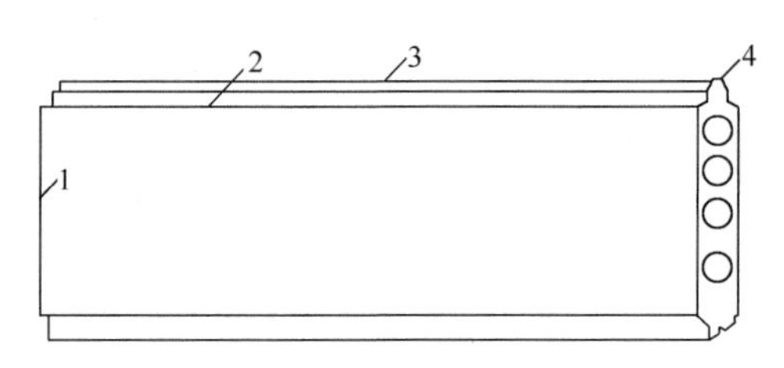

图 7-17 挤压成型墙板（空心）结构

1—板端；2—板边；3—接缝槽；4—榫头

没有门洞口的墙体，应从墙体一端开始沿墙长方向顺序排板；有门洞口的墙体，应从门洞口开始分别向两边排板。当墙体端部的墙板不足一块板宽时，应设计补空板。

2）立（或平）模浇筑成型墙板

立（或平）模浇筑成型墙板，也称预制混凝土整体内墙板，是在预制车间按照所需样式使用钢模具拼接成型，浇筑或摊铺混凝土制成的墙体。

根据受力不同，内墙板使用单种材料或者多种材料加工而成。用聚苯乙烯泡沫板材、聚氨酯泡沫塑料、无机墙体保温隔热材料等轻质材料填充到墙体之中，可以减少混凝土的用量，绿色环保，减少室内热量与外界的交换，增强墙体的隔声效果，并通过墙体自重的减轻而降低运输和吊装的成本。

三、预制构件的制作和连接

预制混凝土构件生产应在工厂或符合条件的现场进行。根据场地的不同、构件的尺寸、实际需要等情况，分别采取流水生产线、固定台模法预制生产，并且生产设备应符合相关行业技术标准要求。构件生产企业应依据构件制作图进行预制混凝土构件的制作，并根据预制混凝土构件型号、形状、质量等特点制定相应的工艺流程，明确质量要求和生产各阶段质量控制要点，编制完整的构件制作计划书，对预制构件生产全过程进行质量管理和计划管理。PC生产线效果图如图7-18所示。

图7-18　PC生产线效果

1. 预制构件的制作

1）预制构件生产的工艺流程

预制构件生产的通用工艺流程，如图7-19所示。

2）预制构件制作生产模具的组装

①模具组装应按照组装顺序进行，对于特殊构件，要求钢筋先入模后组装。

②模具拼装时，模板接触面平整度、板面弯曲、拼装缝隙、几何尺寸等应满足相关设计要求。

③模具拼装应连接牢固、缝隙严密，拼装时应进行表面清洗或涂刷水性或蜡质脱模剂，接触面不应有划痕、锈渍和氧化层脱落等现象。

④模具组装完成后尺寸允许偏差应符合要求，净尺寸宜比构件尺寸缩小1～2 mm。

3）预制构件钢筋骨架、钢筋网片和预埋件

钢筋骨架、钢筋网片和预埋件必须严格按照构件加工图及下料单要求制作。首件钢筋制作，必须通知技术、质检及相关部门检查验收，制作过程中应当定期、定量检查，对不符合设计要求及超过允许偏差的一律不得使用，按废料处理。纵向钢筋（带灌浆套筒）及需要套丝的钢筋，不得使用切断机下料，必须保证钢筋两端平整，套丝长度、丝距及角度必须严格按照设计图纸要求。纵向钢筋（采用半灌浆套筒）按照产品要求套丝，梁底部纵筋（直螺纹套筒连接）按照国标要求套丝，套丝机应当指定专人且有经验的工人操作，质检人员须按相关规定进行抽检。

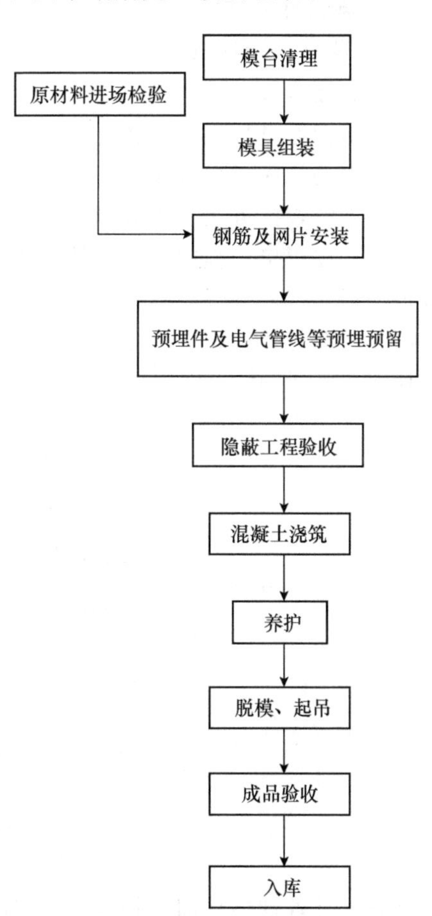

图7-19　预制构件生产的通用工艺流程

4）预制构件混凝土的浇筑

按照生产计划混凝土用量搅拌混凝土，混凝土浇筑过程中注意对钢筋网片及预埋件的保护，浇筑厚度使用专门的工具测量，严格控制，振捣后应当至少进行一次抹压。构件浇筑完成后进行一次收光，收光过程中应当检查外露的钢筋及预埋件，并按照要求调整。浇筑时，洒落的混凝土应当及时清理。浇筑过程中，应充分有效振捣，避免出现漏振造成的蜂窝麻面现象，浇筑时按照试验室要求预留试块。混凝土浇筑时应符合下列要求：

①混凝土应均匀连续浇筑，投料高度不宜大于 500 mm；

②混凝土浇筑时应保证模具、门窗框、预埋件、连接件不发生变形或者移位，如有偏差应采取措施及时纠正；

③混凝土宜采用振动平台，边浇筑、边振捣，同时可采用振捣棒、平板振动器作为辅助；

④混凝土从出机到浇筑时间即间歇时间不应超过 40 min。

5）预制构件混凝土的养护

混凝土养护可采用覆盖浇水和塑料薄膜覆盖自然养护、化学保护膜养护和蒸汽养护方式。桩、柱等体积较大的预制混凝土构件宜采用自然养护方式；楼板、墙板等较薄的预制混凝土构件或冬期生产的预制混凝土构件宜采用蒸汽养护方式。预制构件采用加热养护时，应制定相应的养护制度，预养时间宜为 1～3 h，升温速率应为 10～20 ℃/h，降温速率应不大于 10 ℃/h，梁、柱等较厚的预制构件养护温度为 40℃，楼板、墙板等较薄的构件养护最高温度为 60℃，持续养护时间应不小于 4 h。

2. 预制构件的连接

1）结构材料的连接

（1）焊接连接

焊接是指通过加热（必要时加压），使两根钢筋达到原子间结合的一种加工方法，将原来分开的钢筋构成一个整体。

①常用的焊接方法分为以下 3 种：

熔焊。在焊接过程中，将焊件加热至融熔状态不加压力完成的焊接方法称为熔焊。常见的有等离子弧焊、气焊、气体（二氧化碳）保护焊、电弧焊、电渣焊。

压焊。在焊接过程中，必须对焊件施加压力（加热或不加热）完成的焊接方法称为压焊，如图 7-20 所示。

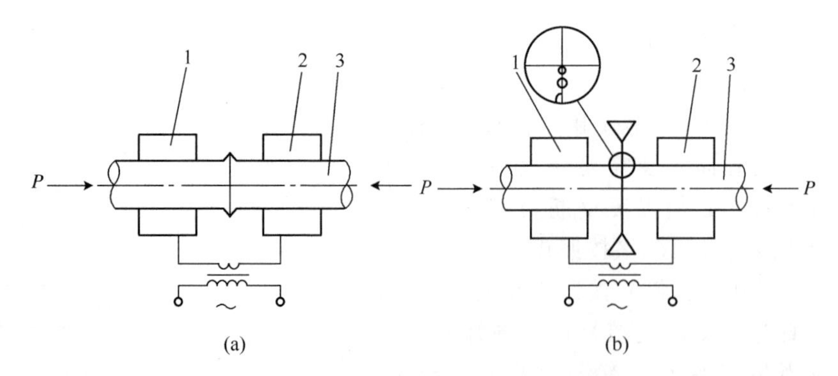

图 7-20 压焊

（a）电阻对焊；（b）闪光对焊

1—固定电极；2—可移动电极；3—焊件；P—压力

钎焊。把各种材料加热到适当的温度，通过使用具有液相温度高于 450℃，但低于母材固相线温度的钎料，完成材料的连接称为钎焊，钎焊的接头形式如图 7-21 所示。

图 7-21 钎焊的接头形式

②焊接在装配整体式结构中的应用。

装配整体式混凝土结构中应用的主要是热熔焊接。根据焊接长度的不同，分为单面焊和双面焊；根据作业方式的不同，分为平焊和立焊。

焊接连接应用于装配整体式框架结构、装配整体式剪力墙结构中后浇混凝土内的钢筋连接以及用于钢结构构件的连接。

焊接连接是钢结构工程中较为常见的梁柱连接形式，即连接节点采用全熔透坡口对接焊缝连接。

型钢焊接连接可以随工程任意加工、设计及组合，并可制造特殊规格，配合特殊工程的实际需要。

（2）浆锚搭接连接

浆锚搭接示意如图 7-22 所示。

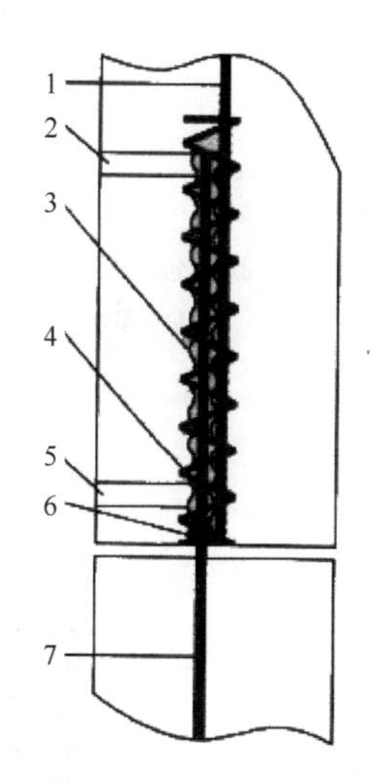

图 7-22 浆锚搭接示意

1—预埋钢筋；2—排气孔；3—波纹状孔洞；4—螺旋加强筋；5—灌浆孔；6—弹性橡胶密封圈；7—被连接钢筋

浆锚搭接连接是基于黏结锚固原理进行连接的方法。在竖向结构部品下段范围内预留出竖向孔洞，孔洞内壁表面留有螺纹状粗糙面，周围配有横向约束螺旋箍筋。装配式构件将下部钢筋插入孔洞内，通过灌浆孔注入灌浆料，直至排气孔溢出停止灌浆；当灌浆料凝结后将此部分连接成一体。

浆锚搭接连接时，要对预留孔成孔工艺、孔道形状和长度、构造要求、灌浆料和被连接钢筋，进行力学性能以及适用性的试验验证。

其中，直径大于 20 mm 的钢筋不宜采用浆锚搭接连接，直接承受动力荷载构件的纵向钢筋不应采用浆锚搭接连接。

浆锚搭接连接成本低、操作简单，但因结构受力的局限性，浆锚搭接连接只适用于房屋高度不大于 12 m 或者层数不超过 3 层的装配整体式框架结构的预制柱纵向钢筋连接。

（3）螺栓连接、栓焊混合连接

螺栓连接即连接节点以普通螺栓或高强螺栓现场连接，以传递轴力、弯矩与剪力连接的形式。

螺栓连接分为全螺栓连接、栓焊混合连接两种连接方式，如图 7-23 和图 7-24 所示。

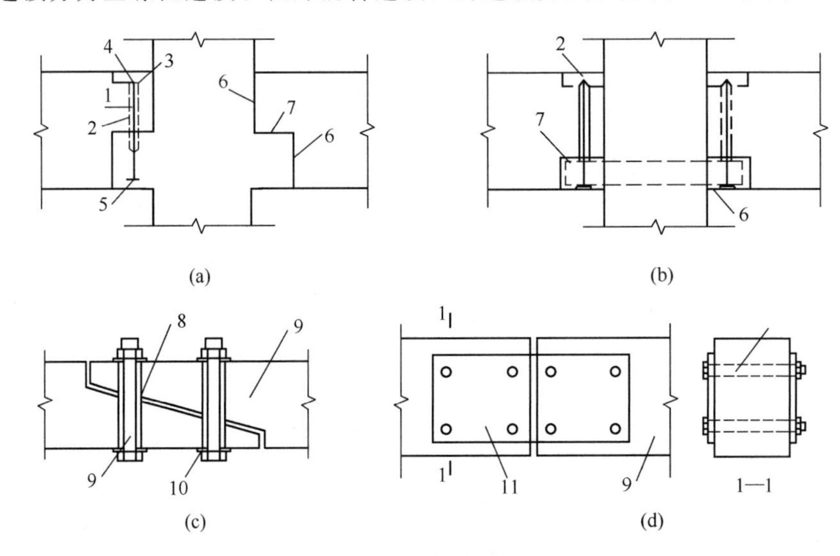

图 7-23　螺栓连接

（a）螺栓连接的牛腿；（b）螺栓连接的预制梁；（c）螺栓连接的企口接头；（d）螺栓连接的梁

1—螺栓；2—灌浆；3—垫板；4—螺母；5—浇入的螺杆和螺套；6—灌浆；

7—可调的支座；8—预留孔；9—预制梁；10—垫圈；11—钢板

图 7-24　栓焊混合连接

螺栓连接主要适用于装配整体式框架结构中的柱、梁的连接；装配整体式剪力墙结构中预制楼梯的安装连接（牛腿），如图 7-25 所示。

栓焊混合连接是目前多层、高层钢框架结构工程中最为常见的梁柱连接节点形式，即梁的上、下翼缘采用全熔透坡口对接焊缝，而梁腹板采用普通螺栓或高强螺栓与柱连接的形式。

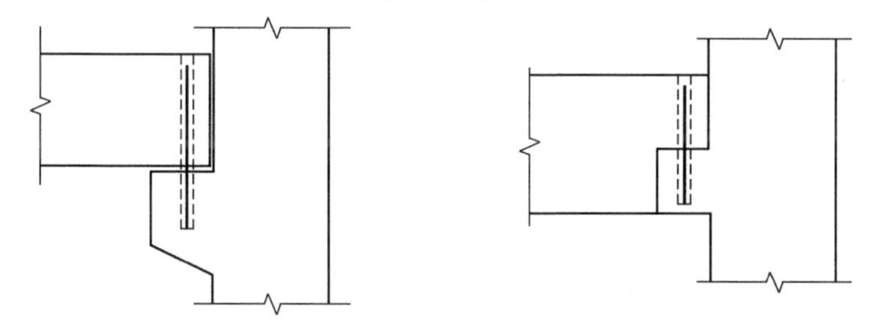

图 7-25　牛腿连接

（4）钢筋机械连接

钢筋机械连接是指通过连接件的机械咬合作用或钢筋端面的承压作用，将一根钢筋中的力传递至另一根钢筋的连接方法。

钢筋机械连接主要有以下两种类型：钢筋套筒挤压连接、钢筋滚压直螺纹连接。

①钢筋套筒挤压连接。

套筒挤压连接接头是通过挤压力使连接件钢套筒塑性变形与带肋钢筋紧密咬合形成的接头，有两种形式：径向挤压连接和轴向挤压连接，如图 7-26 所示。由于轴向挤压连接现场施工不方便及接头质量不够稳定，没有得到推广。

图 7-26　钢筋套筒挤压连接

②钢筋滚压直螺纹连接。

滚压直螺纹连接接头是通过钢筋端头直接滚压或挤（碾）肋滚压或剥肋后滚压制作的直螺纹和连接件螺纹咬合形成的接头，如图 7-27 所示。其基本原理是利用了金属材料塑性变形后冷作硬化增强金属材料强度的特性，而仅在金属表层发生塑变、冷作硬化，金属内部仍保持原金属的性能，因而使钢筋接头与母材达到等强。

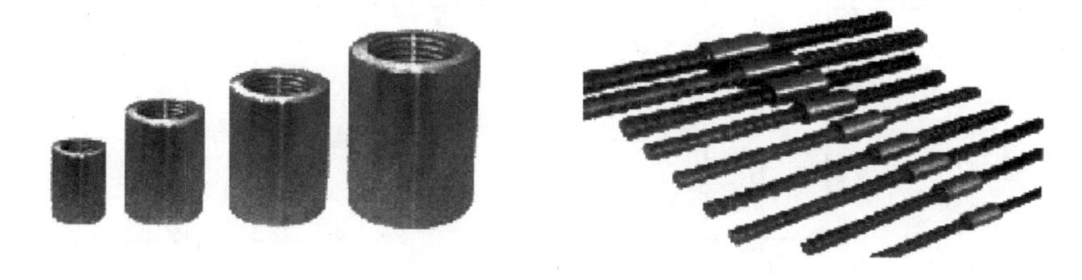

图 7-27　钢筋滚压直螺纹连接

钢筋滚压直螺纹连接主要应用于装配整体式框架结构、装配整体式剪力墙结构、装配整体式框一剪结构中的后浇混凝土内纵向钢筋的连接。

2）构件连接的节点构造及钢筋布设

(1) 混凝土叠合楼（屋）面板的节点构造

混凝土叠合受弯构件是指预制混凝土梁板顶部在现场后浇混凝土而形成的整体受弯构件。装配整体式结构组成中，根据用途将混凝土分为叠合构件混凝土和构件连接混凝土。

叠合楼（屋）面板的预制部分多为薄板，在预制构件加工厂完成。施工时吊装就位，现浇部分在预制板面上完成。预制薄板既作为永久模板而又无需模板，又作为楼板的一部分承担使用荷载，具有施工周期短、制作方便、构件较轻的特点，其整体性和抗震性能较好。

叠合楼（屋）面板结合了预制和现浇混凝土各自的优势，兼具现浇和预制楼（屋）面板的优点，能够节省模板支撑系统。

①叠合楼（屋）面板的分类。

主要有预应力混凝土叠合板、预制混凝土叠合板、桁架钢筋混凝土叠合板等。

②叠合楼（屋）面板的节点构造。

预制混凝土与后浇混凝土之间的结合面应设置粗糙面。粗糙面的凹凸深度不应小于 4 mm，以保证叠合面具有较强的黏结力，使两部分混凝土共同有效地工作。

预制板厚度由于脱模、吊装、运输、施工等因素影响，最小厚度不宜小于 60 mm。后浇混凝土层最小厚度不应小于 60 mm，主要考虑楼板的整体性以及管线预埋、面筋铺设、施工误差等因素。当板跨度大于 3 m 时，宜采用桁架钢筋混凝土叠合板，以增加预制板的整体刚度和水平抗剪性能；当板跨度大于 6 m 时，宜采用预应力混凝土预制板，以节省工程造价；板厚大于 180 mm 的叠合板，其预制部分采用空心板，空心板端空腔应封堵，可减轻楼板自重，提高经济性能。

叠合板支座处的纵向钢筋应符合下列规定：

板端支座处，预制板内的纵向受力钢筋宜从板端伸出并锚入支撑梁或墙的后浇混凝土中，锚固长度不应小于 $5d$（d 为纵向受力钢筋直径），且宜伸过支座中心线，如图 7-28（a）所示。

单向叠合板的板侧支座处，当板底分布钢筋不伸入支座时，宜在紧邻预制板顶面的后浇混凝土叠合层中设置附加钢筋，附加钢筋截面面积不宜小于预制板内的同向分布钢筋面积，间距不宜大于 600 mm，在板的后浇混凝土叠合层内锚固长度不应小于 $15d$，在支座内锚固长度不应小于 $15d$（d 为附加钢筋直径），且宜伸过支座中心线，如图 7-28（b）所示。

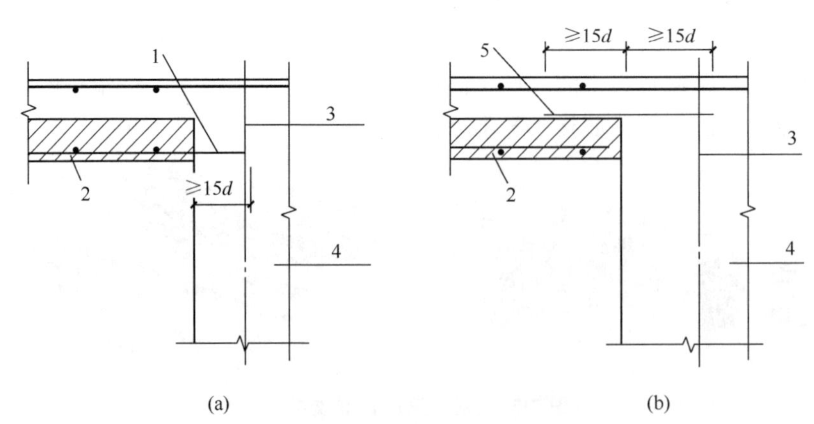

图 7-28 叠合板端及板侧支座构造示意

（a）板端支座；（b）板侧支座

1—纵向受力钢筋；2—预制板；3—支座中心线；4—支座梁或墙；5—附加钢筋

单向叠合板板侧的分离式接缝宜配置附加钢筋，如图 7-29 所示。接缝处紧邻预制板顶面宜设置垂直于板缝的附加钢筋，附加钢筋伸入两侧后浇混凝土叠合层的锚固长度不应小于15d（d 为附加钢筋直径）；附加钢筋截面面积不宜小于预制板中该方向钢筋面积，钢筋直径不宜小于 6 mm、间距不宜大于 250 mm。

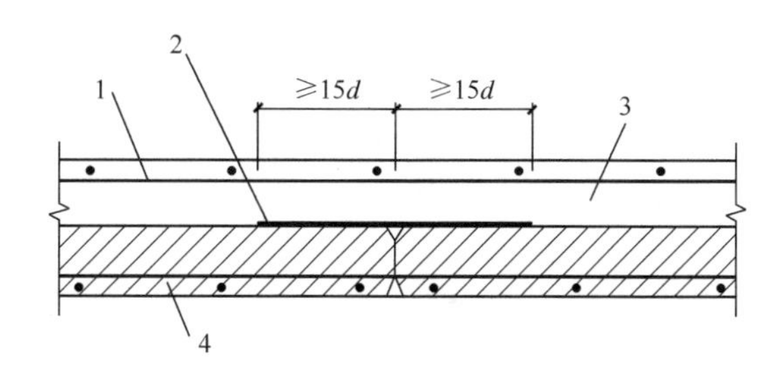

图 7-29 单向叠合板板侧分离式拼缝构造示意

1—后浇层内钢筋；2—附加钢筋；3—后浇混凝土叠合层；4—预制板

双向叠合板板侧的整体式接缝处由于有应变集中情况，宜将接缝设置在叠合板的次要受力方向上，且宜避开最大弯矩截面，如图 7-30 所示。接缝可采用后浇带形式，并应符合下列规定：

后浇带宽度不宜小于 200 mm；

后浇带两侧板底纵向受力钢筋可在后浇带中焊接、搭接连接、弯折锚固。

当后浇带两侧板底纵向受力钢筋在后浇带中弯折锚固时，应符合下列规定：

叠合板厚度不应小于 10d（d 为弯折钢筋直径的较大值），且不应小于 120 mm；垂直于接缝的板底纵向受力钢筋配置量宜按计算结果增大 15%配置；接缝处预制板侧伸出的纵向受力钢筋应在后浇混凝土叠合层内锚固，且锚固长度不应小于 l_a；两侧钢筋在接缝处重叠的长度不应小于 10d，钢筋弯折角度不应大于 30°，弯折处沿接缝方向应配置不少于 2 根通长构造钢筋，且直径不应小于该方向预制板内钢筋直径。

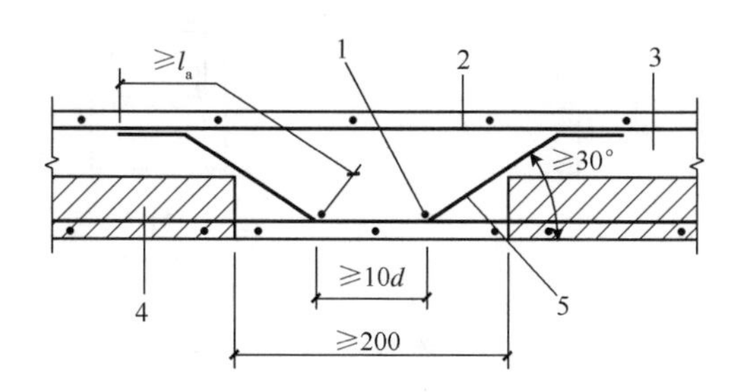

图 7-30 双向叠合板整体式接缝构造示意

1—通长构造钢筋；2—后浇层内钢筋；3—后浇混凝土叠合层；
4—预制板；5—纵向受力钢筋

（2）叠合梁（主次梁）、预制柱的节点构造

①叠合梁的节点构造。

在装配整体式框架结构中，常将预制梁做成矩形或 T 形截面。首先在预制厂内做成预制梁，在施工现场将预制楼板搁置在预制梁上（预制楼板和预制梁下需设临时支撑），安装就位后，再浇捣梁上部的混凝土，使楼板和梁连接成整体，即成为装配整体式结构中分两次

浇捣混凝土的叠合梁。它充分利用钢材的抗拉性能和混凝土的受压性能，结构的整体性较好，施工简单方便。

混凝土叠合梁的预制梁截面一般有两种，分为矩形截面预制梁和凹口截面预制梁。

装配整体式框架结构中，当采用叠合梁时，预制梁端的粗糙面凹凸深度不应小于6 mm，框架梁的后浇混凝土叠合层厚度不宜小于 150 mm，如图 7-31（a）所示。次梁的后浇混凝土叠合板厚度不宜小于 120 mm；当采用凹口截面预制梁时，凹口深度不宜小于50 mm，凹口边厚度不宜小于 60 mm，如图 7-31（b）所示。

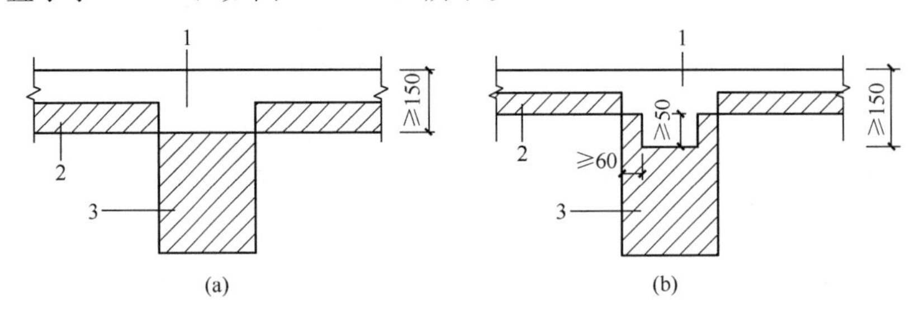

图 7-31　叠合框架梁截面示意

（a）矩形截面预制梁；（b）凹口截面预制梁

1—后浇混凝土叠合层；2—预制板；3—预制梁

为提高叠合梁的整体性能，使预制梁与后浇层之间有效地结合为整体，预制梁与后浇混凝土、灌浆料、坐浆材料的结合面应设置粗糙面，预制梁端面应设置键槽，如图 7-32 所示。

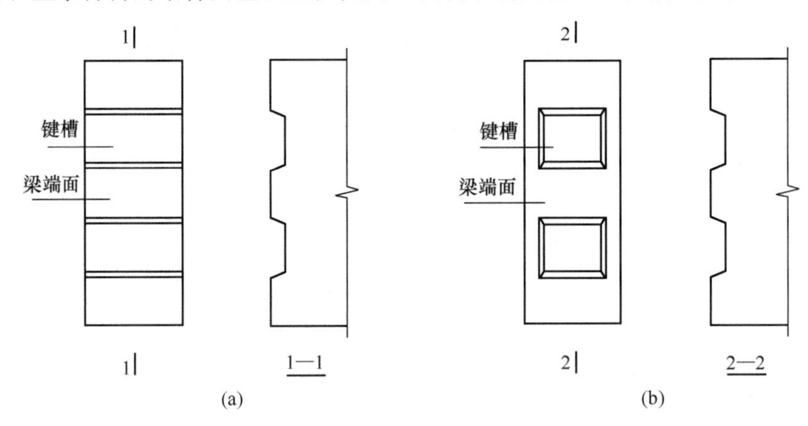

图 7-32　梁端键槽构造示意

（a）键槽贯通截面；（b）键槽不贯通截面

预制梁端的粗糙面凹凸深度不应小于 6 mm，键槽尺寸和数量应按《装配式混凝土结构技术规程》（JGJ 1—2014）第 7.2.2 条的规定计算确定。

键槽的深度 t 不宜小于 30 mm，宽度不宜小于深度的 3 倍，且不宜大于深度的 10 倍；键槽可贯通截面，当不贯通时槽口距离截面边缘不宜小于 50 mm，键槽间距宜等于键槽宽度，键槽端部斜面倾角不宜大于 30°；粗糙面的面积不宜小于结合面的 80%。

②预制柱的节点构造。

预制混凝土柱连接节点通常为湿式连接，如图 7-33 所示。

（3）预制剪力墙的竖向连接

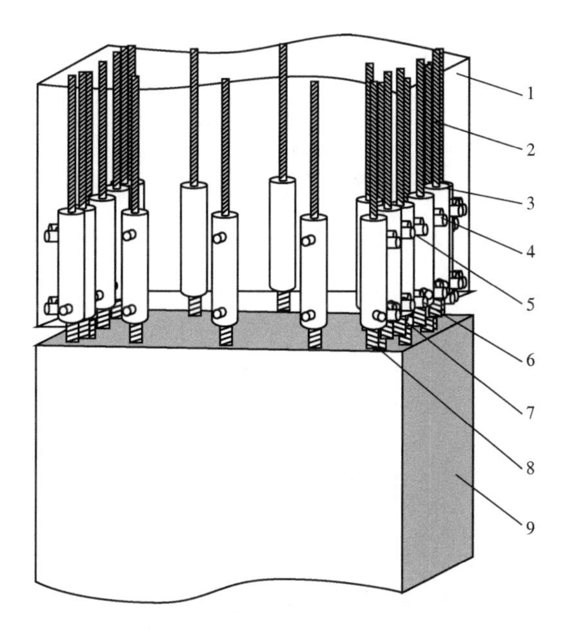

图 7-33　采用灌浆套筒湿式连接的预制柱

1—柱上端；2—螺纹端钢筋；3—水泥灌浆直螺纹连接套筒；4—出浆孔接头 T—1；
5—PVC 管；6—灌浆孔接头 T—1；7—PVC 管；8—灌浆端钢筋；9—柱下端

预制剪力墙节点构造如图 7-34 所示。

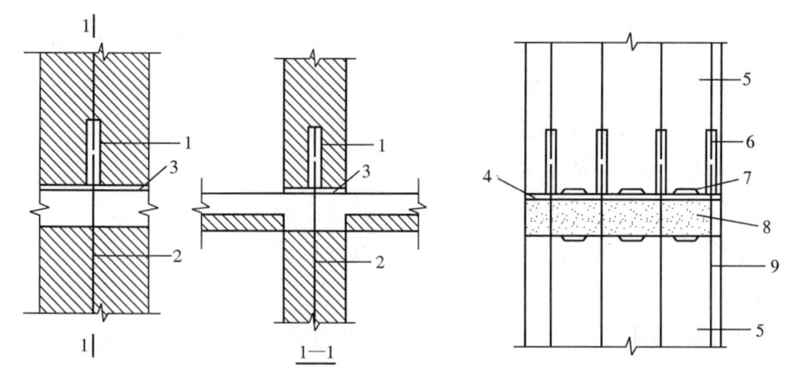

图 7-34　预制剪力墙板上、下节点连接

1—钢筋套筒灌浆连接；2—连接钢筋；3—坐浆层；4—坐浆；5—预制墙体；
6—浆锚套筒连接或浆锚搭接连接；7—键槽或粗糙面；8—现浇圈梁；9—竖向连接筋

第三节　装配式建筑施工技术

一、构件安装

1. 预制柱施工技术要点

1）预制框架柱吊装施工流程

预制框架柱吊装施工流程如图 7-35 所示。

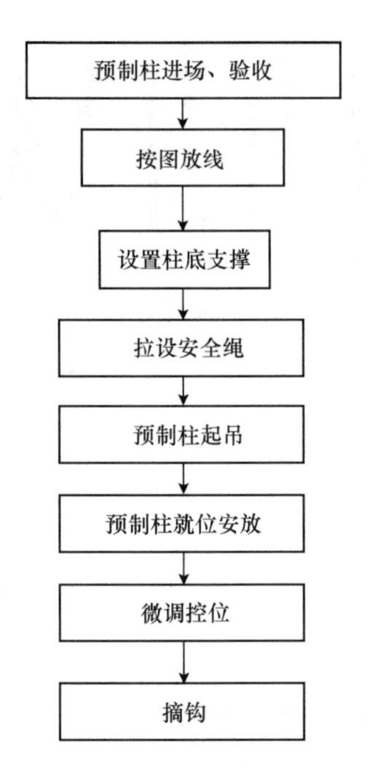

图 7-35 预制框架柱吊装施工流程

2）施工技术要点

①根据预制柱平面各轴的控制线和柱框线校核预埋套管位置的偏移情况，做好记录。

②检查预制柱进场的尺寸、规格，混凝土的强度是否符合设计和规范要求，检查柱上预留套管及预留钢筋是否满足图纸要求，套管内是否有杂物；同时做好记录，并与现场预留套管的检查记录进行核对，无问题方可进行吊装。

③吊装前在柱四角放置金属垫块，以利于预制柱的垂直度校正，按照设计标高，结合柱子长度对偏差进行确认。用经纬仪控制垂直度，若有少许偏差运用千斤顶等进行调整。

3）柱初步就位

柱初步就位时应将预制柱钢筋与下层预制柱的预留钢筋初步试对，无问题后准备进行固定。

4）预制柱接头连接

预制柱接头连接采用套筒灌浆连接技术。

①柱脚四周采用坐浆材料封边，形成密闭灌浆腔，保证在最大灌浆压力（约 1 MPa）下密封有效。

②如所有连接接头的灌浆口都未被封堵，当灌浆口漏出浆液时，应立即用胶塞进行封堵牢固；如排浆孔事先封堵胶塞，摘除其上的封堵胶塞，直至所有灌浆孔都流出浆液并已封堵后，等待排浆孔出浆。

③一个灌浆单元只能从一个灌浆口注入，不得同时从多个灌浆口注浆。

2. 预制梁施工技术要点

1）预制梁吊装施工流程

预制梁吊装施工流程如图 7-36 所示。

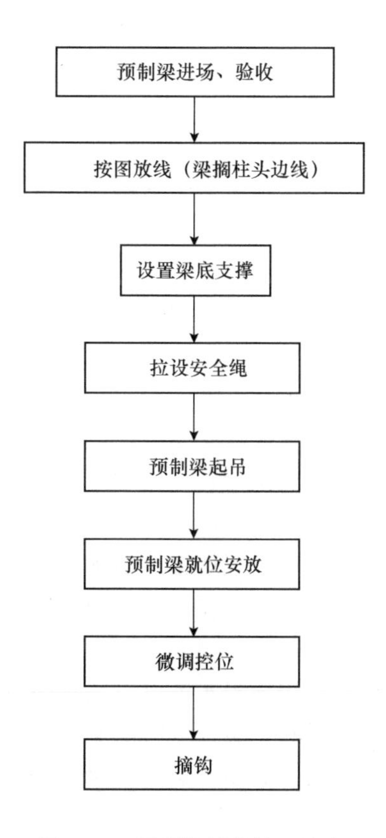

图 7-36 预制梁吊装施工流程

2）施工技术要点

①测出柱顶与梁底标高误差，在柱上弹出梁边控制线。

②在构件上标明每个构件所属的吊装顺序和编号，便于吊装工人辨认。

③梁底支撑采用立杆支撑＋可调顶托＋100 mm×100 mm 木方，预制梁的标高通过支撑体系的顶丝来调节。

④梁起吊时，用吊索钩住扁担梁的吊环，吊索应有足够的长度以保证吊索和扁担梁之间的角度≥60°。

⑤当梁初步就位后，借助柱头上的梁定位线将梁精确校正，在调平的同时将下部可调支撑上紧，这时方可松去吊钩。

⑥主梁吊装结束后，根据柱上已放出的梁边和梁端控制线，检查主梁上的次梁缺口位置是否正确，如不正确，需做相应处理后方可吊装次梁，梁在吊装过程中要按柱对称吊装。

⑦预制梁板柱接头连接。

键槽混凝土浇筑前应将键槽内的杂物清理干净，并提前 24 h 浇水湿润。

键槽钢筋绑扎时，为确保钢筋位置的准确，键槽预留 U 形开口箍，待梁柱钢筋绑扎完成后，在键槽上安装∩形开口箍与原预留 U 形开口箍双面焊接 $5d$（d 为钢筋直径）。

3. 预制剪力墙施工技术要点

①承重墙板吊装准备：由于吊装作业需要连续进行，所以吊装前的准备工作非常重要，

首先在吊装就位之前将所有柱、墙的位置在地面弹好墨线，根据后置埋件布置图，采用后钻孔法安装预制构件定位卡具，并进行复核检查；同时对起重设备进行安全检查，并在空载状态下对吊臂角度、负载能力、吊绳等进行检查，对吊装困难的部件进行空载实际演练（必须进行），将导链、斜撑杆、膨胀螺栓、扳手、2 m 靠尺、开孔电钻等工具准备齐全，操作人员对操作工具进行清点。检查预制构件预留灌浆套筒是否有缺陷、杂物和油污，保证灌浆套筒完好；提前架好经纬仪、激光水准仪并调平。填写施工准备情况登记表，施工现场负责人检查核对签字后，方可开始吊装。

②起吊预制墙板：吊装时采用带倒链的扁担式吊装设备，加设缆风绳。

③顺着吊装前所弹墨线缓缓放下墙板，吊装经过的区域下方设置警戒区，施工人员应撤离，由信号工指挥，就位时，待构件下降至作业面 1 m 左右高度时施工人员方可靠近操作，以保证操作人员的安全。墙板下放好垫块，垫块保证墙板底标高的正确（注：也可提前在预制墙板上安装定位角码，顺着定位角码的位置安放墙板）。

④墙板底部局部套筒若未对准时，可使用倒链将墙板手动微调，重新对孔。底部没有灌浆套筒的外填充墙板直接顺着角码缓缓放下墙板。垫板造成的空隙可用坐浆方式填补。为防止坐浆料填充到外叶板之间，在苯板处补充 50 mm×20 mm 的保温板（或橡胶止水条）堵塞缝隙。

⑤垂直坐落在准确的位置后，使用激光水准仪复核水平方向是否有偏差，无误差后，利用预制墙板上的预埋螺栓和地面后置膨胀螺栓（将膨胀螺栓在环氧树脂内蘸一下，立即打入地面）安装斜支撑杆，用检测尺检测预制墙体垂直度及复测墙顶标高后，利用斜撑杆调节好墙体的垂直度后，方可松开吊钩。

⑥斜撑杆调节完毕后，再次校核墙体的水平位置和标高、垂直度，相邻墙体的平整度。检查工具：经纬仪、水准仪、靠尺、水平尺（或软簪）、铅锤、拉线。

4. 预制阳台、空调板施工技术要点

①每块预制构件吊装前测量并弹出相应周边（隔板、梁、柱）控制线。

②板底支撑采用钢管脚手架＋可调顶托＋100 mm×100 mm 木方，板吊装前应检查是否有可调支撑高出设计标高，校对预制梁及隔板之间的尺寸是否有偏差，并做相应调整。

③预制构件吊至设计位置上方 3～6 cm 后，调整位置使锚固筋与已完成结构预留筋错开便于就位，构件边线基本与控制线吻合。

④当一跨板吊装结束后，要根据板周边线、隔板上弹出的标高控制线对板标高及位置进行精确调整，误差控制在 2 mm 以内。

5. 预制外墙挂板施工技术要点

1）外墙挂板施工前准备

结构每层楼面轴线垂直控制点不应少于 4 个，楼层上的控制轴线应使用经纬仪由底层原始点直接向上引测；每个楼层应设置 1 个高程控制点；预制构件控制线应由轴线引出，每块预制构件应有纵横控制线 2 条；预制外墙挂板安装前应在墙板内侧弹出竖向与水平线，安装时应与楼层上该墙板控制线相对应。当采用饰面砖外装饰时，饰面砖竖向、横向砖缝应引测、贯通到外墙内侧来控制相邻板与板之间、层与层之间饰面砖砖缝对直；预制外墙板垂直度测量，4 个角留设的测点为预制外墙板转换控制点，用靠尺以此 4 个点在内侧进行垂直度校核和测量；应在预制外墙板顶部设置水平标高点，在上层预制外墙板吊装时，应先垫垫块或在构件上预埋标高控制调节件。

2）外墙挂板的吊装

预制构件应按照施工方案吊装顺序预先编号，严格按照编号顺序起吊；吊装应采用慢起、稳升、缓放的操作方式，应系好缆风绳控制构件转动；在吊装过程中，应保持稳定，不得偏斜、摇摆和扭转。预制外墙板的校核与偏差调整应按以下要求进行：

①预制外墙挂板侧面中线及板面垂直度的校核，应以中线为主调整。

②预制外墙板上下校正时，应以竖缝为主调整。

③墙板接缝应以满足外墙面平整为主，内墙面不平或翘曲时，可在内装饰或内保温层内调整。

④预制外墙板山墙阳角与相邻板的校正，以阳角为基准调整。

⑤预制外墙板拼缝平整的校核，应以楼地面水平线为准调整。

3）外墙挂板底部固定、外侧封堵

外墙挂板底部坐浆材料的强度等级不应小于被连接构件的强度，坐浆层的厚度不应大于20 mm，底部坐浆强度检验以每层为一个检验批，每工作班组应制作一组且每层不应少于3组边长为70.7 mm的立方体试件，标准养护28 d后进行抗压强度试验。为了防止外墙挂板外侧坐浆料外漏，应在外侧保温板部位固定50 mm（宽）×20 mm（厚）具备A级保温性能的材料进行封堵。

预制构件吊装到位后应立即进行下部螺栓固定并做好防腐防锈处理。上部预留钢筋与叠合板钢筋或框架梁预埋件焊接。

4）预制外墙挂板连接接缝施工

预制外墙挂板连接接缝采用防水密封胶施工时应符合下列规定：

①预制外墙板连接接缝防水节点基层及空腔排水构造做法应符合设计要求。

②预制外墙挂板外侧水平、竖直接缝的防水密封胶封堵前，侧壁应清理干净，保持干燥。嵌缝材料应与挂板牢固黏结，不得漏嵌和虚粘。

③外侧竖缝及水平缝防水密封胶的注胶宽度、厚度应符合设计要求，防水密封胶应在预制外墙挂板校核固定后嵌填，先安放填充材料，然后注胶。防水密封胶应均匀顺直，饱满密实，表面光滑连续。

二、钢筋套筒灌浆技术

1. 灌浆套筒钢筋连接注浆工序

灌浆套筒钢筋连接注浆工序如图7-37所示。

钢筋套筒灌浆技术是装配式混凝土工程的一个重要连接方式和质量要点。

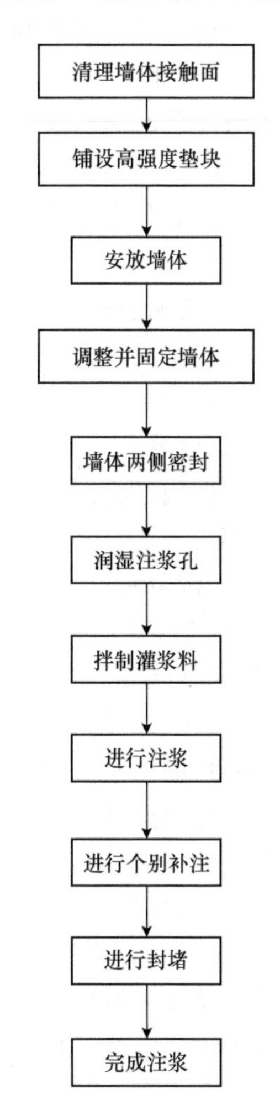

图7-37 灌浆套筒钢筋连接注浆工序

2. 套筒灌浆连接的工作机理

套筒灌浆连接可视为一种钢筋机械连接，但与直螺纹等接头的工作机理不同，套筒灌浆接头依靠材料间的黏结来达到钢筋锚固连接作用。当钢筋受拉时，拉力通过钢筋—灌浆料结合面的黏结作用传递给灌浆料，灌浆料再通过其与套筒内壁结合面的黏结作用传递给套筒。

套筒灌浆接头的理想破坏模式为套筒外钢筋被拉断破坏，接头起到有效的钢筋连接作用。除此之外，套筒灌浆接头也会受其他因素影响形成破坏模式：钢筋—灌浆料结合面在钢筋拉断前失效，会造成钢筋拔出破坏，这种情况下应增大钢筋锚固程度以避免此类破坏；灌浆料—套筒结合面在钢筋拉断前失效，会造成灌浆料拔出破坏，可在套筒上适当配置剪力墙以避免此类破坏；灌浆强度不够，会导致接头钢筋拉断前发生灌浆料劈裂破坏；套筒强度不够，会导致接头钢筋拉断前发生套筒拉断破坏。

3. 施工注意事项

1）清理墙体接触面

墙体下落前应保持预制墙体与混凝土接触面无灰渣、无油污、无杂物。

2）铺设高强度垫块

采用高强度垫块将预制墙体的标高找好，使预制墙体标高得到有效的控制。

3）安放墙体

在安放墙体时应保证每个注浆孔通畅，预留孔洞满足设计要求，孔内无杂物。

4）调整并固定墙体

墙体安放到位后，采用专用支撑杆件进行调节，保证墙体垂直度、平整度在允许误差范围内。

5）墙体两侧密封

根据现场情况，采用砂浆对两侧缝隙进行密封，确保灌浆料不从缝隙中溢出，减少浪费。

6）润湿注浆孔

注浆前应用水将注浆孔进行润湿，减少因混凝土吸水导致注浆强度达不到要求，且与灌浆孔连接不牢靠。

7）拌制灌浆料

搅拌完成后应静置 3～5 min，待气泡排除后方可进行施工。灌浆料流动度在200～300 mm间为合格。

8）进行注浆

采用专用的注浆机进行注浆，该注浆机使用一定的压力，将灌浆料由墙体下部注浆孔注入，灌浆料先流向墙体下部 20 mm 找平层，当找平层注满后，注浆料由上部排气孔溢出，视为该孔注浆完成，并用泡沫塞子进行封堵。至该墙体所有上部注浆孔均有浆料溢出后视为该面墙体注浆完成。

9）进行个别补注

完成注浆半小时后，检查上部注浆孔是否有因注浆料的收缩、堵塞不及时、漏浆造成的个别孔洞不密实情况。如有，则用手动注浆器对该孔进行补注。

10）进行封堵

注浆完成后，通知监理进行检查，合格后进行注浆孔的封堵，封堵要求与原墙面平整，并及时清理墙面上、地面上的余浆。

三、后浇混凝土

1. 竖向节点构件钢筋绑扎

1）现浇边缘构件节点钢筋

①调整预制墙板两侧的边缘构件钢筋，构件吊装就位。

②绑扎边缘构件纵筋范围内的箍筋，绑扎顺序是由下而上，然后将每个箍筋平面内的甩出筋、箍筋与主筋绑扎固定就位。由于两墙板间的距离较为狭窄，制作箍筋时将箍筋做成开口箍状，以便于箍筋绑扎，如图 7-38 所示。

③将边缘构件纵筋以上范围内的箍筋套入相应的位置，并固定于预制墙板的甩出钢筋上。

④安放边缘构件纵筋并将其与插筋绑扎固定。

⑤将已经套接的边缘构件箍筋安放调整到位，然后将每个箍筋平面内的甩出筋、箍筋与主筋绑扎固定就位。

2）竖缝处理

在绑扎节点钢筋前先将相邻外墙板间的竖缝封闭（与预制墙板的竖缝处理方式相同），如图 7-39所示。

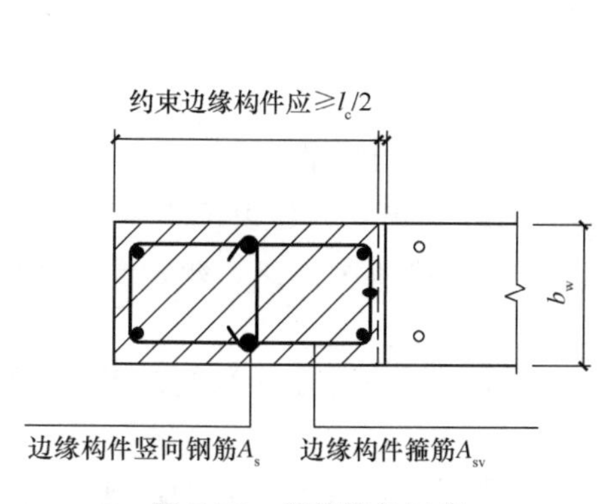

图 7-38　箍筋绑扎示意

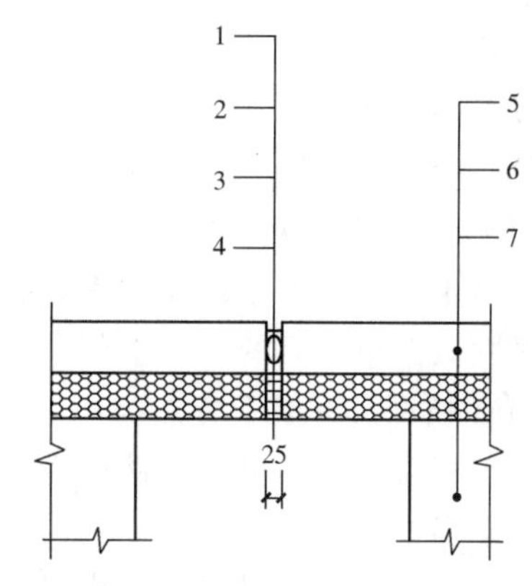

图 7-39　竖缝处理示意

1—灌浆料密实；2—发泡芯棒；3—封堵材料；4—后浇段；5—外叶墙板；6—夹心保温层；7—内叶剪力墙板

外墙板内缝处理：在保温板处填塞发泡聚氨酯（待发泡聚氨酯溢出后，视为填塞密实），内侧采用带纤维的胶带封闭。

外墙板外缝处理（外墙板外缝可以在整体预制构件吊装完毕后再行处理）：先填塞聚乙烯棒，然后在外皮打建筑耐候胶。

2. 支设竖向节点构件模板

支设边缘构件及后浇段模板。充分利用预制内墙板间的缝隙及内墙板上预留的对拉螺栓孔充分拉模，以保证墙板边缘混凝土模板与后支钢模板（或木模板）连接紧固好，防止胀模。支设模板时应注意以下几点：

①节点处模板应在混凝土浇筑时不产生明显变形漏浆，并不宜采用周转次数较多的模

板。为防止漏浆污染预制墙板，模板接缝处粘贴海棉条。

②采取可靠措施防止胀模。设计时按钢模考虑，施工时也可使用木模，但要保障施工质量。

3. 叠合梁板上部钢筋安装

①键槽钢筋绑扎时，为确保U形钢筋位置的准确，在钢筋上口加$\phi6$钢筋，卡在键槽当中作为键槽钢筋的分布筋。

②叠合梁板上部钢筋施工。所有钢筋交错点均绑扎牢固，同一水平直线上相邻绑扣呈八字形，朝向混凝土构件内部。

4. 浇筑楼板上部及竖向节点构件混凝土

①绑扎叠合楼板负弯矩钢筋和板缝加强钢筋网片，预留预埋管线、埋件、套管、预留洞等。

浇筑时，在露出的柱子插筋上做好混凝土顶标高标志，利用外圈叠合梁上的外侧预埋钢筋固定边模专用支架，调整边模顶标高至板顶设计标高。浇筑混凝土，利用边模顶面和柱插筋上的标高控制标志控制混凝土厚度和混凝土平整度。

②当后浇叠合楼板混凝土强度符合现行国家及地方规范要求时，方可拆除叠合板下的临时支撑，以防止叠合梁发生侧倾或混凝土过早承受拉力而使现浇节点出现裂缝。

四、装配式建筑全寿命周期管理中BIM与RFID的应用

1. BIM与RFID技术

1）BIM的概念及其特点

BIM有两个含义，狭义的概念是指包含建筑对象各种信息的数字化模型；广义的概念则是指在项目生命周期内生产和管理数据的过程。BIM的出现是建设工程领域自应用CAD带来的“甩图板”革命后的又一次革命，与传统CAD图纸单纯由点、线、面组成的二维图形相比，BIM模型具有以下特点。

①建设工程项目中的单一构件作为基本图元元素，每个元素都是数据的集合，数据保持一致性并可全局共享。

②构件的几何信息、材料、结构属性，与其他构件的拓扑关系等各种信息集成化，形成一个数据化的建筑图元，包含着更为丰富的项目信息。

③模型信息相互关联，模型变化，与之关联的所有对象随之更新，并可以生成相应的图形、文档。

2）RFID技术

RFID是一种非接触的自动识别技术，一般由电子标签、阅读器、中间件、软件系统四部分组成，它的基本特点是电子标签与阅读器不需要直接接触，通过空间磁场或电磁场耦合来进行信息交换。

RFID的优点是非接触式的信息读取，不受覆盖遮挡的影响（但金属材质会产生一定的影响），穿透性好；阅读器可以同时接收多个电子标签的信息；抗污染能力和耐久性好；可重复使用。目前，RFID在建筑行业主要用于物流和仓储管理，以及运营维护阶段的设备安防监控、门禁一卡通系统等。近年来，由于其信息读取的便捷性，使用RFID对钢结构施工进度监控的可行性和方法进行了探讨和研究。

2. BIM 与 RFID 在建设工程全寿命周期管理的应用

1）BIM 是建设工程全寿命管理的技术核心

建设工程全寿命周期管理（Building Lifecycle Management，BLM），是指将项目生命各阶段结合，统一管理的方式和策略。如果从信息和物质投入产出的角度来看待项目生命周期，可将其分为信息的过程与物质的过程两个方面。在项目的决策、设计阶段，主要是项目的各种设计信息，投资信息的生产处理、传递应用的过程；施工、竣工阶段的重点虽然是物质生产（人、材、机的投入，项目实体的产出），但同时也伴随产生新的信息（材料、设备的明细资料等）；运营维护阶段实际上也是一个信息指导物质使用（空间利用、设备维护保养等）和物质使用产生新的信息（空间租用信息，设备维修保养信息等）的过程。因而要实行 BIM，有效的信息交流是一个必要的条件，而以往的工程项目中，生命周期各阶段间缺少信息的传递，设计、施工和运营各阶段相互隔绝，零碎化的信息形成信息孤岛，无法整合共享，阻碍工程建设行业的信息交流。

BIM 的产生有望改变这一局面，参数化的模型及数据的统一性和关联性使得 BIM 项目寿命周期不同阶段内各参与方之间的信息保持较高程度的透明性和可操作性，实现信息的共享和共同管理。上游信息及时、无损地传递到周边和下游阶段，而下游和周边的信息反馈后又对上游的工程活动做出控制。BLM 理念要真正在工程实践中应用，必须应用 BIM 作为其技术核心。

2）BIM 与 RFID 技术融合对 BLM 的影响

影响建设项目按时、按价、按质完成的因素，基本上分为两大类：一是由于设计规划过程没有考虑到施工现场问题（如管线碰撞、可施工性差、工序冲突等），导致现场窝工、怠工；二是施工现场的实际进度和计划进度不一致，而传统手工填写报告的方式，管理人员无法得到现场的实时信息，信息的准确度也无法验证，问题的发现解决不及时，进而影响整体效率。

BIM 与 RFID 的配合可以很好地解决这些问题，对第一类问题，在设计阶段，BIM 模型可以很好地对各专业工程师的设计方案进行协调，对方案的可施工性和施工进度进行模拟，解决施工碰撞等问题。对第二类问题，将 BIM 和 RFID 配合应用，使用 RFID 进行施工进度的信息采集工作，及时将信息传递给 BIM 模型，进而在 BIM 模型中表现实际与计划的偏差。如此，可以很好地解决施工管理中的核心问题——实时跟踪和风险控制。

3. 装配式建筑全寿命周期管理中 BIM 和 RFID 应用的系统架构

装配式建筑与现浇建筑相比，多出一个构件生产制造的阶段，此阶段也是 RFID 标签置入的阶段，因此，生产制造阶段也要纳入装配式建筑寿命周期管理的范围内。

1）规划设计阶段的管理

此阶段主要是 BIM 发挥作用，其参数化、相互关联、协同一致的理念使得项目在设计规划阶段就由多方共同参与，在传统模式下由于业主对建筑产品不满意或者由于各专业设计冲突而造成的设计变更等问题，可以得到很好地解决。

(1) BIM 模型的建立及图纸绘制

参数化的 BIM 模型中，每个模型图元都有实际的工程含义，模型中包含了构件的空间尺寸、拓扑关系、材料属性等。协同一致是参数化特性的衍生，当所有构件都是由参数加以控制时，就实现了模型的关联性。如果模型中的某个对象发生变化，与之关联的所有对象都会随之更新。同时，模型的修改都会反映在对应图纸中，其设计和修改方式都十分便捷，不必像传统方式那样分别修改平、立、剖图，提高了工作效率，并解决了长期以来图纸之间的错、漏、缺而导致的信息不一致问题。

参数化的设计方式还可以建立构件的信息资料库，如在 Autodesk 公司的 BIM 软件 Revit Architecture 中，参数化构件被称为称“族”，无需任何编程语言或代码就可以创建装配式建筑的构件（如墙、梁、柱等），并通过改变具体的尺寸、材料属性等来逐步深化设计，建立的构件数据保存在 BIM 模型之中并可被各方共同使用，为后续各阶段工作打下良好的基础。

（2）协同工作及施工冲突检查

BIM 提供了工程建设行业三维设计信息交互的平台，通过使用相同的数据交换标准（一般国际上通用 IFC 标准）将不同专业的设计模型在同一个平台上合并，使得各参与方、各专业协同工作成为可能。例如，当结构工程师修改结构图时，如果对水电管线造成不利影响，在 BIM 模型中能立刻体现出来。另外，业主和施工方也能够在早期参与到设计工作中，对设计方案提出合理化的建议，将因设计失误和业主对建筑产品不满意而造成的设计变更降至最低，解决传统设计中因信息流通不畅造成的设计冲突问题。

（3）工程量统计与造价管理

使用 CAD 图纸的情况下，造价人员需要花费 50％～80％的时间统计工程量，而在 BIM 中，工程量可以由计算机根据模型中的数据直接测算，并通过 API 接口、开放式数据库或通过 IFC 等公开或不公开的各类标准以数据文件的形式与造价软件相关联，提升了造价管理水平。同时，配合项目进度管理软件，可根据进度计划安排对施工过程进行模拟，对建设项目有更直观地了解和认识。

2）规划设计阶段的管理

（1）预制构件 RFID 编码体系的设计

在构件的生产制造阶段，需要对构件置入 RFID 标签，标签内包含有构件单元的各种信息，以便于在运输、存储、施工吊装的过程中对构件进行管理，RFID 标签的编码原则是：

①唯一性，保证构件单元对应唯一的代码标识，确保其生产、运输、吊装施工中信息准确。

②可扩展性，应考虑多方面的因素，预留扩展区域，为可能出现的其他属性信息保留足够的容量。

③有含义确保编码卡的操作性和简单性，不同于普通商品无含义的“流水码”，建筑产品中构件的数量种类都是提前预设的，且数量不大，使用有含义编码可加深编码的可阅读性，在数据处理方面具有优势。

（2）构件的生产运输规划

运用 RFID 技术有助于实现精益建造中零库存、零缺陷的理想目标。根据现场的实际施工进度，迅速将信息反馈到构件生产工厂，调整构件的生产计划，降低待工待料发生几率。在生产运输规划中主要应考虑 3 个方面的问题：

①根据构件的大小规划构件的运输车次，某些特殊或巨大的构件单元要做好充分的准备。

②根据存储区域的位置规划构件的运输路线。

③根据施工顺序规划构件的运输顺序。

3. 建造施工阶段的管理

装配式建筑的施工管理过程中，应当重点考虑构件入场的管理和构件吊装施工中的管理两方面的问题。在此阶段，以 RFID 技术为主追踪监控构件存储吊装的实际进程，并以无线网络即时传递信息，同时将 RFID 与 BIM 相结合，信息准确丰富，传递速度快，减少人工录入信息可能造成的错误。如在构件进场检查时，甚至无需人工介入，直接设置固定的 RFID 阅读器，只要运输车辆速度满足条件，即可采集数据。BIM 和 RFID 在现场进度跟踪、质量控制等应用中有较好的表现形式。

第八章 BIM 技术

第一节 概述

一、BIM 应用前景

1. 业主方面

1）记录和评估存量物业

用 BIM 模型来记录和评估已有物业可以为业主更好地管理物业生命周期的运营成本。如果能够把物业的 BIM 信息和业主的业务决策和管理系统集成，就能使业主如虎添翼。

2）产品规划

通过 BIM 模型使设计方案和投资回报分析的财务工具集成，业主就可以实时了解设计方案变化对项目投资收益的影响。

3）设计评估和招投标

通过 BIM 模型帮助业主检查设计院提供的设计方案在满足多专业协调、规划、消防、安全以及日照、节能、建造成本等各方面要求上的表现，保证提供正确和准确的招标文件。

4）项目沟通和协同

利用 BIM 的 3D、4D（三维模型＋时间）、5D（三维模型＋时间＋成本）模型和投资机构、政府主管部门以及设计、施工、预制、设备等项目方进行沟通和讨论，大大节省了决策时间和减少由于理解不同带来的错误。

5）和 GIS 系统集成

无论业内人士还是公众都可以用和真实世界同样的方法利用物业的信息，对营销、物业使用和应急响应等都有极大帮助。

6）物业管理和维护

BIM 模型包括了物业使用、维护、调试手册中需要的所有信息，同时为物业改建、扩建、重建或退役等重大变化都提供了完整的原始信息。

2. 设计方方面

1）方案设计

使用 BIM 技术能进行造型、体量和空间分析外，还可以同时进行能耗分析和建造成本分析等，使得初期方案决策更具有科学性。

2）扩初设计

建筑、结构、机电各专业建立 BIM 模型，利用模型信息进行能耗、结构、声学、热工、日照等分析，进行各种干涉检查和规范检查，以及进行工程量统计。

3）施工图

各种平面、立面、剖面图纸和统计报表都从 BIM 模型中得到。

4）设计协同

设计有上十个甚至几十个专业需要协调，包括设计计划、互提资料、校对审核、版本控制等。

5）设计工作重心前移

目前，设计师 50%以上的工作量用在施工图阶段，以至于设计师得到了一个无奈的但又名副其实的称号——“画图匠”。BIM 可以帮助设计师把主要工作放到方案和扩初阶段，恢复设计师的本来面目。

3. 承包商方面

1）虚拟建造

在 BIM 模型中使用实际产品后进行物理碰撞（硬碰撞）和规则碰撞（软碰撞）检查。

2）施工分析和规划

BIM 和施工计划集成的 4D 模拟，时间—空间合成以后的碰撞检查。

3）成本和工期管理

BIM、施工计划和采购计划集成的 5D 模拟。

4）预制

BIM 和数控制造集成的自动化工厂预制。

5）现场施工

BIM 和移动技术、RFID 技术以及 GPS 技术集成的现场施工情况动态跟踪。

二、BIM 应用现状

1. BIM 在国外的应用

1）BIM 在美国的应用

从 2003 年起，美国总务管理局（GSA）通过其下属的公共建筑服务处（Public Buildings Service，PBS）开始实施一项被称为国家 3D－4D－BIM 计划的项目，并且要求在所有政府实施项目中推广使用 IFC（Industry Foundation Classes）标准和 BIM 技术，并开始推行基于 BIM 的集成项目交付（Integrated Project Delivery，IPD）模式。实施该项目的目的有：

①实现技术转变，以提供更加高效、经济、安全、美观的联邦建筑。

②促进和支持开放标准的应用。按照计划，GSA 从整个项目生命周期的角度来探索 BIM 的应用，其包含的领域有空间规划验证、4D 进度控制、激光扫描、能量分析、人流和安全验证以及建筑设备分析及决策支持等。为了保证计划的顺利实施，GSA 制定了一系列的策略进行支持和引导，主要内容有：

制订详细明了的愿景和价值主张。

利用试点项目积累经验并起到示范作用。

加强人员培训，建立鼓励共享的组织文化。

选择适合的软件和硬件，应用开放标准软、硬件系统构成了 BIM 应用的基础环境。

2）BIM 在英国的应用

与大多数国家相比，英国政府要求强制使用 BIM。2011 年 5 月，英国内阁办公室发布了“政府建设战略（Government Construction Strategy）”文件，其中有整个章节关于建筑信息模型（BIM）的介绍，这章节中明确要求，到 2016 年，政府要求全面协同 3D－BIM，并将全部的文件以信息化管理。

英国的设计公司在 BIM 实施方面已经相当领先了，因为伦敦是众多全球领先设计企业的总部，如 Foster and Partners、Zaha Hadid Architects、BDP 和 Arup Sports，也是很多领先设计企业的欧洲总部，如 HOK、SOM 和 Gensler。在这些背景下，一个政府发布的强制使用 BIM 的文件可以得到有效执行。因此，英国的 AEC 企业与世界其他地方相比，发展速度更快。

3）BIM 在北欧国家的应用

北欧国家包括挪威、丹麦、瑞典和芬兰，是一些主要的建筑业信息技术的软件厂商所在地，如 Tekla 和 Solibri，而且对发源于邻近匈牙利的 ArchiCAD 的应用率也很高。

北欧四国政府强制却并未要求全部使用 BIM，由于当地气候的要求以及先进建筑信息技术软件的推动，BIM 技术的发展主要是企业的自觉行为。如 Senate Properties 一家芬兰国有企业，也是荷兰最大的物业资产管理公司。2007 年，Senate Properties 发布了一份建筑设计的 BIM 要求（Senate Properties' BIM Requirements for Architectural Design，2007）。自 2007 年 10 月 1 日起，Senate Properties 的项目仅强制要求建筑设计部分使用 BIM，其他设计部分可根据项目情况自行决定是否采用 BIM 技术，但目标将是全面使用 BIM。该报告还提出，在设计招标将有强制的 BIM 要求，这些 BIM 要求将成为项目合同的一部分，具有法律约束力：建议在项目协作时，建模任务需创建通用的视图，需要准确的定义；需要提交最终 BIM 模型，且建筑结构与模型内部的碰撞需要进行存档。建模流程分为四个阶段：Spatial Group BIM、Spatial BIM、Preliminary BuiIding Element BIM、Building Element BIM。

4）应用领域

设计阶段、施工阶段以及建成后的维护和管理阶段。例如，韩国 building SMART 协会组织的 BIM 技术体验培训；美国 Eco Building America 会议组织的“水族馆”系列小组会。

5）特点

①已经成为设计和施工单位承接项目的必要能力，并已受到广泛重视。大企业已经具备了 BIM 技术能力；BIM 专业咨询公司已经出现，十分活跃，为中小企业应用 BIM 提供有力的支持。

②不再是将 BIM 应用于建筑工程局部环节。例如，IPD（Intergrated Project Delivery）集成项目交付工作模式。

③应用软件已经比较成熟。

2. BIM 在国内的应用

①与国际 BIM 应用对比而言，我国 BIM 仍停留在碰撞检测和施工初步模拟等比较基础的施工前的图纸检测的应用层次，远远未发挥出其真正的全生命周期的应用价值。

②“族”信息库尚待完善。如果想要BIM更好地指导施工，要求对BIM模型划分更加精细，信息提取、组合、加工越方便、准确，模型展示的也越精准。但是，模型越细，构件数量也就越多。对于诸如供应商这类信息，其信息维护的工作量也是巨大的。信息粒度越细，使构件的信息填写项数越多，如规格型号等。而在BIM模式下，是采用“族”（可以理解为电子版的三维大样图），“族”的完善程度决定了三维绘图的效率及准确性，但是目前在国内“族”的信息大量缺乏。所以要想更好地指导施工，还需要各个制作和应用BIM模型企业之间根据实际的工程大量积累“族”信息。BIM是贯穿整个建设周期的，目前只是在一些管理方面得到应用，在集成方面应用不足，尚未充分发挥其实际效能。

③缺少完善的BIM技术标准。自2002年开始，BIM技术席卷欧美的工程建设行业，引发了史无前例的建筑变革。香港政府已决定，到2015年，所有政府项目要强制使用BIM。2010年，新加坡公共工程全面以BIM设计施工，要求到2015年所有公私建筑以BIM送审及兴建。在国内，BIM技术相比台湾和香港地区至少落后5年左右，归根结底是目前国内缺乏行业的BIM实施标准和指南。像欧美、新加坡、韩国、日本等发达国家都有相应成熟的BIM指南和实施标准。目前，国内这类行业标准和指南还处于空白的状态，这需要国内各个建筑相关部门和企业共同探讨，形成国内自己的标准。

④施工企业对BIM的应用处于观望状态。建筑施工企业信息化建设是国家建筑业信息化的基础之一，也是企业管理转型、升级的关键工作，是企业管理的新鲜事物。但是，施工企业中决策层、管理层和作业层的人员对信息化建设的认识不足和信息化意识不强，缺乏推动建筑信息化的动力。

⑤另外，建筑施工企业想要开展信息化建设，需要投入大量的资金。但建筑施工企业是微利行业，产值利润率、资产利润率均远远低于其他产业，难以筹备大量资金进行信息化建设和维护。还有就是，专业技术人员数量不足、质量不高。在建筑施工企业内部，从事计算机应用和管理的人员配备少，开发能力弱。特别是既懂计算机技术，又懂建筑专业技术的复合型人才更为缺乏，难以满足企业信息化建设的需要。所以，很多施工企业现在对BIM的应用处于观望状态。

⑥但是也有企业看到了建筑信息化发展的前景，开始投入大量的资金成立BIM研发中心。如由广东工程职业技术学院、广州市第二建筑工程有限公司、广州盛冠建筑科技有限公司联合发起成立的广东工程建筑信息模型应用技术研究与开发中心，先后介入佛山承创大厦、广州超级计算机中心、广州文化公园地铁站等项目。

⑦政府和行业主管部门的政策支持缺乏。迄今为止，对于建筑信息化建设，政府和行业主管部门只提要求，不提或很少提政策扶持，所有的资金投入（包括硬件升级、软件开发和系统维护等）基本均由企业自筹，严重打击了企业开展信息化建设的积极性。另外，政府和行业主管部门在软件开发及标准制定方面行动力不足，仅靠企业自身想要开发出易用性好、兼容度高、运行稳定的信息化软件需要较长的时间。

⑧总之，我国BIM发展阻碍的原因主要有：

推行不够，不愿打破；容忍不足；不愿学习；本土化不够；业务水平不齐；3D软件速度和功能未平衡。

第二节　BIM 在钢结构施工中的应用

一、概述

钢结构施工全过程管理包括深化设计、材料采购、构件制造和现场安装四个阶段，每个阶段又划分为若干个工序。钢结构施工中 BIM 技术应用会涉及深化设计部门、项目成本管理部门、项目生产管理部门、项目物资管理部门、项目技术管理部门、项目质量管理部门、项目物流管理部门、制作车间等。

传统钢结构施工过程中信息交换不及时、不准确的问题造成了大量人力、物力、财力的浪费。部分企业和项目已经引入了信息技术，对钢结构施工进行辅助管理，但由于各辅助软件之间无法实现数据的及时共享，导致信息共享出现脱节，重复建模工作量也很大，影响了项目各参与方、各专业之间的协作效率和质量。

钢结构 BIM 技术应用的核心价值之一就是要解决施工各阶段工程信息的共享问题。不同岗位的工程人员可以从 BIM 模型中获取、更新与本岗位相关的信息，既能指导实际工作，又能将相应工作的成果更新到模型中，使工程人员对钢结构施工信息作出正确理解和高效共享，起到提升钢结构施工管理水平的作用。在钢结构施工过程中采用 BIM 模型替代传统图纸，建立新型管理模式，已成为钢结构施工管理发展的必然趋势。

钢结构 BIM 应用应达到以下几个方面的效果：模型信息共享、资源集约化管理、工程集约化管理等。

1）模型信息共享

通过将深化设计模型、工程进度、工程造价等信息的整合，形成 BIM 模型，实现钢结构工程在设计、采购、制作、安装业务上的信息共享和可视化管控。其中，深化设计模型应包含零件信息、构件信息、结构信息及材料信息等内容。

2）资源集约化管理

钢结构施工中的资源需求、材料库存等信息，通过 BIM 模型的归集，按材质、类型等进行筛分、汇总，实现施工过程中的资源需求分析、订单下达、资源接收、存量分析等集约化管理，并进一步实现施工资源的有效调度。

3）工程可视化管理

采用 BIM 模型替代传统图纸，实现工程可视化管理，包括工程进度可视化管理和工程造价可视化管理等。在工程进度可视化管理方面，以深化设计模型为基础，进行工程进度信息的导入与转化；应用现代数据采集手段，实时更新工程的建造状态，实现可视化工期预警和过程纠偏等。在工程造价可视化管理方面，以精细化的工程量清单为基础，结合 BIM 模型更新工程施工的成本信息，进行工程造价可视化管理，实现方便快捷地查询造价信息。

二、BIM 应用流程

1. BIM 技术总体应用流程

钢结构 BIM 技术主要应用流程如图 8-1 所示。

在材料采购阶段，应用办公软件处理深化设计阶段产生的清单文件，编制生成材料采购计

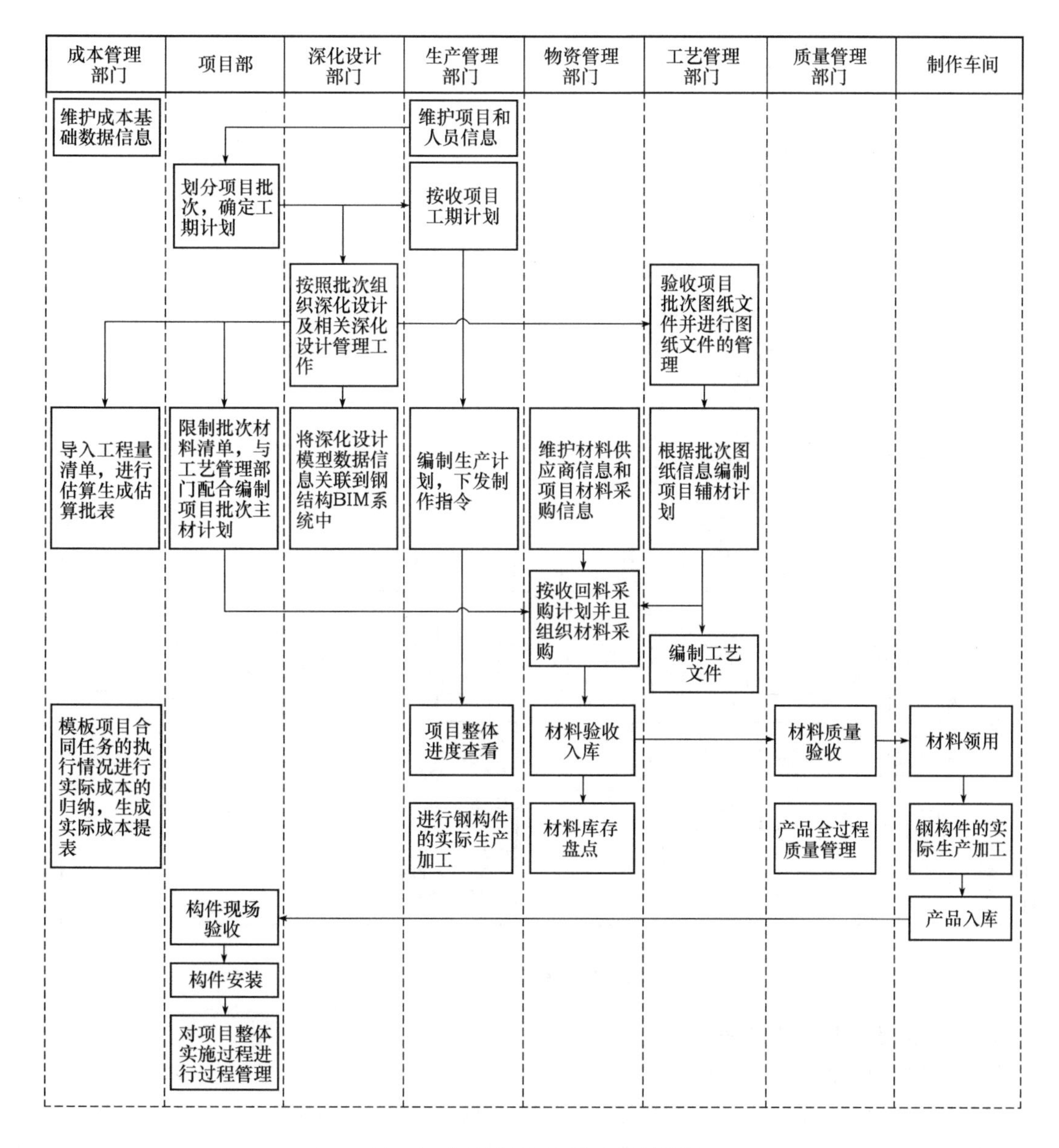

图 8-1　钢结构 BIM 技术应用流程

划。采购计划文件可导入施工过程管理软件内，生成材料采购订单，然后进行订单发放，组织材料采购。材料进厂后，通过施工过程管理软件的库存管理模块对订单材料进行验收入库，将材料检验报表文件以附件形式上传到施工过程管理软件内，并与原材料信息进行绑定。

在构件制作阶段，可应用施工过程管理软件的图纸文档管理功能，统一管理清单、图纸等文档，进行后续的生产工艺文件编制工作。通过施工过程管理软件统一管理生产管理阶段所需的报表，用于统计车间构件加工等信息，统计完成后整理成固定格式，添加并更新 BIM 模型的施工状态。如条件具备，构件生产加工信息可通过现代物联网技术，实现施工过程的实时采集。施工过程管理软件的库存管理功能，可对材料出入库进行管理，定期盘点库存材料，建立材料出入库记录和盘点记录等。在施工过程管理软件进度管理模块中，可查看工程批次的施工进度信息。

在构件安装阶段，可从施工过程管理软件中下载图纸文档，查看构件信息。在施工过程管理软件中，更新构件的发运和到场信息，以及在安装现场的最新施工状态。

2. 钢结构深化设计流程

钢结构深化设计 BIM 应用的基本流程是：编制钢结构深化设计方案并组织开展深化设计工作、创建深化设计模型、绘制深化设计施工详图、将深化设计模型与其他专业 BIM 模型进行协调。钢结构深化设计主要流程如图 8-2 所示。

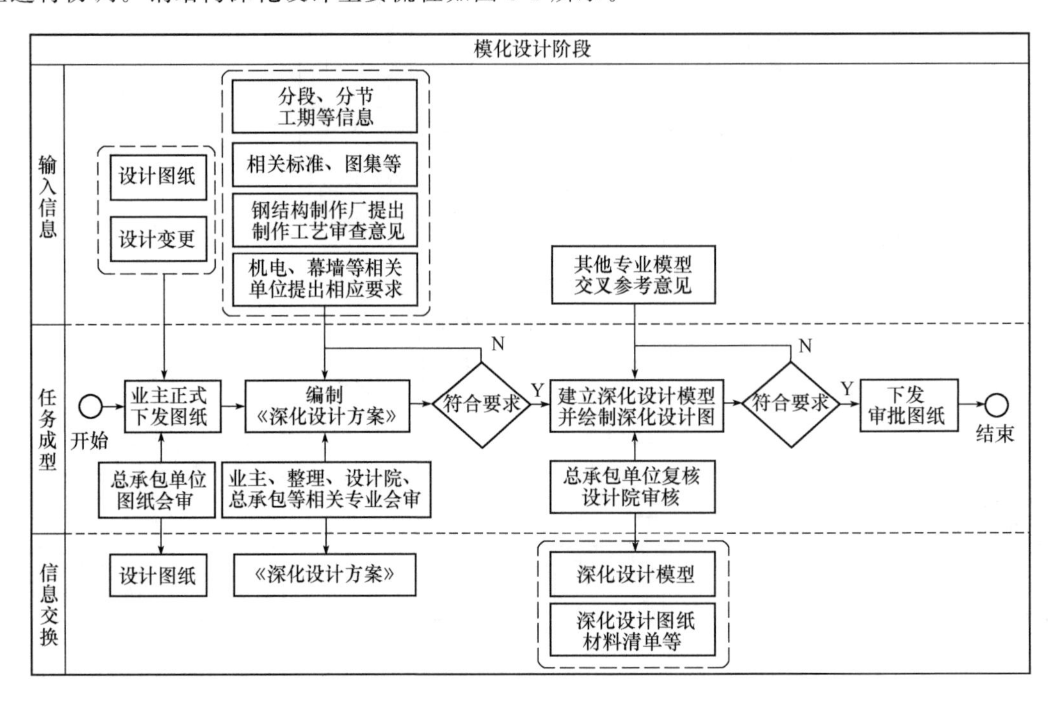

图 8-2　钢结构深化设计流程

3. 钢结构数字化加工流程

钢结构数字化加工是通过产品工序化管理，将以批次为单位的图纸和模型信息、材料信息、进度信息转化为以工序为单位的数字化加工信息，借助先进的数据采集手段，以钢结构 BIM 模型作为信息交流的平台，通过施工过程信息的实时添加和补充完善，进行可视化的展现，实现钢结构数字化加工。

钢结构工程的基本产品单元是钢构件，钢构件的生产加工具有全过程的可追溯性，以及明确划分工序的流水作业特点。随着社会生产力的发展，钢结构制作厂通过新设备的引进、对已有设备的改造以及生产管理方式的变革等措施，具备了与各自生产力相适应的数字化加工条件和能力。在基于 BIM 技术的钢结构数字化加工过程中，从事生产制造的工程技术员可以直接从 BIM 模型中获取数字化加工信息，同时将数字化加工的成果反馈到 BIM 模型中，提高数据处理的效率和质量。

钢结构数字化加工 BIM 应用的基本原则主要有以下几个方面：

①BIM 技术需要与钢结构制作厂的实际生产力水平相适应。不同的制作厂在产能、设备、管理模式等方面各不相同，具备的数字化加工条件与能力也不相同。当采用手工、半自

动化、自动化等不同的加工方式时，需要从 BIM 模型中提取不同深度的数据信息。

②钢结构的生产具有明确划分工序的流水作业特点，实现加工过程的数字化应从管理模式上进行变革。需要实现对施工工序的过程管理，将施工过程的数据采集和施工管理重心下移到以工序为单位的操作层，将从 BIM 模型中提取的数字化加工信息转化为具体的工序信息。同时，将加工结果反馈到 BIM 模型中。

③钢结构数字化加工应从人员、设备、方法、资源等多个方面综合考虑。从 BIM 模型中提取的数字化信息，还需与其他资源进行整合，才能实现数字化加工与 BIM 技术的强强联合。

钢结构数字化加工主要流程如图 8-3 所示。

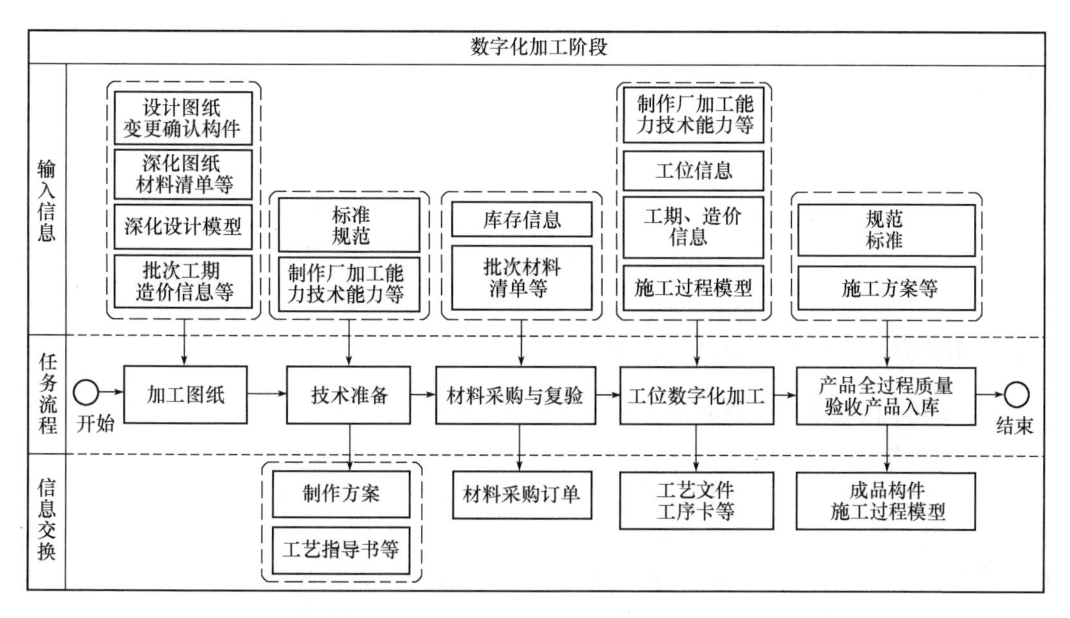

图 8-3 钢结构数字化加工主要流程

4. 钢结构现场安装流程

钢结构现场安装的主要工作对象是钢构件，它同时也是钢结构的基本产品单元。现场安装主要由运输、测量、焊接以及验收等工序组成。BIM 技术在钢结构项目现场安装过程中的应用，主要有以下三个方面的原则。

1）工期计划统一管理原则

项目部负责制订工期计划并实时更新。BIM 模型按照工期计划，在深化设计、材料采购、构件制作、现场安装各阶段进行进度更新与状态跟踪，并通过可视化管理进行工程进度的反馈与警示。

2）工程变更统一管理原则

项目部负责变更管理和变更指令的下达，由工艺管理部门负责模型的更新或替换，并由各相关部门进行制作、安装阶段的模型信息跟踪。

3）工序全过程管理原则

将钢构件安装过程中的测量、焊接以及验收等工序，视为制造阶段各工序的延伸，形成全过程追溯管理体系，对钢构件在项目现场的工序流转进行跟踪管理。

钢结构现场安装主要流程如图 8-4 所示。

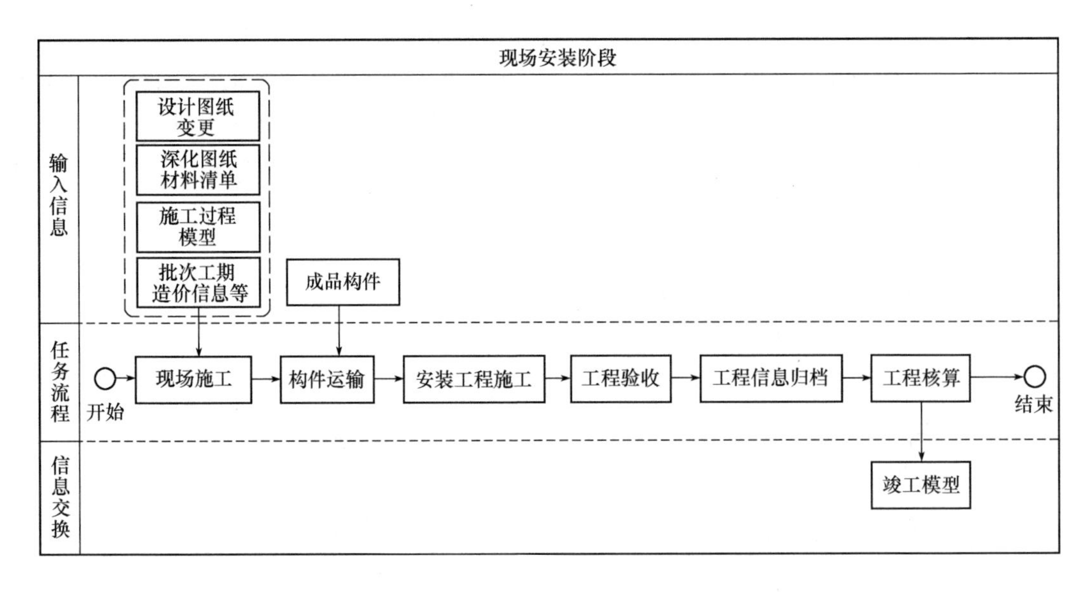

图 8-4 钢结构现场安装主要流程

三、钢结构深化设计 BIM 应用

1. 钢结构深化设计建模要求

1）统一软件平台

同一工程的钢结构深化设计应采用统一的软件及版本号，设计过程中不得更改。同一工程宜在同一设计模型中完成，若模型过大需要进行模型分割，分割数量不宜过多，同时需注意模型分割面处的信息处理。模型分割面一般位于某轴线或某标高处，轴线、标高两侧的构件信息分别在两分割模型中建立，模型分割完成后，须仔细核查分割面处构件的定位信息，避免出现无法对接的情况。

2）人员协同管理

钢结构深化设计多人协同作业时，应明确职责分工，注意避免模型碰撞冲突。同时，需设置好稳定的软件联机网络环境，保证每个深化人员的深化设计软件运行顺畅。

3）软件基础数据设置

软件应用前需设置好基础数据，如：设定软件自动保存时间，以及统一的软件系统字体、字体转换文件、系统符号文件、报表和图纸模板等。

4）模型构件唯一性

在钢结构深化设计模型里，零构件号与零构件要一一对应。当零构件的尺寸、重量、材质、切割类型等发生变化时，需赋予零构件新的编号，以避免零构件的模型信息冲突而报错。

5）零件的截面类型匹配

在 Tekla 中，深化设计模型中每一种截面的材料都会指定唯一的截面类型与之对应，保证材料在软件内名称的唯一性。例如一根高 500 mm、宽 200 mm 的 H 型钢，它可以有多种命名方式：H500×200、HN500×200 等。在深化设计建模时，需对 Tekla 模型截面库进行更新、补充和完善。

对于钢结构工程而言，零件数量繁多，相应的截面信息匹配工作量也会非常繁重，为减少模型截面数据输入的工作量，需要制定统一的截面代码规则，使 Tekla 建模时选用的截面类型规范统一。参照《热轧 H 型钢和剖分 T 型钢》（GB/T 11263—2010）等相关规定，对模型截面编码进行统一。

6）模型材质匹配

深化设计模型中每一个零件都有其对应的材质，为保证模型数据的准确，应根据相关国家钢材标准制定统一的材质命名规则。深化设计人员在建模过程中需保证使用的钢材牌号与国家标准中的钢材牌号相同。对于特殊的钢材，应根据相应的设计说明或其他材料标准建立相应的材质库，标识相应的钢材牌号。

2. 钢结构深化设计成果

1）三维可视化深化设计模型

在钢结构深化设计阶段，可通过深化设计模型直观地展示钢结构整体、局部等的结构信息，便于施工人员查看。

2）钢结构深化设计图

深化设计软件可将已建立好的深化设计模型转换成二维深化设计图，供钢结构制作、安装单位使用。

3）清单报表

深化设计软件可根据已建立好的深化设计模型导出零构件详细清单、材料（钢材、螺栓、栓钉等）清单等。

3. 钢结构深化设计模型内容

钢结构深化设计模型主要内容见表 8-1。

表 8-1　钢结构深化设计模型主要内容

<table>
<tr><th>模型内容</th><th>模型信息</th><th>备注</th></tr>
<tr><td>轴线</td><td>结构定位信息</td><td rowspan="9">面向钢结构深化设计模型</td></tr>
<tr><td>结构层数、结构高度</td><td>结构基本信息，包含：结构层数、结构高度等</td></tr>
<tr><td>结构分段、分节</td><td>结构分段、分节位置，标高信息等</td></tr>
<tr><td>混凝土结构：主要框架柱、框架梁、剪力墙布置等</td><td>钢结构辅助定位信息</td></tr>
<tr><td>结构批次</td><td>项目结构批次信息，通过构件前缀或者状态信息进行区分</td></tr>
<tr><td>钢结构零构件模型</td><td>具体结构批次的所有零构件实体模型，包含零构件的属性信息，如材质、截面类型、重量等</td></tr>
<tr><td>钢结构零构件清单</td><td>具体结构批次的所有零构件详细清单，包含：零件号、构件号、材质、数量、净重、毛重、图纸号、表面积等信息</td></tr>
<tr><td>钢结构零构件图纸</td><td>具体结构批次的所有零构件图纸，包含：零件图、构件图、多构件图、布置图等</td></tr>
</table>

四、钢结构加工 BIM 应用

1. 数字化加工数据输入基本要求

钢结构数字化加工依托于生产工位的数字化，应用 BIM 技术可以整合施工过程中多个部门的数据信息，实现协同作业与信息共享。在钢结构数字化加工过程中，BIM 技术应用会涉及深化设计部门、成本管理部门、生产管理部门、物资管理部门、技术管理部门、质量管理部门、制作车间等。各部门的数据输入要求见表 8-2。

表 8-2 各部门钢结构数字化加工数据输入要求

职责	负责部门	BIM 应用内容
系统信息维护	信息维护部门	(1) 负责基础数据的配置（用户账号、角色创建等） (2) 负责日常系统维护（数据备份、数据恢复等）、系统升级保障 (3) 收集整理系统运行过程中遇到的问题，并进行反馈和答复 (4) 对业务员进行系统指导等
成本管理	项目成本管理部门	(1) 维护各批次构件的成本要素信息 (2) 向 BIM 系统导入工程量清单，并对清单内容进行估算，生成估算报表。维护各批次、各分部、分项工程的工程量数据 (3) 报价查询与调整等
深化设计管理	深化设计管理部门	(1) 按照项目部划分的结构批次组织深化设计及相关管理工作 (2) 按结构批次从深化设计模型中导出数据文件，包括材料清单、构件图、零件图、深化设计模型等 (3) 将导出的模型数据文件提供给项目部审核，并将确认版模型数据导入 BIM 系统等
生产管理	生产管理部门	(1) 制订新开工项目的工程编号。维护新建工程、工程概况、业主及设计方信息 (2) 工程计划协调、进度统计与反馈 (3) 合同任务完成情况自检与确认、产值与完工工程量统计等
物资管理	物资管理部门	(1) 供应商信息维护，包括供应商名称、材料产品类型与规格、钢材均价等 (2) 制订主材材料计划，材料订单汇总与下达，组织材料采购 (3) 制订辅材、五金材料计划，组织辅材及五金材料采购 (4) 材料库存与构件管理，常用材料备品库的维护等
工艺质量管理	制作厂工艺质量管理部门	(1) 按照生产管理部门发布的生产批次进行排版套料 (2) 进行图纸文件的管理 (3) 制定零构件的生产工序路线 (4) 进行零构件工序质量验收
制作加工管理	制作生产车间管理部门	(1) 按照工艺文件进行生产制作 (2) 实时反馈施工状态 (3) 制作过程检验、构件运输管理等

实现钢结构数字化加工，需要从BIM模型中提取加工用的数据信息。根据制作厂产能、设备、管理模式等条件，数据输入时需要考虑：

①钢结构数字化加工所需数据的编码应与实际管理模式相适应。针对不同的数字化加工设备和管控方法，所需的数据格式与类型也不相同。

②钢结构数字化加工数据输入时，应做到以工序管理为基本落脚点，将数据采集和施工管理重心放在工序管理上。从BIM模型中获取加工数据，通过数据传输发送到各个工序，每个工序又将加工的结果反馈到BIM模型中。

2. 数字化加工BIM模型内容

钢结构数字化加工BIM模型主要内容见表8-3。

表8-3 钢结构数字化加工BIM模型主要内容

模型内容	模型信息	备注
结构层数、结构高度	结构基本信息，包含：结构层数、结构高度等	面向钢结构数字化加工
结构分段、分节	结构分段、分节位置，标高信息等	
生产批次清单	项目生产批次信息，包含：批次范围、工程量、构件数量等	
生产批次工期清单	具体生产批次的工期要求	
生产批次分班清单	具体生产批次的分班信息，包含：具体生产班组的工程量、材料、工期等	
钢结构零构件加工工序清单	具体生产批次的零构件需要经历的工序信息、钢结构零构件模型	
钢结构零构件清单	具体生产批次的所有零构件实体模型，包含零构件的属性信息，如材质、截面类型、重量等	
钢结构零构件图纸	具体生产批次的所有零构件图纸，包含：零件图、构件图、多构件图、布置图等	
具体生产批次零构件材料物流清单	具体生产批次的所有零构件材料物流情况，包含：材料计划编制、材料到场时间、堆场位置等	
具体生产批次零构件工艺文件	具体生产批次的所有零构件工艺信息，包含：打砂油漆要求、直发件要求、工艺排版图、数控文件等	
具体生产批次造价清单	具体生产批次的造价信息，包含：工程量、制造单价、人工费、设备费、劳务费等	

五、钢结构现场安装BIM应用

1. 现场安装数据输入基本要求

钢结构安装依托于施工现场环境，应用BIM技术可以整合安装过程中多个部门的数据信息，实现协同作业与信息共享。在钢结构现场安装过程中，BIM技术应用会涉及深化设计部门、成本管理部门、生产管理部门、物资管理部门、技术管理部门等。对各部门的数据输入要求见表 8-4。

表 8-4 各部门钢结构现场安装数据输入要求

职责	负责部门	BIM 应用内容
系统信息维护	信息维护部门	（1）负责基础数据的配置（用户账号、角色创建等） （2）负责日常系统维护（数据备份、数据恢复等）、系统升级保障 （3）收集整理系统运行过程中遇到的问题，并进行反馈和答复 （4）对业务员进行系统指导等
成本管理	项目成本管理部门	（1）维护各批次构件的成本要素信息 （2）向 BIM 系统导入工程量清单，并对清单内容进行估算，生成估算报表。维护各批次、各分部、分项工程的工程量数据 （3）报价查询与调整等
深化设计管理	深化设计管理部门	（1）按照项目部划分的结构批次组织深化设计及相关管理工作 （2）按结构批次从深化设计模型中导出数据文件，包括材料清单、构件图、零件图、深化设计模型等 （3）将导出的模型数据文件提供给项目部审核，并将确认版模型数据导入 BIM 系统等
生产管理	生产管理部门	（1）制订新开工项目的工程编号。维护新建工程、工程概况、业主及设计方信息 （2）工程计划协调、进度统计与反馈 （3）合同任务完成情况自检与确认、产值与完工工程量统计等
物资管理	物资管理部门	（1）供应商信息维护，包括供应商名称、材料产品类型与规格、钢材均价等 （2）制订主材材料计划，材料订单汇总与下达，组织材料采购 （3）制订辅材、五金材料计划，组织辅材及五金材料采购 （4）材料库存与构件管理，常用材料备品库的维护等
技术质量管理	项目技术质量管理部门	（1）负责项目结构批次划分协调工作，确定批次号，并将结构批次信息及时发送给制作厂 （2）根据深化设计部门提供的材料清单，编制材料计划，并提交给物资管理部门 （3）将深化设计部门提供的材料清单、构件图、零件图、深化设计模型等发送给工艺管理部门 （4）对运输到达构件进行质量验收确认等

2. 现场安装模型内容

钢结构现场安装 BIM 模型主要内容见表 8-5。

表 8-5 钢结构现场安装 BIM 模型主要内容

模型内容	模型信息	备注
结构层数、结构高度	项目结构基本信息，包含：结构层数、结构高度等	面向钢结构现场安装
结构分段、分节	结构分段、分节位置，标高信息等	
结构批次工期清单	现场安装结构批次工期信息	
钢结构零构件模型	具体结构批次的所有零构件实体模型，包含零构件的属性信息，如材质、截面类型、重量等钢结构零构件清单	
钢结构零构件清单	具体结构批次的所有零构件详细清单，包含：零件号、构件号、材质、数量、净重、毛重、图纸号等	
钢结构零构件图纸	具体结构批次的所有零构件图纸，包含：零件图、构件图、多构件图、布置图等	
生产批次造价清单	具体结构批次的造价信息，包含：工程量、人工费、设备费、劳务费等	
构件到场计划清单	具体结构批次的构件到场时间、重量、构件号等	

第三节 BIM在工程施工中的应用

一、工程施工 BIM 应用的整体实施方案

纵观当前工程施工中的 BIM 应用现状，清华大学研发的建筑施工 BIM 建模系统和基于 BIM 的 4D 管理系列软件不仅填补了当前国内 BIM 施工软件的空白，而且经过多个大型工程项目的实际应用，已经形成了包括 BIM 应用技术架构、系统流程和应对措施的整体实施方案。

1. 工程施工 BIM 应用的技术架构

1）接口层

利用自主研发的 BIM 数据接口与交换引擎，提供了 IFC 文件导入导出、IFC 格式模型解析、非 IFC 格式建筑信息转化、BIM 数据库存储及访问、BIM 访问权限控制以及多用户并发访问管理等功能，可将来自不同数据源和不同格式的模型及信息传输到系统，实现了 IFC 格式模型和非 IFC 格式信息的交换、集成和应用。其中，数据源包括自主开发的建筑施工 BIM 建模系统 BIMMS，Revit 等软件创建的 BIM 模型，AutoCAD 等软件创建的 3D 模型，MS Project 等进度管理软件产生的进度信息等。

2）数据层

施工阶段的工程数据可分为结构化的 BIM 数据、非结构化的文档数据以及用于表达工程数据创建的组织和过程信息。其中 BIM 数据采用基于 IFC 标准的数据库存储和管理；文档数据采用文档管理系统进行存储；组织和过程信息存储于相应的数据库中。通过建立 BIM 对象模型与关系型数据模式的映射关系和转换机制，BIM 数据库可利用 SQL Sever 等

关系型数据库创建。

3）平台层

包括自主开发的 BIM 数据集成与管理平台（简称 BIMDISP）和基于网络的 4D 可视化平台。BIMDISP 用于实现 BIM 数据的读取、保存、提取、集成、验证，非结构化数据管理以及组织和过程信息控制，可构建面向专业应用的子信息模型，支持基于 BIM 的相关施工软件应用。网络的 4D 可视化平台提供了基于 OpenGL 的视图变换、图形控制、动态漫游等模型管理功能，实现了 4D 施工管理的网络化，可支持工程项目的信息交换。

4）模型层

通过 BIM 数据集成平台，可针对不同应用需求生成相应的子信息模型，如施工进度子信息模型、施工资源子信息模型、施工安全子信息模型等，向应用层的各施工管理专业软件提供模型和数据支持。

5）应用层

由自主开发基于 BIM 的 4D 施工管理系列软件组成，包括基于 BIM 的工程项目 4D 动态管理系统、基于 BIM 的建筑工程 4D 施工安全与冲突分析系统、基于 BIM 的施工优化系统、基于 BIM 的项目综合管理系统等。提供了基于 BIM 和网络的 4D 施工进度、资源、质量、成本和场地管理，4D 安全与冲突分析，设计与施工碰撞检测以及施工过程优化和 4D 模拟等功能。

2. 工程施工 BIM 应用系统整体结构及主要功能

整个应用系统由基于 BIM 的 4D 施工管理系列软件系统和项目综合管理系统两大部分组成，分别设置为 C/S 架构和 B/S 架构。两者通过系统接口无缝集成，建立了管理数据与 BIM 模型的双向链接，实现了基于 BIM 数据库的信息交换与共享。各应用系统具有如下主要功能和技术特点。

1）建筑施工的 BIM 建模系统

（1）3D 几何建模与项目组织浏览

按照 IFC 进行建筑构件定义和空间结构的组织，提供各种规则和不规则的建筑构件以及模板支撑体系等施工设施的 3D 建模，并利用项目浏览器，实现对构件模型的组织、分类、关联和 3D 浏览。

（2）施工信息创建、编辑与扩展

实现包括材料、进度、成本、质量、安全等施工属性的创建、查询、编辑以及与模型相互关联，同时提供属性扩展功能。

（3）BIM 模型导入导出模块

通过导入其他 IFC 格式的 BIM 设计模型或 3D 几何模型，快速创建 BIM 施工模型。可将包含工程属性的施工 BIM 模型导出为 IFC 文件，提供给基于 BIM 施工管理系统和运营维护系统使用。

2）基于 BIM 的工程项目 4D 动态管理系统

（1）4D 施工进度管理

利用系统的 WBS 编辑器和工序模板，可快捷完成施工段划分、WBS 和进度计划创建，建立 WBS 与 Microsoft Project 的双向链接；通过 Project 或 4D 模型，可对施工进度进行查询、调整和控制，使计划进度和实际进度既可以用甘特图或网络图表示，也可以以动态的

3D图形展现出来，实现施工进度的4D动态管理；可提供任意WBS节点或3D施工段及构件工程信息的实时查询、多套施工方案的对比和分析、计划与实际进度的追踪和分析等功能，并可自动生成各类进度报表。

（2）4D资源动态管理

通过可设置工程计价清单或多套定额的资源模板，能自动计算出任意WBS节点或3D施工段及构件的工程量以及相对施工进度的人力、材料、机械消耗量和预算成本；进行工程量完成情况、资源及成本计划和实际消耗等多方面的统计分析和实时查询；自动生成工程量表以及资源用量表，实现施工资源的4D动态管理。

（3）4D施工质量安全管理

施工方、监理方可及时录入工程质检和安全数据，系统将质量、安全信息或检验报告与4D信息模型相关联，可以实时查询任意WBS节点或3D施工段及构件的施工安全质量情况，并可自动生成工程质量安全统计分析报表。

（4）4D施工场地管理

可进行3D施工场地布置，自动定义施工设施的4D属性。点取任意设施实体，可查询其名称、类型、型号以及计划设置时间等施工属性，并可进行场地设施的信息统计等，将场地布置与施工进度对应，形成4D动态的现场管理。

（5）4D施工过程模拟

对整个工程或选定WBS节点进行4D施工过程模拟，可以以天、周、月为时间间隔，按照时间的正序或逆序模拟，可以按计划进度或实际进度模拟实现工程项目整个施工过程的4D可视化模拟。并具有三维漫游、材质纹理、透明度、动画等真实感模型显示功能。

3）基于BIM的建筑工程4D施工安全与冲突分析系统

（1）时变结构和支撑体系的安全分析

通过模型数据转换机制，自动由4D施工信息模型生成结构分析模型，进行施工期时变结构与支撑体系任意时间点的力学分析计算和安全性能评估。

（2）施工过程进度、资源、成本的冲突分析

通过动态展现各施工段的实际进度与计划的对比关系，实现进度偏差和冲突分析及预警；指定任意日期，自动计算所需人力、材料、机械、成本，进行资源对比分析和预警；根据清单计价和实际进度计算实际费用，动态分析任意时间点的成本及其影响关系。

（3）场地碰撞检测

基于施工现场4D时空模型和碰撞检测算法，可对构件与管线、设施与结构进行动态碰撞检测和分析。

4）基于BIM的建筑施工优化系统

建立进度管理软件P3/P6数据模型与离散事件优化模型的数据交换，基于施工优化信息模型，实现了基于BIM和离散事件模拟的施工进度、资源和场地优化及过程模拟。

①基于BIM和离散事件模拟的施工优化。

通过对各项工序的模拟计算，得出工序工期、人力、机械、场地等资源的占用情况，对施工工期、资源配置以及场地布置进行优化，实现多个施工方案的比选。

②基于过程优化的4D施工过程模拟。

将4D施工管理与施工优化进行数据集成，实现了基于过程优化的4D施工可视化模拟。

5）基于 BIM 的项目综合管理系统

（1）业务管理

为各职能部门业务人员提供项目的合同管理、进度管理、质量管理、安全管理、采购管理、支付管理、变更管理以及竣工管理等功能，业务管理数据与 BIM 的相关对象进行关联，实现各项业务之间的联动和控制，并可在 4D 管理系统进行可视化查询。

（2）实时控制

为项目管理人员提供实时数据查询、统计分析、事件追踪、实时预警等功能，可按多种条件进行实时数据查询、统计分析并自动生成统计报表。通过设定事件流程，对施工中发生的安全、质量等进行跟踪，到达设定阈值将实时预警，并自动通过邮件和手机短信通知相关管理人员。

（3）决策支持

提供工期分析、台账分析以及效能分析等功能，为决策人员的管理决策提供分析依据和支持。

3. 工程施工 BIM 系统应用流程与应对措施

1）系统应用流程

（1）应用主体方

提供项目的技术资料、基本数据和系统运行所需要的软硬件及网络环境；协调各职能部门和相关参与方，根据工作需求安装软件系统、设置用户权限；各部门业务人员和管理、决策人员按照其工作任务、职责和权限，通过内网客户端或外网浏览器进入软件系统，完成日常管理和深化设计等工作。

（2）应用参与方

通过外网浏览器进入项目综合管理系统，按照应用主体方的要求，填报施工进度、资源、质量、安全等实际工程数据，也可进行施工信息查询，辅助施工管理。

（3）BIM 团队

目前 BIM 团队多由主体应用方外聘，主要承担 BIM 应用方案策划、系统配置、BIM 建模、数据导入、技术指导、应用培训等工作。

（4）设计方

配合应用主体方实施 BIM 应用，提交设计图纸及相关技术资料，如果具有 BIM 设计或建模能力，应提交项目的 BIM 或 3D 模型，以避免重复建模，降低 BIM 应用成本。

2）组织应对措施

（1）理念知识

与以往建设领域信息技术的推广应用一样，BIM 应用单位的领导层、管理层和业务层必须对 BIM 技术及应用价值具有足够的认识，对应用 BIM 的管理理念、方法和手段应进行相应转变。通过科研合作、技术培训、人才引进等多种方式，使技术与管理人员尽快掌握 BIM 技术和相关软件的应用知识。

（2）团队组织

BIM 引入和应用的初期，可借助外聘 BIM 团队共同实施。但着眼于企业自身发展，还是应该根据企业具体情况，采取设立专业部门或培训技术骨干等不同方式，建立自己的 BIM 团队。并通过技术培训和应用实践，逐步达到 BIM 技术和软件的普及和应用。

（3）流程优化

结合BIM应用重新梳理并优化现有工作流程，改进传统项目管理方法，建立适合BIM应用的施工管理模式，制定相应的工作制度和职责规范，使BIM应用能切实提高工作效率和管理水平。

（4）应用环境

根据实际需求制订BIM应用实施方案，购置相应计算机硬件和网络平台。通过外购商品软件、合作开发等方式，配置工程施工BIM应用软件系统，构建BIM应用环境。

（5）成果交付

规范施工各阶段BIM应用成果的形式、内容和交付方式，提供可供项目各参与方交流、共享的阶段性成果，形成工程项目竣工验收时集中交付的最终BIM应用成果，包括采用数据库或标准文件格式存储的全套BIM施工模型、工程数据及电子文档资料等，可支持项目运营维护阶段的信息化管理，实现基于BIM的信息共享。

二、工程施工BIM应用情况

1. 工程项目应用特点

1）应用项目具有代表性

应用项目均为近几年国内的大型、复杂工程，应用方包括业主、工程总承包和施工项目部，表明本项目应用及成果具有代表性。

2）突破了BIM在施工管理方面的应用

随着工程实际应用的不断积累、系统功能的逐渐完善，不仅涵盖了当前国外同类软件的施工过程模拟、碰撞检测功能，而且基于BIM技术提供了包括施工进度、人力、材料、设备、成本、安全和场地布置的4D集成化动态管理功能。并首次研发并应用了基于BIM和Web的项目综合管理系统，突破了当前BIM技术在施工项目管理方面的应用。

3）扩展了BIM应用范围

当前国内外BIM的施工应用主要为建筑工程。此外应用项目不仅包括建筑工程，还被推广应用到桥梁、高速公路和设备安装工程。

4）系统更具实用性

本系统的研发完全是基于我国国情，可满足我国施工管理的实际需求，与国外同类软件相比，其适用性和实用性具有明显优势。

2. 应用效果及价值

①基于BIM的集成化施工管理有效提高了项目各参与方之间的交流和沟通；通过对4D施工信息模型的信息扩展、实时信息查询，提高了施工信息管理的效率。

②利用建筑结构、设备管线BIM模型，进行构件及管线综合的碰撞检测和深化设计，可提前发现设计中存在的问题，减少“错、缺、漏、碰”和设计变更，提高设计效率和质量。

③通过直观、动态的施工过程模拟和重要环节的工艺模拟，可比较多种施工及工艺方案的可实施性，为方案优选提供决策支持。基于BIM施工安全与冲突分析有助于及时发现并解决施工过程和现场的安全隐患和矛盾冲突，提高工程的安全性。

④精确计划和控制每月、每周、每天的施工进度，动态分配各种施工资源和场地，可减

少或避免工期延误，保障资源供给。相对施工进度，对工程量及资源、成本的动态查询和统计分析，更有助于全面把握工程的实施进展以及成本的控制。

⑤施工阶段建立的 BIM 模型及工程信息可用于项目运营维护阶段的信息化管理，为实现项目设计、施工和运营管理的数据交换和共享提供支持。

例如，上海国际金融中心项目部署了面向项目全生命期的 BIM 应用实施方案。通过创建完整精细的建筑、结构、设备管线 BIM 模型，在设计阶段支持绿色建筑性能分析、碰撞检测和深化设计；施工阶段实现基于 BIM 的 4D 施工动态管理和施工项目综合管理；运营阶段将基于 BIM 进行智能运营管理，包括物业资产可视化、楼宇设备集成及监控、运营能耗和节能监控以及建筑健康监测等。

第四节 BIM 在工程管理中的应用

在建筑工程领域里，BIM 常用于可视化设计、优化施工进度、管理项目费用、进行碰撞检测和耗能分析等。

一、可视化设计

可视化设计即 BIM 软件 3D 技术的运用。在设计阶段，将以往的 2D－CAD 图形转化为 3D 模型，可以使整个项目更直观、形象立体地展现在项目参与各方面前，更高效地指导工程设计和建筑师的创新作业。需要对设计进行修改时，利用 BIM 软件的改图时间只有利用 CAD 改图时间的 1/3 不到，提高了设计层面的效率，更直接影响着工程的施工进度。

二、优化施工进度

建筑工程的规模与日俱增，复杂程度也不断攀升，项目管理的任务也日趋繁重。传统的横道图模式难以清晰描述施工进度和各种复杂关系，项目施工的动态变化也难以体现。将 BIM 与施工进度计划相整合，可视的 4D（3D＋时间）模型可以直观、准确地反映整个项目的施工过程。建立 4D 模型的过程就是利用计算机模拟项目建设的过程，相当于对项目的施工组织计划进行预演。在预演的过程中，不断提出问题、解决问题、优化施工方案，最终达到提高复杂建筑体系的可施工性，加快项目开工建设后的施工进度，提高施工方案的安全性，节省工期。

三、管理项目费用

在 CAD 占主要市场的时期，由于 CAD 软件中没有可以让计算机自动计算构件的信息，需要人力根据 CAD 文件进行工程量计算和分析，或者使用专门的造价计算软件将 CAD 文件重新建模后由计算机进行计算。前者需要消耗大量的人力，而且计算还容易出错，后者需要不断地根据调整后的设计方案更新模型，重复工作量大，造成了大量的时间浪费。而将费用信息完善到 BIM 的建筑工程信息库中，就可以快速地形成可视的 5D（3D＋时间＋费用）模型，该模型可以用于前期设计阶段的费用估算、不同设计方案的成本比较；施工阶段的工程量计算和工程量复核，动态地反映施工过程中的资金需求量，比较不同进度计划的资金需求量，有利于工程费用控制。

第九章 海绵城市和综合管廊

第一节 海绵城市概述

一、海绵城市定义

所谓海绵城市，是新一代城市雨洪管理概念，是指城市在适应环境变化和应对雨水带来的自然灾害等方面具有的良好的“弹性”，也可称之为“水弹性城市”。即下雨时吸水、蓄水、渗水、净水，需要时将蓄存的水“释放”并加以利用。

海绵城市的本质是使城镇化与资源环境相协调和谐。传统城市开发方式改变了原有的水生态，海绵城市则保护原有的水生态；传统城市的建设模式是粗放式、破坏式的，海绵城市对周边水生态环境则是低影响的；传统城市建成后，地表径流量大幅增加，海绵城市建成后地表径流量能基本保持不变。因此，海绵城市建设又被称为低影响设计和低影响开发。

二、海绵城市建设基本原则

海绵城市建设——低影响开发雨水系统构建的基本原则是规划引领、生态优先、安全为重、因地制宜、统筹建设。

1. 规划引领

城市各层级、各相关专业规划以及后续的建设程序中，应落实海绵城市建设、低影响开发雨水系统构建的内容，先规划后建设，体现规划的科学性和权威性，发挥规划的控制和引领作用。

2. 生态优先

城市规划中应科学划定蓝线和绿线。城市开发建设应保护河流、湖泊、湿地、坑塘、沟渠等水生态敏感区，优先利用自然排水系统与低影响开发设施，实现雨水的自然积存、自然渗透、自然净化和可持续水循环，提高水生态系统的自然修复能力，维护城市良好的生态功能。

3. 安全为重

以保护人民生命财产安全和社会经济安全为出发点，综合采用工程和非工程措施提高低影响开发设施的建设质量和管理水平，消除安全隐患，增强防灾减灾能力，保障城市水安全。

4. 因地制宜

各地应根据本地自然地理条件、水文地质特点、水资源禀赋状况、降雨规律、水环境保护与内涝防治要求等，合理确定低影响开发控制目标与指标，科学规划布局和选用下沉式绿地、植草沟、雨水湿地、透水铺装、多功能调蓄等低影响开发设施及其组合系统。

5. 统筹建设

地方政府应结合城市总体规划和建设，在各类建设项目中严格落实各层级相关规划中确定的低影响开发控制目标、指标和技术要求，统筹建设。低影响开发设施应与建设项目的主体工程同时规划设计、同时施工、同时投入使用。

三、海绵城市的建设途径

1. 对城市原有生态系统的保护

最大限度地保护原有的河流、湖泊、湿地、坑塘、沟渠等水生态敏感区，留有足够涵养水源，应对较大强度降雨的林地、草地、湖泊、湿地，维持城市开发前的自然水文特征，这是海绵城市建设的基本要求。

2. 生态恢复和修复

对传统粗放式城市建设模式下，已经受到破坏的水体和其他自然环境，运用生态的手段进行恢复和修复，并维持一定比例的生态空间。

3. 低影响开发

按照对城市生态环境影响最低的开发建设理念，合理控制开发强度，在城市中保留足够的生态用地，控制城市不透水面积比例，最大限度地减少对城市原有水生态环境的破坏，同时，根据需求适当开挖河湖沟渠，增加水域面积，促进雨水的积存、渗透和净化。

四、海绵城市的直接作用

1. 雨洪是资源

1）雨洪以及雨洪资源化利用

雨洪是指一定地域范围内的降水瞬时集聚或者流经本范围的过境洪水，如图 9-1 所示。雨洪资源化利用是把作为重要水资源的雨水，运用工程和非工程的措施，分散实施、就地拦蓄，使其及时就地下渗，补充地下水，或利用这种设施积蓄起来再利用，如冲洗厕所、洗衣服、喷洒道路、洗车、绿化浇水、景观用水等。

雨洪资源化利用是综合性的、系统性的技术方案，不只是狭义上的雨水收集利用和雨水资源节约，还囊括了城市建设区补充地下水、缓解洪涝、控制雨水径流污染以及改善提升城市生态环境等诸多方面。

一般认为，洪水是灾害，造成的损失可能是巨大的。因此，对付雨洪的办法就是排洪、泄洪，排泄越快、越彻底就越安全。为了排洪，河流被改造成为泄洪渠道，堤坝高筑。防洪标准越来越高，堤坝也越来越高，但洪量、洪峰、洪水的危害也越来越大。更严重的是，当采取一切工程手段排洪泄洪时，又将面临越来越严重的旱灾问题。

洪水排掉后，可能面临的是大半年的干旱缺水。许多城市的历史资料告诉我们，年降雨量在近 50 年来，并没有太大的变化，但降雨强度和降雨频率变了。一次连续降雨，很可能

图 9-1 强降雨产生的城市内涝

占全年降雨量的 30%～70%。如果把这 30%～70%的雨洪全排泄掉了，旱灾缺水也是无法避免的了。以此，雨洪资源化利用不仅是解决水资源的问题，也是从根本上改变我们对防洪防旱的理念、工程、技术、设计问题，更是城市发展和城市安全的战略问题。

2）雨洪资源化对城市的意义

城市的发展使得雨洪具有利、害两重性。一方面，城市的发展改变了城市的土地性状和气候条件，使得城市雨洪的产汇流特性发生显著改变，增加了城市雨洪排水系统压力，从而使得城市雨洪的灾害性更为明显，如雨洪流量增大、流速加大、洪峰增高、峰现提前、汇流历时缩短等等。另一方面，雨洪对城市发展又有其潜在的、重要的水资源价值。雨洪是城市水资源的主要来源之一，科学合理地利用雨洪资源，可以有效解决城市水资源短缺问题，改善城市环境，保持城市的水循环系统及生态平衡，促进城市的可持续发展，具有极高的社会、经济和生态效益。

我国是一个缺水的国家，在全国 669 个城市中，400 个城市常年供水量不足，其中有 110 个城市严重缺水，如图 9-2 所示。随着城市化的快速发展，城市规模不断扩大，城市人口增加，工业迅速发展，城市用水紧张的问题日益凸显。同时，由于改革开放以来粗放快速的经济增长，大量工业废水未经处理直接排入自然水体，导致富营养化等水体污染。包括地下水在内，我国已有超过七成的水资源受到污染，水质型缺水成为水资源紧张的突出特征。

城市水资源的最大来源是降雨，如图 9-3 所示，海绵城市设施通过滞蓄、下渗，把城市降雨最大限度地留在城市当中，将城市雨洪转化为宝贵的水资源。雨洪资源化利用可以增加城市的水资源补给，缓解水资源紧张的压力，同时可以产生巨大的生态效益，改善城市小气候，减少城市地表径流量，控制雨洪过程，极大地减轻城市洪涝灾害，减少城市防洪排涝基础设施投资等。

图 9-2 我国严重干旱地区

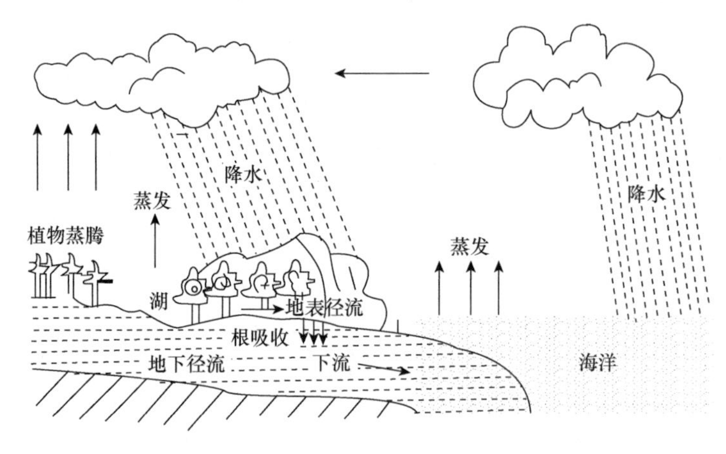

图 9-3 水循环示意

想要利用雨洪资源，就需要城市打造更多的湿地、湖泊、绿地、公园，不仅城市的宜居程度和生态安全将得以提高，也能为城市增加活动空间和生态空间。

2. 减少地表径流和雨水就地下渗

1）大气降水落到地面后的三种情况

①蒸发变成水蒸气返回大气层（大约占降雨量的 40%）；

②下渗到土壤补充地下水（在自然植被区，大约占降雨量的 50%）；

③随着地形、地势形成地表径流（在自然植被区，大约占降雨量的 10%），注入河流，汇入海洋。

但是在城市发展的进程中，随着城市地表的硬质化，地表径流可以从 10%增加到 60%，下渗补充的地下水可能急剧减少，甚至是零。而一个具有良好的雨水收集利用能力的城市，应该在降雨时就地或者就近吸收、存蓄、渗透、净化雨水，补充地下水，调节水循环。因此，减少地表径流，提高就地下渗是打造海绵城市的重点。

2）雨水就地下渗的重要性

①把原来被排走的雨水就地蓄滞起来，作为城市水资源的重要来源；

②降低地下排水渠道的排涝压力，减轻城市洪水灾害的威胁；

③回补地下水，保持地下水资源，缓解地面沉降以及海水入侵；

④减少面源污染，改善水环境，修复被破坏的生态环境等。

城市雨水就地下渗对于城市建设是一个挑战。它除了要增加湿地、湖泊、水系面积，增加下沉式绿地、公园、植被面积，都市农业面积的保护、城市生态廊道的建设也是就地下渗的重要基础设施。这些都是大尺度上海绵城市建设的重要因素。至于雨水花园、透水铺砖、空隙砖停车场、透水沥青公路等都是小尺度上海绵城市建设的具体技术、工程、设计。这两个尺度上的海绵城市建设的终极目标，就是让雨水最大限度地就地下渗，或者最大可能地实现对地下水的补充。

3. 减少地表径流和减少面源污染

水环境污染是由点源、线源和面源污染造成的。面源污染是指以“面流”的形式向水环境排放污染物的污染，包括如农田、农村和城镇的面源污染。它们在降水和地表径流的冲刷过程中，使大量大气和地表的污染物以“面流”的形式进入水环境。城市面源污染是城市水体污染的重要污染源。

城市面源污染包括直接排放的污水和地表径流携带的污染，而直接排放到水系所造成的污染包括垃圾等污染物以及城市生活用水和工业用水。这种污染是对水体的践踏和对水系、自然的不尊重，而排放这种污染是极其不文明、不道德的违法行为。一个生态文明的社会，就是要从水生态文明做起，从对水的尊重做起，不能再任意糟蹋和污染我们的水系。

当前，随着国家对水资源污染治理力度的加大逐步出现成效，点源治理达到一定水平，水污染的主要诱导因素发生转移，面源污染影响水环境质量的贡献比重加大，面源污染治理正逐步受到重视。但面源污染的发生存在时间随机、地点广泛、机理复杂以及污染构成和负荷不确定等特点，使传统的末端治理方法难以达到较好的效果。

由于城市的扩展，地表不透水面积比例不断增高，径流系数也就越来越大。城市道路和广场的径流系数甚至会超过 0.9，硬质地面的下渗率很低。而且，形成地表径流的时间很短，地表径流来势猛、水量大，对污染物的冲刷强烈。因此，面源污染还具有突发性。

传统的城市开发模式的绿地（公路绿化带、城市绿化景观等）普遍高于硬化地面，地表径流携带的面源污染物顺着路面，汇集成洪流，进入水系。这些面源污染量大、污染严重，一方面，绿地无法发挥雨水下渗功能，使水资源白白流失，大量的污染物进入水体，水系无法自我净化，造成水体污染。另一方面，植物生长需要的氮、磷等营养物质却随着地表径流进入雨水管网被排出了城市，营养物质白白流失，人类反而花费人力、财力为绿地施肥以维持其生长。

海绵城市正是根据污染物质的这一双重属性，运用低影响开发技术，建设生态基础设施，增加城市绿地面积，打造下沉式的绿地，使城市的污染物随地表径流流入下沉式绿地内，有效减少城市的地表径流，减少面源污染，又将地表径流带来的污染转化为绿色植被生长所需的营养物质。显然，下沉式绿地是对城市面源污染控制的重要措施，其主要的控制手段符合源头截污和过程阻断的原则，也符合将污染转化为资源的理念。

对于面源污染，源头截污就是在各污染发生的源头采取措施将污染物截留，防止污染物通过雨水径流进行扩散。该手段可通过降低水流速度，延长水流时间，减轻地表径流进入水体的面源污染负荷。城市绿地、道路、岸坡等不同源头的截污技术包括下凹式绿地、透水铺装、植被缓冲带、生态护岸等等。

过程阻断是控制面源污染的另一重要手段。海绵城市建设必须完善污水管道，保证所有的污水进入管道，并得以进入污水处理厂处理。另外，城市雨水应该尽可能不进入管道，因为城市雨水和径流通过冲刷，使城市地表的悬浮物、耗氧物质、营养物质、有毒物质、油脂类物质等多种污染物由下水管网进入受纳水体，引起水体污染。为此，应该尽可能让更多的雨水进入城市下沉式绿地、草地、草沟、公园以及各类雨水池、雨水沉淀池、植草沟、植被截污带、氧化塘与湿地系统等，将被阻断的污染源转化为资源，如图 9-4 所示。

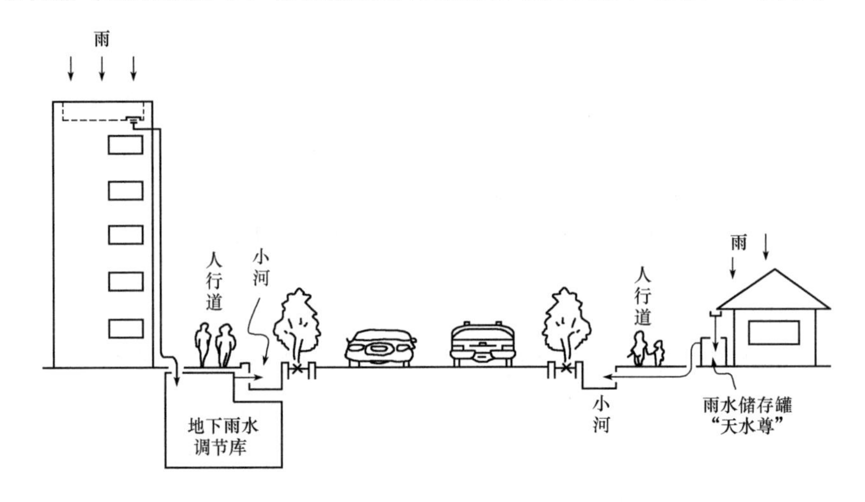

图 9-4 低影响开发水文原理示意

4. 降低洪峰和减小洪流量

地表特征是影响流域和城市水文特征的重要因素。未经开发的土地，地表植被覆盖率高，雨水下渗率大，径流系数小。降雨来时，首先经过植物截留、土壤下渗，当土壤含水量达到蓄满，后续降雨量就形成地表径流，然后地表径流汇合集聚，通过自然地形的坡地流入河道。随着降雨强度和降雨历时的增加，河道流量达到最大值，成为洪峰。

城市的扩展使大量地表植被被破坏，地表普遍硬质化，雨水无法下渗进入土壤层和地下水，在很短的时间内成为地表径流，通过市政管道迅速汇入河道。随着降雨的持续，地表径流量不断增加，河道水量迅速增长，在短时间内即达到洪峰流量。城市的河道洪峰出现时间比土地未开发时出现的时间要早，且洪峰流量大，极易形成洪涝灾害。同时，传统的城市开发在经历一场连续暴雨后不仅容易形成极大的洪水流量和洪峰，而且极有可能把宝贵的雨水资源排出城市，造成水资源的浪费、水体污染，加剧旱灾。

海绵城市打造正是要打破传统的城市开发模式的弊端，尊重表土，保护原有的土壤生态系统，保障植物、植被的生长，实现蓄洪水面、湿地、绿地、雨水花园和公园等空间的最大化，雨洪就地下渗的最大化，地表径流、城市排水管道分散化和系统化，以及城市流域水系和汇水空间格局的合理化，最大限度消除洪灾旱灾的威胁，保障城市水生态安全。

5. 生态廊道修复和生物多样性保护

海绵城市除解决城市水环境问题外，还可带来综合生态效益和社会效益。如城市的绿地、湿地、水面，减少城市的热岛效应、改善人居环境的同时，也可以为更多的生物提供栖息地，提高城市生物多样性的水平。从生态学角度理解，生物多样性即种群与群落以及所处自然环境的多样性和连续性。而城市生物多样性的建立是指在满足城市安全、生产、生活等需求的前提下丰富生物种类，形成生态系统，其重要条件就是城市的生态廊道。

1）生态廊道与生物多样性的关系

在城市建设中，人类活动割裂了自然原本的地表形态，使得城市景观“高度破碎化”，即由原本整体和连续的自然景观趋向于异质和不连续的混合斑块镶嵌体。这种割裂状态阻断了生物交流和物质交换，破坏或摒弃了许多当地原有的生物群落，如图 9-5 所示。另外，人为引进的一些外来生物形成了新的生物群落，可能会对当地原本的生物群落造成威胁。

简而言之，城市景观破碎化给城市发展带来阻碍，很大程度上割裂了自然生境，改变了城市之间、城市与自然之间的能流、物流循环的过程，导致城市生态系统的服务功能无法正常发挥。然而，生态廊道可以提高城市景观的异质性，提高生物多样性。以植物为例，城市绿地绿化运用多种植物的不同搭配组合，不仅能够体现当地特色，美化城市景观，还可以为多种生物提供栖息地。

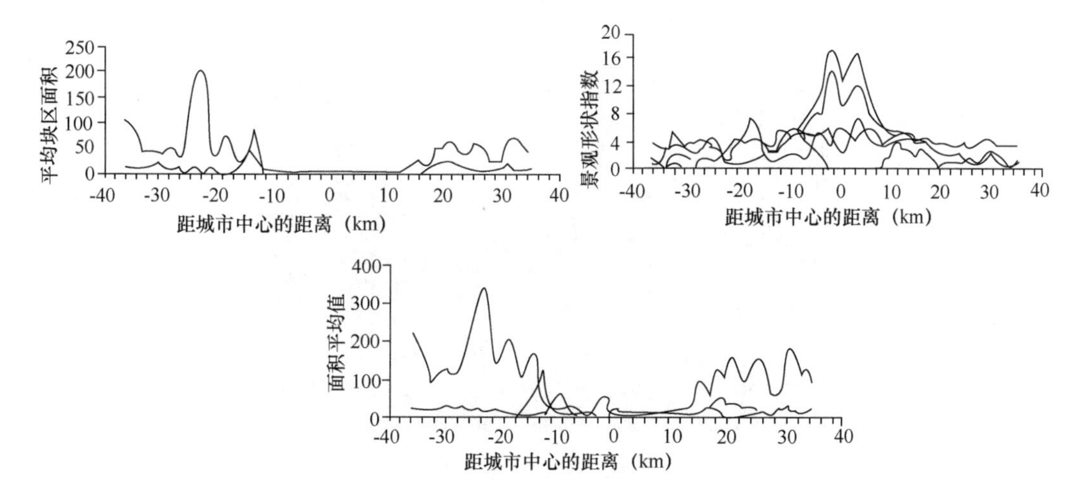

图 9-5　城乡梯度上不同用地类型景观指数变化

2）景观破碎与生境廊道

景观破碎化在城市建设和发展过程中对生物多样性造成直接威胁，而海绵城市可以在这两者之间形成一层缓冲带，即在海绵城市生物多样性保护方面，生境廊道可作为动植物栖息地和迁移的通道。廊道是有着重要联系功能的景观结构，那么依靠生境廊道重新连接破碎的生境斑块是解决景观破碎化的主要办法和有效手段。

（1）功能城市公园的建立

海绵城市的建设可以运用空间规划的方法，结合当代景观设计手法，规划设计兼具水体净化和雨水调蓄、生物多样性保护和教育启智等多种生态服务功能的综合型城市公园，如图 9-6 所示。

（2）城市空间上的生物多样性保护规划

选择指示物种，进行地形适宜性分析，判别该物种的现状栖息地，合理推断其潜在栖息地位置，以此规划出景观网路，这是一个对生物多样性保护具有关键意义的景观安全格局。在海绵城市中，基于不同的生物保护安全水平，构建不同层次的生物多样性保护景观安全格

图 9-6 上海世博后滩公园

局，特别是在一些市政基础设施与生态网络相交叉或重叠的地方，则需要特别的景观设计，如建立穿越高速道路的动物绿色通道等，如图 9-7 所示。

图 9-7 动物绿色通道

（3）绿化建设由传统规划向低碳规划转变

低碳规划与传统规划的绿化建设相比，更加符合生物圈的自然规律，它考虑了城市自然生态的问题，以生物多样性作为城市自我净化功能的基础，在满足城市安全、生产、生活等需求的前提下丰富生物种类。这样一方面可以为更多生物提供栖息地，提高城市生物多样性水平，另一方面可以改善人居环境，发展一种低碳愿景下的可持续城市规划理念。

除此之外，在海绵城市建设中，可以结合高科技技术建立生物基因库来保护城市中的濒危物种；还可以加强生物多样性的科普和宣传教育，呼吁更多公众参与到保护行动中来；更重要的是，相关政府应建立与之相应的法律法规体系来保护生物多样性。

第二节 低影响开发雨水系统

海绵城市建设是通过低影响开发的技术得以实现的。低影响开发是在开发过程的设计、施工、管理中，追求对环境影响的最小化，特别是对雨洪资源和分布格局影响的最小化。

为了达到“低影响”，城市设计和土地开发必须遵从四个“尊重”，即尊重水、尊重表土、尊重地形、尊重植被，其核心是尊重自然。

海绵城市建设应遵循生态优先等原则，将自然途径与人工措施相结合，在确保城市排水防涝安全的前提下，最大限度地实现雨水在城市区域的积存、渗透和净化，促进雨水资源的利用和生态环境保护。在海绵城市建设过程中，应统筹自然降水、地表水和地下水的系统性，协调给水、排水等水循环利用各环节，并考虑其复杂性和长期性。

海绵城市建设应统筹低影响开发雨水系统、城市雨水管渠系统及超标雨水径流排放系统。低影响开发雨水系统可以通过对雨水的渗透、储存、调节、转输与截污净化等功能，有效控制径流总量、径流峰值和径流污染；城市雨水管渠系统即传统排水系统，应与低影响开发雨水系统共同组织径流雨水的收集、转输与排放；超标雨水径流排放系统，用来应对超过雨水管渠系统设计标准的雨水径流，一般通过综合选择自然水体、多功能调蓄水体、行泄通道、调蓄池、深层隧道等自然途径或人工设施构建。以上三个系统并不是孤立的，也没有严格的界限，三者相互补充、相互依存，是海绵城市建设的重要基础元素。

一、低影响开发雨水系统概念

低影响开发指在场地开发过程中采用源头、分散式措施维持场地开发前的水文特征，也称为低影响设计或低影响城市设计和开发。其核心是维持场地开发前后水文特征不变，包括径流总量、峰值流量、峰现时间等，如图 9-8 所示。

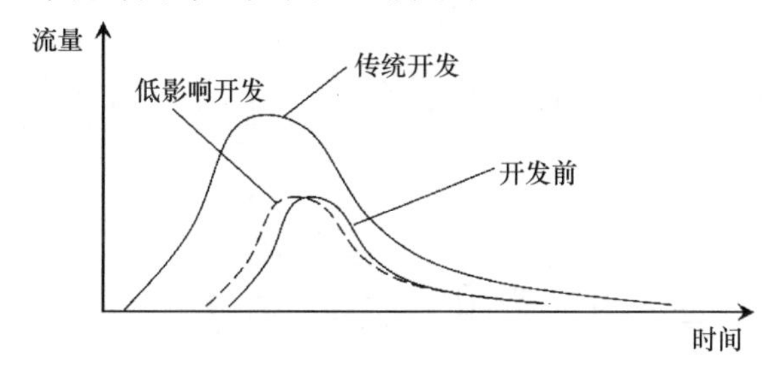

图 9-8 低影响开发水文原理示意

从水文循环角度，要维持径流总量不变，就要采取渗透、储存等方式，实现开发后一定量的径流量不外排；要维持峰值流量不变，就要采取渗透、储存、调节等措施削减峰值、延缓峰值时间。

发达国家人口少，一般土地开发强度较低，绿化率较高，在场地源头有充足的空间来消纳场地开发后径流的增量（总量和峰值）。我国大多数城市土地开发强度普遍较大，仅在场地采用分散式源头削减措施，难以实现开发前后径流总量和峰值流量等维持基本不变，所以必须借助于中途、末端等综合措施，来实现开发后水文特征接近于开发前的目标。

低影响开发理念的提出，最初是强调从源头控制径流，但随着低影响开发理念及其技术的不断发展，加之我国城市发展和基础设施建设过程中面临的城市内涝、径流污染、水资源短缺、用地紧张等突出问题的复杂性，城市建设过程应在城市规划、设计、实施等各环节纳入低影响开发内容，并统筹协调城市规划、排水、园林、道路交通、建筑、水文等专业，共同落实低影响开发控制目标。

因此，广义来讲，低影响开发是指在城市开发建设过程中采用源头削减、中途转输、末端调蓄等多种手段，通过渗、滞、蓄、净、用、排等多种技术，实现城市良性水文循环，提高对径流雨水的渗透、调蓄、净化、利用和排放能力，维持或恢复城市的“海绵”功能。

二、低影响开发雨水系统构建途径

海绵城市——低影响开发雨水的系统构建需统筹协调城市开发建设各个环节。在城市各层级、各相关规划中均应遵循低影响开发理念，明确低影响开发控制目标，结合城市开发区域或项目特点确定相应的规划控制指标，落实低影响开发设施建设的主要内容。设计阶段应对不同低影响开发设施及其组合进行科学合理的平面与竖向设计，在建筑与小区、城市道路、绿地与广场、水系等规划建设中，应统筹考虑景观水体、滨水带等开放空间，建设低影响开发设施，构建低影响开发雨水系统。

低影响开发雨水系统的构建与所在区域的规划控制目标、水文、气象、土地利用条件等关系密切，因此，选择低影响开发雨水系统的流程、单项设施或其组合系统时，需要进行技术经济分析和比较，优化设计方案。低影响开发设施建成后应明确维护管理责任单位，落实设施管理人员，细化日常维护管理内容，确保低影响开发设施运行正常。低影响开发雨水系统构建途径示意如图 9-9 所示。

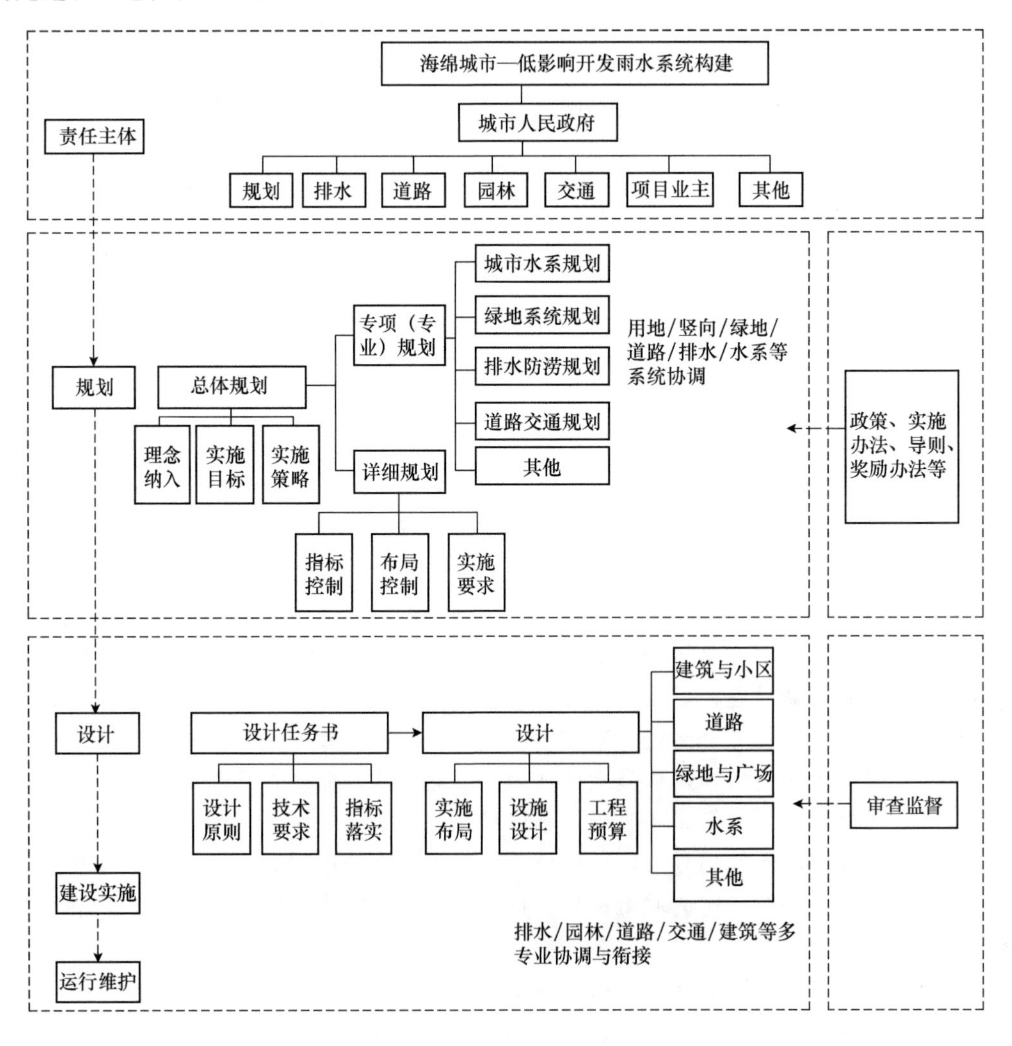

图 9-9 海绵城市——低影响开发雨水系统构建途径示意

三、低影响开发对水的尊重

同一场降雨，下垫面特征不同、开发强度不同，其水资源的构成比例会有很大差异，如图 9-10 所示。

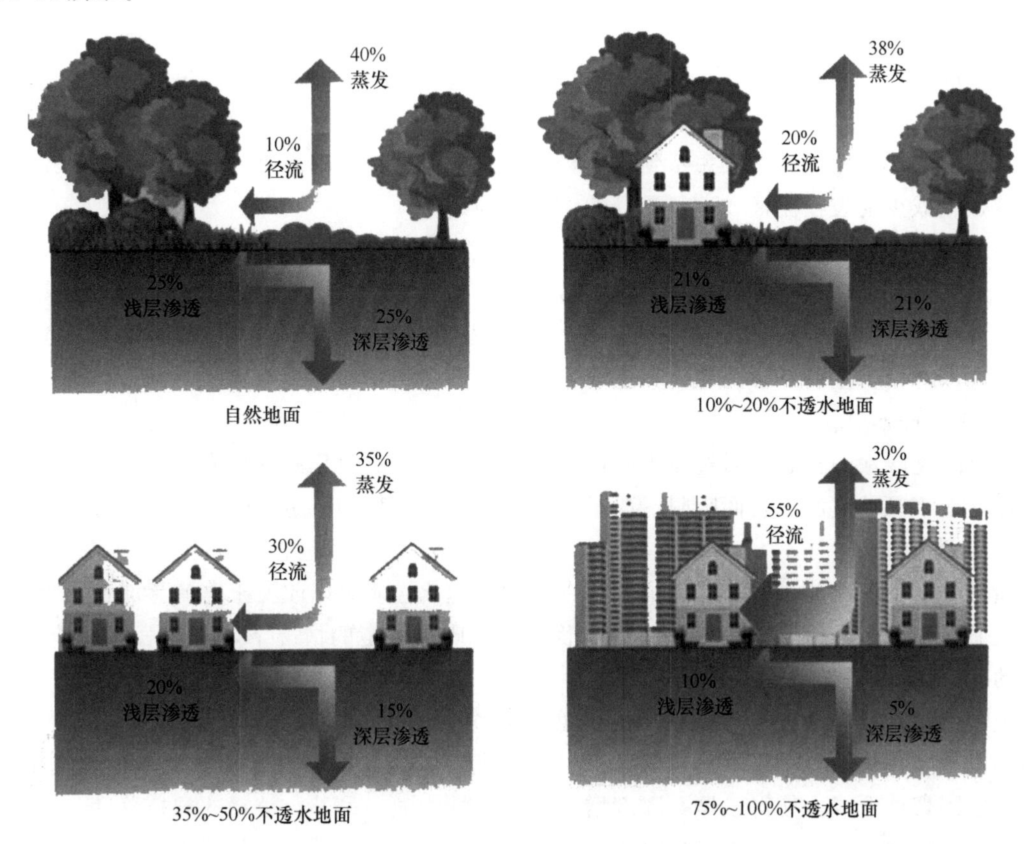

图 9-10　不同开发强度下的水资源分布

一般来说，在自然植被条件下，总降雨量的 40%会通过蒸腾、蒸发进入大气层，10%会形成地表径流，50%将下渗成为土壤水和地下水。而城市的建设，打破了这种雨水分布格局：40%的蒸腾蒸发变成超过 40%的蒸发，地表径流则可能从原来的 10%增加到 50%或更多，下渗则会从 50%减少到 10%或更少。

一旦遭遇强降雨，极易造成洪水和内涝灾害，同时伴随雨洪资源的严重损失、水土流失、面源污染以及水系自净化系统的破坏。因此，减少地表径流、减少水土流失、减少面源污染、减少雨洪资源损失、减少洪水和旱灾危害，以及增加雨水就地下渗、补充地下水，成为低影响开发技术的关键。

四、低影响开发对表土的尊重

表土层是指土壤的最上层，一般厚度 15～30 cm，有机质丰富，植物根系发达，含有较多的腐殖质，肥力较高（盐化土壤和侵蚀土壤除外）。表土是地球表面千万年形成的财富，是地表水下渗的关键介质，是植被生长的基础。尊重表土，则要保护和利用好这些宝贵资源，防止水土流失，在土地开发中收集表土并且在土地开发后复原表土。

海绵城市建设应用了表土层剥离利用的流程和技术，将这些稀缺的表土资源回填到城市绿地或者公共空间，实现了建设用地、景观用地与农业用地的多方优化。

1. 表土在海绵城市中的作用

1）渗透降水

降水从陆地表面通过土壤孔隙进入深层土壤的过程是降水的渗透。渗透进入表土中的水分，部分进入深层土壤后渗漏，其余的水分转化为土壤水停留在土壤中。表土是降水的重要载体，表土渗透水的能力直接关系到地表径流量、表土侵蚀和雨水中物质的转移等。土壤渗透性越强，减少地表径流量和洪峰流量的作用越强。

2）储存降水

表土通过分子力、毛管力和重力将渗透进来的水储存在其中。储存在表土中的水主要有吸湿水、膜状水、毛管水和重力水几种类型，分为固态、液态和气态三种不同的形态。其中，液态水对植物生长非常关键，其主要存在于土壤孔隙中和土粒周围。

3）净化降水

表土净化降水的核心是通过表土—植被—微生物组成的净化系统来完成。表土净化降水过程包括土壤颗粒过滤、表面吸附、离子交换以及土壤生物和微生物的分解吸收等。

2. 土壤渗透率

通过改变土壤质地、容重、团聚体和有机质等理化性质可以改变土壤的渗滤性和储水能力，从而减少地表径流。在特定区域，地形和土壤质地一定的情况下，在地表植物作用下，表土的渗滤性将增强。

植被根系通过增加表土的孔隙度，来增加降水入渗量。随着植被根系生长，根系与土壤之间形成孔隙，根系死亡腐烂后，表土形成管状孔隙。植物的枯枝落叶腐烂后形成腐殖质，加快土壤团聚体形成，使得土壤孔隙度增加，透水性增强。另外，植物的枯枝落叶为土壤生物提供了食物和活动空间，土壤生物的活动将改善土壤性质。同时，枯落物增加了表土的粗糙率，减小径流流速，增强入渗，从而减少水土流失。

低影响开发中，透水铺装、渗透塘、渗井和渗管及渠等设施都能够增加地表透水性。采用透水性强的材料、增加材料的孔隙率以及搭配种植植物对增加地表透水性也具有重要作用。

五、低影响开发对地形地势的尊重

“地形”指的是地表各种各样的形态，具体指地球表面高低起伏的各种状态，如山地、高原、平原、谷地、丘陵和平地等。自然形成地形地貌（位置、坡度、坡向和高差等）是城市赖以生存和发展的基础，在城市发展过程中，自然地貌从宏观上控制着城市的形态、结构和扩张方向。

自然地形所形成的汇水格局是一个区域开发的重要因素，地形变了，汇水格局也会相应改变。低影响开发就是要研究原有地形和开发后地形的不同汇水格局及其影响。因此，以尊重地形为出发点的规划设计和土地开发，对环境的影响小，相对安全，也可以体现空间的多样性，具有自然和艺术之美。

第三节　海绵城市规划设计

城市设计的主要工作是对城市空间形态的整体构思与设计，其基本的要素是用地功能、建筑外观及开放空间。

城市设计应当全面地考虑城市与自然的共生，让雨水、阳光、风、植物与城市空间形态完美地融合，让城市在适应环境变化和应对自然灾害等方面具有良好的“弹性”，真正达到与自然和谐共处的目标。

一、海绵城市设计原则

1. 城市规划基本原则

1）保护性开发

城市建设过程中应保护河流、湖泊、湿地、坑塘、沟渠等水生态敏感区，并结合这些区域及周边条件（如坡地、洼地、水体、绿地等）进行低影响开发雨水系统规划设计。

2）水文干扰最小化

优先通过分散、生态的低影响开发设施实现径流总量控制、径流峰值控制、径流污染控制、雨水资源化利用等目标，防止城镇化区域的河道侵蚀、水土流失、水体污染等。

3）统筹协调

低影响开发雨水系统建设内容应纳入城市总体规划、水系规划、绿地系统规划、排水防涝规划、道路交通规划等相关规划中，各规划中有关低影响开发的建设内容应相互协调与衔接。

2. 海绵城市应遵循的生态学原则

1）生态优先

在进行海绵城市规划时应该将生态系统的保护放在首位，当生态利益与其他的社会利益和经济利益发生冲突时，应该首要考虑生态安全的需求，满足生态利益。

海绵城市应强调生态系统的整体功能，在城市中生态系统具有多种功能，但是生态系统的社会功能、经济功能、供给功能、支持功能以及景观功能均应该以生态功能为基础，形成生态优先、社会—经济—自然的复合生态系统。

2）因地制宜

应根据当地的地理条件、水资源状况、水文特点情况以及当地内涝防治要求等，合理确定开发目标，科学规划和布局。合理选用下沉式绿地、雨水花园、植草沟、透水铺装和多功能调蓄等低影响开发设施。另外，在物种选择上，应该选择乡土植物和耐淹植物，避免植物因长时间浸水而影响植物的正常生长，影响净化效果。

3）保护城市原有的生态系统

最大限度地保护原有的河流、湖泊、湿地、坑塘及沟渠等水生态基础设施，尽可能地减少城市建设对原有自然环境的影响，这是海绵城市建设的基本要求。

采取生态化、分散的及小规模的源头控制措施，降低城市开发对自然生态环境的冲击和破坏，最大限度保留原有绿地和湿地。城市开发建设应保护水生态敏感区，优先利用自然排水系统与低影响开发设施，实现雨水的汇集、渗透、净化和可持续水循环，提高水生态系统的自我修复能力，维持城市开发前的自然水文特征，维护城市良好的生态功能。

4）多级布置及相对分散

多级布置和相对分散是指在海绵城市规划过程中，要重视社区和邻里等小尺度区域生态用地的作用，根据自身性质形成多种体量的绿色斑块，降低建设成本，并达到分解径流压力、从源头管理雨水的目的。要将绿地和湿地分为城市、片区及邻里等多重级别，通过分散和生态的低影响开发措施实现径流总量控制、峰值控制、污染控制及雨水资源化利用等目标，防止城镇化区域的河道侵蚀、水土流失及水体污染等。保持城市水系结构的完整性，优化城市河湖水系布局，实现自然、有序排放与调蓄。

5）系统整合

基于海绵城市的理念，系统整合不仅包括传统规划中生态系统与其他系统（道路交通、建筑群及市政等）的整合，更强调了生态系统内部各组成部分之间的关系整合。要将天然水体、人工水体和渗透技术等生态基础设施统筹考虑，再结合城市排水管网设计，将参与雨水管理的各部分整合起来，使其成为一个相互连通的有机整体，使雨水能够顺利地通过多种渠道入渗、贮存、利用和排放，减小暴雨对城市造成的损害。

二、海绵城市专项规划

城市总体规划应创新规划理念与方法，将低影响开发雨水系统作为新型城镇化和生态文明建设的重要手段。结合城市生态保护、土地利用、水系、绿地系统、市政基础设施、环境保护等相关内容，因地制宜地确定城市年径流总量控制率及其对应的设计降雨量目标，制定城市低影响开发雨水系统的实施策略、原则和重点实施区域。

详细规划（控制性详细规划、修建性详细规划）应落实城市总体规划及相关专项（专业）规划确定的低影响开发控制目标与指标，因地制宜，落实涉及雨水渗、滞、蓄、净、用、排等用途的低影响开发设施用地；并结合用地功能和布局，分解和明确各地块单位面积控制容积、下沉式绿地率及其下沉深度、透水铺装率、绿色屋顶率等低影响开发主要控制指标，指导下层级规划设计或地块出让与开发。

生态城市和绿色建筑作为国家绿色城镇化发展战略的重要基础内容，对我国未来城市发展及人居环境改善有长远影响，应将低影响开发控制目标纳入生态城市评价体系、绿色建筑评价标准，通过单位面积控制容积、下沉式绿地率及其下沉深度、透水铺装率、绿色屋顶率等指标进行落实。

1. 城市水系规划

城市水系是城市生态环境的重要组成部分，也是城市径流雨水自然排放的重要通道、受纳体及调蓄空间，与低影响开发雨水系统联系紧密。具体要点如下：

①依据城市总体规划划定城市水域、岸线、滨水区，明确水系保护范围。城市开发建设过程中应落实城市总体规划明确的水生态敏感区保护要求，划定水生态敏感区范围并加强保护，确保开发建设后的水域面积应不小于开发前，已破坏的水系应逐步使其恢复。

②保持城市水系结构的完整性，优化城市河湖水系布局，实现自然、有序排放与调蓄。城市水系规划应尽量保护与强化其对径流雨水的自然渗透、净化与调蓄功能，优化城市河道（自然排放通道）、湿地（自然净化区域）、湖泊（调蓄空间）布局与衔接，并与城市总体规划、排水防涝规划同步协调。

③优化水域、岸线、滨水区及周边绿地布局，明确低影响开发控制指标。城市水系规划应根据河湖水系汇水范围，同步优化、调整蓝线周边绿地系统布局及空间规模，并衔接控制性详细规划，明确水系及周边地块低影响开发控制指标。

2. 城市绿地系统专项规划

城市绿地是建设海绵城市、构建低影响开发雨水系统的重要场地。城市绿地系统规划应明确低影响开发控制目标，在满足绿地生态、景观、游憩和其他基本功能的前提下，合理地预留或创造空间条件，对绿地自身及周边硬化区域的径流进行渗透、调蓄、净化，并与城市雨水管渠系统、超标雨水径流排放系统相衔接，要点如下：

①提出不同类型绿地的低影响开发控制目标和指标。根据绿地的类型和特点，明确公园绿地、附属绿地、生产绿地、防护绿地等各类绿地低影响开发规划建设目标、控制指标（如下沉式绿地率及其下沉深度等）和适用的低影响开发设施类型。

②合理确定城市绿地系统低影响开发设施的规模和布局。应统筹水生态敏感区、生态空间和绿地空间布局，落实低影响开发设施的规模和布局，充分发挥绿地的渗透、调蓄和净化功能。

③城市绿地应与周边汇水区域有效衔接。在明确周边汇水区域汇入水量，提出预处理、溢流衔接等保障措施的基础上，通过平面布局、地形控制、土壤改良等多种方式，将低影响开发设施融入到绿地规划设计中，尽量满足周边雨水汇入绿地进行调蓄的要求。

④应符合园林植物种植及园林绿化养护管理技术要求。可通过合理设置绿地下沉深度和溢流口、局部换土或改良增强土壤渗透性能、选择适宜乡土植物和耐淹植物等方法，避免植物受到长时间浸泡而影响正常生长，影响景观效果。

⑤合理设置预处理设施。径流污染较为严重的地区，可采用初期雨水弃流、沉淀、截污等预处理措施，在径流雨水进入绿地前将部分污染物进行截流净化。

⑥充分利用多功能调蓄设施调控排放径流雨水。有条件地区可因地制宜规划布局占地面积较大的低影响开发设施，如湿塘、雨水湿地等，通过多功能调蓄的方式，对较大重现期的降雨进行调蓄排放。

3. 城市道路交通专项规划

城市道路是径流及其污染物产生的主要场所之一，城市道路交通专项规划应落实低影响开发理念及控制目标，减少道路径流及污染物外排量。

1）提出各等级道路低影响开发控制目标

应在满足道路交通安全等基本功能的基础上，充分利用城市道路自身及周边绿地空间，落实低影响开发设施，结合道路横断面和排水方向，利用不同等级道路的绿化带、车行道、人行道和停车场建设下沉式绿地、植草沟、雨水湿地、透水铺装、渗管/渠等低影响开发设施，通过渗透、调蓄、净化等方式，实现道路低影响开发控制目标。

2）协调道路红线内外用地空间布局与竖向

道路红线内绿化带不足，不能实现低影响开发控制目标要求时，可由政府主管部门协调道路红线内外用地布局与竖向，综合达到道路及周边地块的低影响开发控制目标。道路红线内绿地及开放空间在满足景观效果和交通安全要求的基础上，应充分考虑承接道路雨水汇入的功能，通过建设下沉式绿地、透水铺装等低影响开发设施，提高道路径流污染及总量等控制能力。

3）道路交通规划应体现低影响开发设施

涵盖城市道路横断面、纵断面设计的专项规划，应在相应图纸中表达低影响开发设施的基本选型及布局等内容，并合理确定低影响开发雨水系统与城市道路设施的空间衔接关系。

有条件的地区应编制专门的道路低影响开发设施规划设计指引，明确各层级城市道路（快速路、主干路、次干路、支路）的低影响开发控制指标和控制要点，以指导道路低影响开发相关规划和设计。

三、排水规划与流域治理

1. 城市排水防涝综合规划

低影响开发雨水系统是城市内涝防治综合体系的重要组成，应与城市雨水管渠系统、超标雨水径流排放系统同步规划设计。城市排水系统规划、排水防涝综合规划等相关排水规划中，应结合当地条件确定低影响开发控制目标与建设内容。

1）明确低影响开发径流总量控制目标与指标

通过对排水系统总体评估、内涝风险评估等，明确低影响开发雨水系统径流总量控制目标，并与城市总体规划、详细规划中低影响开发雨水系统的控制目标相衔接，将控制目标分解为单位面积控制容积等控制指标，通过建设项目的管控制度进行落实。

2）确定径流污染控制目标及防治方式

应通过评估、分析径流污染对城市水环境污染的贡献率，根据城市水环境的要求，结合悬浮物等径流污染物控制要求确定年径流总量控制率，同时明确径流污染控制方式并合理选择低影响开发设施。

3）明确雨水资源化利用目标及方式

应根据当地水资源条件及雨水回收利用需求，确定雨水资源化利用的总量、用途、方式和设施。

4）与城市雨水管渠系统及超标雨水径流排放系统有效衔接

应最大限度地发挥低影响开发雨水系统对径流雨水的渗透、调蓄、净化等作用，低影响开发设施的溢流应与城市雨水管渠系统或超标雨水径流排放系统衔接。

5）优化低影响开发设施的竖向与平面布局

应利用城市绿地、广场、道路等公共开放空间，在满足各类用地主导功能的基础上合理布局低影响开发设施；其他建设用地应明确低影响开发控制的目标与指标，并衔接其他内涝防治设施的平面布局与竖向布局，共同组成内涝防治系统。

2. 流域治理针对的问题

1）洪涝问题

从大禹治水到四川都江堰，中国从未停止与河道洪水进行抗争，都江堰的建造摒弃对洪水采用“围堵”的方式，而是多以“洪”为主。但是，现如今河滨城市的发展与河道周边的土地存在不可避免的竞争关系，临河而建的城市为保护城镇居民活动将河道两侧修建人工堤坝。堤坝分隔了陆地生态系统与河道生态系统的联系，无法使河道实现天然滞洪、分洪削峰和调节水位等功能，且堤坝承受压力过大，遭遇重大洪水灾害的应对弹性过低。

随着河岸两侧表土流失严重，河床逐渐垫高，河流变成天上河，呈现出“堤高水涨，水涨堤高”的恶性循环。另外，城市化进程加快，地面大量硬化，人口集聚，市政管道排涝能力滞后于城市进程，强降雨时城镇积水较为严重，逐渐形成城镇现有的突出问题——内涝灾害。

2）干旱问题

城镇为避免内涝灾害，多以雨水“快排”的方式，使雨洪流入市政管道，保证地面干燥，久之则地下水位降低，出现旱季无水可用的现象。因此，补给地下水的需求尤为急切。

3）污染问题

流域治理要将整个流域的生态系统与人体健康安全统筹相考虑。地表径流具有“汇集”的特征，地表污染物随地表径流的汇集而进入江河湖泊。另外，早期中国工业化发展以及城镇建设多以牺牲环境为代价，污水处理厂的尾水排放标准不高，且存在企业为减少成本偷排污水的现象。

截污工程推进缓慢，河流被一污再污，黑臭现象突出，使城镇居民陷入水质型缺水危机。目前全国城市中有约三分之二缺水，约四分之一严重缺水，水资源短缺已成为制约经济社会持续发展的重要因素之一。随着工业化进程的不断加快，水资源短缺形势将更加严峻。

因此，对于流域的总体治理应该从城市的角度权衡，减少人类生产生活对生态环境的破坏，降低人为干扰因素。建设海绵城市正是从减少人为干扰出发，从源头控制污染，合理管理利用雨洪资源，补充地下水。

四、建筑与小区设计

建筑屋面和小区路面径流雨水应通过有组织地汇流与转输，经截污等预处理后引入绿地内的以雨水渗透、储存、调节等为主要功能的低影响开发设施。因空间限制等原因不能满足控制目标的建筑与小区，径流雨水还可通过城市雨水管渠系统引入城市绿地与广场内的低影响开发设施。建筑与小区低影响开发雨水系统典型流程如图 9-11 所示。

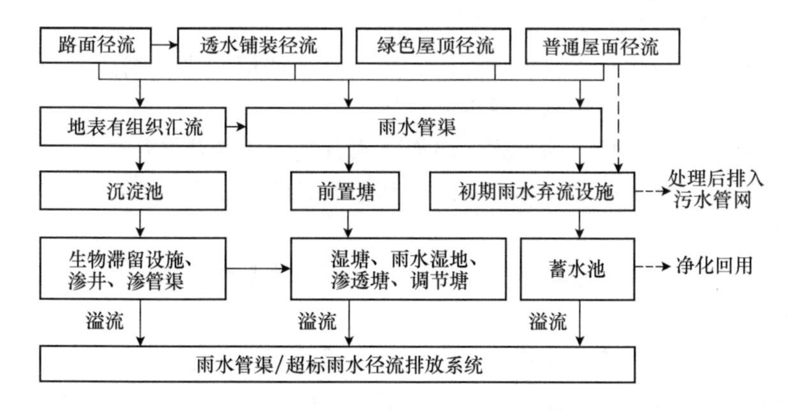

图 9-11　建筑与小区低影响开发雨水系统典型流程示例

1. 场地设计

①充分结合现状地形地貌进行场地设计与建筑布局，保护并合理利用场地内原有的湿地、坑塘、沟渠等。

②优化不透水硬化面与绿地空间布局，建筑、广场、道路周边宜布置可消纳径流雨水的绿地。建筑、道路、绿地等竖向设计应有利于径流汇入低影响开发设施。

③低影响开发设施的选择除生物滞留设施、雨水罐、渗井等小型、分散的低影响开发设施外，还可结合集中绿地设计渗透塘、湿塘、雨水湿地等相对集中的低影响开发设施，并衔接整体场地竖向与排水设计。

④景观水体补水、循环冷却水补水及绿化灌溉、道路浇洒用水的非传统水源宜优先选择雨水。

⑤有景观水体的小区，景观水体宜具备雨水调蓄功能，景观水体的规模应根据降雨规律、水面蒸发量、雨水回用量等通过全年水量平衡分析确定。

⑥雨水进入景观水体之前应设置前置塘、植被缓冲带等预处理设施，同时可采用植草沟转输雨水，以降低径流污染负荷。景观水体宜采用非硬质池底及生态驳岸，为水生动植物提供栖息或生长条件，并通过水生动植物对水体进行净化，必要时可采取人工土壤渗滤等辅助手段对水体进行循环净化。

2. 建筑设计

①屋顶坡度较小的建筑可采用绿色屋顶。

②宜采取雨落管断接或设置集水井等方式将屋面雨水断接并引入周边绿地内小型、分散的低影响开发设施，或通过植草沟、雨水管渠将雨水引入场地内的集中调蓄设施。

③建筑材料也是径流雨水水质的重要影响因素，应优先选择对径流雨水水质没有影响或影响较小的建筑屋面及外装饰材料。

④水资源紧缺地区可考虑优先将屋面雨水进行集蓄回用，净化工艺应根据回用水水质要求和径流雨水水质确定。雨水储存设施可结合现场情况选用雨水罐、地上或地下蓄水池等设施。当建筑层高不同时，可将雨水集蓄设施设置在较低楼层的屋面上，收集较高楼层建筑屋面的径流雨水，从而借助重力供水而节省能量。

⑤应限制地下空间的过度开发，为雨水回补地下水提供渗透路径。

3. 小区道路设计

①道路横断面设计应优化道路横坡坡向、路面与道路绿化带及周边绿地的竖向关系等，便于径流雨水汇入绿地内的低影响开发设施。

②路面排水宜采用生态排水的方式。路面雨水首先汇入道路绿化带及周边绿地内的低影响开发设施，并通过设施内的溢流排放系统与其他低影响开发设施或城市雨水管渠系统、超标雨水径流排放系统相衔接。

③路面宜采用透水铺装，透水铺装路面设计应满足路基路面强度和稳定性等要求。

4. 小区绿化设计

绿地在满足改善生态环境、美化公共空间、为居民提供游憩场地等基本功能的前提下，应结合绿地规模与竖向设计，在绿地内设计可消纳屋面、路面、广场及停车场径流雨水的低影响开发设施，并通过溢流排放系统与城市雨水管渠系统和超标雨水径流排放系统有效衔接。

五、城市道路设计

城市道路径流雨水应通过有组织的汇流与转输，经截污等预处理后引入道路红线内和外绿地内，并通过设置在绿地内的以雨水渗透、储存、调节等为主要功能的低影响开发设施进行处理。城市道路低影响开发雨水系统典型流程如图 9-12 所示。

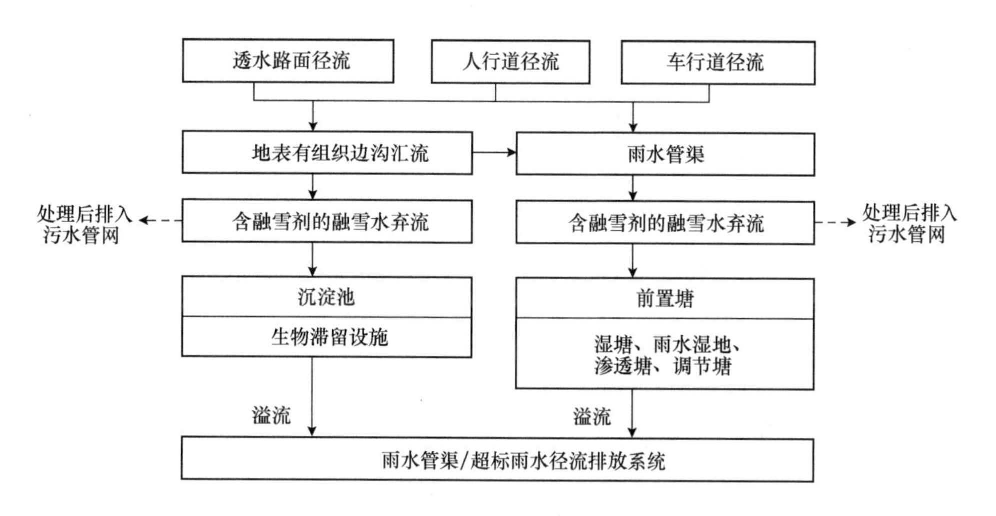

图 9-12　城市道路低影响开发雨水系统典型流程示例

①城市道路应在满足道路基本功能的前提下达到相关规划提出的低影响开发控制目标与指标要求，并保障城市交通安全。

②道路人行道宜采用透水铺装，非机动车道和机动车道可采用透水沥青路面或透水水泥混凝土路面。

③路面排水宜采用生态排水的方式，也可利用道路及周边公共用地的地下空间设计调蓄设施。路面雨水宜首先汇入道路红线内绿化带，低影响开发设施应通过溢流排放系统与城市雨水管渠系统相衔接，保证上下游排水系统的顺畅。

④城市道路绿化带内的低影响开发设施应采取必要的防渗措施，防止径流雨水下渗对道路路面及路基的强度和稳定性造成破坏。

⑤道路横断面设计应优化道路横坡坡向、路面与道路绿化带及周边绿地的竖向关系等，便于径流雨水汇入低影响开发设施。

⑥规划作为超标雨水径流行泄通道的城市道路，其断面及竖向设计应满足相应的设计要求，并与区域整体内涝防治系统相衔接。

⑦城市道路经过或穿越水源保护区时，应在道路两侧或雨水管渠下游设计雨水应急处理及储存设施。雨水应急处理及储存设施的设置，应具有截污与防止发生事故情况下泄露的有毒有害化学物质进入水源保护地的功能，可采用地上式或地下式。

⑧道路径流雨水进入道路红线内、外绿地内的低影响开发设施前，应利用沉淀池、前置塘等对进入绿地内的径流雨水进行预处理，防止径流雨水对绿地环境造成破坏。有降雪的城市还应采取措施对含融雪剂的融雪水进行弃流，弃流的融雪水宜经处理（如沉淀等）后排入市政污水管网。

⑨低影响开发设施内植物宜根据水分条件、径流雨水水质等进行选择，宜选择耐盐、耐淹、耐污等能力较强的乡土植物。

六、绿地与广场设计

城市绿地、广场及周边区域的径流雨水应通过有组织的汇流与转输，经截污等预处理后引入城市绿地内的以雨水渗透、储存、调节等为主要功能的低影响开发设施，消纳自身及周边区域径流雨水，并衔接区域内的雨水管渠系统和超标雨水径流排放系统，提高区域内涝防治能力。低影响开发设施的选择应因地制宜、经济有效、方便易行，如湿地公园和有景观水体的城市绿地与广场宜设计雨水湿地、湿塘等。城市绿地与广场低影响开发雨水系统典型流程如图 9-13 所示。

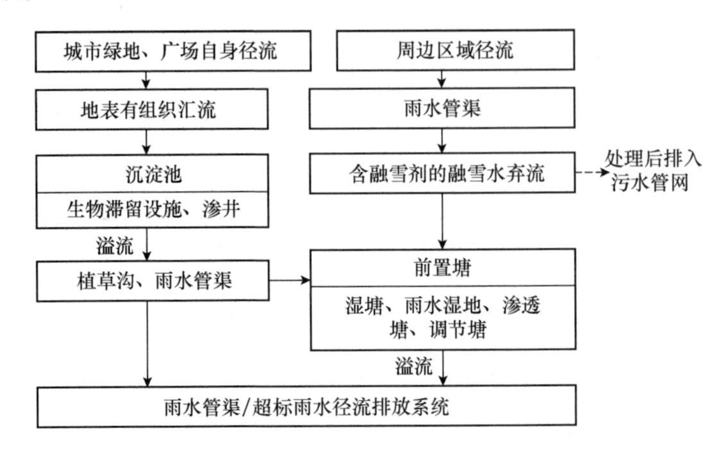

图 9-13 城市绿地与广场低影响开发雨水系统典型流程示例

①城市绿地与广场应在满足自身功能条件下，如吸热、吸尘、降噪、为居民提供游憩场地和美化城市等功能的同时，还应达到相关规划提出的低影响开发控制目标与指标要求。

②城市绿地与广场宜利用透水铺装、生物滞留设施、植草沟等小型、分散式低影响开发设施消纳自身径流雨水。

③城市湿地公园、城市绿地中的景观水体等宜具有雨水调蓄功能，通过雨水湿地、湿塘等集中调蓄设施，消纳自身及周边区域的径流雨水，构建多功能调蓄水体/湿地公园，并通过调蓄设施的溢流排放系统与城市雨水管渠系统和超标雨水径流排放系统相衔接。

④规划承担城市排水防涝功能的城市绿地与广场，其总体布局、规模、竖向设计应与城市内涝防治系统相衔接。

⑤城市绿地与广场内湿塘、雨水湿地等雨水调蓄设施应采取水质控制措施，利用雨水湿地、生态堤岸等设施提高水体的自净能力，有条件的可设计人工土壤渗滤等辅助设施对水体进行循环净化。

⑥应限制地下空间的过度开发，为雨水回补地下水提供渗透路径。

⑦周边区域径流雨水进入城市绿地与广场内的低影响开发设施前，应利用沉淀池、前置塘等对进入绿地内的径流雨水进行预处理，防止径流雨水对绿地环境造成破坏。

第四节 绿色设计技术

城市的发展带来一系列负面影响，如雾霾、水污染、土壤污染和热岛效应等，严重破坏了生态环境。在海绵城市设计中，绿色设计主要坚持环保、可持续和资源节约等生态理念，核心是充分利用绿地对雨水进行净化、存储、调节和利用，减少径流污染，补充地下水，实现雨水的循环利用。绿色设计主要应用于建筑、绿地、道路、公园等方面。

一、绿色建筑的雨水利用

1. 绿色建筑与海绵城市

绿色建筑是指在建筑的全寿命周期内，最大限度地节约资源（节能、节地、节水及节材等），保护环境和减少污染，为人们提供健康、舒适和高效的使用空间，并实现自然和谐共生。其生态核心是通过节约能源和资源，减轻建筑对环境的负荷，使人与建筑和自然环境实现生态的可持续循环。

在城市建设中，建筑面积占据了较大比重，故而建筑雨水利用成为城市雨水利用的重要组成部分。如果建筑能像海绵一样有“弹性”，能够吸水、蓄水、渗水及净水，达到节水和节能目的，那么就实现了建筑的“绿色化”，而且，海绵城市建设的理念也得以体现。因此，绿色建筑建设在海绵城市建设中起到至关重要的作用。

2. 绿色建筑雨水利用效益

1）资源效益

建筑雨水收集利用可用于补充城市水源，使自然资源得到充分的利用。增加地表水资源量，疏解城市集中用水，缓解城市供水压力，减少市政集中供水量。

2）社会效益

雨水是城市水资源利用的重要来源，建筑是居民最广泛的活动场所，雨水和建筑与每一位居民的生活都息息相关。因此，绿色建筑雨水利用在社会中的推广，以及在日常生活中普及雨水收集利用知识，开展雨水利用实践活动，对提升居民的环保节水意识和循环生态可持续观念具有重要意义。

3）经济效益

建筑雨水利用在增加可用水量的同时也容易实现就近用水，减轻城市给水、排水设施的负荷，降低城市供水设施的规模，也降低了污水、废水处理量，从而节省城市基建投资与运行费用。雨水的利用也可间接减少因水资源短缺及洪涝、干旱灾害造成的国家财产损失及财政投入。因此，雨水资源的循环利用对社会经济可起到减投增收的作用。

4）生态效益

建筑雨水资源的高效利用对补充城市地表水与地下水起到积极的作用，对周边生态环境保护以及生物生境的修护起到极其重要的作用，同时也有助于缓解地下水位不断下降、海水入侵等环境问题。建筑雨水的利用极大地减少了城市雨水的外排量，降低了由雨水径流产生的面源污染，从而改善城市水环境污染状况。

3. 绿色屋顶雨水利用技术

屋面径流是建筑雨水径流的直接来源。对降落到屋面的雨水实施科学有效的管理，可以减少城市地表雨水径流量，进而减轻城市给水排水设施以及污水处理设施的负荷，是实现绿色建筑理念的关键。绿色屋顶概念是基于海绵城市建设而提出的，是重要的低影响雨水开发设施，同时，作为绿色建筑中不可或缺的工程设施，绿色屋顶更要着重强调其生态学意义，要求通过植被种植实现屋顶景观绿化，同时实现雨水的净化、存蓄以及资源化利用。具体收集处理示意，如图 9-14 所示。

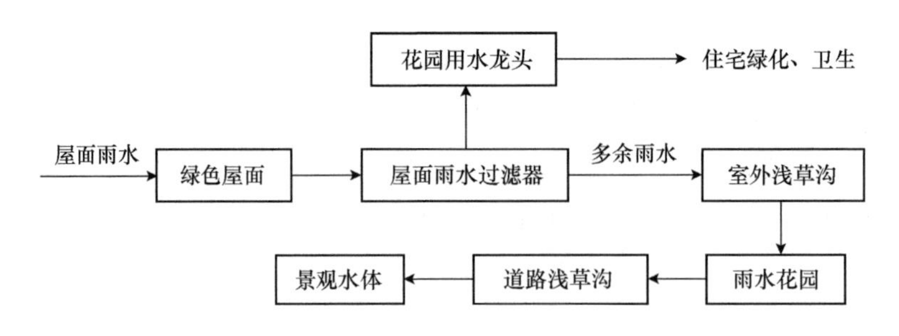

图 9-14　屋顶雨水收集处理流程

1）绿色屋顶的结构

绿色屋顶（又称屋顶绿化和种植屋面）根据植物种植基质的深度以及景观布置的复杂程度可分为简单式绿色屋顶和复杂式绿色屋顶。简单式绿色屋顶仅种植地被植物和低矮灌木，基质深度不超过 150 mm；复杂式绿色屋顶在种植乔、灌木以及地被植物的基础上，还应布置园路或者园林小品，基质深度可超过 600 mm。

绿色屋顶种植区构造层由上至下分别由植被层、基质层、隔离过滤层、排（蓄）水层、隔根层和分离滑动层等组成，隔离过滤层、排（蓄）水层、隔根层和分离滑动层在所有结构中最为重要（注：坡屋面种植土厚度小于 150 mm 不宜设置排水层）。绿色屋顶的基本构造剖面图如图 9-15 所示。

图 9-15　绿色屋顶的基本构造剖面

（1）乔木；（2）地下树枝架；（3）与围护墙之间留出适当间隔或围护墙防水层高度与基质上表面间距不小于 15 cm；（4）排水口；（5）基质层；（6）隔离过滤层；（7）渗水管；（8）排（蓄）水管；（9）隔板层；（10）水离滑动层

2）绿色屋顶的设计

绿色屋顶对屋顶的荷载、防水、坡度、空间条件等有严格要求，一般适宜建造在符合屋顶荷载、防水等条件的平屋顶建筑以及坡度小于等于 15°的坡屋顶。并且简单式绿色屋顶宜占屋顶面积的 80%以上，复杂式绿色屋顶宜占 60%以上。

绿色屋顶构建：

①对屋面荷载进行计算，对于新建的绿色屋顶要将种植荷载包括在内，已有屋顶改造要

保证荷载在屋面结构承载力范围之内。

②根据计算结果选择屋面的构造系统（轻型/重型），种植方式（简单式/花园式）以及种植土类型，其中种植土宜选用饱和水容重轻，透气性能好，不易板结，病、虫卵和杂草少，肥力相对瘠薄的园田土、改良土以及无机复合基质。

③确定防水保护层、保温隔热材料以及植物种类，防水保护层要耐根穿刺，常年有六级风以上的地区屋面不宜种植乔木，不宜选择速生性乔、灌木且选取根系刺穿性较弱的植物。

④对排水系统、照明系统等进行设计。

另外，绿色屋顶还可以与储水池结合应用，将多余的雨水积存起来用于浇灌。

二、下沉式绿地设计

传统的城市雨水管理及内涝防治往往通过大规模的市政基础设施与管网建设来实现，但这种传统方式的弊端日渐暴露。随着城市对雨水管理要求的逐步提高，一种新型的雨水管理方式——下沉式绿地逐渐赢得人们关注，该种雨水渗透方式将城市雨水防治工程和城市景观进行完美结合，给雨水的收集过滤提供了一种全新的思路。

1. 下沉式绿地的设计流程

下沉式绿地的设计主要包括以下三个流程：

①按照项目规划，确定下沉式绿地的服务汇水面。

②综合下沉式绿地服务汇水面有效面积，设计暴雨重现期、土壤渗透系数等相关基础资料，利用规模设计计算图合理确定绿地面积及其下沉深度。

③通过绿地淹水时间和绿地周边条件对设计结果进行校准。校准通过则设计完毕，否则重新确定服务汇水面积。

2. 建设下沉式绿地的注意事项

在不适宜建设地区，盲目建设下沉式绿地，尤其是改造原有绿地为下沉式绿地时，会带来如下不良后果：

①破坏表土与植被。

②暴雨多发时，由于雨水长时间淹没，植物可能死亡，且大规模单一的耐水植物不利于物种的多样性，并影响景观建设。

③地震、战争等灾害和大雨同时发生时，下沉式绿地无法实现防灾功能。

建设下沉式绿地时，以下问题值得关注：

①下沉式绿地的蓄水量应经过科学计算，并非越多越好。当城市人口集中或需要修补地下水的漏斗时，可以考虑多截留一些雨水，但应尽量减少对地域原生态水平衡的影响。

②因地制宜进行建设，对于全年降水量较少的干旱城市，适宜建设下沉式绿地，但对于降水量大、暴雨多的城市以及地下水位很高的城市，则需慎重分析。

3. 下沉式绿地在公路上的运用

传统的公路两侧绿地做法多为护坡与挡土墙的形式，高于公路表面。当遇到暴雨等情况时，冲刷产生的淤泥、石子等杂物很可能导致车辆通行不畅，甚至威胁生命财产安全。将下沉式绿地运用于公路两侧，可以有效拦截和缓存冲刷下来的泥土与石子，同时也能起到道路排水的作用。具体如图 9-16 所示。

图 9-16 下沉式绿地在公路上的运用

4. 下沉式绿地的设计优化

下沉式绿地的设计应注意以下几方面：

1）遵循设计原则

设计原则包括三方面：

①保证雨水径流流向下沉式绿地，在地面硬化时，将其坡度设计朝向下沉式绿地。

②路缘石高度应与周边地表持平，以促进雨水径流分散流向下沉式绿地，若路缘石高于地表，则宜在其周边设置适当缺口。

③溢流口应位于绿地中间或与硬化地面交界处，高程应低于地面但高于下沉式绿地，具体示意如图 9-17 所示。

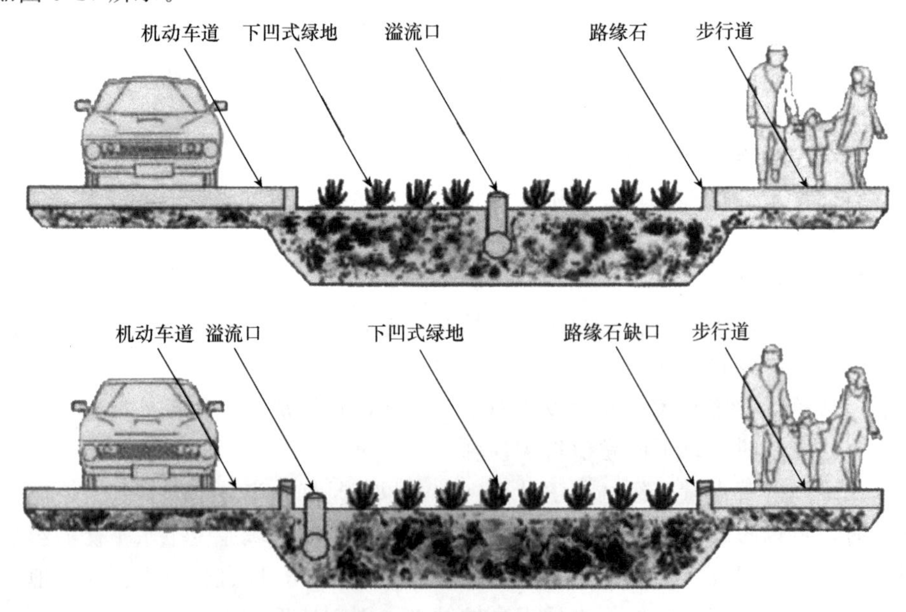

图 9-17 溢流口设置示意

2）景观辅助

目前，下沉式绿地的设计仍以功能为主而忽视了其作为景观和优化生态环境的作用，为了丰富下沉式绿地的设计手法，可采用与其他人造景观如座椅、假山等结合的方式，也可与其他雨水设施结合，以增加下沉式绿地的观赏性；在植物的选择上，可选择多种耐水性植物交错的方式，形成耐水植物体系，丰富绿地景观。

3）关注植物淹水时间

为了保持土壤的渗透条件，下沉式绿地项目区域应避免重型机械碾压，对已夯实的区域可加入多孔颗粒和有机质的方式调节土壤结构，对于渗透性较差的地块，可掺加炉渣以增强土地渗透力，缩短植物的淹水时间。若绿地淹水时间较长，可采取以下两种方式：

①综合考虑整个绿地的日常维护用水量，适当增加绿地面积并调整绿地下凹深度。

②适当减少绿地下沉深度，并配合透水路面、渗透渠及其他设施满足雨水排放的设计要求。

三、低影响开发与植物配置

低影响开发是利用城市绿地、道路和水系等调节空间对雨水进行吸纳、存储和净化，从而达到减少地表径流、存蓄并净化雨水的目的。其中绿地系统通过植物根系、微生物以及土壤的综合作用吸收降解雨水中的污染物，合理的植物配置亦可通过微生物、植物和昆虫吸引鸟类、蝴蝶和蜻蜓栖息，从而达到改善水气环境、修复自然生境和营造良好景观效果的目的。因此，植物配置与土壤选择起到非常关键的作用。

1. 植物配置分析

根据地区降雨特点、生态滞留池等级、滞留量、滞留池深度和常年积水深度，将植物分为三个区，如图 9-18 所示。在“区域一”应选择净化能力强，根系发达的湿生植物。在“区域二”应选择净化力强，耐湿并具有一定抗旱性的半湿生护坡植物。“区域三”由于在生物滞留池外，生境受生物滞留池的影响小，主要遵循当地的景观植物配置原则，适宜种植耐湿耐旱植物以及水陆两栖乔、灌木和适当草本。

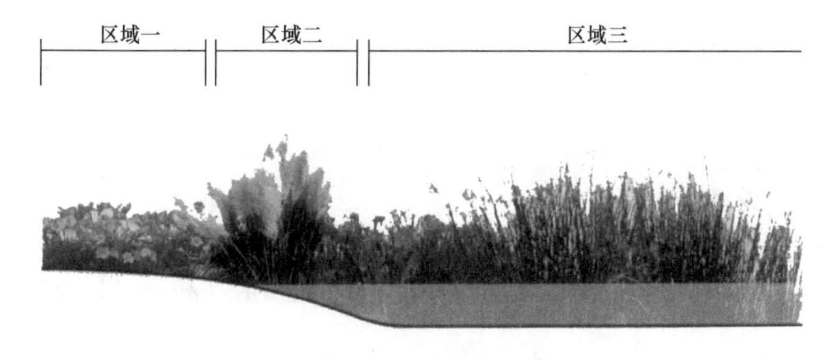

图 9-18 植物配置分区

植物类型主要推荐挺水草本植物类型，这类植物包括芦苇、茭草、香蒲、旱伞竹、皇竹草、蕉草、水葱、水莎草和纸莎草等。这些植物的共同特性在于：

①适应能力强，或为本土优势品种。

②根系发达，生长量大，营养生长与生殖生长并存，对 N 和 P、K 的吸收都比较丰富。

③能于无土环境生长。

根据植物的根系分布深浅及分布范围，将推荐植物分为深根丛生型和深根散生型。其中，深根丛生型的植物根系分布深度一般在 30 cm 以上，分布较深而分布面积不广。地上部分丛生的植株，如皇竹草、芦竹、旱伞竹、野茭草、薏米和纸莎草等，由于这类植物的根系入土深度较大，根系接触面广，配置栽种于“区域一”更利于发挥其净化性能。深根散生型植物根系一般分布于20～30 cm之间，植株分散，这类植物有香蒲、菖蒲、水葱、藨草、水莎草和野山姜等，该类植物的根系入土深度也较深，因此适宜配置栽种于“区域二”。

2. 植物选择原则

根据生物滞留池区域，选择合适的植物。

1）选用耐涝为主兼具抗旱能力的植物

由于雨水花园中的水量主要受降雨影响，存在满水期与枯水期交替出现的现象，需选择既适应水生环境又要有一定的抗旱能力的植物。因此，宜选择根系发达、生长快速及茎叶繁茂的植物。

2）选择本地物种

本土植物对当地的气候条件、土壤条件和周边环境有很好的适应能力，具有维护成本低、去污能力强并具有地方特色等特点。

3）选择景观性强的植物

雨水花园一般选择耐水、耐湿且植株造型优美的植物作为常用植物，以便于塑造景观和管理维护。可通过芳香植物吸引蜜蜂、蝴蝶等昆虫，以创造更加良好的景观效果。

4）选择维护成本低的植物

多年生观赏草和自衍能力强的观赏花卉以及水陆两生的植物比起传统园林观赏植物的优势在于生命力顽强，抗逆性强，无需精心的养护，对水肥资源需求甚少，能够达到低维护的要求。

3. 土壤条件

生物滞留池土壤需满足四大需求：

①高渗透率。

②在满足高下渗的条件下拦截污染物。

③满足植物生长条件。

④适当选择肥料。

4. 植物的后期维护

传统的景观植物需要维护，生物滞留池植物同样也应持续维护，由于LID的自然功能与联通水体的特殊性，LID植物维护与传统的景观维护又有其不同，主要表现在以下四个方面。

1）灌溉

一般的植物需2～3年长成，长成之后本地植物不需过多灌溉即能成活，但植物遇到旱季应及时灌溉，防止植物萎蔫，在雨季应利用夏季灌溉，灌溉频率必须控制适当，避免灌溉过量。

2）应及时修剪清除杂草

可选择自然的方法和产品除草，不要在生物滞留池中使用除草剂和杀虫剂，因为除草剂和杀虫剂对水生动植物具有潜在的毒性，可利用自然的方法和产品抑制杂草和害虫，如夜间人工光源诱导。

3）堆肥护根

用于保持生物滞留池水分，防止植物根系腐烂，抑制杂草生长，需定期维护更换护根设施。护根要选用堆肥护根，树皮护根会在暴雨时被冲走，在暴雨后应及时检查。

4）施肥

选用最好的堆肥或黄金液体活性菌肥代替施肥给土壤提供营养和有益菌，护根堆肥的时间应选在每年的春天，或者在每年的 5 月～6 月之间喷施黄金液体活性菌肥。

四、城市绿地与城市公园的空间格局设计

城市绿地是指由公共绿地（包括公园绿地）、生产绿地和防护绿地等组成的绿化用地，具有生态、景观和休闲游憩等作用。目前，在绿地设计时大多重视景观、降噪吸尘和社会功能，往往忽略了减灾功能，比如缓解雨季内涝、防治水污染等问题，造成城市绿地利用率低以及空间形式单一等问题。大面积的城市绿地作为良好的“海绵体”，具有雨水入渗、储存、调节、转输和截污净化等作用。

城市绿地空间格局（包括绿地的数量、组成、分布和与周边的联系等）是否合理决定城市绿地生态服务功能的发挥。因此，在城市绿地规划时应注意各类城市绿地的合理布局、相互紧密连通以及城市内外有机结合，打造一个完整的有活力的绿色空间网络，实现生态、社会和经济效益最大化。

1. 城市绿地网络构建

城市绿地网络主要针对城市区域，结合城市各类绿地资源以及自然特征，以点、线和面绿色空间结构形式进行构建绿色生态基础设施网络，协调各用地需求，充分发挥绿地生态防护、雨洪管理等功能，构建完整的城市生态防护屏障。

城市绿地网络是主要由生态节点、绿色廊道和绿色斑块组成的网络结构，如图 9-19 所示。生态节点，是指具有某些特征的集中点，比如城市公园、街头绿地、游憩区和居民区等。“点”状空间是城市绿地系统的重要组分。廊道，作为绿地网络的骨架，连接各个点状绿地和开放空间，是承载着包括人们休闲、运动和娱乐等重要活动的线性场所。绿色廊道具有较好的生态功能，其形式多样化，包括滨河绿带、绿道、线性公园、绿篱和公路等城市线性空间。绿色斑块，是指面积较大的以及呈较大组团状的绿色空间，例如森林公园、大型主题公园等。

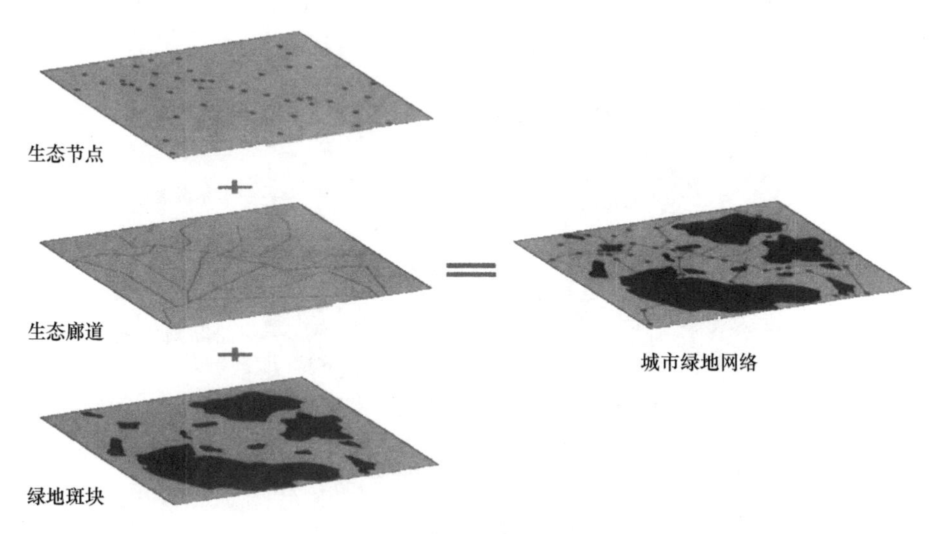

图 9-19 城市绿地网络构成示意

2. 基于低影响开发理念的绿地系统规划

低影响开发（LID）理念也是一种新的雨洪管理理念，主要通过源头对雨水进行收集、

渗透和存储等，保护原有水文功能，有效缓解洪峰和减少地表径流造成的面源污染。技术措施主要有植草沟、雨水花园和蓄水湿地等。

基于低影响开发理念的绿地系统规划，主要目标是在规划时将雨水管理融入绿地建设当中，重视居住小区等小尺度的绿地规划建设，并将绿地、水系和城市市政管网有效地关联成一个有机整体，更好地对水资源进行疏导流通，从源头上消除城市内部洪涝灾害的隐患和控制径流污染。

以居住小区为例，传统的城市居住小区强调土地集中利用，楼层低，地表多为硬化铺装，土地缺乏弹性空间，土地利用效率较低，也不利于居民的出行。现在我们提倡紧凑型混合用地，节约利用土地，优化各用地的空间组合，处理好建筑与开放空间的关系。具体的是将城市建筑拔高，集约出更多的空间来增加海绵细胞体，增加城市绿地，让城市居民享有更多的绿地空间和滨水景观，使城市更加美丽宜居，如图 9-20 所示。

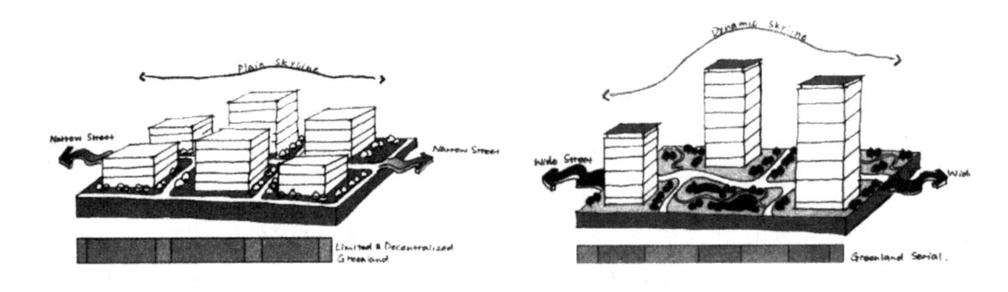

图 9-20　海绵城市小区改造

居住小区与外部需要相互连通，主要采用“海绵细胞模式”，每个海绵细胞由社区以及社区内的蓄水湿地、雨水花园等蓄水设施组成，并通过沿街带状绿地以及沿河绿地，最终汇入河道。例如，降雨过程中，地表径流首先汇入蓄水湿地、生物滞留池、雨水花园和路边植草沟等，减少入河的地表径流量，削减洪峰，并推迟峰现时间；同时，蓄滞下渗的雨水成为宝贵的水资源，以备利用，如图 9-21 所示。

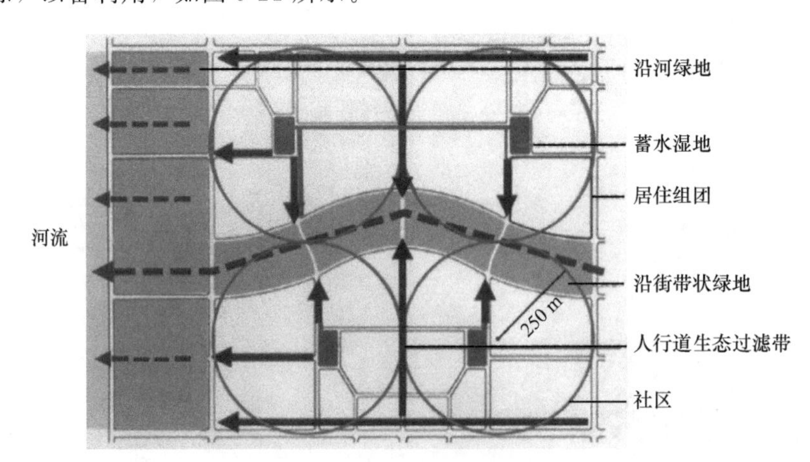

图 9-21　海绵细胞结构示意

第五节 综合管廊概述

一、概念与分类

1. 综合管廊

综合管廊日本称“共同沟”、中国台湾称“共同管道”，是指建于城市地下用于容纳两类及以上城市工程管线的构筑物及附属设施。

2. 干线综合管廊

用于容纳城市主干工程管线，采用独立分舱方式建设的综合管廊。

3. 支线综合管廊

用于容纳城市配给工程管线，采用单舱或双舱方式建设的综合管廊。

4. 缆线管廊

采用浅埋沟道方式建设，设有可开启盖板但其内部空间不能满足人员正常通行要求，用于容纳电力电缆和通信线缆的管廊。

5. 城市工程管线

城市范围内为满足生活、生产需要的给水、雨水、污水、再生水、天然气、热力、电力、通信等市政公用管线，不包含工业管线。

6. 通信线缆

用于传输信息数据电信号或光信号的各种导线的总称，包括通信光缆、通信电缆以及智能弱电系统的信号传输线缆。

7. 现浇混凝土综合管廊结构

采用现场整体浇筑混凝土的综合管廊。

8. 预制拼装综合管廊结构

在工厂内分节段浇筑成型，现场采用拼装工艺施工成为整体的综合管廊。

9. 管线分支口

综合管廊内部管线和外部直埋管线相衔接的部位。

10. 集水坑

用来收集综合管廊内部渗漏水或管道排空水等的构筑物。

11. 安全标识

为便于综合管廊内部管线分类管理、安全引导、警告警示等而设置的铭牌或颜色标识。

12. 舱室

由结构本体或防火墙分割的用于敷设管线的封闭空间。

二、基本规定

1. 国外法律

西欧国家在管道规划、施工、共用管廊建设等方面都有着严格的法律规定。如德国、英国因管线维护更新而开挖道路，就有严格法律规定和审批手续，规定每次开挖不得超过 25 m 或 30 m，且不得扰民。日本也在 1963 年颁布了《共同管沟实施法》，解决了共同管沟建设中的资金分摊与回收、建设技术等关键问题，并随着城市建设的发展多次修订完善。

俄罗斯对综合管廊设置的规定：

在拥有大量现状或规划地下管线的干道下面；在改建地下工程设施很发达的城市干道下面；需要同时埋设给水管线、供热管线及大量电力电缆情况下；在没有余地专供埋设管线，特别是铺设在刚性基础的干道下面时；在干道同铁路的交叉处。

日本对综合管廊设置的规定：

在交通显著拥挤的道路上，地下管线施工将对道路交通产生严重干扰时，由建设部门指定建设综合管廊；综合管廊建设可结合道路改造或地下铁路建设、城市高速等大规模工程建设同时进行。

2. 国内法律

根据《城市工程管线综合规划规范》（GB 50289—1998）的有关规定，当遇到下列情况之一时，工程管线宜采用综合管廊集中敷设：

交通运输繁忙或工程管线设施较多的机动车道、城市主干道以及配合兴建地下铁道、立体交叉等工程地段；不宜开挖路面的路段；广场或主要道路的交叉处；需同时敷设两种以上工程管线及多回路电缆的道路；道路与铁路或河流的交叉处；道路宽度难以满足直埋敷设多种管线的路段。

根据《电力工程电缆设计规范》（GB 50217—2007）的有关规定，当遇到下列情况时，电力电缆应采用电缆隧道或公用性隧道敷设：

同一通道的地下电缆数量众多，电缆沟不足以容纳时应采用隧道；同一通道的地下电缆数量较多，且位于有腐蚀性液体或经常有地面水流溢的场所，或含有 35 kV 以上高压电缆，或穿越公路、铁路等地段，宜用隧道；受城镇地下通道条件限制或交通流量较大的道路，与较多电缆沿同一路径有非高温的水、气和通讯电缆管道共同配置时，可在公用性隧道中敷设电缆。

福建、江苏等地出台了综合管廊建设指南，厦门市还出台了厦门市综合管廊管理办法。

三、建设意义

地下综合管廊系统不仅解决了城市交通拥堵问题，还极大方便了电力、通信、燃气、供排水等市政设施的维护和检修。此外，该系统还具有一定的防震减灾作用。如 1995 年日本阪神大地震期间，神户市内大量房屋倒塌、道路被毁，但当地的地下综合管廊却大多完好无损，这大大减轻了震后救灾和重建工作的难度。

①地下综合管廊对满足民生基本需求和提高城市综合承载力发挥着重要作用。

②共同沟建设避免了由于敷设和维修地下管线频繁挖掘道路而对交通和居民出行造成的影响和干扰，保持了路容完整和美观。

③降低了路面多次翻修的费用和工程管线的维修费用，保持了路面的完整性和各类管线的耐久性。

④便于各种管线的敷设、增减、维修和日常管理。

⑤由于共同沟内管线布置紧凑合理，有效利用了道路下的空间，节约了城市用地。

⑥由于减少了道路的杆柱及各种管线的检查井、室等，优化了城市的景观。

⑦由于架空管线一起入地，减少了架空线与绿化的矛盾。

第六节　综合管廊总体设计

一、一般规定

①综合管廊平面中心线宜与道路、铁路、轨道交通、公路中心线平行。

②综合管廊穿越城市快速路、主干路、铁路、轨道交通、公路时，宜垂直穿越；受条件限制时可斜向穿越，最小交叉角不宜小于60°。

③综合管廊的断面形式及尺寸应根据施工方法及容纳的管线种类、数量、分支等综合确定。

④综合管廊管线分支口应满足预留数量、管线进出、安装敷设作业的要求。相应的分支配套设施应同步设计。

⑤含天然气管道舱室的综合管廊不应与其他建（构）筑物合建。

⑥天然气管道舱室与周边建（构）筑物间距应符合现行国家标准《城镇燃气设计规范》（GB 50028—2006）的有关规定。

⑦压力管道进出综合管廊时，应在综合管廊外部设置阀门。

⑧综合管廊设计时，应预留管道排气阀、补偿器、阀门等附件安装、运行、维护作业所需要的空间。

⑨管道的三通、弯头等部位应设置支撑或预埋件。

⑩综合管廊顶板处，应设置供管道及附件安装用的吊钩、拉环或导轨。吊钩、拉环相邻间距不宜大于10 m。

⑪天然气管道舱室地面应采用撞击时不产生火花的材料。

二、空间设计

①综合管廊穿越河道时应选择在河床稳定的河段，最小覆土深度应满足河道整治和综合管廊安全运行的要求，并应符合下列规定：

在工Ⅰ～Ⅴ级航道下面敷设时，顶部高程应在远期规划航道底高程2.0 m以下；

在Ⅵ、Ⅶ级航道下面敷设时，顶部高程应在远期规划航道底高程1.0 m以下；

在其他河道下面敷设时，顶部高程应在河道底设计高程1.0 m以下。

②综合管廊与相邻地下管线及地下构筑物的最小净距应根据地质条件和相邻构筑物性质确定，且不得小于表9-1的规定。

表9-1　综合管廊与相邻地下构筑物的最小净距

施工方法 相邻情况	明挖施工/m	顶管、盾构施工/m
综合管廊与地下构筑物水平净距	1.0	综合管廊外径
综合管廊与地下管线水平净距	1.0	综合管廊外径
综合管廊与地下管线交叉垂直净距	0.5	1.0

③综合管廊最小转弯半径，应满足综合管廊内各种管线的转弯半径要求。

④综合管廊的监控中心与综合管廊之间宜设置专用连接通道，通道的净尺寸应满足日常检修通行的要求。

⑤综合管廊与其他方式敷设的管线连接处，应采取密封和防止差异沉降的措施。

⑥综合管廊内纵向坡度超过10%时，应在人员通道部位设置防滑地坪或台阶。

⑦综合管廊内电力电缆弯曲半径和分层布置应符合现行国家标准《电力工程电缆设计规范》(GB 50217—2007) 的有关规定。

⑧综合管廊内通信线缆弯曲半径应大于线缆直径的15倍，且应符合现行行业标准《通信线路工程设计规范》(YD 5102—2010) 的有关规定。

三、断面设计

①综合管廊标准断面内部净高应根据容纳管线的种类、规格、数量、安装要求等综合确定，不宜小于2.4 m。

②综合管廊标准断面内部净宽应根据容纳管线的种类、数量、运输、安装、运行、维护要求等综合确定。

③综合管廊通道净宽应满足管道、配件及设备运输的要求，并应符合下列规定：

a. 综合管廊内两侧设置支架或管道时，检修通道净宽不宜小于1.0 m；单侧设置支架或管道时，检修通道净宽不宜小于0.9 m。

配备检修车的综合管廊检修通道宽度不宜小于2.2 m。

④电力电缆的支架间距应符合现行国家标准《电力工程电缆设计规范》(GB 50217—2007) 的有关规定。

⑤通信线缆的桥架间距应符合现行行业标准《光缆进线室设计规定》(YD/T 5151—2007) 的有关规定。

⑥综合管廊的管道安装净距如图9-22所示，不宜小于表9-2的规定。

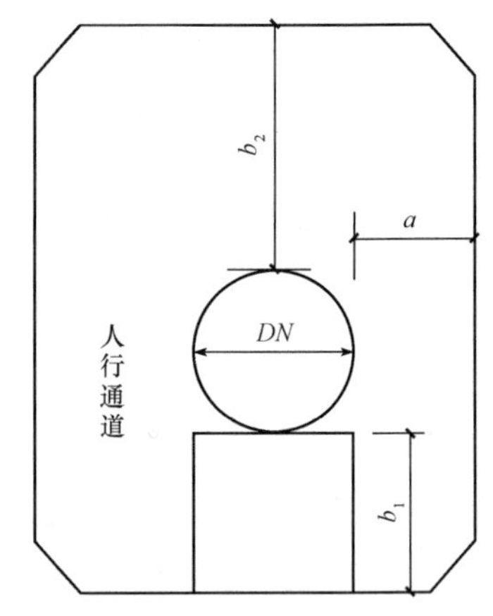

图 9-22　综合管廊的管道安装净距

表 9-2　综合管廊的管道安装净距

<table>
<tr><th rowspan="3">DN</th><th colspan="6">综合管廊的管道安装净距/mm</th></tr>
<tr><th colspan="3">铸铁管、螺栓连接钢管</th><th colspan="3">焊接钢管、塑料管</th></tr>
<tr><th>a</th><th>b_1</th><th>b_2</th><th>a</th><th>b_1</th><th>b_2</th></tr>
<tr><td>DN<400</td><td>400</td><td>400</td><td rowspan="5">800</td><td rowspan="3">500</td><td rowspan="3">500</td><td rowspan="5">800</td></tr>
<tr><td>400≤DN<800</td><td rowspan="2">500</td><td rowspan="2">500</td></tr>
<tr><td>800≤DN<1000</td></tr>
<tr><td>1000≤DN<1500</td><td>600</td><td>600</td><td>600</td><td>600</td></tr>
<tr><td>≥DN1500</td><td>700</td><td>700</td><td>700</td><td>700</td></tr>
</table>

四、节点设计

①综合管廊的每个舱室应设置人员出入口、逃生口、吊装口、进风口、排风口、管线分支口等。

②综合管廊的人员出入口、逃生口、吊装口、进风口、排风口等露出地面的构筑物应满足城市防洪要求，并应采取防止地面水倒灌及小动物进入的措施。

③综合管廊人员出入口宜与逃生口、吊装口、进风口结合设置，且不应少于2个。

④综合管廊逃生口的设置应符合下列规定：

敷设电力电缆的舱室，逃生口间距不宜大于200 m。

敷设天然气管道的舱室，逃生口间距不宜大于200 m。

敷设热力管道的舱室，逃生口间距不应大于400 m。当热力管道采用蒸汽介质时，逃生口间距不应大于100 m。

敷设其他管道的舱室，逃生口间距不宜大于400 m。

逃生口尺寸不应小于1 m×1 m，当为圆形时，内径不应小于1 m。

综合管廊吊装口的最大间距不宜超过400 m。吊装口净尺寸应满足管线、设备、人员进出的最小允许限界要求。

综合管廊进、排风口的净尺寸应满足通风设备进出的最小尺寸要求。

天然气管道舱室的排风口与其他舱室排风口、进风口、人员出入口以及周边建（构）筑物口部距离不应小于10 m。天然气管道舱室的各类孔口不得与其他舱室连通，并应设置明显的安全警示标识。

露出地面的各类孔口盖板应设置在内部使用时易于人力开启，且在外部使用时非专业人员难以开启的安全位置。

第七节　综合管廊管线设计

一、一般规定

①管线设计应以综合管廊总体设计为依据。

②纳入综合管廊的金属管道应进行防腐设计。

③管线配套检测设备、控制执行机构或监控系统应设置与综合管廊监控与报警系统联通的信号传输接口。

二、给水、再生水管道

①给水、再生水管道设计应符合现行国家标准《室外给水设计规范》（GB 50013—2006）和《污水再生利用工程设计规范》（GB 50335—2002）的有关规定。

②给水、再生水管道可选用钢管、球墨铸铁管、塑料管等。接口宜采用刚性连接，钢管可采用沟槽式连接。

③管道支撑的形式、间距、固定方式应通过计算确定，并应符合现行国家标准《给水排水工程管道结构设计规范》（GB 50332—2002）的有关规定。

三、排水管渠

①雨水管渠、污水管道设计应符合现行国家标准《室外排水设计规范》(GB 50014—2006)的有关规定。

②雨水管渠、污水管道应按规划最高日、最高时设计流量确定其断面尺寸，并应按近期流量校核流速。

③排水管渠进入综合管廊前，应设置检修闸门或闸槽。

④雨水、污水管道可选用钢管、球墨铸铁管、塑料管等。压力管道宜采用刚性接口，钢管可采用沟槽式连接。

⑤雨水、污水管道支撑的形式、间距、固定方式应通过计算确定，并应符合现行国家标准《给水排水工程管道结构设计规范》(GB 50332—2002)的有关规定。

⑥雨水、污水管道系统应严格密闭。管道应进行功能性试验。

⑦雨水、污水管道的通气装置应直接引至综合管廊外部安全空间，并应与周边环境相协调。

⑧雨水、污水管道的检查及清通设施应满足管道安装、检修、运行和维护的要求。重力流管道并应考虑外部排水系统水位变化、冲击负荷等情况对综合管廊内管道运行安全的影响。

⑨利用综合管廊结构本体排除雨水时，雨水舱结构空间应完全独立和严密，并应采取防止雨水倒灌或渗漏至其他舱室的措施。

四、天然气管道

①天然气管道设计应符合现行国家标准《城镇燃气设计规范》(GB 50028—2006)的有关规定。

②天然气管道应采用无缝钢管。

③天然气管道的连接应采用焊接，焊缝检测要求应符合表 9-3 的规定。

表 9-3 焊缝检测要求

压力级别/MPa	环焊缝无损检测比例	
$0.8<P\leqslant1.6$	100%射线检验	100%超声波检验
$0.4<P\leqslant0.8$	100%射线检验	100%超声波检验
$0.01<P\leqslant0.4$	100%射线检验或100%超声波检验	—
$P\leqslant0.01$	100%射线检验或100%超声波检验	—

注：1. 射线检验符合现行行业标准《承压设备无损检测 第2部分：射线检测》(JB/T 4730.2)规定的Ⅱ级(AB级)为合格；

2. 超声波检验符合现行行业标准《承压设备无损检测 第3部分：超声检测》(JB/T 4730.3)规定的Ⅰ级为合格。

④天然气管道支撑的形式、间距、固定方式应通过计算确定，并应符合现行国家标准《城镇燃气设计规范》(GB 50028—2006)的有关规定。

⑤天然气管道的阀门、阀件系统设计压力应按提高一个压力等级设计。

⑥天然气调压装置不应设置在综合管廊内。

⑦天然气管道分段阀宜设置在综合管廊外部。当分段阀设置在综合管廊内部时，应具有远程关闭功能。

⑧天然气管道进出综合管廊时应设置具有远程关闭功能的紧急切断阀。

⑨天然气管道进出综合管廊附近的埋地管线、放散管、天然气设备等均应满足防雷、防静电接地的要求。

五、热力管道

①热力管道应采用钢管、保温层及外护管紧密结合成一体的预制管，并应符合国家现行标准《高密度聚乙烯外护管硬质聚氨酯泡沫塑料预制直埋保温管及管件》（GB/T 29047—2012）和《玻璃纤维增强塑料外护层聚氨酯泡沫塑料预制直埋保温管》（CJ/T 129—2000）的有关规定。

②管道附件必须进行保温。

③管道及附件保温结构的表面温度不得超过 50℃。保温设计应符合现行国家标准《设备及管道绝热技术通则》（GB/T 4272—2008）、《设备及管道绝热设计导则》（GB/T 8175—2008）和《工业设备及管道绝热工程设计规范》（GB 50264—2013）的有关规定。

④当同舱敷设的其他管线有正常运行所需环境温度限制要求时，应按舱内温度限定条件校核保温层厚度。

⑤当热力管道采用蒸汽介质时，排气管应引至综合管廊外部安全空间，并应与周边环境相协调。

⑥热力管道设计应符合现行行业标准《城镇供热管网设计规范》（CJJ 34—2010）和《城镇供热管网结构设计规范》（CJJ 105—2005）的有关规定。

⑦热力管道及配件保温材料应采用难燃材料或不燃材料。

六、电力电缆

①电力电缆应采用阻燃电缆或不燃电缆。

②应对综合管廊内的电力电缆设置电气火灾监控系统。在电缆接头处应设置自动灭火装置。

③电力电缆敷设安装应按支架形式设计，并应符合现行国家标准《电力工程电缆设计规范》（GB 50217—2007）和《交流电气装置的接地设计规范》（GB/T 50065—2011）的有关规定。

七、通信线缆

①通信线缆应采用阻燃线缆。

②通信线缆敷设安装应按桥架形式设计，并应符合国家现行标准《综合布线系统工程设计规范》（GB 50311—2007）和《光缆进线室设计规定》（YD/T 5151—2007）的有关规定。

参考文献

[1]《建筑施工手册》(第五版) 编委会．建筑施工手册 [M]．5 版．北京：中国建筑工业出版社，2012.

[2] 中华人民共和国住房和城乡建设部．混凝土结构设计规范 (GB 50010—2010) [S]．北京：中国建筑工业出版社，2011.

[3] 中国建筑标准设计研究院，中国建筑科学研究院．装配式混凝土结构技术规程 (JGJ 1—2014) [S]．北京：中国标准出版社，2014.

[4] 张原．建筑工业化与新型装配式混凝土结构施工 [J]．华南理工大学土木与交通学院，2013.

[5] 顾泰昌．国内外装配式建筑发展及标准化现状 [J]．工程建设标准化，2014 (8)．

[6] 王林海．脚手架及模板工程施工技术 [M]．北京：中国铁道出版社，2012.

[7] 中华人民共和国住房和城乡建设部．钢筋连接用灌浆套筒 (JG/T 398—2012) [S]．北京：中国标准出版社，2012.

[8] 张小林，杨振华．模板工程施工与组织 [M]．北京：中国水利水电出版社，2013.

[9] 邵高峰，高延继，周庆．绿色建筑防水材料及其发展 [J]．绿色建筑，2010.

[10] 梁兴文，史庆轩．混凝土结构设计 [J]．北京：中国建筑工业出版社，2011.

[11] 中华人民共和国住房和城乡建设部．建筑施工安全检查标准 (JGJ 59—2011) [S]．北京：中国建筑工业出版社，2012.